全球深水油气地质志 卷九

中国海油南海油气能源院士工作站系列成果

新特提斯会聚大陆边缘深水油气地质

张功成 冯杨伟 李 林 等著

石油工业出版社

内容提要

本书系统阐述了新特提斯域深水区沉积盆地的盆地地质与油气地质。该区目前已在澳大利亚西北陆架、东地中海、印度东南被动边缘的盆地有十万亿立方米以上的天然气发现。但该区油气勘探不均衡、不充分，是未来油气勘探的领域之一。

本书可供油气勘探家、地质学家、地球物理学家、油气企业家等参考。

图书在版编目（CIP）数据

新特提斯会聚大陆边缘深水油气地质 / 张功成等著
. —北京：石油工业出版社，2025.1
（全球深水油气地质志）
ISBN 978-7-5183-6169-4

Ⅰ.①新… Ⅱ.①张… Ⅲ.①大陆边缘－含油气盆地－油气勘探－研究 Ⅳ.①P618.130.2

中国国家版本馆 CIP 数据核字（2023）第 134020 号

审图号：GS 京（2024）1306 号

出版发行：石油工业出版社
（北京安定门外安华里 2 区 1 号　100011）
网　　址：www.petropub.com
编辑部：（010）64523708　　图书营销中心：（010）64523633
经　　销：全国新华书店
印　　刷：北京中石油彩色印刷有限责任公司

2025 年 1 月第 1 版　2025 年 1 月第 1 次印刷
787×1092 毫米　开本：1/16　印张：19
字数：465 千字

定价：190.00 元
（如出现印装质量问题，我社图书营销中心负责调换）
版权所有，翻印必究

《全球深水油气地质志》
编委会

主　编：张功成

副主编：屈红军　冯杨伟　陈国俊　庞奇伟

委　员：（按姓氏笔画排序）

　　　　田　兵　苏　龙　李　林　汪成辞　范玉海

　　　　金　莉　封从军　高金尉　薛莲花

丛书序

当前海洋深水领域油气勘探开发已成为全球热点。据统计，在近几年世界大油气发现中，海域新发现储量占总发现储量的80%，深水区在全球油气大发现中具有重要地位。

世界深水油气发现主要集中在东非、西非及南美大西洋被动大陆边缘、墨西哥湾和澳大利亚西北陆架。油气资源最富集的盆地类型是被动大陆边缘盆地，其资源量占世界待发现油气资源量的49%，具有巨大的勘探潜力，深受国际油气巨头的关注。

纵观世界油气发现史，未来大油气田的发现仍然可期。全球海域面积占地球总面积的71%，约$3.6×10^8 km^2$，其中具含油气远景的盆地面积约$7800×10^4 km^2$，特别是深水、超深水领域勘探程度较低，随着深海油气勘探开采技术的快速发展，深水、超深水领域油气贡献的主体地位愈加稳固。

我国在深水领域油气勘探开采方面起步晚，经验积累少，技术迭代慢，加快对深水含油气盆地的认识和积累实践经验已是迫在眉睫。

由中国海油南海油气能源院士工作站专家张功成主编的《全球深水油气地质志》丛书，包括《全球深水油气地质学纲要》《南美洲东部被动大陆边缘深水油气地质》《北大西洋被动大陆边缘深水油气地质》等9卷，以板块构造、成盆、成烃、成藏研究为主线，从全球深水和主要盆地群两个层次，系统阐述了全球深水盆地群的大地构造、盆地地质、油气地质和典型油气田特征。

该丛书图文并茂，内容丰富，资料翔实，可为从事油气行业的领导、技术专家、研究人员和关心石油工业的学者提供参考，也对从事油气专业的高等院校师生具有借鉴意义。

在此，我谨对该丛书的成功出版表示祝贺！

中国工程院院士

2024 年 12 月

FOREWORD

At present, the exploration and development of deepwater petroleum has become a significant global focus. According to statistics recently, in the world's major oil and gas discoveries, the newly discovered reserves in the offshore areas has accounted for 80% of the total discovered reserves, and the deepwater area has an important position in the global oil and gas discovery.

The world's deepwater hydrocarbon discoveries are mainly concentrated in the passive continental margins of East and West Africa, the Atlantic in South America, as well as the Gulf of Mexico and the continental shelf of Northwestern Australia. Passive continental margin basins are the richest basins in terms of hydrocarbon resources, accounting for 49% of the world's undiscovered hydrocarbon resources. These basins with huge exploration potential has attracted the attention of international oil and gas giants.

Throughout the history of hydrocarbon exploration, the discovery of large oil and gas fields around the world in the future remains possible. The marine area covers about 71% of the earth's total surface, approximately $3.6 \times 10^8 km^2$ in which the area with hydrocarbon prospects is about $7800 \times 10^4 km^2$, particularly in deep and ultra-deepwater settings with the low level exploration degree. With the rapid development of the marine oil and gas exploration and exploitation technology, the contribution of deepwater and ultra-deepwater hydrocarbon has gained a firm foothold in the oil and gas industry.

China's started relatively late in the oil and gas exploration and exploitation in the deepwater domain, resulting in less experience and slower technological progress in this field. Therefore, it's imperative to expedite the comprehension understanding of the deepwater petroliferous basins and cultivate practical experience.

Petroleum Geology of Global Deepwater, which was edited by Zhang Gongcheng from the CNOOC Nanhai Oil and Gas Energy Academician Workstation and CNOOC Research Institute. The series consists of nine volumes, including *Compendium of Petroleum Geology in Global Deepwater*, *Petroleum Geology in Deepwater Area in the Passive Continental Margin in Eastern South America*, *Petroleum Geology in Deepwater Area in the Passive Continental Margin in North Atlantic Ocean*, etc. Taking the classical studies of plate tectonics, basin formation, hydrocarbon generation and accumulation as the principle line, the book systematically explains the geotectonics, basin geology, petroleum geology and typical oil and gas field characteristics of the world's deepwater basin groups from the global deepwater and major basin groups respectively.

These series are illustrated with words and pictures, and will be a useful reference for the executives, technical experts, researchers and scholars engaged in petroleum industry, as well as for teachers and students of colleges specializing in oil and gas.

I would like to take this opportunity to congratulate the authors on the series of this book!

Xie Yuhong
Academician of China Engineering Academy
December 2024

丛书前言

深水油气、深层油气、非常规油气是当今全球油气勘探的三大热点。

一般将水深 300m 或 500m 作为"浅水区"与"深水区"的界线。受板块构造控制，全球深水盆地主要分布在大西洋大陆边缘、东非大陆边缘、西太平洋大陆边缘、环北冰洋大陆边缘和新特提斯大陆边缘五大区域，前三者呈近南北向分布，后两者呈近东西向分布，总体呈"三竖两横"的分布格局。

全球深水油气盆地勘探面积高达约 $2400 \times 10^4 km^2$，全球海洋油气资源的 44% 分布在深水区，只是目前勘探程度低，但勘探前景广阔。

全球深水区油气勘探从 20 世纪 60 年代开始至今已接近 70 年，但前期进展缓慢，21 世纪以来发展加快。全球深水油气其勘探历程总体可划分为探索阶段 (1960—1974 年)、起步阶段 (1975—1984 年)、早期阶段 (1985—1995 年) 和快速发展阶段 (1996 年至今)。

当前，深水区已经成为全球常规油气勘探的热点和油气增储上产的最重要领域，全球共发现约 2000 个油气田。近年来，世界重大油气发现的 70% 是来自深水领域。

深水油气是人类未来相当长时期内赖以生存与发展的重要资源之一，从全球油气发现史来看，深水油气目前仍处于大发现阶段。

《全球深水油气地质志》丛书的出版，在于总结过去，推动未来，将有助于企业界、专家、学者、博士生、硕士生、本科生及社会各界了解全球深水油气地质，为我国开展全球深水油气勘探开发奠定基础。

基于全球深水盆地群"三竖两横"五个巨型带的创新认识，在各卷内容安排上，除大西洋大陆边缘盆地深水油气地质分四卷阐述外（卷二、卷三、卷四、卷五），全球深水油气地质学纲要及其他各带均单独成卷论述。

各卷书目如下：

卷一　全球深水油气地质学纲要

卷二　墨西哥湾盆地深水区油气地质

卷三　南美洲东部被动大陆边缘深水油气地质

卷四　北大西洋被动大陆边缘深水油气地质

卷五　非洲西部被动大陆边缘深水油气地质

卷六　东非东部被动大陆边缘深水油气地质

卷七　西太平洋活动大陆边缘深水油气地质

卷八　环北极深水油气地质

卷九　新特提斯会聚大陆边缘深水油气地质

张功成

中国海油南海油气能源院士工作站专家

入选全球前 2% 顶尖科学家 2021、2022、2024 年度科学影响力排行榜

2024 年 12 月

PREFACE

Deepwater oil and gas, deep-buried oil and gas, and unconventional oil and gas are the three hot spots of global oil and gas exploration.

Generally, the water depth of 300m or 500m is taken as the boundary between the 'shallow water area' and 'deep water area'. Controlled by plate tectonics, the global deepwater basins are mainly distributed in five regions, the Atlantic continental margin, the East African continental margin, the Western Pacific continental margin, the Arctic continental margin, and the Neo-Tethys continental margin. The first three regions are distributed in the north-south direction, and the last two regions are distributed in the east-west direction, with the general distribution pattern of "three longitudinal and two latitudinal basin belts".

The exploration area of the global deepwater oil/gas basin is as high as about $2400 \times 10^4 km^2$, and 44% of the global marine oil and gas resources are distributed in the deepwater area, with low exploration degree and broad exploration prospects.

Deepwater oil/gas exploration has been developed for nearly 70 years since the beginning of the 1960s, with slow progress in the early stage and rapid development since the new century. The exploration history can be generally divided into the Exploratory Phase (1960-1974), Start-up Phase (1975-1984), Emerging Phase (1985-1995) and Rapidly Developing Phase (1996-present).

The deepwater area has become the hot spot of global conventional oil/

gas exploration and the most important field for increasing oil/gas reserves and production. Up to now, approximately 2000 oil/gas fields have been discovered. In recent years, 70% of the world's major oil/gas discoveries have come from deepwater areas.

Marine deepwater oil/gas is one of the most important resources on which mankind's survival and development will depend for a considerable period of time in coming years, and it is still in the stage of great discovery.

The publication of the *Petroleum Geology of Global Deepwater* aims to summarize the past and promote the future, and will help enterprises, experts, scholars, doctors, masters, undergraduate students, and other sectors of society to understand the global deepwater hydrocarbon geology and lay the foundation for China's deepwater hydrocarbon exploration and development.

Based on the innovative understanding of the five mega-zones of global deepwater basins group, 'three longitudinal and two latitudinal basin belts', the contents of the volumes are organized in such a way that the global deepwater oil and gas geology outline and other beds are separately discussed in each Volume except the deepwater hydrocarbon geology of the basins of the Atlantic continental margin is dealt with in four volumes (Volume II、Volume III、Volume IV、Volume V).

The bibliographies of the volumes are as follows:

Volume I *Compendium of Petroleum Geology in Global Deepwater*

Volume II *Petroleum Geology in Deepwater Area in the Gulf of Mexico Basin*

Volume III *Petroleum Geology in Deepwater Area in the Passive Continental Margin in Eastern South America*

Volume IV *Petroleum Geology in Deepwater Area in the Passive Continental Margin in North Atlantic Ocean*

Volume V *Petroleum Geology in Deepwater Area in the Passive Continental Margin in Western Africa*

Volume VI *Petroleum Geology in Deepwater Area in the Passive Continental Margin in Eastern East Africa*

Volume VII *Petroleum Geology in Deepwater Area in the Active Continental Margin in the Western Pacific Ocean*

Volume VIII *Petroleum Geology in Deepwater Area in the Circumpolar Region*

Volume IX *Petroleum Geology in Deepwater Area in the Continental Margins in the Neo-tethys Ocean*

Zhang Gongcheng

CNOOC South China Sea Oil & Gas Energy Academician Workstation expert

Named to the Top 2% of the World's Top Scientists 2021、2022、2024

Science Impact Ranking

December 2024

本卷前言

"特提斯（Tethys）"原是对古希腊神话中一位海神的称谓，后来地质学家借用"Tethys"这个美丽的名字来指代地球历史上曾经出现过的海洋。最初主要代表处于非洲—印度大陆与欧亚大陆之间的古地中海，后地质学家们用这一称谓来泛指地球历史时期出现的各个阶段的海洋系统，也借此为窗口去揭示地球显生宙以来的海洋—陆地演化过程。

特提斯构造域是指从早古生代至晚白垩世，分开劳亚大陆和冈瓦纳大陆之间的东西向古海洋，其深水盆地群的形成和演化与印度、南极洲和澳大利亚板块自侏罗纪从东冈瓦纳古陆的裂解，到古特提斯洋和新特提斯洋关闭的整个过程密切相关。三叠纪至古近纪表现为新特提斯洋，受其构造演化控制，主要在澳大利亚西北陆架、孟加拉湾大陆边缘和滨地中海大陆边缘发育众多深水含油气盆地。现今的地中海是新特提斯洋的残留洋。

新特提斯构造域大陆边缘深水盆地带作为后起之秀，近年来不断有油气重大发现，一段时间内将是世界深水油气增储上产的焦点之一。重要的深水盆地群包括澳大利亚西北陆架深水盆地群、孟加拉湾深水盆地群和地中海深水盆地群等。

澳大利亚西北陆架巨型"西澳大利亚超级盆地"是世界深水区勘探的热点地区之一，近20年来油气重大发现接踵而至，已发现有100多个规模不等的深水油气田，占澳大利亚油气的份额超过80%。其中北卡那封盆地是澳大利亚产、储量最大的含油气盆地，其次为波拿巴盆地及布劳斯盆地，柔布克盆地2014—2016年获得了三叠系天然气和凝析油发现，成为区域内油气勘探关注的新焦点之一。

地中海深水油气发现主要集中在东部海域，但整体上油气勘探程度较低，勘探前景广阔，是近10年的勘探热点，2015年埃尼集团在东地中海深水区获得地质储量达$8500 \times 10^8 m^3$的Zohr巨型生物礁气藏大发现。Zohr气田为生物成因气田，储层为下—中中新统生物礁，这些新层系、新类型仍将是近期勘探的重点。黎凡特盆地商业钻井始于2008年，迄今共发现了至少7个商业性气田。

孟加拉湾深水油气勘探程度处于低—极低状态，勘探潜力巨大。目前已发现油气以天然气为主且分布极不均衡，平面上集中在中部克里希纳—戈达瓦里盆地两个陆缘三角洲地区。

特提斯构造域深水盆地带整体地质演化和油气特征研究是进一步深化其资源潜力认识的重要手段，依据地质新认识指明了未来油气勘探方向，同时也为相似构造沉积演化背景下油气聚集的差异性类比研究和深水选区、选带提供一定的指导作用。大陆边缘的深水油气勘探成功实践可以为全球其他新区、新领域的拓展提供诸多借鉴经验。

全书共四篇合计21章，第一篇新特提斯域构造演化与深水油气分布由张功成和李林负责编写；第二篇澳大利亚西北陆架深水盆地群油气地质由冯杨伟负责编写；第三篇孟加拉湾深水盆地群油气地质由张功成、屈红军和任艳负责编写；第四篇地中海深水盆地群油气地质由冯杨伟、任艳和李林负责编写；全书由张功成和冯杨伟审核统稿。

诚挚感谢参与本书编写工作的其他工作人员，感谢在本书的资料收集、编写成稿和出版这些环节给予支持和关心的各位领导、专家和朋友。感谢石油工业出版社孙宇的辛勤工作。由于水平有限，书中难免有错误之处，恳请广大读者批评指正。

张功成　冯杨伟

2024年12月

Preface to this volume

"Tethys" is the title of a sea god in ancient Greek mythology. Later, the beautiful name "Tethys" was borrowed by geologists to refer to the oceans that once appeared in the history of Earth. At the beginning, it mainly represented the ancient Mediterranean between Africa, India and Eurasia. Later, geologists used this term to refer to the ocean system in various stages of Earth. This is also a window to reveal the ocean-land evolution process since Phanerozoic of Earth.

Tethys tectonic domain refers to the east-west paleo ocean separating Laurasia and Gondwana from the early Paleozoic to the late Cretaceous. The formation and evolution of the deep water basins in Tethys tectonic domain are closely related to the whole process of the Indian plate, Antarctic plate and Australia plate from the break up of the east Gondwana ancient land to the closure of the Paleo-Tethys Ocean and the Neo-Tethys ocean since the Jurassic. From Triassic to Paleogene, it shows the tectonic evolution of the Neo-Tethys ocean. The deep water basins controlled by its tectonic evolution, numerous deep water oil and gas basins are mainly developed on the northwest shelf of Australia, the Bay of Bengal continental margin, and the coastal Mediterranean continental margin. The present Mediterranean Sea is the remnant of the Neo-Tethys ocean.

As a rising star, the deep water basins in the continental margin of the Neo-Tethys tectonic domain have continuously made significant discoveries in oil and gas in recent years, which will be one of the focal points for increasing the storage and production of deep water oil and gas in the world for a period. The important deep water basins include the deep water basins in northwest shelf of Australia, the deep water basins in the bay of bengal and the deep water basins at the Mediterranean continental margin.

The giant "Western Australia Super Basin" on the northwest shelf of Australia is one of the hotspots for exploration in global deep water areas. In the past two decades, major oil and gas discoveries have emerged one after another, with over 100 deep water oil and gas fields of varying sizes discovered, accounting for over 80% of the total oil and gas share in Australia. The North Carnarvon basin is the largest oil and gas producing and reserves basin in Australia, followed by the Bonaparte basin and the Browse basin. From 2014 to 2016, the Triassic natural gas and condensate oil was discovered in Roebuck basin, which was one of the new focuses of oil and gas attention in the region.

The discovery of deep water oil and gas in the Mediterranean Sea is mainly concentrated in its eastern area, but overall, the degree of oil and gas exploration is relatively low, and the exploration prospects are broad. The East of the Mediterranean Sea has been a hot spot of exploration in recent 10 years. In 2015, the ENI Company discovered a giant Zohr reef gas reservoir with a geological reserve of $8500 \times 10^8 m^3$ in its ultra-deep water area. The Zohr gas field is a biogenic gas field with reservoirs consisting of Lower Middle Miocene biogenic reefs, these new series and types of strata will continue to be the focus of recent oil and gas exploration. The commercial drilling in Levant Basin began in 2008, and at least 7 commercial gas fields have been discovered so far.

The deep water oil and gas exploration degree in the Bay of Bengal is low to very low, but the exploration potential is huge. At present, the discovered oil and gas are mainly natural gas, and the distribution is extremely uneven. On the plane, they are concentrated in the two continental marginal deltas in Krishna-Godavari basin.

The study of the geological evolution and petroleum geology characteristics of the deep water basins in the Tethys tectonic domain is an important means to further deepen the understanding of its resource potential, and the future direction of oil and gas exploration has been pointed out, which also provides certain guidance for the differential analogy study of oil and gas accumulation under similar tectonic sedimentary evolution backgrounds, as well as for the selection of districts and zones in global deep water area. The successful practice of deep water oil and gas exploration on the continental margin can provide many reference experiences for the expansion of other new areas and fields worldwide.

We arranged this book to cover 4 parts and 21 chapters. The first part (chapter 1-2) is the tectonic evolution and deep water oil and gas distribution of the Neo-Tethys tectonic domain, written and compiled by Zhang Gongcheng and Li Lin. The second part (chapter 3-10) of petroleum geology of deep water Basins in the Northwest Shelf of Australia was written and compiled by Feng Yangwei. The third part (chapter 11-17) about petroleum geology of deep water Basins in the Bay of Bengal was written and compiled by Zhang Gongcheng, Qu Hongjun and Ren Yan. The fourth part (chapter 18-21) about petroleum geology of deep water Basins at the Mediterranean continental margin was written and compiled by Feng Yangwei, Ren Yan and Li Lin. The whole book was reviewed and compiled by Zhang Gongcheng and Feng Yangwei.

We are very grateful to all experts and friends for their supporting at collection of datum, compiling of papers and other things during pressing.

We also sincerely acknowledge the scholars who participated in the work of compiling this book. We also thank Ms. Sun Yu from the Petroleum Industry Press for her edit of this book. Some deficiencies in this book may be inevitable because of abundant context and information, and we hope all expert and scholars can give us criticism and advice.

Zhang Gongcheng   Feng Yangwei

December 2024

目 录

第一篇　新特提斯域构造演化与深水油气分布

第一章　新特提斯构造域及其演化

第一节　特提斯构造域 ………………………………………………… 3

第二节　特提斯构造域演化 …………………………………………… 5

第三节　特提斯构造域对深水油气的控制 …………………………… 9

第二章　新特提斯构造域深水盆地带分布

第一节　澳大利亚西北大陆架深水盆地群 …………………………… 10

第二节　孟加拉湾—阿拉伯海深水盆地群 …………………………… 12

第三节　地中海重点深水盆地群 ……………………………………… 16

第二篇　澳大利亚西北陆架深水盆地群油气地质

第三章　澳大利亚西北陆架概况

第一节　自然地理概况 ………………………………………………… 23

第二节　西北陆架油气资源概况 ……………………………………… 24

第四章　澳大利亚西北陆架构造

第一节　大地构造背景 ………………………………………………… 31

第二节　构造演化与沉积充填 ………………………………………… 44

第三节　主要断裂 ……………………………………………………… 53

第四节　构造单元划分 ………………………………………………… 56

第五章　澳大利亚西北陆架地层与沉积相

第一节　地层 …………………………………………………………… 63

第二节　沉积相 ………………………………………………………… 78

第六章　北卡那封盆地深水油气地质

第一节　烃源岩 ………………………………………………………… 88

第二节　储层 …………………………………………………………… 94

第三节　盖层 …………………………………………………………… 96

第四节　圈闭 …………………………………………………………… 96

第五节　油气运移 ……………………………………………………… 97

第六节　成藏组合 ……………………………………………………… 97

第七节　油气分布特征 ………………………………………………… 99

第八节　勘探潜力分析 ………………………………………………… 100

第七章　布劳斯盆地深水油气地质

第一节　烃源岩 ………………………………………………………… 103

第二节　储层 …………………………………………………………… 105

第三节　盖层 …………………………………………………………… 107

第四节　圈闭 …………………………………………………………… 107

第五节　油气运移 ……………………………………………………… 108

第六节　成藏组合 ……………………………………………………… 109

第七节　油气分布特征 ………………………………………………… 115

第八节　勘探潜力分析 ………………………………………………… 115

第八章　波拿巴盆地深水油气地质

第一节　烃源岩 ………………………………………………………… 117

第二节　储层 …………………………………………………………… 120

第三节　盖层 ·· 121

第四节　圈闭 ·· 122

第五节　油气运移 ·· 122

第六节　成藏组合 ·· 124

第七节　油气分布特征 ··· 128

第八节　勘探潜力分析 ··· 130

第九章　澳大利亚西北陆架深水油气成藏要素综合分析

第一节　烃源岩 ··· 132

第二节　储层 ·· 137

第三节　盖层 ·· 139

第四节　圈闭 ·· 139

第五节　油气运移 ··· 140

第六节　成藏组合 ··· 141

第七节　油气分布规律 ··· 144

第八节　油气成藏主控因素分析 ·· 146

第十章　澳大利亚西北陆架深水油气田

第一节　Jansz 气田 ·· 155

第二节　Torosa 油气田 ·· 157

第三节　Brecknock 油气田 ··· 157

第四节　Sunrise-Troubadour 油气田 ································ 158

第三篇　孟加拉湾深水盆地群油气地质

第十一章　孟加拉湾概况

第一节　自然地理概况 ··· 162

  第二节 孟加拉湾油气资源概况 …………………………………………… 163

●── 第十二章 孟加拉湾构造

  第一节 大地构造 ………………………………………………………… 167
  第二节 构造演化与沉积充填 …………………………………………… 169
  第三节 主要断裂 ………………………………………………………… 177
  第四节 构造单元划分 …………………………………………………… 179

●── 第十三章 孟加拉湾地层与沉积相

  第一节 地层 ……………………………………………………………… 182
  第二节 沉积相 …………………………………………………………… 186

●── 第十四章 克里希纳—戈达瓦里盆地深水油气地质

  第一节 烃源岩 …………………………………………………………… 189
  第二节 储层 ……………………………………………………………… 189
  第三节 盖层 ……………………………………………………………… 190
  第四节 圈闭 ……………………………………………………………… 190
  第五节 油气运移 ………………………………………………………… 191
  第六节 成藏组合 ………………………………………………………… 192
  第七节 油气分布特征 …………………………………………………… 194
  第八节 油气勘探潜力分析 ……………………………………………… 194

●── 第十五章 孟加拉盆地深水油气地质

  第一节 烃源岩 …………………………………………………………… 197
  第二节 储层 ……………………………………………………………… 197
  第三节 盖层 ……………………………………………………………… 199
  第四节 圈闭 ……………………………………………………………… 199

第五节　油气运移 ………………………………………………………… 200

第六节　成藏组合 ………………………………………………………… 200

第七节　油气分布特征 …………………………………………………… 201

第八节　油气勘探潜力分析 ……………………………………………… 202

第十六章　高韦里盆地深水油气地质

第一节　烃源岩 …………………………………………………………… 203

第二节　储层 ……………………………………………………………… 203

第三节　盖层 ……………………………………………………………… 203

第四节　圈闭 ……………………………………………………………… 203

第五节　油气运移 ………………………………………………………… 204

第六节　成藏组合 ………………………………………………………… 204

第七节　油气分布特征 …………………………………………………… 204

第八节　油气勘探潜力分析 ……………………………………………… 205

第十七章　孟加拉湾深水油气田

第一节　拉瓦油田 ………………………………………………………… 206

第二节　PY-1 气田 ………………………………………………………… 207

第三节　CY-Ⅲ-D5 油气田 ………………………………………………… 208

第四节　D3、D9 区块 …………………………………………………… 209

第四篇　地中海深水盆地群油气地质

第十八章　地中海地区概况

第一节　自然地理概况 …………………………………………………… 212

第二节　地中海油气资源概况 …………………………………………… 212

- 第十九章　地中海区域构造
  - 第一节　大地构造背景 …… 216
  - 第二节　构造演化与沉积充填 …… 216
  - 第三节　主要断裂 …… 220

- 第二十章　地中海东部地区地层与沉积相
  - 第一节　地层 …… 222
  - 第二节　沉积相 …… 224

- 第二十一章　尼罗河三角洲盆地深水油气地质
  - 第一节　烃源岩 …… 231
  - 第二节　储层 …… 232
  - 第三节　盖层 …… 234
  - 第四节　圈闭 …… 234
  - 第五节　油气运移 …… 235
  - 第六节　成藏组合 …… 235
  - 第七节　油气分布特征 …… 237
  - 第八节　油气勘探潜力分析 …… 237

结束语 …… 239

参考文献 …… 243

Contents

Part 1 Tectonic evolution and deep water oil and gas distribution of the Neotethys tectonic domain

Chapter 1 Neotethys tectonic domain and its evolution

Section 1 The Neotethys tectonic domain ·············· 3
Section 2 Evolution of the Neotethys tectonic domain ············ 5
Section 3 The control of the Neotethys tectonic domain on deep water oil and gas ················ 9

Chapter 2 Distribution of deep water basins in the Neotethys tectonic domain

Section 1 Deep water basins in Northwest Shelf of Australia ······ 10
Section 2 Deep water basins in Bay of Bengal and Arabian Sea ··· 12
Section 3 Key deep water basins at the Mediterranean ············ 16

Part 2 Petroleum geology of deep water basins in the Northwest Shelf of Australia

Chapter 3 Overview of the Northwest Shelf of Australia

Section 1 Overview of natural geography ·············· 23
Section 2 Overview of oil and gas resources on the Northwest Shelf ················ 24

- Chapter 4　Tectonics of the Northwest Shelf of Australia

    Section 1　Geotectonic background ·· 31

    Section 2　Tectonic evolution and sedimentary filling ··············· 44

    Section 3　Major faults ·· 53

    Section 4　Division of tectonic units ·· 56

- Chapter 5　Stratum and sedimentary facies of the Northwest Shelf of Australia

    Section 1　Stratum ··· 63

    Section 2　Sedimentary facies ··· 78

- Chapter 6　Petroleum geology in deep water area of North Carnarvon Basin

    Section 1　Source rocks ·· 88

    Section 2　Reservoirs ·· 94

    Section 3　Caprocks ·· 96

    Section 4　Traps ·· 96

    Section 5　Oil–gas migration ·· 97

    Section 6　Reservoir combination ··· 97

    Section 7　Oil and gas distribution characteristics ··················· 99

    Section 8　Exploration prospect ·· 100

- Chapter 7　Petroleum geology in deep water area of Browse Basin

    Section 1　Source rocks ·· 103

    Section 2　Reservoirs ·· 105

    Section 3　Caprocks ·· 107

Section 4	Traps	107
Section 5	Oil-gas migration	108
Section 6	Reservoir combination	109
Section 7	Oil and gas distribution characteristics	115
Section 8	Exploration prospect	115

Chapter 8 Petroleum geology in deep water area of Bonaparte Basin

Section 1	Source rocks	117
Section 2	Reservoirs	120
Section 3	Caprocks	121
Section 4	Traps	122
Section 5	Oil-gas migration	122
Section 6	Reservoir combination	124
Section 7	Oil and gas distribution characteristics	128
Section 8	Exploration prospect	130

Chapter 9 Comprehensive analysis of deep water oil and gas accumulation factors in Northwest Shelf of Australia

Section 1	Source rocks	132
Section 2	Reservoirs	137
Section 3	Caprocks	139
Section 4	Traps	139
Section 5	Oil-gas migration	140
Section 6	Reservoir combination	141
Section 7	Oil and gas distribution characteristics	144
Section 8	Key controls on oil-gas accumulation	146

- **Chapter 10　Typical oil-gas fields of the Northwest Shelf of Australia**

    Section 1　Jansz gas field ·················· 155

    Section 2　Torosa oil and gas field ·················· 157

    Section 3　Brecknock oil and gas field ·················· 157

    Section 4　Sunrise-Troubadour oil and gas field ·················· 158

Part 3　Petroleum geology of deep water basins in Bay of Bengal

- **Chapter 11　Overview of the Bay of Bengal**

    Section 1　Overview of natural geography ·················· 162

    Section 2　Overview of oil and gas resources in Bay of Bengal ······ 163

- **Chapter 12　Tectonics of the Bay of Bengal**

    Section 1　Geotectonic background ·················· 167

    Section 2　Tectonic evolution and sedimentary filling ·················· 169

    Section 3　Major faults ·················· 177

    Section 4　Division of tectonic units ·················· 179

- **Chapter 13　Stratum and sedimentary facies in the Bay of Bengal**

    Section 1　Stratum ·················· 182

    Section 2　Sedimentary facies ·················· 186

- **Chapter 14　Petroleum geology in deep water area of Krishna-Godavari Basin**

    Section 1　Source rocks ·················· 189

Section 2	Reservoirs	189
Section 3	Caprocks	190
Section 4	Traps	190
Section 5	Oil-gas migration	191
Section 6	Reservoir combination	192
Section 7	Oil and gas distribution characteristics	194
Section 8	Exploration prospect	194

Chapter 15　Petroleum geology in deep water area of Bengal Basin

Section 1	Source rocks	197
Section 2	Reservoirs	197
Section 3	Caprocks	199
Section 4	Traps	199
Section 5	Oil-gas migration	200
Section 6	Reservoir combination	200
Section 7	Oil and gas distribution characteristics	201
Section 8	Exploration prospect	202

Chapter 16　Petroleum geology in deep water area of Cauvery Basin

Section 1	Source rocks	203
Section 2	Reservoirs	203
Section 3	Caprocks	203
Section 4	Traps	203
Section 5	Oil-gas migration	204
Section 6	Reservoir combination	204

Section 7　Oil and gas distribution characteristics ……………… 204

Section 8　Exploration prospect ………………………………… 205

Chapter 17　Typical oil-gas fields in the Bay of Bengal

Section 1　Rava oil field ………………………………………… 206

Section 2　PY-1 gas field ………………………………………… 207

Section 3　CY-Ⅲ-D5 oil and gas field ………………………… 208

Section 4　D3、D9 Oil and gas blocks ………………………… 209

Part 4　Petroleum geology of deep water basins at the Mediterranean continental margin

Chapter 18　Overview of the Mediterranean region

Section 1　Overview of natural geography …………………… 212

Section 2　Overview of oil and gas resources in Mediterranean… 212

Chapter 19　Tectonics of the Mediterranean

Section 1　Geotectonic background …………………………… 216

Section 2　Tectonic evolution and sedimentary filling ………… 216

Section 3　Major faults …………………………………………… 220

Chapter 20　Stratum and sedimentary facies of eastern Mediterranean regions

Section 1　Stratum ………………………………………………… 222

Section 2　Sedimentary facies …………………………………… 224

Chapter 21　Petroleum geology in deep water area of Nile Delta Basin

Section 1　Source rocks ………………………………………… 231

Section 2   Reservoirs 232

Section 3   Caprocks 234

Section 4   Traps 234

Section 5   Oil–gas migration 235

Section 6   Reservoir combination 235

Section 7   Oil and gas distribution characteristics 237

Section 8   Exploration prospect 237

Conclusion 239

References 243

第一篇
新特提斯域构造演化与深水油气分布

板块构造对含油气区有明显的控制作用，构造域控制了油气域的地质地理背景，板块的离散、拼合制约了盆地的类型、沉积充填、构造变形及其最终的结构状态，板块伸展、聚敛导致了成盆作用和多期油气成藏作用。

特提斯含油气域是世界上油气最为丰富的区域。Klemme 等（1991）曾提出油气域（Realm）控制世界油气分布的理论。古特提斯洋的被动大陆边缘和新特提斯洋的被动大陆边缘形成了丰富的烃源岩，后期的挤压活动不仅产生了大量的圈闭构造，而且断裂活动促进了烃源岩的高效排烃，具备优越的封盖条件。成藏要素和成藏作用的最佳配置是该含油气域油气丰富的根本原因。

特提斯域中已发现的油气大约占世界现有常规油气储量的 70%，这些油气的地理分布具有明显的不均匀性，主要位于陆上的中东波斯湾地区、北非地区，海域尤其是深水区油气勘探程度较浅，展示出巨大潜力。近年来，在特提斯构造域大陆边缘海域陆续有重大油气发现，主要集中在澳大利亚西北陆架的北卡那封盆地、布劳斯盆地和波拿巴盆地，东南亚的库泰盆地、苏门答腊盆地和泰国湾盆地等，孟加拉湾的克里希纳—戈达瓦里（Krishna-Godavari）盆地、若开盆地和孟加拉盆地等，阿拉伯海的孟买盆地、卡其盆地等，东地中海的尼罗河三角洲盆地和黎凡特盆地等。

第一章　新特提斯构造域及其演化

第一节　特提斯构造域

特提斯含油气域油气最为丰富，国内外有很多学者对其进行了研究，如图1-1所示（Fischer，1975；黄汲清等，1987；刘增乾等，1990；王鸿祯等，1990；Sengor，1984；甘克文等，2000；贾承造等，2001；张功成等，2015；张功成等，2019；Feng et al.，2020；张功成等，2022）。特提斯域也称为特提斯构造带或特提斯构造域，地理位置上特提斯域包括了西欧—北非、西亚、中亚及东南亚等地。

根据全球板块构造演化特点，可以划分出冈瓦纳和劳亚两个一级构造域，它们之间的区域又主要为特提斯洋所占据，可称为特提斯洋构造域。

特提斯域可划分为北、中、南三个带：

（1）北带介于原始特提斯缝合带至古特提斯缝合带之间，它是劳亚大陆在古生代的拼合增生部分；

（2）中带介于古特提斯缝合带和新特提斯缝合带之间，它是中生代海槽洋盆与大陆碎块或海台交替并最终拼合的地带，现今则构成阿尔卑斯—喜马拉雅褶皱系；

（3）南带则是新特提斯发育过程中冈瓦纳大陆北缘的大陆架区。

古特提斯洋为冈瓦纳基梅里大陆（群）以北和劳亚大陆之间的洋盆，泥盆纪打开（最早可能追溯至志留纪）、三叠纪关闭，包括卡拉库姆、塔吉克、塔里木以南与中华陆块群之间的洋盆。古特提斯洋关闭形成了古特提斯造山区，它们之间的陆块或微地块上形成了古特提斯油气（区）域。

新特提斯洋为基梅里大陆（群）以南与冈瓦纳大陆之间的中生代洋盆。其在侏罗纪强烈扩张，白垩纪开始向欧亚大陆之下俯冲，始新世或中新世阿拉伯、印度、澳大利亚大陆开始与欧亚大陆碰撞，新特提斯洋逐渐关闭，地中海为其残余。新特提斯造山区及其中间的地块形成了新特提斯含油气（区）域。新特提斯构造域控制发育的海洋深水盆地群是当今全球重要的富气带，是本专著关注的重点。

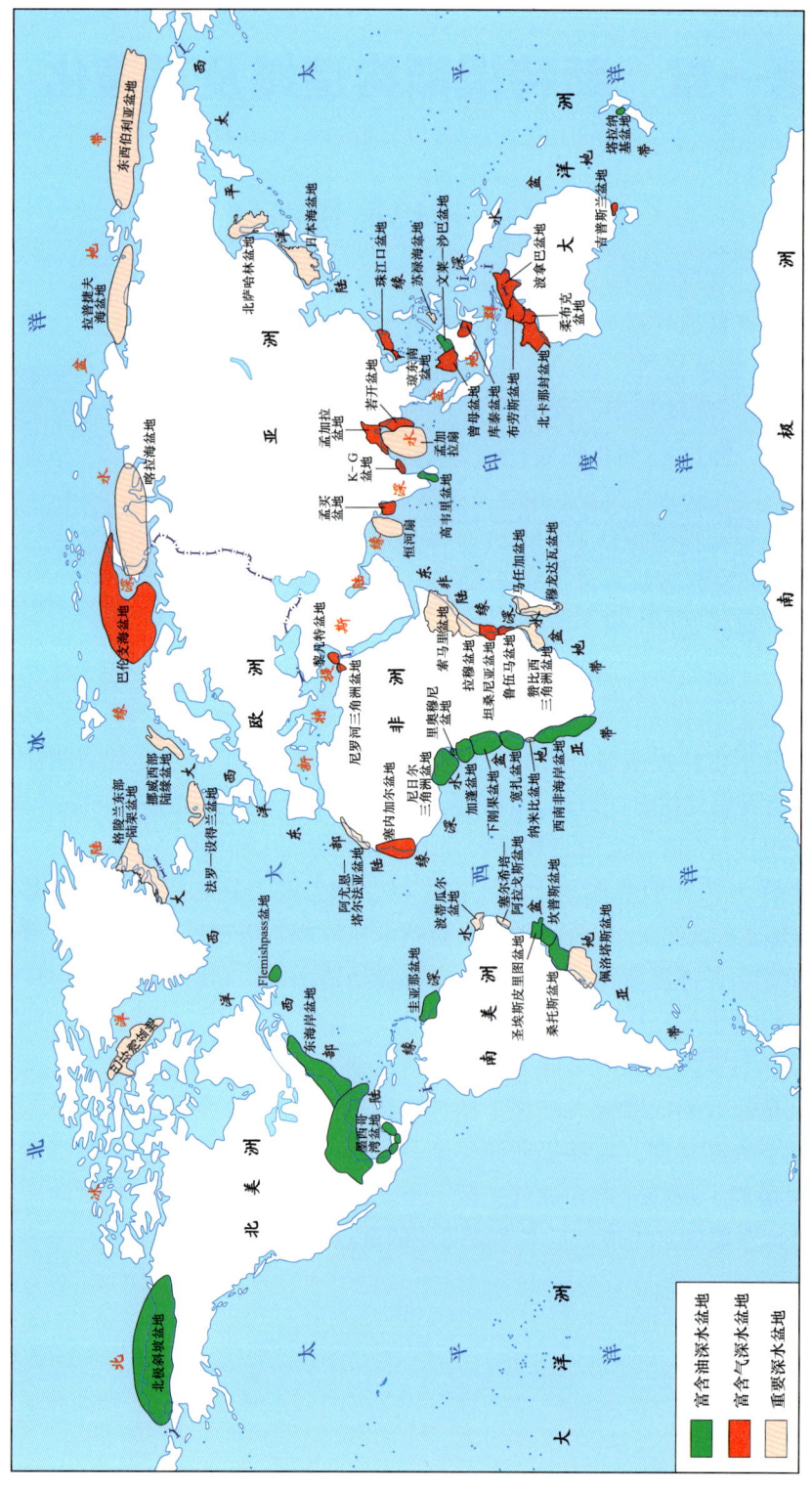

图 1-1 全球巨型深水盆地分布图（据张功成等，2022，2019，2015，2011）

第二节　特提斯构造域演化

两个全球古大陆演化旋回控制了原特提斯洋、古特提斯洋与新特提斯洋3个发展阶段。

一、原特提斯洋（古太平洋）

10亿年前，超级大陆——罗迪尼亚（Rodinia）古陆形成（图1-2）。

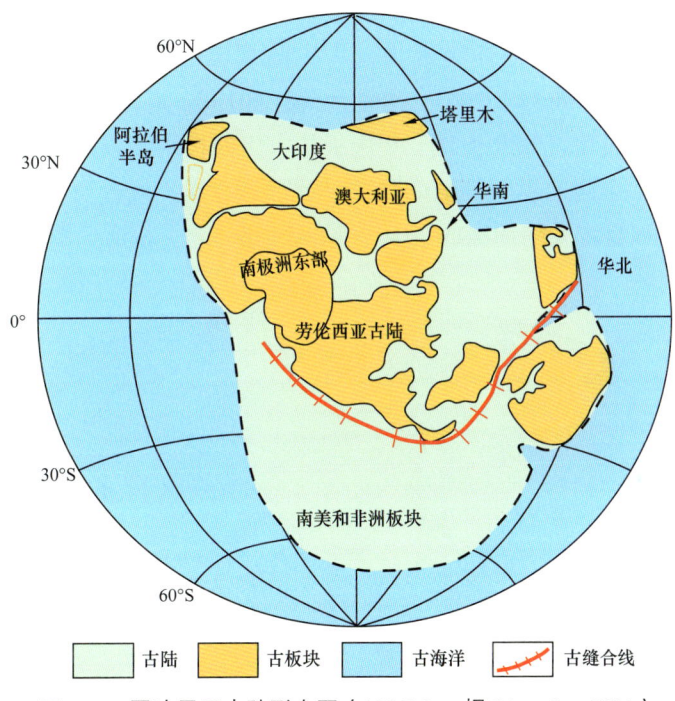

图1-2　罗迪尼亚古陆形态图（1000Ma，据Li et al.，2001）

8亿年前罗迪尼亚超大陆开始裂解，分裂为东、西两个陆块群，西侧古陆包括现代的非洲、阿拉伯、南极东部、印度、澳大利亚、基梅里和塔里木等陆块，称为冈瓦纳古陆（Gondwana land）；东侧古陆由南美大陆、劳伦西亚古陆（Laurentia）、波罗的（Baltica）（东欧）陆块、西伯利亚和华北陆块组成。裂解的先导是澳大利亚周边的热地幔柱上涌扩张，裂解带分布在Grenville造山带的边缘。劳伦西亚大陆与澳大利亚的东南极分离，导致古太平洋扩张。震旦纪—早寒武世，为大洋扩张期，大部分大陆板块都分布在赤道附近。

二、古特提斯洋

古特提斯洋实际上在盘古（Pangaea）大陆形成之前就已开始出现，它的形成与冈瓦纳大陆北缘在晚志留世—早泥盆世一个条状大陆的分离有关。该条状大陆被称为 Hun 超级地体（Stampfli et al.，2002）。该超级地体可划分为东、西两部分，西部为欧洲 Hun 地体，东部为亚洲 Hun 地体。其中亚洲 Hun 地体包括中国的塔里木、华南地块和华北地块。随着 Hun 超级地体向北漂移，其后缘裂解，并最终扩张形成古特提斯洋。欧洲 Hun 地体从冈瓦纳大陆裂解的时间稍早，大约在晚志留世罗德洛（约 420Ma）时期就已发生，而亚洲 Hun 地体的分离的时间要晚，泥盆纪才开始（Metcalfe，2002）。同时，由于欧洲 Hun 地体向北漂移速度较快，漂移过程中通过一个大型走滑断层逐渐与亚洲 Hun 地体分离。在早石炭世维宪（Visean）期（约 340Ma），欧洲 Hun 地体与劳伦大陆碰撞。在晚石炭世卡西莫夫（Kasimovian）期（约 300Ma），欧洲 Hun 地体南部的古特提斯洋也完全消失，造成劳伦大陆与冈瓦纳大陆的拼合。

晚石炭世，整个古特提斯洋表现为盘古大陆东面的一个向东开口的大型"海湾"（Scotese et al.，1998；Golonka，2011；李江海等，2013）。海湾的北侧和东侧主要由哈萨克斯坦板块、塔里木板块、华北板块、华南板块、伊朗板块，以及阿拉伯板块等所限定。该地块群的北侧为一个向北不断消减的蒙古—鄂霍茨克洋（或古亚洲洋），古特提斯洋与蒙古—鄂霍茨克洋和盘古大陆周缘的泛大洋（Panthalassan）相通（图 1-3）。

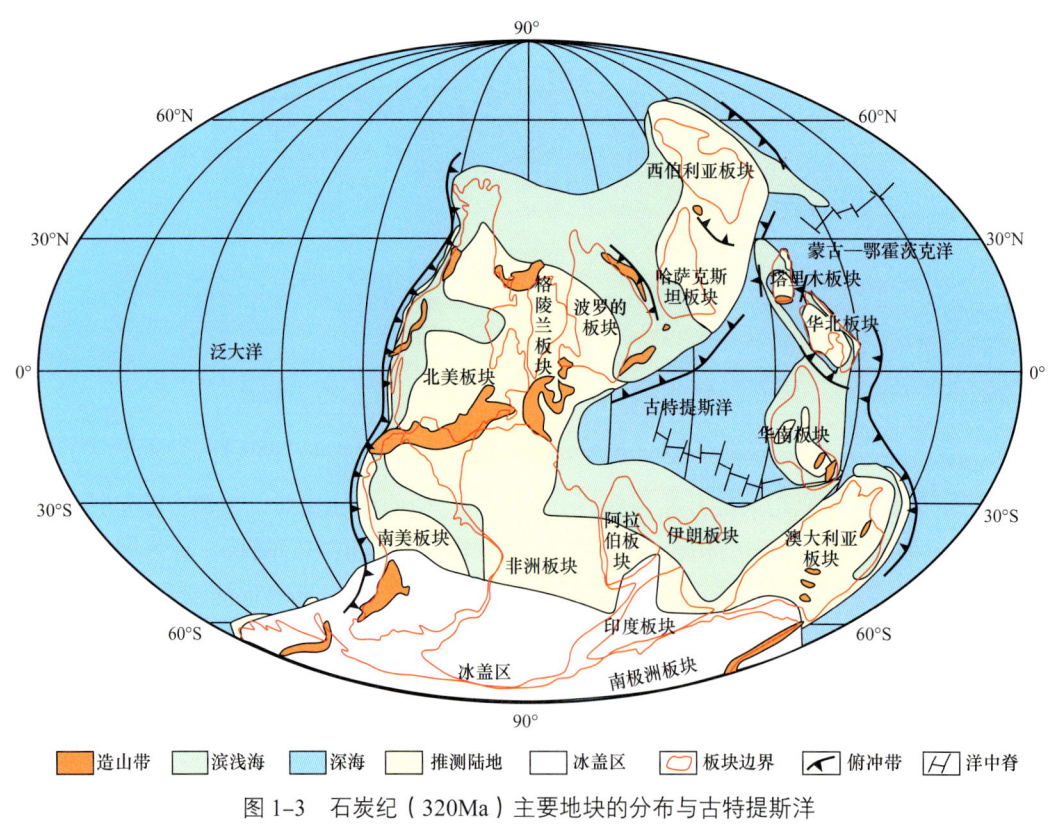

图 1-3 石炭纪（320Ma）主要地块的分布与古特提斯洋
（据 Scotese et al.，1998；Golonka，2011；李江海等，2013）

从 Grand et al.（1997）的分析可知，北部的营地（Camp）热柱开始活动时期较早，因此非洲板块与北美板块和欧洲板块的分离，最早开始于非洲板块西北部。

3 亿年前，起分离作用的一些断裂已经发育，在断裂附近有富含金属的矿床存在。

约 2 亿年前，北美板块与非洲板块开始分离，在北美板块东部和非洲板块西北部的摩洛哥之间发生了熔岩喷发，原始大西洋开始形成。

早二叠世，另一个条带状大陆从冈瓦纳大陆北缘分离。该大陆主要由基墨利地块（Cimmerian）、羌塘地块和滇缅马苏地块（Sibumasu）组成，其中缅泰马地块以含晚石炭世—早二叠世冰碛沉积物为特征。随着该条带状陆块的向北漂移，以及古特提斯洋向北俯冲消减和萎缩，该条带状陆块在三叠纪与北部地块发生碰撞，形成了昌宁—孟连缝合带。缅泰马地块与印支、东马来西亚地块的碰撞发生在早三叠世，羌塘地块与印支、思茅地块碰撞的时期为中—晚三叠世（Metcalfe，2006）。

三、新特提斯洋

板块构造历史恢复结果表明（Zhao et al.，1987；Scotese，1998），古特提斯洋的消减伴随着南侧新特提斯洋的扩张，中新生代的主要事件是在劳亚大陆南缘一系列地块（地体）的增生。

新特提斯洋打开是从联合古陆的东部裂开开始的，东部新特提斯带裂陷始于晚二叠世，从三叠纪开始出现大洋地壳。劳亚大陆西部与西冈瓦纳大陆之间新特提斯带的裂开一般在晚三叠世，侏罗纪才出现真正的大洋地壳（图 1-4）。

新特提斯洋的打开始于晚二叠世基梅里大陆（土耳其、伊朗、阿富汗、中帕米尔、羌塘、甜水海、中缅马苏地块）从冈瓦纳大陆的裂离，在基梅里大陆的后面（南侧）形成了中生代新特提斯洋，新特提斯的南、北两侧均为被动陆缘。随着新特提斯洋的加宽，古特提斯洋壳被进一步消减到欧亚陆缘之下，古特提斯洋洋壳连同塔里木、华北大陆一同运动到欧亚板块南缘。冲断—褶皱带发展到劳亚大陆内部，使陆块紧紧地群聚到一起，劳亚古陆迅速向南增生。

三叠纪，随着超级大陆的继续挤压作用，劳亚大陆南缘，陆壳被撕裂形成了一系列右旋走滑断裂，中哈萨克斯坦和天山山系发生变形改造而弯曲；劳亚大陆北部发生裂谷作用，劳亚大陆内部也以伸展为特征。

晚三叠世，华北陆块已经与欧亚陆块碰撞，古特提斯洋进一步关闭。欧亚陆块内部挤压作用终止，在同一地区伸展作用代替了造山作用。晚三叠世—早侏罗世，由南美和非洲组成的西冈瓦纳大陆，与东冈瓦纳大陆（南极、印度、澳大利亚）发生裂谷作用，同时北美板块与非洲板块之间的中大西洋开始开启。

侏罗纪，古特提斯洋的绝大部分（东段、中段）相继关闭，形成了基梅里造山带，使会聚带早期的北东—南西向构造带被单一的近纬向俯冲带代替。

三叠纪末—侏罗纪早期，西侧的中帕米尔、阿富汗、中伊朗等地块先后与图兰地块碰撞，古特提斯洋东段和中段关闭，形成甘孜—松潘、甜水海和科佩特造山带（基梅里造山带），俯冲带跃迁到增生微陆块以南的新位置。古特提斯洋西段大洋宽度进一步减小，土耳其等地块并没有与欧亚大陆发生完全碰撞，它们之间仍存在有狭长的黑海—里海古特提斯残余洋盆，该洋盆与新特提斯洋及地中海的海水是连通的。受上述构造的影响，滨里海—里海地区广泛发育陆表海相沉积与煤系地层互层的层序，海进方向是自西向东。在基梅里大陆南侧，中生代新特提斯洋逐渐张开变宽。新特提斯北缘和太平洋西缘都为洋壳消减带岛弧边界。

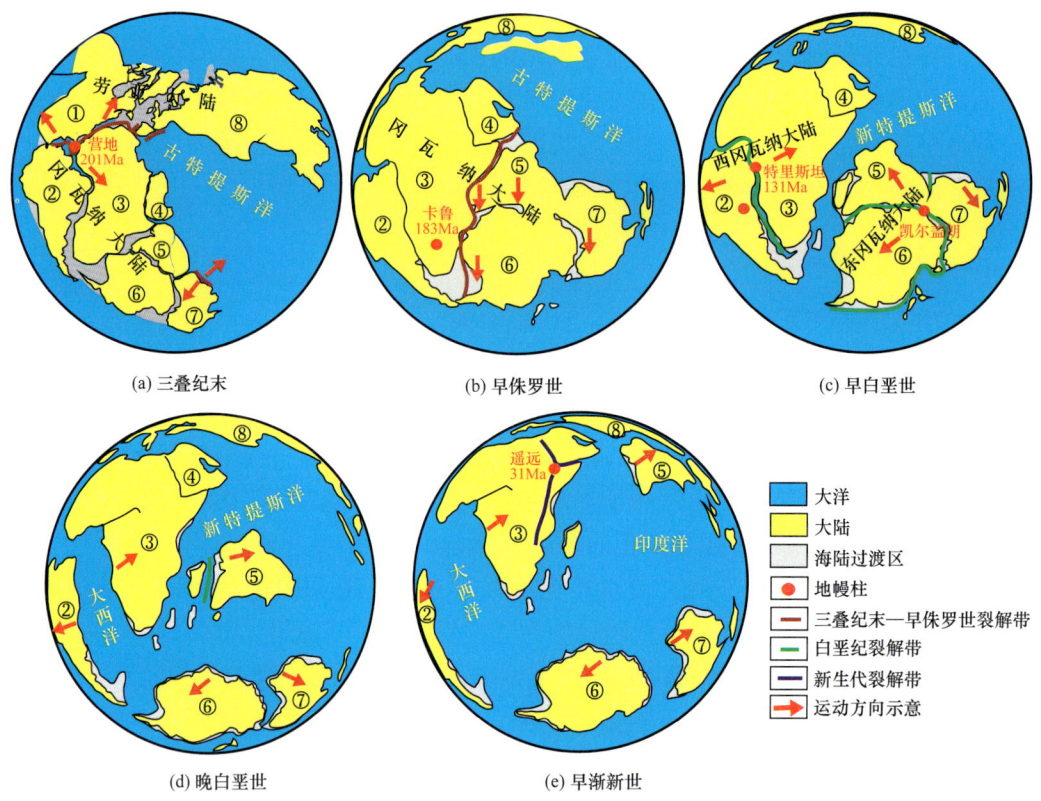

图 1-4　新特提斯洋演化图（据 Scotese et al., 1998；冯杨伟等，2017；张功成等，2022）
①美洲板块；②南美洲板块；③非洲板块；④阿拉伯板块；⑤印度板块；⑥南极洲板块；
⑦澳大利亚板块；⑧欧亚板块

在三叠纪末期和侏罗纪，蒙古—鄂霍次克洋盆关闭，在蒙古的肯特山和外贝加尔地区发生了褶皱作用并有花岗岩基岩的侵入。

在新特提斯洋的西段，晚侏罗世早期，非洲—阿拉伯与欧亚板块进一步会聚。

至早白垩世，新特提斯洋壳开始向伊朗地块之下俯冲，使伊朗地块成为活动陆缘。在伊朗和土耳其北侧小高加索弧及其延续部分不断地活动，在弧后重新打开，并开始从劳亚大陆分离（图1-4）。

早白垩世，新特提斯洋壳开始向北俯冲，在各段对北部盆地的影响不同。在帕米尔—地中海段，弧后扩张作用使得西部原黑海—里海残余洋盆扩大（弧后洋盆），滨里海地区海侵范围进一步扩大,以致在西起卡拉库姆盆地、塔吉克盆地、费尔干纳盆地,东至塔里木盆地的塔西南、库车地区等广大区域,在白垩系至古近系依次发育不同类型的海相层序。

白垩纪晚期—始新世,新特提斯洋关闭,阿拉伯与欧亚大陆开始碰撞。

晚白垩世,阿拉伯板块已经开始与伊朗地块碰撞,使伊朗地块北侧大高加索地区大洋几乎变成了古印度洋的一个支洋。在新特提斯带内,阿曼地区巨大的洋壳岩片被仰冲到阿拉伯大陆被动陆缘之上。随后,阿拉伯板块与欧亚大陆碰撞形成的扎格罗斯碰撞造山带,隔断了西段黑海—里海残余洋盆与外部大洋的联系,使其成为封闭内陆残留洋盆。除南里海盆地、黑海盆地以外的中亚—俄罗斯盆地群,逐渐结束了海相地层沉积。

晚始新世开始红海和亚丁湾裂开,使非洲与阿拉伯板块分离。

第三节 特提斯构造域对深水油气的控制

特提斯构造带是世界上最雄伟的一条中—新生代强烈挤压造山带,东南亚地区长期以来横亘于全球特提斯构造域的东南端,伴随特提斯的发育和演化,过去的特提斯域虽然可能发育了不少沉积盆地,在现在保存的某些盆地中也找到了不少油气,但总体上,特提斯构造带是一个沉积盆地已遭强烈破坏的造山带,油气的存在是受严格地质条件限制的,其中最主要的是在造山运动中盆地所处的构造位置和环境。

中生代期间特提斯构造域位于南纬30°~北纬30°,温暖洋流适于大量生物生长发育,有机质丰富,发育优质烃源岩,以泥质岩为主。通常石灰岩烃源岩的总有机碳(TOC)和生烃潜力(S_1+S_2)仅是泥质烃源岩的1/18~1/10。海相油气烃源岩主要分布在陆棚及斜坡相、台内坳陷等(占70%)。陆相油气烃源岩主要分布在湖盆中心(占90%)。

从富油气盆地所分布的构造部位看,主要是位于特提斯构造带南、北边缘,以其毗邻的冈瓦纳和欧亚两大陆为依托,而能得到其刚性基底保护。东南亚处于活动构造带中,之所以含有丰富的油气资源得益于其尚在发育而未经破坏的活动陆缘盆地中局部相对稳定的环境。

第二章　新特提斯构造域深水盆地带分布

依据特提斯洋演化的阶段性和海洋深水盆地的发育情况，特提斯构造域深水盆地群划分为东、中、西三大段（图2-1），东段主要包括澳大利亚西北陆架和东南亚深水盆地群，由于东南亚地区同时受到太平洋板块向西俯冲的影响，本次暂将东南亚深水盆地群划归到西太平洋深水盆地群（带）；中段主要指位于孟加拉湾—阿拉伯海域的印度大陆东、西陆缘深水盆地群（带）；西段主要指地中海域深水盆地群（带）。

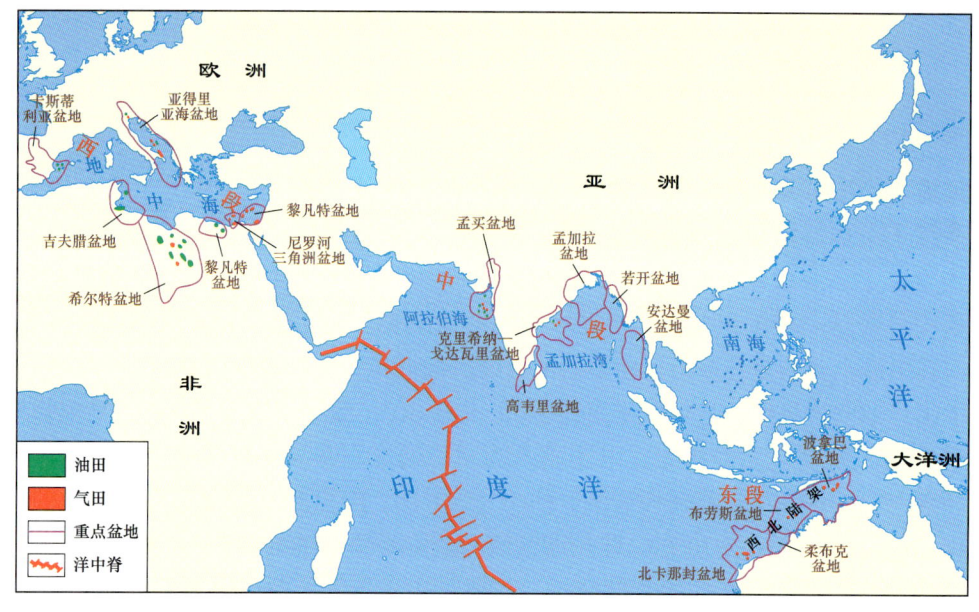

图2-1　特提斯构造域深水盆地群分布与区段划分图（据李国玉等，2005；胡孝林等，2020）

第一节　澳大利亚西北大陆架深水盆地群

澳大利亚西北陆架位于澳大利亚大陆的西北部海域中，西南延伸到大约南纬22°，东北大致到东经131°，总面积约120×10^{4}km^2（白国平等，2007；张建球等，2008）。其西与印度洋毗邻，西北是印度尼西亚半岛，北边是帝汶岛，东北方向是爪哇群岛。陆上部分多与西澳大利亚相邻，北部跟北领地相接。

澳大利亚西北陆架区域发育巨型"西澳超级盆地"，为被动大陆边缘盆地，从西南到东北发育9个盆地，其中主要为北卡那封盆地（North Carnarvon Basin）、柔布克盆地（Roebuck Basin）、布劳斯盆地（Browse Basin）和波拿巴盆地（Bonaparte Basin）（图 2-2）。

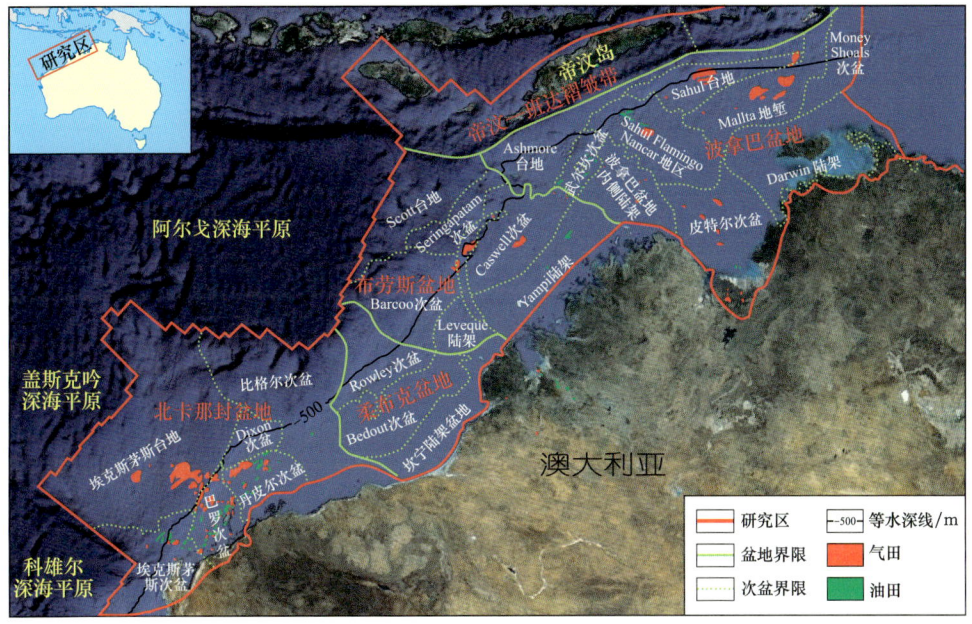

图 2-2 澳大利亚西北大陆架主要沉积盆地分布（据 Walker，2007；冯杨伟等，2011；朱伟林等，2013）

一、北卡那封盆地

北卡那封盆地位于澳大利亚西北陆架区域西南端，面积约 $54×10^4 km^2$（白国平等，2007），是一个世界级的富气盆地，油气分布为内侧为油、外侧为气，天然气储量（折油当量）$107.405×10^{12}ft^3$，石油 $7.218×10^8 m^3$。东缘超覆在前寒武纪地盾上，古生代为平缓的大陆架，早侏罗世—早白垩世为裂谷期，张性断层导致形成一系列地垒和地堑，油气田大多分布在这条裂谷复合地堑—地垒系内。上覆下白垩统泥页岩和上白垩统—新近系海相泥页岩、碳酸盐岩等。气和凝析油的产层多为上三叠统与中—下侏罗统砂岩，例如深水区的 Jansz 巨型气田产层为中侏罗统的水道砂岩，巴罗岛油田产层为中、上侏罗统—白垩系底部砂岩，如图 2-2 所示（Bradshaiv et al.，1994；Bradshaw，2008）。

二、柔布克盆地

柔布克盆地位于澳大利亚西北陆架中段，盆地面积约 $18×10^4 km^2$。盆地走向与现代海岸线大致平行，呈北东—南西向展布。其西邻北卡那封盆地的比格尔次盆（Beagle），东接布劳斯盆地，北邻深海平原，南部与陆上坎宁盆地接壤（图 2-2）。最大沉积厚度可达 $1.6×10^4 m$，大部分位于浅水区内。盆地目前仅在 Bedout 凹陷内三叠系有油气发现，是近期澳大利亚深水油气勘探的热点之一。

三、布劳斯盆地

布劳斯盆地位于澳大利亚西北大陆架波拿巴盆地和西南边柔布克盆地之间，面积约 $14×10^4 km^2$，天然气储量（折油当量）$33.586×10^{12}ft^3$，石油储量 $2.098×10^8m^3$。盆地东部和东南部为澳大利亚金伯利克拉通，西部为斯科特（Scott）海底高原，西北部延伸至大陆边缘（图2-2）。盆地显生宙沉积物厚达15km。盆地基底为前中生界前裂谷层系，局部地区有火山岩发育。上覆侏罗系—下白垩统裂谷层系，主要为一套海陆过渡相和陆源海相三角洲沉积。早白垩世瓦兰今期至今为被动陆缘层序，为海相碳酸盐岩、泥页岩和浊积砂岩沉积（Cadman et al.，2003）。

四、波拿巴盆地

波拿巴盆地位于澳大利亚北部帝汶海海域，包括了西澳大利亚金伯利地区以北的陆上和海上区域（图2-2）。盆地主体位于海上，称为北波拿巴盆地，面积约 $25×10^4 km^2$。盆地南部位于陆上，下叠西澳大利亚地区金伯利古老克拉通盆地，称为南波拿巴盆地，面积约 $2×10^4 km^2$（张建球等，2007）；天然气储量（折油当量）$24.333×10^{12}ft^3$，石油 $2.316×10^8m^3$。盆地的形成受冈瓦纳大陆破裂解体控制，基底为前中生代北西—南东向断裂控制的前裂谷层系，在古生界残留盆地中有岩盐层发育；上覆侏罗系—下白垩统裂谷层系，主要为一套海陆过渡相和陆源海相三角洲沉积；早白垩世瓦兰今期至今为被动大陆边缘层序，发育海相碳酸盐岩、厚层泥页岩和浊积砂岩沉积（Lavering et al.，1991；Bradshaiv et al.，1994；Kennard et al.，2004）。

第二节 孟加拉湾—阿拉伯海深水盆地群

孟加拉湾—阿拉伯海深水盆地主要分布在印度东、西陆缘，包括印度东部陆缘的克里希纳—戈达瓦里（Krishna-Godavari）盆地（简称K-G盆地）、高韦里（Cauvery）盆地和孟加拉（Bengal）盆地，印度西部陆缘的孟买盆地等（图2-3）。

一、印度东部陆缘重点深水盆地

印度东部陆缘位于孟加拉湾西部地区，该区海域发育众多大陆边缘含油气盆地，根据板块位置和构造特征可划分为两大类，分别是：西侧被动大陆边缘盆地，包括马哈纳迪盆地、克里希纳—戈达瓦里盆地和高韦里盆地；北部残留洋盆地，为孟加拉盆地。孟加拉湾周边重要的深水含油气盆地为克里希纳—戈达瓦里盆地、高韦里盆地和孟加拉盆地（图2-3，表2-1）。

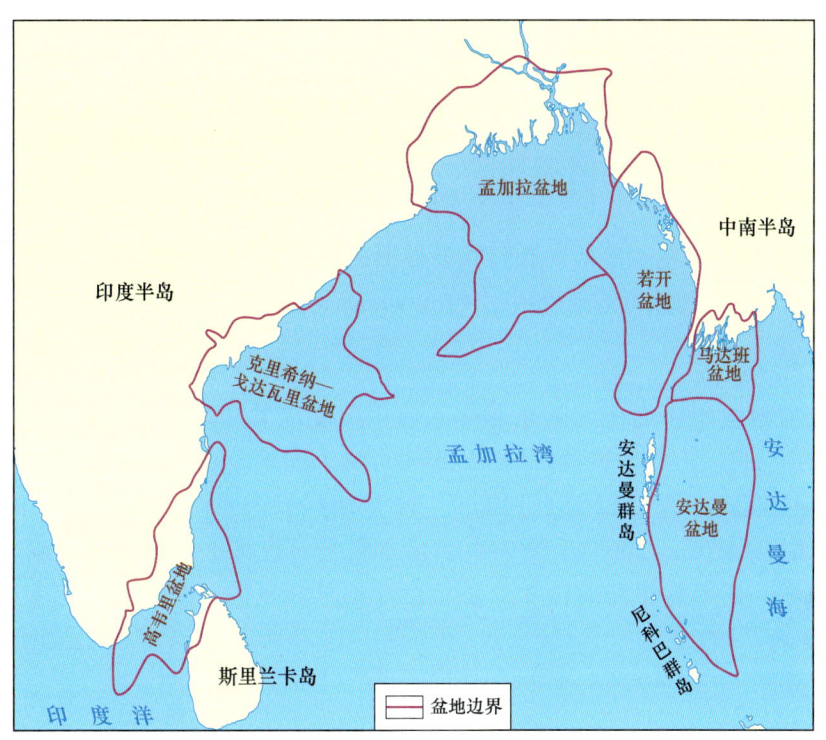

图 2-3 孟加拉湾深水区主要盆地分布图（据朱伟林等，2012；张功成等，2017）

表 2-1 孟加拉湾重要深水含油气各盆地特征简表（据 Gupta et al., 2006；Abhijitmukherjee et al., 2009；Bhowmick，2005）

盆地名称	总面积 /km²		盆地形成机制	盆地类型	水深	基底
	陆上	海域				
克里希纳—戈达瓦里盆地	28000	42000	东冈瓦纳大陆的分离解体及印度洋在晚侏罗世的扩张	被动边缘盆地（Gupta，2006）	主体水深小于1000m	前寒武系结晶基底
高韦里盆地	33000	83000		被动陆缘盆地（Bhowmick，2005）	主体水深小于200m	
孟加拉盆地	151560	251840	冈瓦纳大陆裂解、印度板块向北漂移及印度板块与亚洲大陆的碰撞	残留洋盆地（Abhijitmukherjee et al., 2009）	主体水深小于200m	

1. 克里希纳—戈达瓦里盆地

克里希纳—戈达瓦里盆地位于印度的东海岸，侧向延伸 500km，从海岸向深海延伸超过 200km。盆地面积 $7 \times 10^4 km^2$（陆上 $2.8 \times 10^4 km^2$，海上 $4.2 \times 10^4 km^2$），主要分布在孟加拉湾海区范围内。现今盆地范围内主要发育克里希纳（Krishna）和戈达瓦里（Godavari）两条河流系统（Ravi Bastia et al., 2006a），盆地名称即由此而来。

克里希纳—戈达瓦里盆地位于印度东部被动大陆边缘中部，为被动大陆边缘盆地，构造走向北东—南西向，垂向上与北部的近北西—南东向的 Pranhita 冈瓦纳地堑垂直（Gupta，2006）。

克里希纳—戈达瓦里盆地经历多旋回构造演化，最大沉积厚度可达到 7km，古生界和中生界 3km，新生界 4km，形成印度最有潜力的含油气系统之一（Bastia，2006）。盆地发育前寒武系变质结晶基底，主要由片麻岩、石英岩和榴英硅线变质岩组成（Gupta，2006）。盆地发育近北东—南西向雁行状、弓形的地垒—地堑系统，呈十字交叉状排列，发育生长断层、反转和倾斜的复合断层（Bhowmick，2005）。

2. 孟加拉盆地

孟加拉盆地位于印度次大陆东北部，位于印度地盾和印度尼西亚—缅甸山脉间，孟加拉湾的北部，主要跨越孟加拉国和印度两个国家，占地约 $40.34 \times 10^4 km^2$，其中陆上 $15.156 \times 10^4 km^2$，海上 $25.184 \times 10^4 km^2$。该盆地呈长条形，长轴沿北—南方向伸展（Abhijitmukherjee et al.，2009）（图 2-4）。孟加拉湾有世界上最大的深海扇系统——孟加拉湾深海扇，向南延伸到南纬 7°，发育巨厚的早白垩世—全新世沉积（地层厚度约 22km）（Curray，1991）。

图 2-4　孟加拉湾北部区域地质简图（据 Uddin et al.，1998）

3. 高韦里盆地

高韦里盆地位于印度东海岸、印度半岛的南东部泰米尔纳德邦，沿保克海峡与克洛曼朵海岸分布。盆地面积 $11.7 \times 10^4 km^2$，包括约 $3.3 \times 10^4 km^2$ 的陆上部分和约 $8.3 \times 10^4 km^2$ 的海上部分（延伸至2000m等深线）。在近岸区，约有 $5.5 \times 10^4 km^2$ 位于印度的领海，其余部分位于斯里兰卡海域。盆地东南部以前寒武系火山岩和锡兰花岗岩为界，延伸从南部的杜蒂戈林城的陆上部分直到北部的本地治里城（图2-5）。

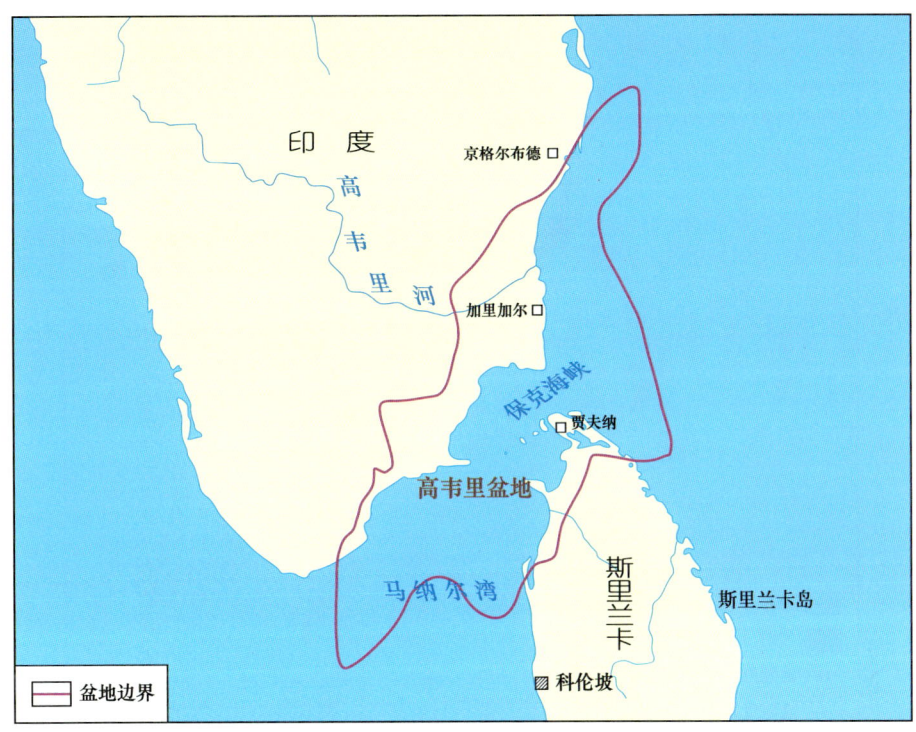

图2-5 高韦里盆地地理位置图（据张功成等，2015）

二、印度西部陆缘重点深水盆地

印度西部陆缘重点深水盆地位于波斯湾东部，重点含油气盆地为孟买盆地。孟买盆地为南亚地区典型的被动大陆边缘盆地，是迄今为止南亚地区发现的最富石油的盆地。孟买盆地处于南亚地区印度次大陆西缘，主要位于印度西海岸阿拉伯海海域内，孟买盆地主要位于海上，总面积约为 $168080km^2$，其中海上面积 $166966km^2$，约30%的面积位于深海，孟买盆地位置如图2-6所示（李国玉等，2005）。

与南亚地区大多数古生代、中生代盆地不同，孟买盆地是南亚地区罕见的新生代盆地，其构造演化时间短，盆地类型比较单一，发育优质烃源岩，油气成藏条件优越。1974年印度石油天然气公司在该盆地钻了孟买高1井，该井位于水深62m陆架区，发现了孟买盆地迄今为止最大的油气田——孟买高油气田，其后一直未有重大发现。

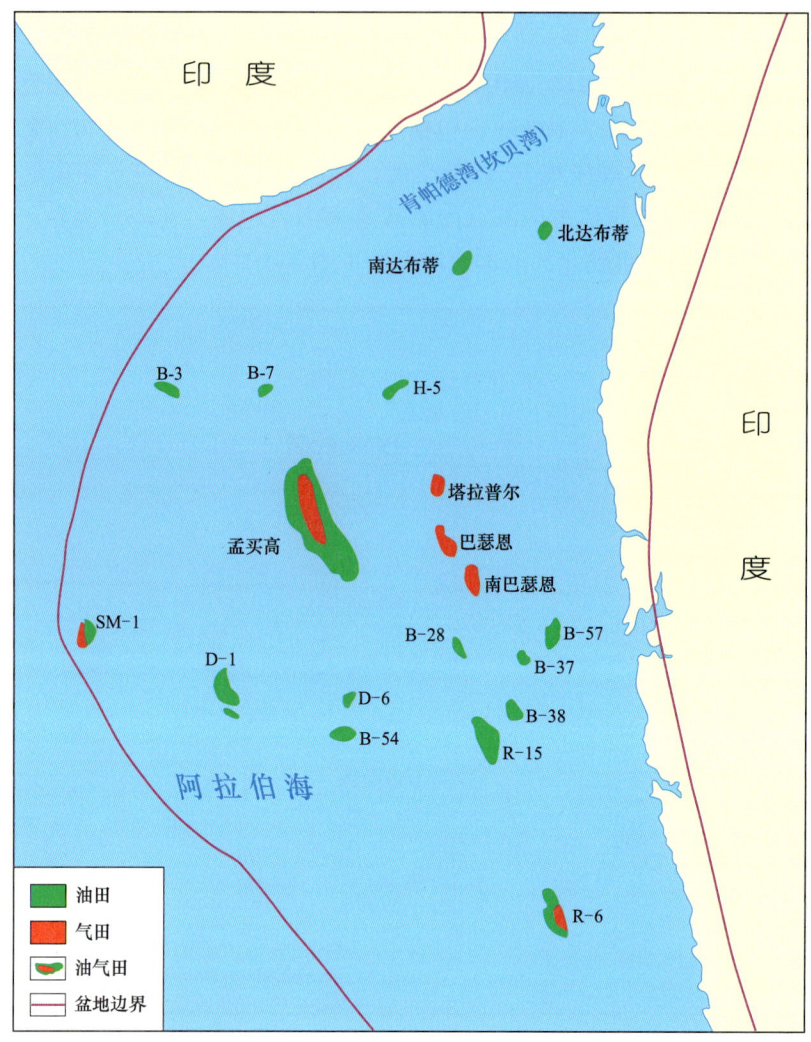

图 2-6　孟买盆地地理位置图（据李国玉等，2005）

第三节　地中海重点深水盆地群

地中海位于特提斯构造域西段，深水含油气盆地主要分布在滨地中海一带（图 2-1），目前有深水油气发现的主要是地中海南岸滨岸地带东部地区的尼罗河三角洲盆地和黎凡特盆地。

一、地中海南岸滨岸盆地群

地中海南岸滨岸地带盆地群主要包括尼罗河三角洲盆地、黎凡特盆地、北埃及盆地、锡尔特盆地、吉夫腊盆地和格尔西夫盆地等。

1. 尼罗河三角洲盆地

尼罗河三角洲盆地位于北非埃及境内，陆上和海上面积各 $3\times10^4 km^2$（图 2-7）。尼罗河三角洲盆地开始形成于晚渐新世—早中新世，三角洲进积开始于晚上新世，主要发育于更新世，埃及东部隆起为物源区（童晓光，2002）。

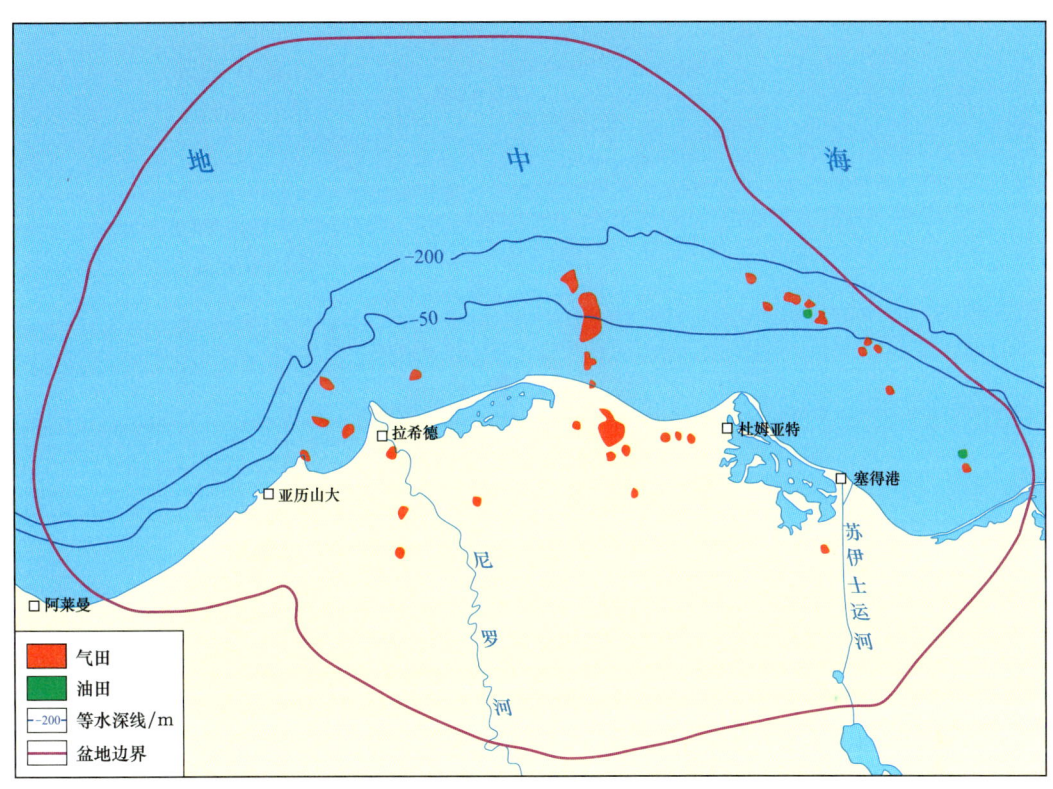

图 2-7　尼罗河三角洲盆地油气田分布图（据童晓光，2002）

盆地中主要断裂系统将尼罗河三角洲盆地划分为 3 个单元：南三角洲位于陆上，面积为 $2.06\times10^4 km^2$，以东西向向北倾斜的正断层和挠曲带与北三角洲分开；北三角洲主要位于海域大陆架，面积为 $2.3\times10^4 km^2$，陆上面积为 $0.92\times10^4 km^2$；大陆坡位于大陆架以北，海水深于 200m。

北三角洲及大陆坡部分有东西两个深海扇，东部深海扇沉积厚度薄，断层和刺穿构造较多，而西部深海扇厚度较大，断层很少，并且无刺穿构造（童晓光，2002；李国玉，2005；Aal，2000；Loncke，2004）。

2. 黎凡特盆地

黎凡特盆地位于地中海东部，面积约 $8.3\times10^4 km^2$（潘楠，2016），黎凡特盆地大部分位于地中海海域中，少部分向东上岸延伸至土耳其、叙利亚、黎巴嫩、以色列及巴勒斯坦等国家与地区的陆地部分（图 2-8）。

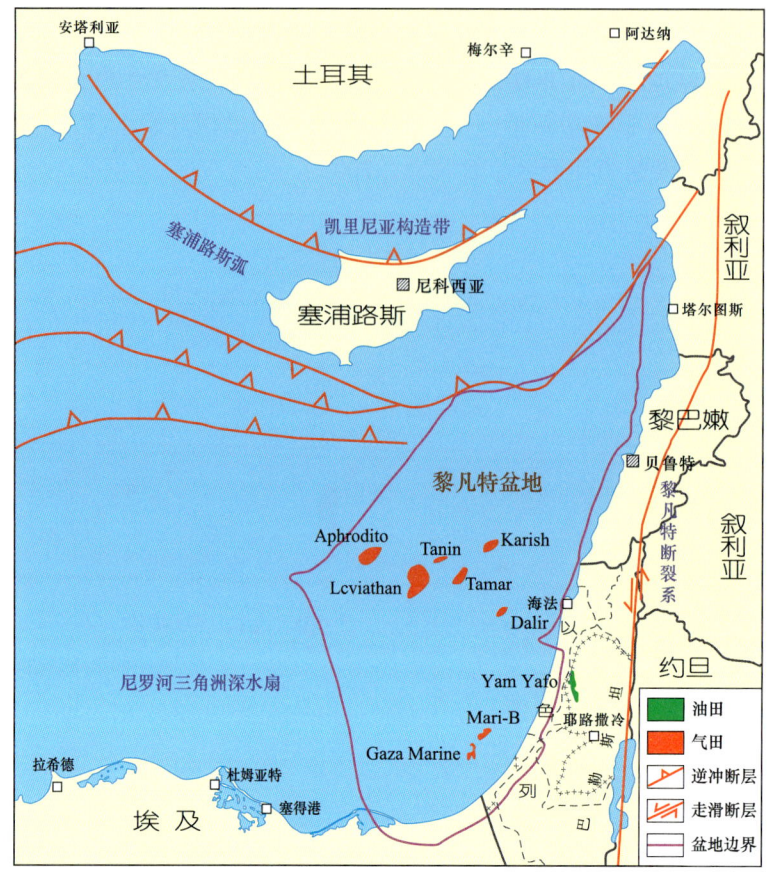

图 2-8 东地中海黎凡特盆地气田分布及区域构造图
（据 Gardosh et al., 2006; Bowman et al., 2011; 张功成等, 2017; 田琨等, 2020）

黎凡特盆地已发现的主要气田储量合计约 $54×10^{12}ft^3$（约合 $1.5×10^{12}m^3$），主要集中在以色列的地中海所属水域内。迄今为止陆地部分发现的气田数量较少。

盆地形成于晚古生代，经历了陆内断陷、陆内—陆间裂谷和被动大陆边缘沉积等原型盆地演化阶段，以海相沉积为主。

3. 北埃及盆地

北埃及盆地由小型裂谷盆地构成，面积 $13.2×10^4km^2$，初始裂开于二叠纪，主要发育期为晚侏罗世—早白垩世（童晓光, 2002）。

4. 锡尔特盆地

锡尔特盆地位于利比亚境内，面积为 $42.1×10^4km^2$，其中陆上面积为 $40.1×10^4km^2$，海上面积为 $1.7×10^4km^2$（李国玉, 2005; 裴振洪, 2004）（图 2-9）。锡尔特盆地为北非地区典型的陆内裂谷盆地，裂谷开始于早白垩世，晚白垩世盆地发育了一系列的正断层，将盆地分为若干北西—南东向地垒和地堑。

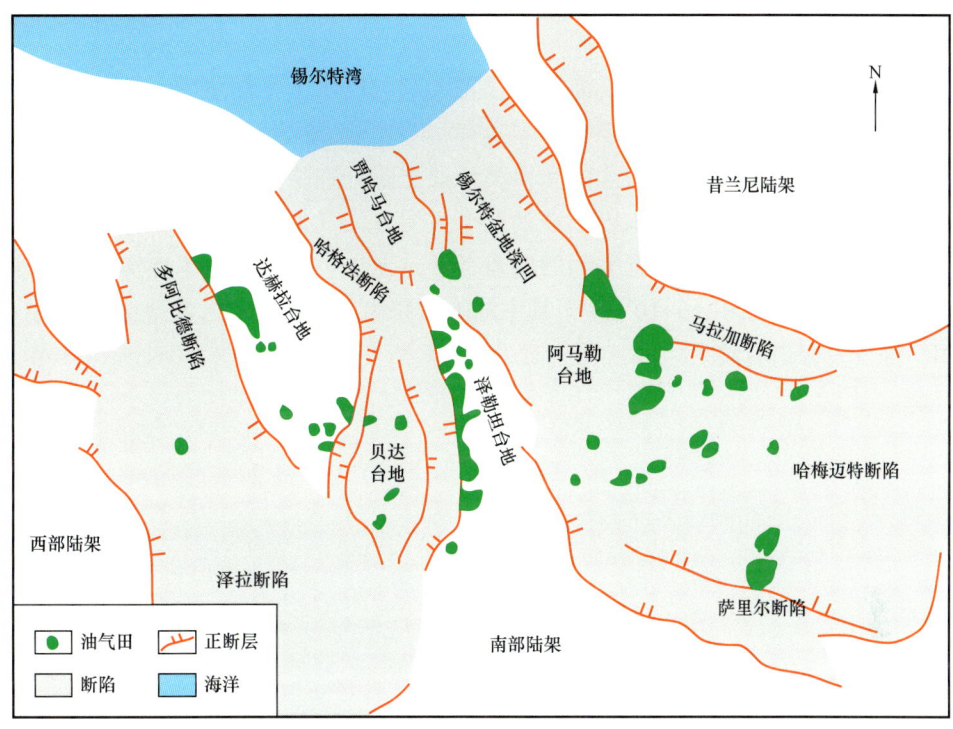

图 2-9 锡尔特盆地主要油气田的分布图（据谯汉生等，2004，修改）

5. 吉夫腊盆地

吉夫腊盆地位于利比亚西北部地中海沿岸，盆地西部延伸至突尼斯，为一跨陆海的盆地。陆上面积约 $3 \times 10^4 km^2$，向北延伸入大陆架。南部边界为尼夫沙隆起，属中生代褶皱带，以北与伊利兹盆地分开。海域部分位于佩拉杰台地的南部，属于中生代沉降带，海相沉积较厚，中生代晚期开始隆起，古近纪形成稳定的沉积盆地（李国玉等，2005）。

二、地中海北岸滨岸盆地群

地中海北岸滨岸地带主要盆地包括卡斯蒂利亚盆地、亚得里亚海盆地等。

1. 卡斯蒂利亚盆地

卡斯蒂利亚盆地位于地中海东北部，包括南、北两部分，面积为 $19.4 \times 10^4 km^2$。卡斯蒂利亚盆地海上巴伦西亚海湾水深 120～470m，两侧出露中生界海相碳酸盐岩层，其上覆有 2000m 的新近系碎屑岩沉积。断块隆起之上的中生界碳酸盐岩因经过长期侵蚀储层物性较好，新近系泥岩为良好的盖层。巴伦西亚海湾从 1970 年发现第一个油田以来，至今仍然是西班牙的主要探区和产油区。1973 年首先投产阿姆普斯塔油田，1978 年投产多腊达小油田产能为 $30 \times 10^4 t$。目前该区最大的油田是 1975 年发现的卡莎布兰卡油田，可采储量约 $1500 \times 10^4 t$（李国玉，2005）。

2. 亚得里亚海盆地

亚得里亚海是地中海的一个大海湾，在意大利与巴尔干半岛之间，北浅南深，平均水深240m，南部最大水深1324m。

亚得里亚海盆地中的都拉斯洼陷和伊奥尼亚洼陷分别位于盆地的西南部和南部，都拉斯洼陷和伊奥尼亚洼陷是阿尔巴尼亚的两个主要含油气盆地，其中都拉斯洼陷为含气区，伊奥尼亚洼陷为含油区。意大利的前亚平宁盆地也包含在亚得里亚海盆地当中，盆地为北西—南东向，面积 $10×10^4km^2$，其中陆上面积为 $7.4×10^4km^2$。盆地中只发现一些小油气田，油气资源量有限。

第二篇
澳大利亚西北陆架深水盆地群油气地质

澳大利亚西北陆架位于澳大利亚西北部海域,属边缘海型被动大陆边缘。澳大利亚西北陆架被动陆缘盆地深水区是当今世界油气勘探的热点之一,总面积约 $120×10^4 km^2$,主要包括北卡那封盆地、柔布克盆地、布劳斯盆地和波拿巴盆地 4 大深水盆地。深水区主要指北卡那封盆地—柔布克盆地—布劳斯盆地—波拿巴盆地 500m 等水深线西北方的广大区域,总面积约 $60×10^4 km^2$。

澳大利亚西北陆架是伴随着冈瓦纳大陆解体而发育的一个边缘海型被动大陆边缘,其构造演化经历了类似南大西洋典型被动大陆边缘的三大发展阶段:克拉通发育期、裂谷期和被动大陆边缘期,对应发育三大沉积充填层序:克拉通层序、裂谷层序和被动陆缘层序。

近 20 年来,澳大利亚西北陆架有 100 多个规模不等的油气田发现。油气主要富集在北卡那封盆地、波拿巴盆地和布劳斯盆地,柔布克盆地没有获得工业油气流突破。已发现油气的分布具有不均一性,呈"内油外气,上油下气"的特点。大型气田比如 Jansz 气田和 Gordon 气田等主要分布在富烃凹陷区域且位于远岸带深水区;近岸带浅水区主要发育一些小型油田,比如巴罗岛油田等;中间过渡带富烃凹陷区域已发现大中型气田,发现油田的潜力仍很大。

第三章　澳大利亚西北陆架概况

第一节　自然地理概况

澳大利亚大陆是地球上面积最大的岛屿和面积最小与最平坦的陆地，位于太平洋西南部与印度洋之间，领土包括澳大利亚大陆和塔斯马尼亚岛。澳大利亚首都是堪培拉，澳大利亚四面环洋，东濒太平洋的珊瑚海和塔斯曼海，西、北、南三面临印度洋及其边缘海，海岸线总长36735km。东北部沿海有世界上最大的珊瑚礁，称大堡礁。西澳大利亚州位于澳大利亚大陆西部，濒临印度洋，面积相当于整个西欧，面积为$252.9875×10^4 km^2$，占澳大利亚总面积1/3，是澳大利亚最大的州。海岸线南北长达12500km，被印度洋和南大洋环抱（图3-1）。

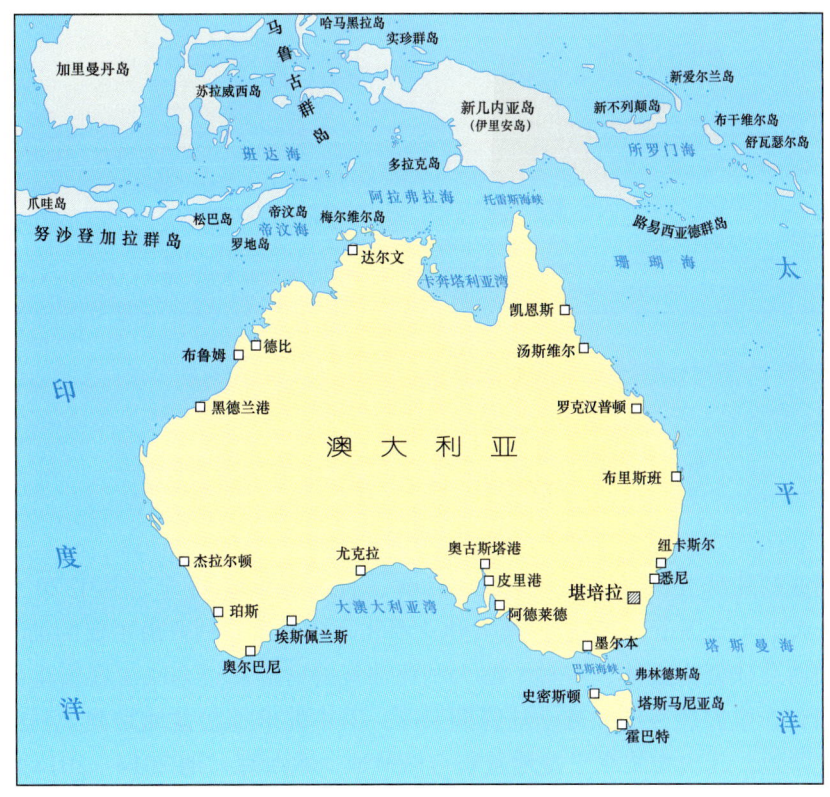

图3-1　澳大利亚地理位置图

澳大利亚西北陆架毗邻的是西部高原区，大部分为沙漠—半沙漠，海拔200～500m，也有一些海拔1000～1200m的横断山脉。西部高原中部平均海拔约450m，气候干燥，遍布荒漠和半荒漠。共有三大沙漠，自北而南为大沙沙漠、吉布森沙漠和维多利亚大沙漠。沙漠间水分较多的地方，生长着稀疏麻黄树和矮小灌木。西部高原沿海地势平坦，它比大陆东岸平原连续性强。沿海平原北部为大陆最热最干燥地区之一，降水极少且不稳定（图3-2）。

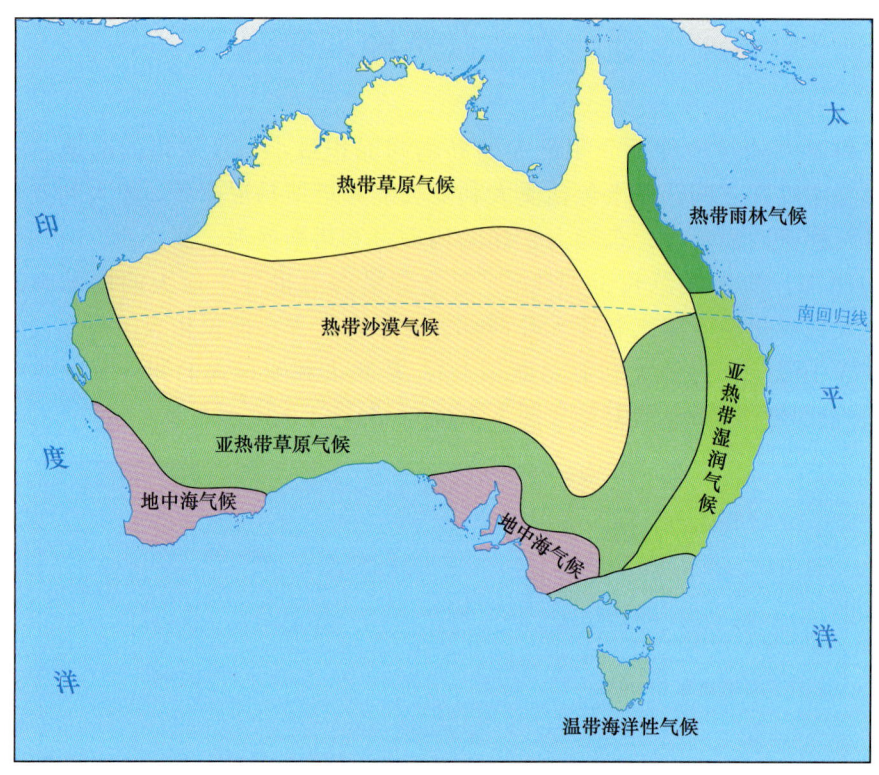

图3-2 澳大利亚气候分布图

第二节 西北陆架油气资源概况

澳大利亚的陆海沉积岩面积共$630×10^4 km^2$，有沉积盆地48个，其中20个盆地部分或全部位于海上（李国玉，2005）。澳大利亚西北区域是澳大利亚最重要的油气产区，以位于海域的西北陆架为主体，占整个澳大利亚油气的份额超过80%。在古生界基底上沉积了中生界和新生界裂谷期和被动陆缘期层序，其中北卡那封盆地是澳大利亚产储量最大的含油气盆地，其次为波拿巴盆地及布劳斯盆地，柔布克盆地2014—2016年发现了三叠系天然气和凝析油，成为区域内油气关注的焦点。

一、主要油气田分布

澳大利亚西北陆架是现今全球深水油气勘探的热点地区之一,近20年来油气重大发现接踵而至,澳大利亚西北陆架的油气产量和储量超过陆上,成为澳大利亚最主要的油气产区。澳大利亚一方面在西北陆架自营勘探,本土的油气勘探公司主要为 Woodside 公司等;同时积极寻求对外合作,世界上知名的跨国油气公司比如壳牌、雪佛龙、必和必拓、英国石油公司和日本澳大利亚液化天然气集团(由三菱和三井公司组建)等均在澳大利亚西北陆架参与一些区块的油气勘探与开发。近20年来,澳大利亚西北陆架有100多个规模不等的油气田发现,2011—2016年,澳大利亚在西北陆架的北卡那封盆地、布劳斯盆地获得一系列天然气发现,同时柔布克盆地也取得勘探新突破(表3-1,图3-3)。

表3-1 2011—2016年澳大利亚西北陆架海域油气勘探新发现(据张功成等,2019)

发现井或油气田	发现时间	盆地或区块	水深/m	作业者	储量类别	勘探发现情况	资料来源
Orthrus-2井	2011/2/9	北卡那封	深水	雪佛龙	气	钻遇74m净含气层	黄佳音,2011a
Martin-1井	2011/3/17	北卡那封 WA-404-P 区块	海上	Woodside	气	钻遇100m含气层	黄佳音,2011b
Zola-1井	2011/4/14	北卡那封 WA-290-P 区块	285	奥地利油气集团	气	钻遇130m厚净含气层,储量378×10^{8}ft^3	黄佳音,2011c
Laverda North-2井	2011/5/5	Exmouth次盆 WA-36-R 区块	深水	Woodside	油	钻遇18m厚新含油层	黄佳音,2011d;Offshore technology,2011
Xeres-1井	2011/5/23	北卡那封	海上	Woodside	气	钻遇51m厚气层	黄佳音,2011d
Acme West-1井	2011/10/27	北卡那封 WA-205-P 区块	925	雪佛龙	气	钻遇115m厚气层	黄佳音,2011e
Acme West-2井	2011/10/27	北卡那封 WA-205-P 区块	925	雪佛龙	气	钻遇56m厚气层	黄佳音,2011e
Pontus-1井	2012/8/7	北卡那封 WA-37-L 区块	210	雪佛龙	气	钻遇30m厚纯产气层	中国石化新闻网,2016

续表

发现井或油气田	发现时间	盆地或区块	水深/m	作业者	储量类别	勘探发现情况	资料来源
Satyr-3 井	2012/1/19	北卡那封 WA-374-P 区块	1124	雪佛龙	气	钻遇74m厚纯含气层	国际燃气网，2012a
Satyr-2 井	2012/9/19		1088	雪佛龙	气	钻遇39m厚纯含气层	黄佳音，2012a；国际燃气网，2012b
Satyr-4 井	2012/10/29		1067	雪佛龙	气	钻遇67m厚纯含气层	黄佳音，2012b；中国石化新闻网，2012
Pinhoe-1 井	2012/12/27	北卡那封 WA-383-P 区块	929	雪佛龙	气	钻遇60m厚气层	马文辉，2013；Oil&Gas Journal，2012
Arnhem-1 井		北卡那封 WA-383-P 区块	1208	雪佛龙	气	钻遇45.4m厚的气层	
	2013/4/23	北卡那封	1143	雪佛龙	气	钻遇约40.2m厚气层	于恩礼，2013a
Bassett West-1 井	2013/6/7	布劳斯	深水	圣通斯	气	钻遇7.5m厚气层	于恩礼，2013b
Toro-1 井	2014/7/2	埃克斯茅斯次盆 WA-430-P	海上	Woodside	气	钻遇150m厚气层	刘红等，2014
Phoenix South-1 井	2014/8/18	柔布克 WA-435-P 区块	133	阿帕奇石油公司等	油	可能蕴藏3×10^{8}bbl原油储量	于恩礼，2014；
Lasseter-1 井	2014/8/22	布劳斯 WA-274-P 区块	404	圣通斯、Inpex	气/凝析油	钻遇78m净厚天然气和凝析油层	中国石化新闻网，2014
Pyxis-1 井	2015/4/8	Dampier 次盆 WA-34-L 区块	海上	Woodside	气	钻遇18.5m厚纯产气层	于恩礼，2015
Roc 1 井	2016/3/17	柔布克 WA-437-P 区块	海上	卡那封石油公司	气/凝析油	可采天然气储量3270×10^{12}ft^3，凝析油18×10^{6}bbl	中国石化新闻网，2016

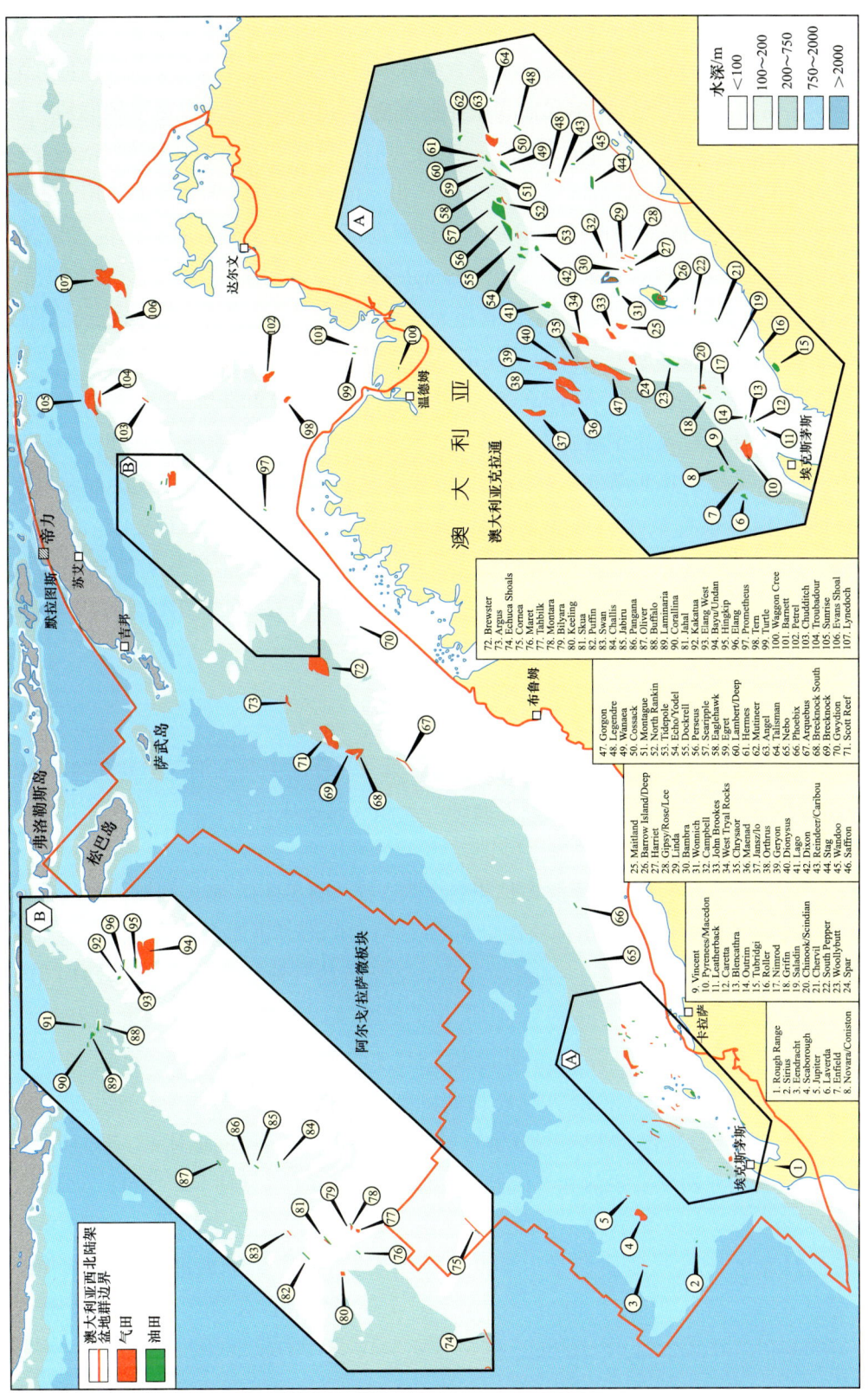

图 3-3 澳大利亚西北陆架主要油气田分布图（据 Longley et al., 2002）

北卡那封盆地的油气田发现约60余个，大部分集中在巴罗—丹皮尔次盆、埃克斯茅斯次盆和埃克斯茅斯台地，其中埃克斯茅斯台地区域的Jansz气田以$20×10^{12}ft^3$的油气地质储量而闻名遐迩，巴罗—丹皮尔次盆和埃克斯茅斯台地临界的兰金台地地区的油气是整个澳大利亚西北陆架最为富集的地区，一些重大油气发现引人瞩目，诸如Goagon气田、Scarborough气田、Wheatstone气田、Pluto气田、Angel气田、北兰金油气田、古德温油气田及Cossack Pioneer油田等。近岸带的巴罗岛油田是西北陆架最早的油气发现，曾经也是最大的油田（Halbouty et al., 2007; Longley et al., 2002）。

布劳斯盆地以天然气和凝析油为主，有超大型—大型的Torosa气田、Brecknock气田和Brewster-Gorgonichthys油（凝析油）气田等。发现的最大油田为Cornea油田，其他一些小油田包括Gwydion油田、Montara油田、Bilyara油田和Tahbik油田等。

波拿巴盆地油气发现集中在武尔坎次盆、玛丽塔（Malita）地堑和萨胡（Sahul）隆起区及皮特尔次盆及其西南部斜坡带。武尔坎次盆的油气发现有十多个，油和气大约各占一半。但规模均较小，最大油田为Laminaria油田，可采储量约$1.7×10^8$bbl，发现的最大气田为Crux气田，储量$1.37×10^{12}ft^3$。盆地内发育超大—大型气田诸如Sunrise Troubadour气田、Evans Shoal气田、Lynedoch/Barossa气田、Abadi气田、Bayu-Undan气田和皮特尔气田等。

二、油气的储量和产量

澳大利亚早期发现的油气田大多数位于陆上，近几年伴随着海上油气的勘探与开发，特别是西北陆架深水区油气资源的发现，石油与天然气储量成倍增长，澳大利亚在世界能源市场上的地位逐年上升。

根据澳大利亚地球科学能源资源评估报告（表3-2，图3-4），澳大利亚西北陆架石油（原油、凝析油和液化天然气）地质储量为$7665.51×10^6$bbl，占澳大利亚石油总地质储量（$13413.01×10^6$bbl）的57.15%；澳大利亚西北陆架天然气地质储量为$165.42×10^{12}ft^3$，占澳大利亚天然气总地质储量（$193.63×10^{12}ft^3$）的85.43%；澳大利亚西北陆架油气储量中石油占19.13%，其中石油总采出量$2843.80×10^6$bbl，占7.44%，石油剩余储量$4821.71×10^6$bbl，占11.69%；澳大利亚西北陆架油气储量中天然气（折油当量）占80.87%，其中天然气总采出量$13.67×10^{12}ft^3$，占6.68%，天然气剩余储量$151.75×10^{12}ft^3$，占74.19%；澳大利亚西北陆架油和气的储量比值近于1∶4（冯杨伟等，2011；金莉等，2015）。

北卡那封盆地天然气地质储量$107.49×10^{12}ft^3$，约占澳大利亚西北陆架天然气总地质储量的65%，其中已采出$13.08×10^{12}ft^3$，剩余储量$94.41×10^{12}ft^3$；石油地质储量$4715.62×10^6$bbl，已采出$2271.67×10^6$bbl，剩余储量$2443.95×10^6$bbl。

波拿巴盆地截至2008年底天然气地质储量$24.34×10^{12}ft^3$，其中已采出$0.59×10^{12}ft^3$，剩余储量$23.75×10^{12}ft^3$；石油地质储量$1536.47×10^6bbl$，已采出$572.13×10^6bbl$，剩余储量$964.34×10^6bbl$。

布劳斯盆地截至2008年底天然气探明地质储量$33.59×10^{12}ft^3$，石油探明地质储量$1413.42×10^6bbl$，其中以凝析油占主体。

西北陆架天然气产量逐年上升，2005年的产量突然由2004年的$0.767×10^{12}ft^3$升高至$0.903×10^{12}ft^3$，近几年约维持在$1.100×10^{12}ft^3$的水平。

北卡那封盆地天然气产量近十年来逐步上升，从2001年的$0.650×10^{12}ft^3$上升至2008年的$0.953×10^{12}ft^3$。

波拿巴盆地天然气产量2006年以前$0.001×10^{12}\sim0.004×10^{12}ft^3$，2006年以来伴随着远岸地带的油气投产，产量在$0.15×10^{12}\sim0.18×10^{12}ft^3$。

布劳斯盆地目前还没有油气生产项目。

表3-2 澳大利亚油气地质储量综合汇总表（据张功成等，2015）

区域	盆地名称	石油地质储量					常规天然气地质储量	
		总采出量/10^6bbl	剩余储量/10^6bbl				总采出量/$10^{12}ft^3$	剩余储量/$10^{12}ft^3$
			总量	原油	凝析油	液化天然气		
海域	北卡那封盆地	2271.70	2444.00	823.00	1002.70	618.30	13.08	94.41
	波拿巴盆地	572.13	964.34	204.94	476.04	283.36	0.59	23.75
	布劳斯盆地	0	1413.40	13.95	1069.00	330.40	0	33.59
海域油气地质储量		7215.71	5515.02				22.26	162.62
		12730.73（94.91%）					184.88（95.48%）	
澳大利亚西北陆架油气地质储量		2843.80	4821.71				13.67	151.80
		7665.51					165.42	
澳大利亚油气		7772.70	5640.31				29.43	164.20
		13413.01					193.63	
西北陆架占总油气地质储量份额		57.15%					85.43%	

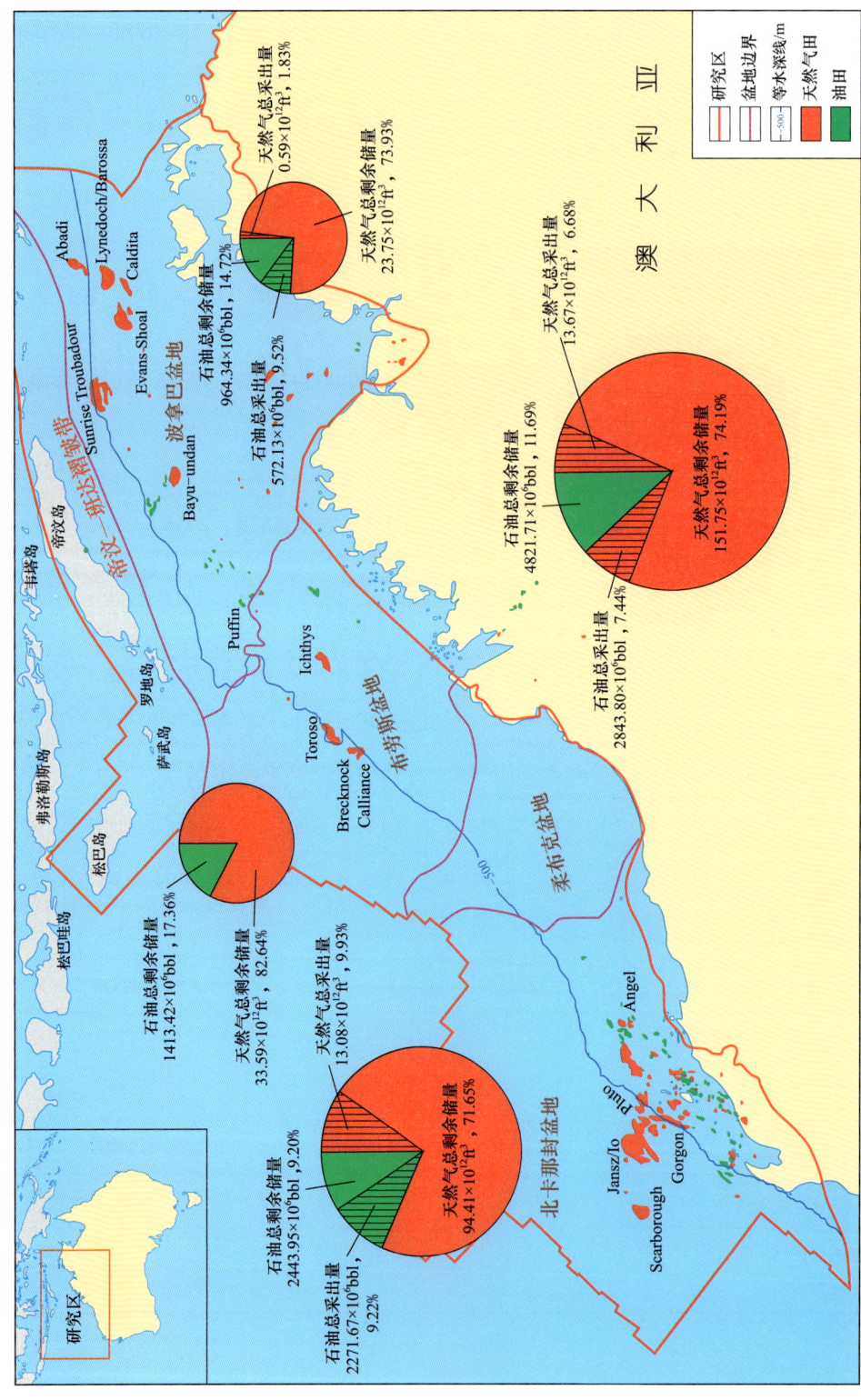

图 3-4 澳大利亚西北陆架深水盆地天然气和石油储量分布图（据 Longley et al., 2002; 张功成等, 2015）

第四章 澳大利亚西北陆架构造

第一节 大地构造背景

澳大利亚西北陆架属边缘海型被动大陆边缘，位于过渡壳之上，西北陆架是克拉通盆地区域下坳上覆中新生代沉积物的结果。从西南到东北依次为科雄尔深海平原—埃克斯茅斯台地—阿尔戈深海平原—罗利阶地—阿什莫尔阶地—帝汶海（图4-1）。紧邻研究区的远岸带基底是洋壳，上覆物主要为火山岩和火山沉积物等。与研究区毗邻的陆上区域为地盾。同时，西北陆架被动陆缘盆地区域由于其处于大陆边缘而地壳厚度较薄，远岸地带大部分在15～25km，近岸带加厚，大约在30～35km（Cook et al.，1980；郭念发，2000）。

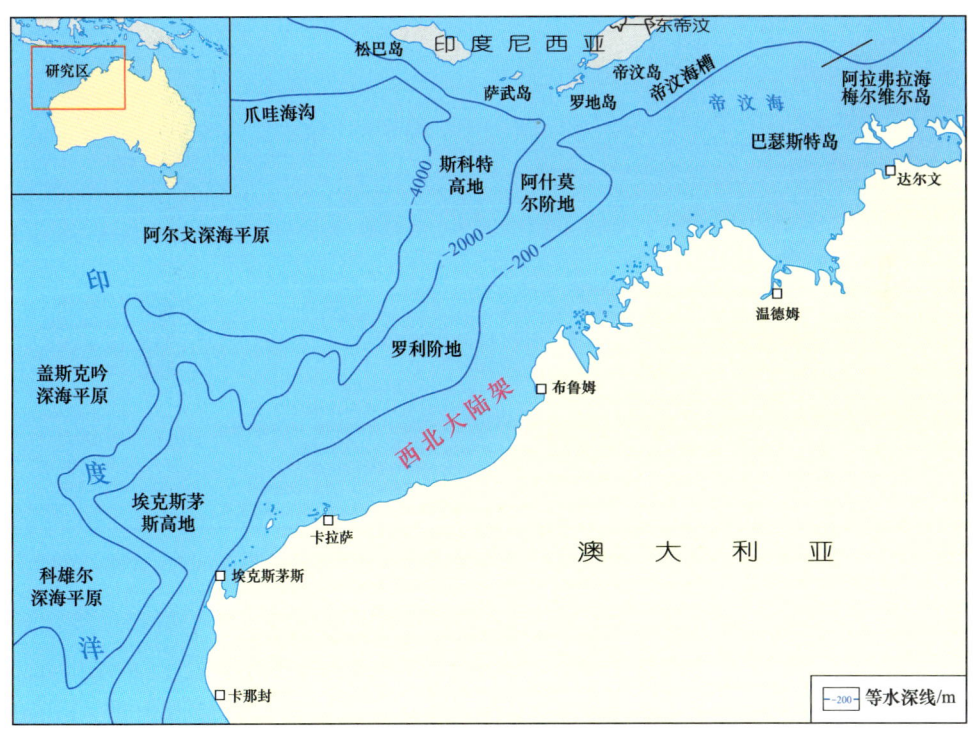

图4-1 澳大利亚西北陆架构造背景图（据郭念发，2000）

现今澳大利亚大陆是冈瓦纳大陆裂解的结果。

石炭纪早期（325Ma）东南亚微板块跟澳大利亚克拉通裂解，从二叠纪末冈瓦纳大陆形成直到三叠纪末冈瓦纳大陆开始解体之前，整个冈瓦纳大陆为一个稳定的克拉通。

早二叠世（293—285Ma）东南亚微板块漂移，中二叠世—早三叠世（271—248Ma）羌塘地体和滇缅马苏地体漂移。

在三叠纪末期至侏罗纪早期约213—196Ma开始了澳大利亚西北陆架区域的大陆裂解活动。伴随着一系列微板块从澳大利亚克拉通的分离，西北陆架发育了呈北东—南西向展布的大型裂谷盆地。

晚三叠世诺利期Lhasa地块首先分离出去（Metcalf，1999），而后早侏罗世普林斯巴期发生了西缅甸板块Ⅰ地块跟澳大利亚克拉通的裂解，紧跟着西缅甸板块Ⅱ地块（Argo块体）和西缅甸板块Ⅲ地块分别在早侏罗世的牛津期和提塘期，从澳大利亚克拉通西北边缘解体出去。然后印支板块在早白垩世瓦兰今期从澳大利亚克拉通的西部分离出去，这一事件发生在白垩纪早期大约136Ma，拉开了西北陆架被动陆缘演化的序幕（图4-2）。

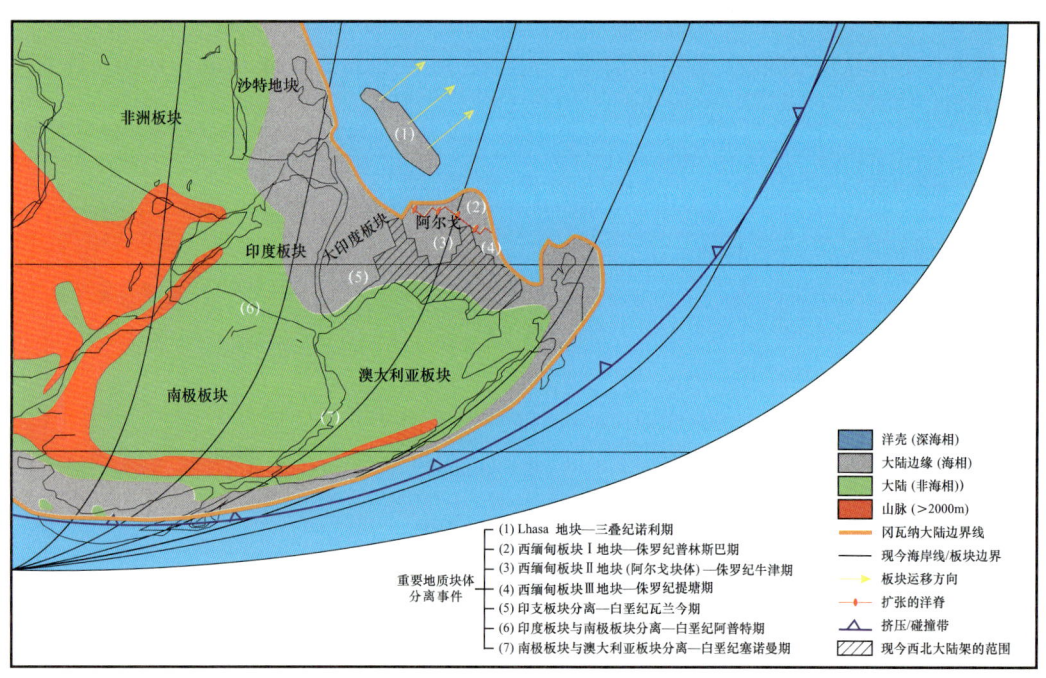

图4-2 澳大利亚西北陆架简化的多板块再造和主要板块的裂解图（据Longley et al., 2002）

晚白垩世塞诺曼期澳大利亚克拉通的南部又跟南极板块开始发生裂解作用，至古近纪南部也进入被动陆缘演化阶段。澳大利亚东部和巴布亚新几内亚处于活动边缘，处于挤压状态，东部在太平洋板块的俯冲作用下发育近南北向的塔斯曼造山带（Longley et al., 2002; Doré et al., 2002; Jablonski et al., 2004; 李国玉等，2005; 张建球等，2008; 龚承林，2010）。

石炭纪早期（325Ma）东南亚微板块跟澳大利亚克拉通裂解。断裂作用进一步发生发展，并控制着巨型盆地的演化及整体构造格局，控盆断裂限制了沉积范围。断裂的强烈张性拉伸活动伴随构造沉降作用，导致盆地的沉积中心迁移，主要沉积物为浅海相碎屑岩，如图4-3所示（Jablonski et al.，2004）。

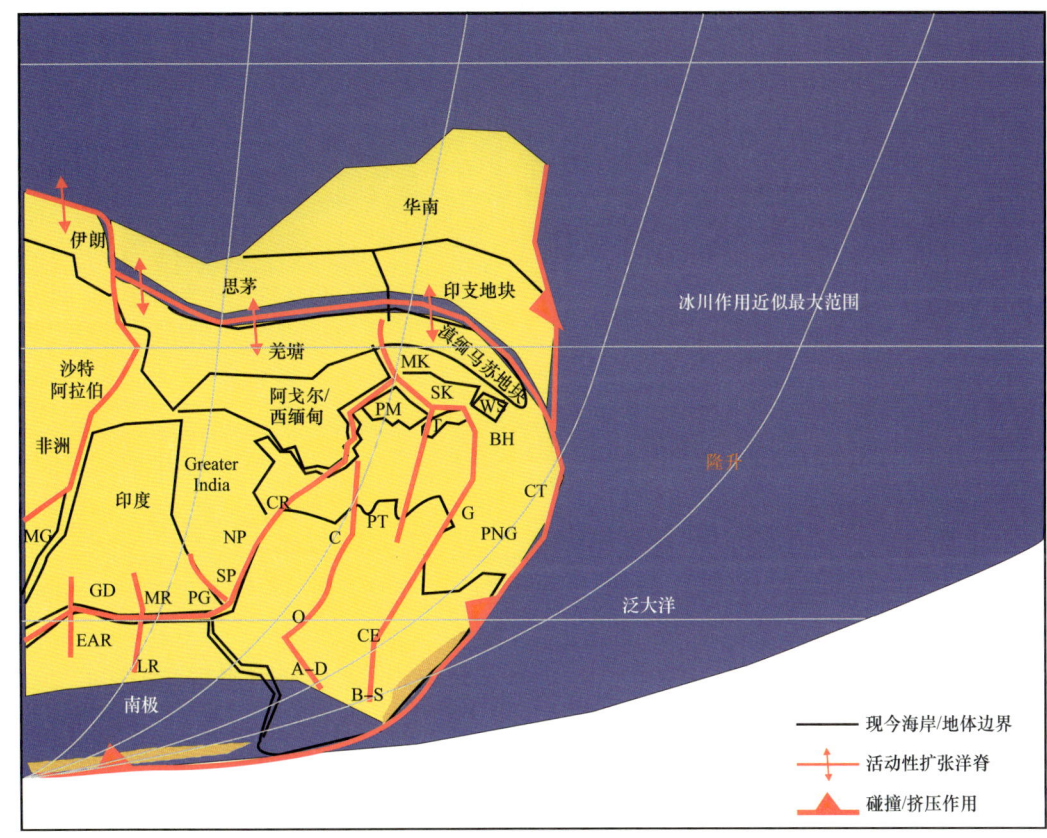

图4-3　早石炭世晚期（325Ma）东南亚微板块裂解过程图（据Jablonski et al.，2004）

MK—Mangkailihat 地块；SK—西库莱（Sikuleh）地块；WS—西苏拉威西（West Sulawesi）地块；PM—帕特诺斯特梅拉图斯（Paternoster-Meratus）地块；Greater India—大印度板块；CT—中部山脉（Central Ranges）地体；PT—皮特尔次盆

在晚石炭世，古生代第二次构造运动发生，对于西北陆架来说是最重要的一次运动，因为在这次运动中产生了西澳大利亚巨型盆地。

从晚石炭世起到二叠纪甚至三叠纪，澳大利亚西北陆架区域处于拉张环境，区域上经历了克拉通坳陷盆地阶段。早二叠世时东南亚微板块漂移，古特提斯洋（Palaeotethys）的大洋中脊逐渐扩张（图4-4、图4-5）。古特提斯洋（Palaeotethys）大洋中脊的活动使得基墨利地块破碎并向西南方漂移，同时扩张的古特提斯洋洋壳向古中国大陆和欧亚板块之下俯冲，造成古中国大陆边缘抬升。

中—晚二叠世羌塘地体和滇缅马苏地体纷纷从澳大利亚克拉通边缘解体（图4-6），伴随着一些小地体从冈瓦纳大陆的裂解和向北漂移，新特提斯洋逐渐扩张，使澳大利亚板块西北部处于拉伸、减薄的环境。在这一构造环境控制下，形成了在平面上近东西向且延伸很长的大陆地堑，纵向上切割很深（图4-5）（Metcalfe，1999；Jablonski et al.，2004；Heine et al.，2002；Doré et al.，2002；Condie，2008）。

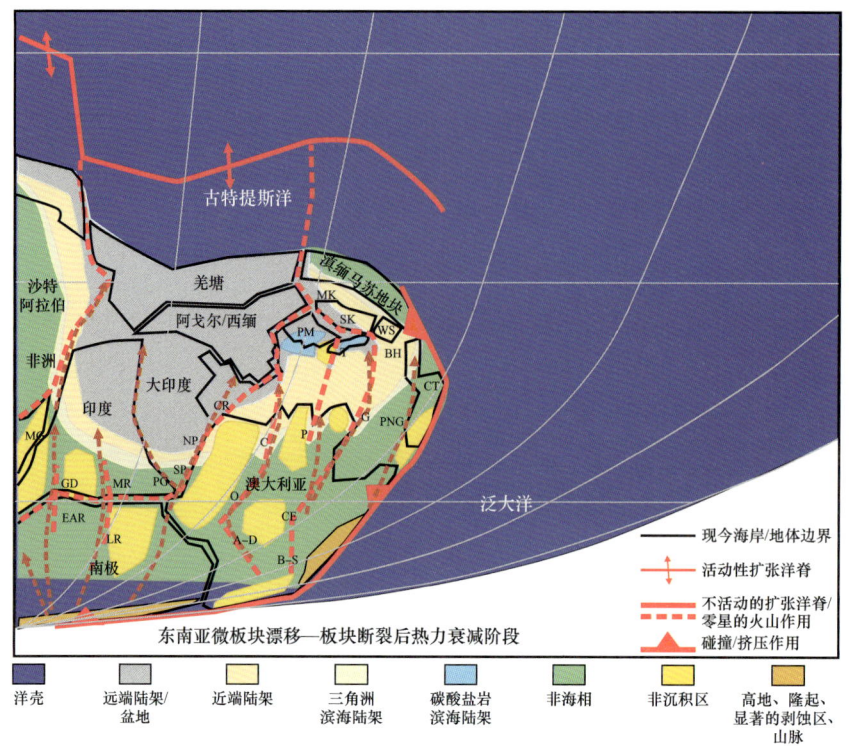

图 4-4　早二叠世（293—285Ma）东南亚微板块的漂移和板块裂后热沉降演化图（据 Jablonski et al., 2004）

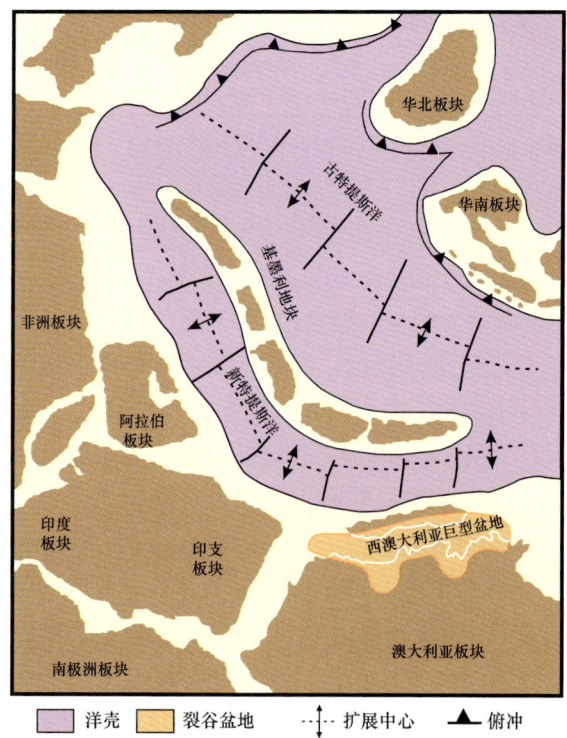

图 4-5　二叠纪—三叠纪特提斯洋构造演化图（据 Doré et al., 2002）

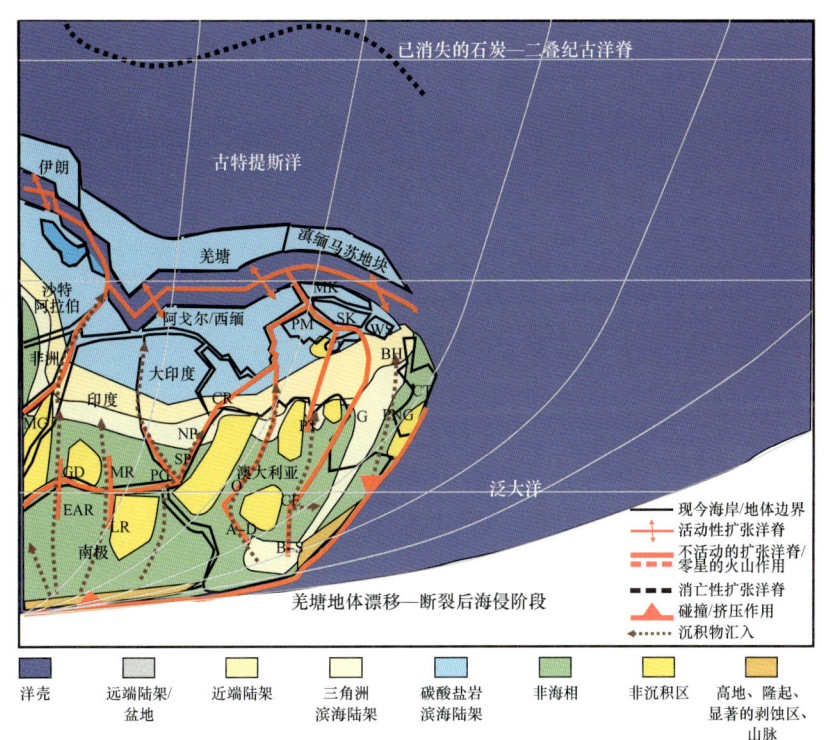

图 4-6 中—晚二叠世（271—248Ma）羌塘地体和滇缅马苏地块漂移—断裂后海侵过程图
（据 Jablonski et al., 2004）

晚三叠世早期（226Ma），西北陆架区域发育南北向挤压构造运动，在坎宁盆地和波拿巴盆地称为菲兹罗伊构造运动，菲兹罗伊运动主要运动性质为扭压性的，同时伴有区域性的右旋构造运动。这期运动（如产生 Scott Reef–Buffon 走向带和 Bedout 高地继续强化）在波拿巴盆地、布劳斯盆地和坎宁盆地地震和钻井的资料上都有响应，从而证实这是一次区域性构造运动。这或许与冈瓦纳大陆分裂有关，更大可能性是与板块沿着伊里岸岛、巴布亚新几内亚巴布亚岛边缘消亡有关。例如导致菲茨罗伊凹陷边缘断层的重新活动，同时发育北东向转换断层，在盆地北部形成了北西向构造分带、北东分块的多期构造作用叠加，Broome 和 Crossland 隆起进一步隆起，而 Willara 和 Kidson 凹陷则由于少量的断层活动形成了小型局部隆起（图 4-7）（Doré et al., 2002；Jablonski et al., 2004；张建球等，2008；龚承林，2010）。

晚三叠世卡尼期—诺利期直到早白垩世瓦兰今期一系列的大小不等的地块从西北陆架区域裂解出去，如 Mangkalihat 地体的裂解（图 4-8），西缅板块Ⅰ裂解（图 4-9）（Jablonski et al., 2004）。西缅板块Ⅱ在卡洛夫期开始从边缘断裂（图 4-10），在牛津期完成。在提塘期，西缅板块Ⅲ从边缘分离。在波拿巴盆地外围，洋壳和磁异常对该期事件的记录不明显（图 4-11），仅有的直接证据是在北波拿巴盆地探井中发现在提塘阶底部重要不整合面（Pattilo et al., 1990；Longley et al., 2002）。

晚侏罗世在阿尔戈（Argo）陆块与西北陆架大部地区之间有一窄的洋盆，在这一窄洋壳的扩张驱动作用下，阿尔戈陆块向北漂移。同时造成澳大利亚陆块下面地壳不断减薄，地下熔融的岩浆在板块变薄的部位喷出海底，在北波拿巴盆地形成一个火山喷发区（图 4-12）（Longley et al., 2002；Doré et al., 2002；龚承林，2010）。

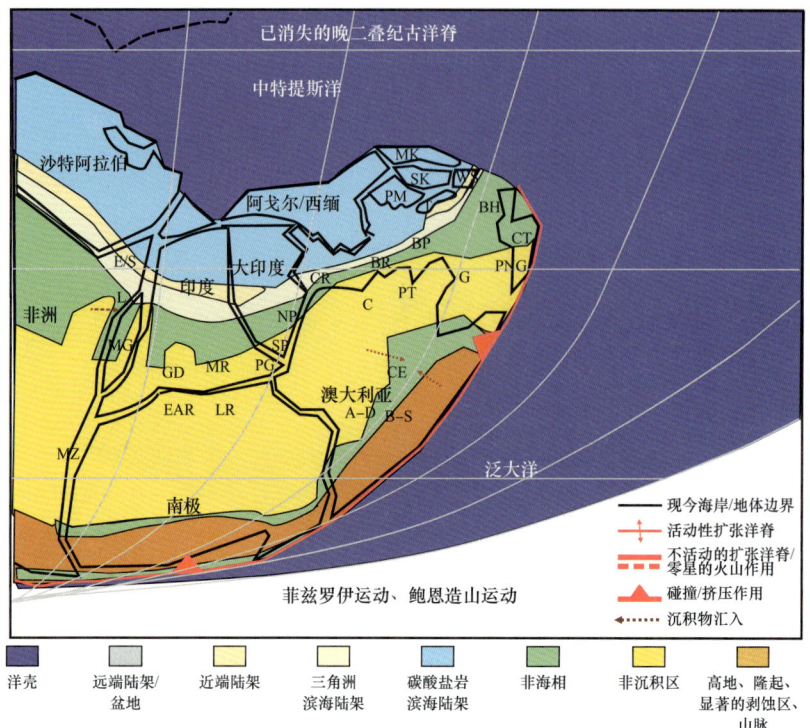

图 4-7　晚三叠世（226Ma）菲兹洛伊运动阶段构造演化图（据 Jablonski et al., 2004）

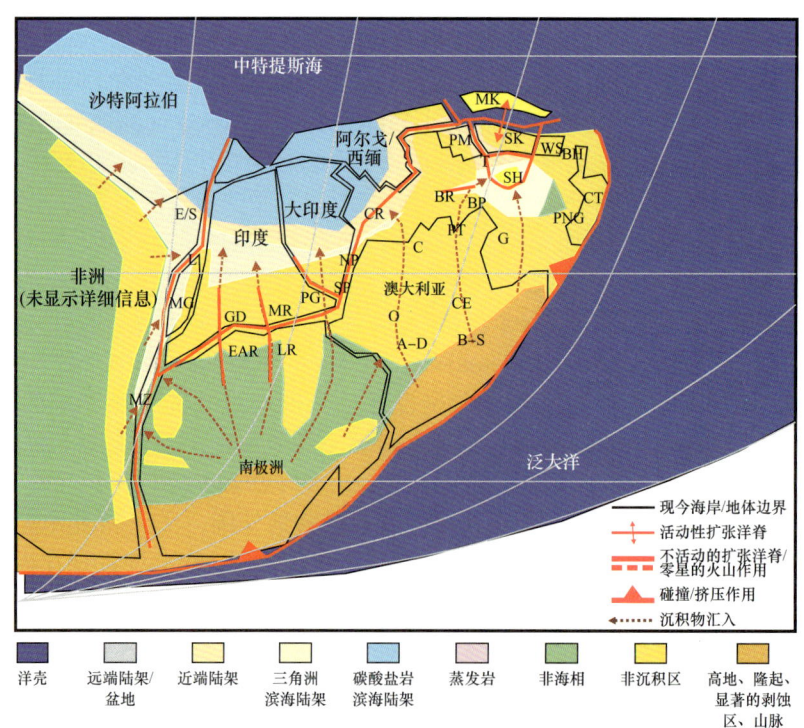

图 4-8　晚三叠世末期（204Ma）Mangkalihat 地体裂解演化图（据 Jablonski et al., 2004）

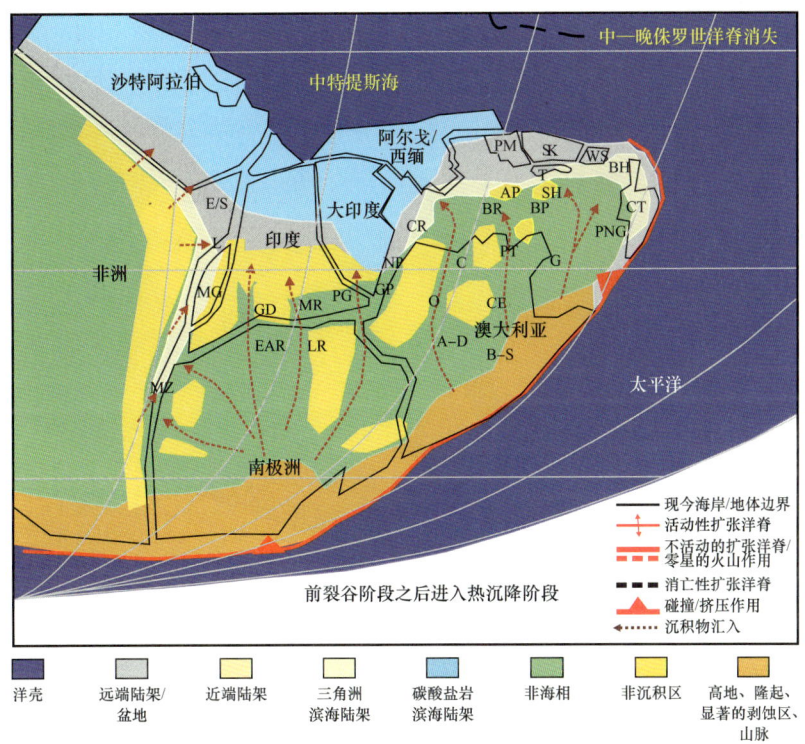

图 4-9 早—中侏罗世（196—160Ma）西缅板块 I 裂解演化图（据 Jablonski et al., 2004）

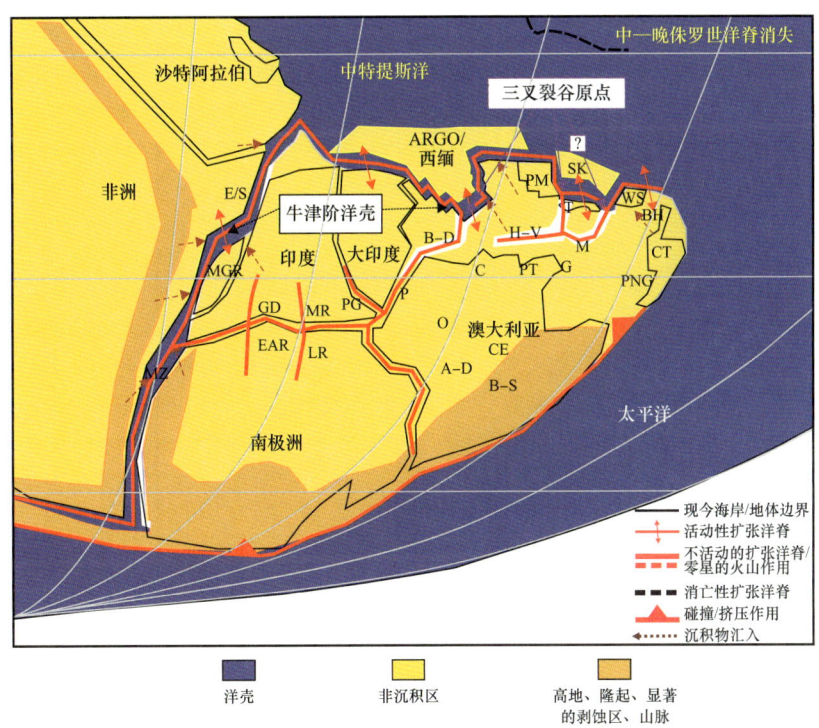

图 4-10 晚侏罗世牛津期（156Ma）阿尔戈陆块—西缅板块 II 裂解演化图（据 Jablonski et al., 2004）

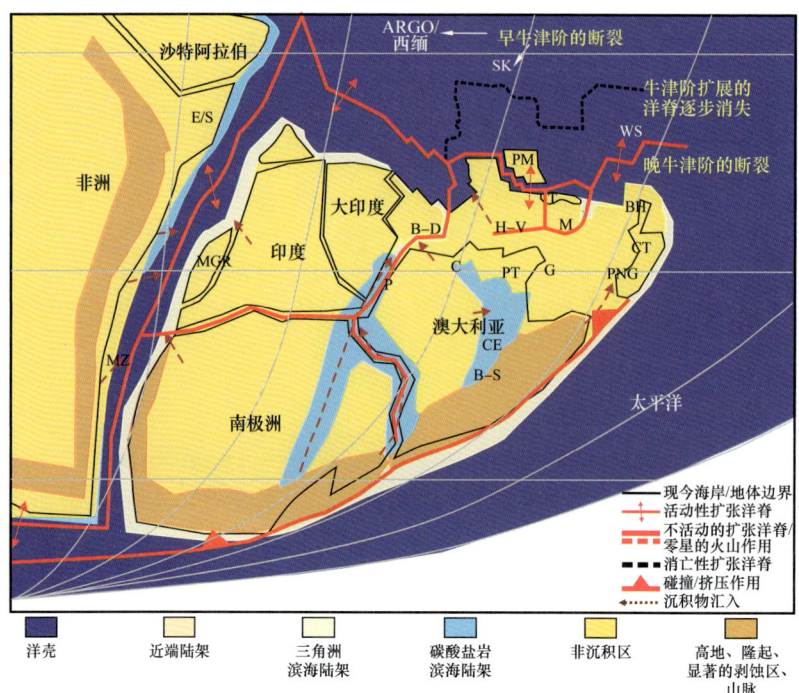

图 4-11 晚侏罗世提塘期（151Ma）西缅板块Ⅲ裂解演化图（据 Jablonski et al., 2004）

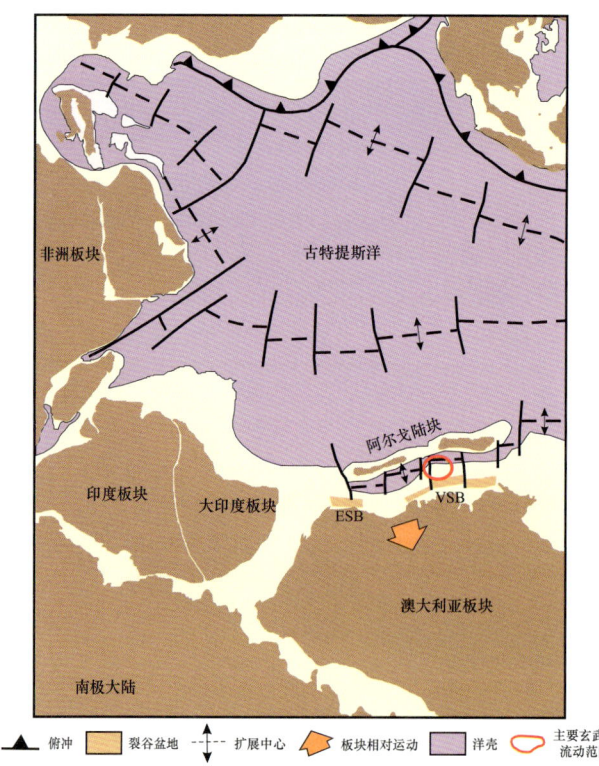

图 4-12 晚侏罗世古特提斯洋周缘构造特征图（据 Doré et al., 2002）
ESB—埃克斯茅斯次盆；VSB—武尔坎次盆

到早白垩世瓦兰今期晚期澳大利亚西北陆架的裂谷作用结束,晚二叠世形成的古特提斯洋大洋中脊在前瓦兰今期向北不断漂移、俯冲,在瓦兰今期末消失在欧亚板块之下。在冈瓦纳大陆解体形成的非洲板块和印度板块之间的局限海中央,瓦兰今期形成新的大洋中脊,新的大洋中脊扩张并驱动印度板块向北移动。澳大利亚大陆、印度板块及南极洲板块之间在侏罗纪形成的大洋中脊同时也不断扩张,在板块的缝合带出现了一系列的热点和断陷盆地(图4-13、图4-14、图4-15)(Longley et al.,2002;Doré et al.,2002;Jablonski et al.,2004;白国平等,2007;张建球等,2008;冯杨伟等,2012)。

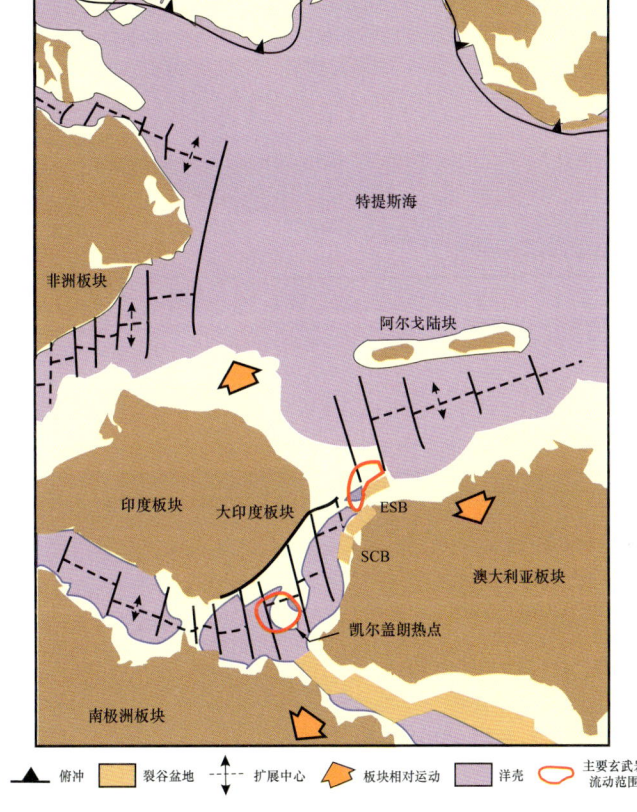

图4-13 早白垩世澳大利亚板块周缘构造演化图(据Doré et al.,2002)

残留的新特提斯洋和阿尔戈陆块之间的大洋中脊不断扩张驱动阿尔戈陆块向北运动,阿尔戈陆块相对运动的结果使阿尔戈陆块和澳大利亚大陆之间的北波拿巴盆地之间及其附近海域不断扩张。在上述二者之间的大洋中脊不断扩张的过程中其逐渐消失,导致在澳大利亚西北陆架洋壳的扩张、俯冲作用停止,形成稳定的被动大陆边缘。澳大利亚西北陆架被动陆缘新洋盆生成,扩张轴部出现年轻的洋壳并不断下沉,逐渐形成大陆架和大陆坡。这一阶段所形成的新生大陆边缘的陆架较窄,与外海连通不畅,海水局限,大部分地区遭受剥蚀(Longley et al.,2002;Doré et al.,2002;Jablonski et al.,2004;龚承林,2010)。

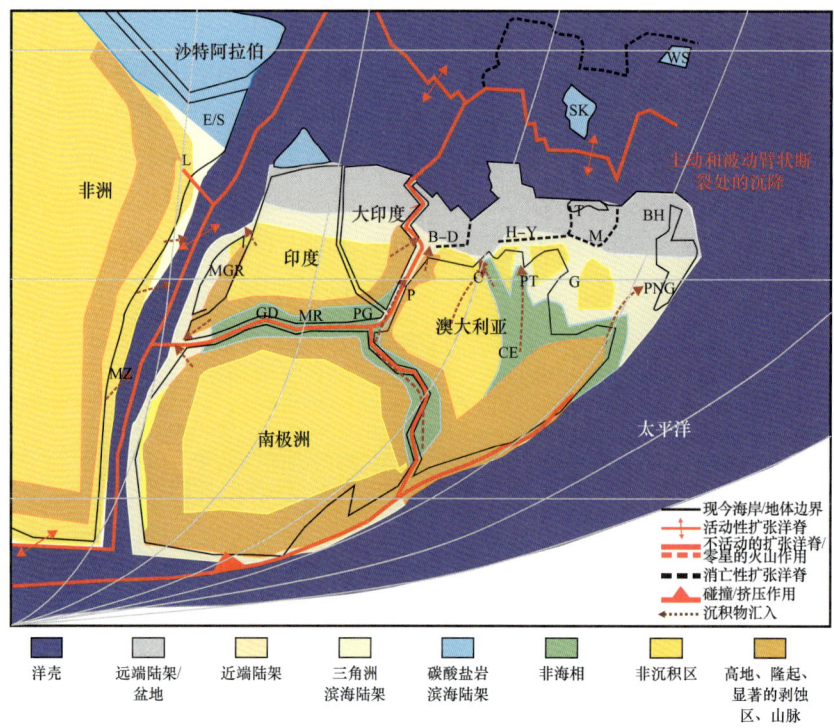

图 4-14　早白垩世早期（144—136Ma）印度板块裂解演化图（据 Jablonski et al., 2004）

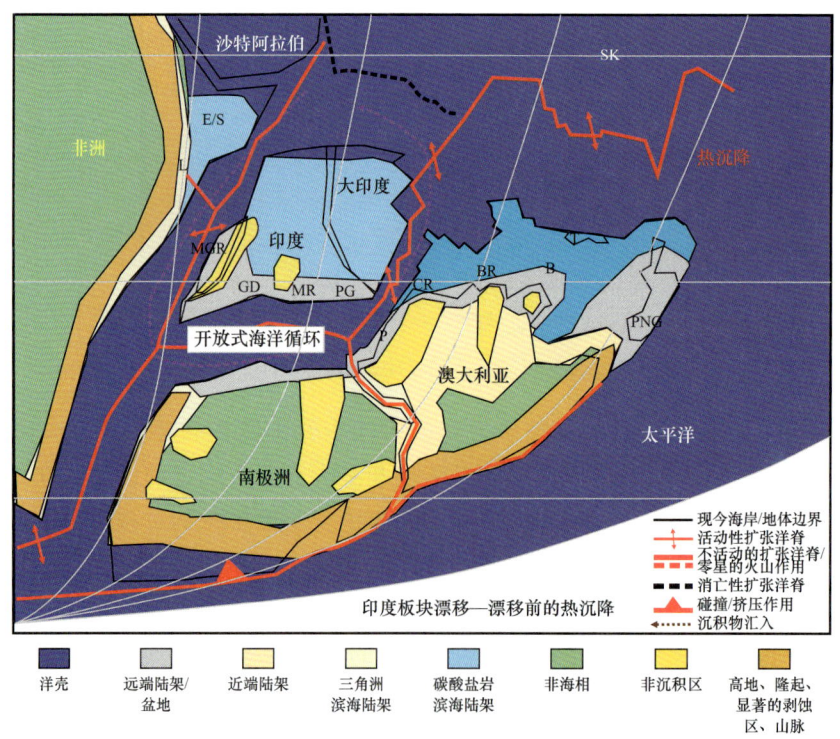

图 4-15　早白垩世阿普特期（123Ma）印度板块漂移演化图（据 Jablonski et al., 2004）

古新世，在早白垩世形成的印度板块和澳大利亚大陆之间的大洋中脊不断扩张，驱动印度洋板块不断向西北方向漂移。印度洋板块在漂移的过程中与欧亚板块相遇并发生剧烈的碰撞，从而形成了著名的喜马拉雅造山带。凯尔盖朗（Kerguelen）热点的轨迹连在一起就形成了一个北东向东经九十度（NER），记录了印度板块向西北方向漂移的运动轨迹。在大洋中脊的另一侧澳大利亚大陆在洋中脊的扩张驱动下不断向东北方向移动，从而使印度板块和澳大利亚大陆之间的海域不断扩大形成了印度洋的雏形，如图4-16所示（Longley et al., 2002; Doré et al., 2002; Jablonski et al., 2004）。

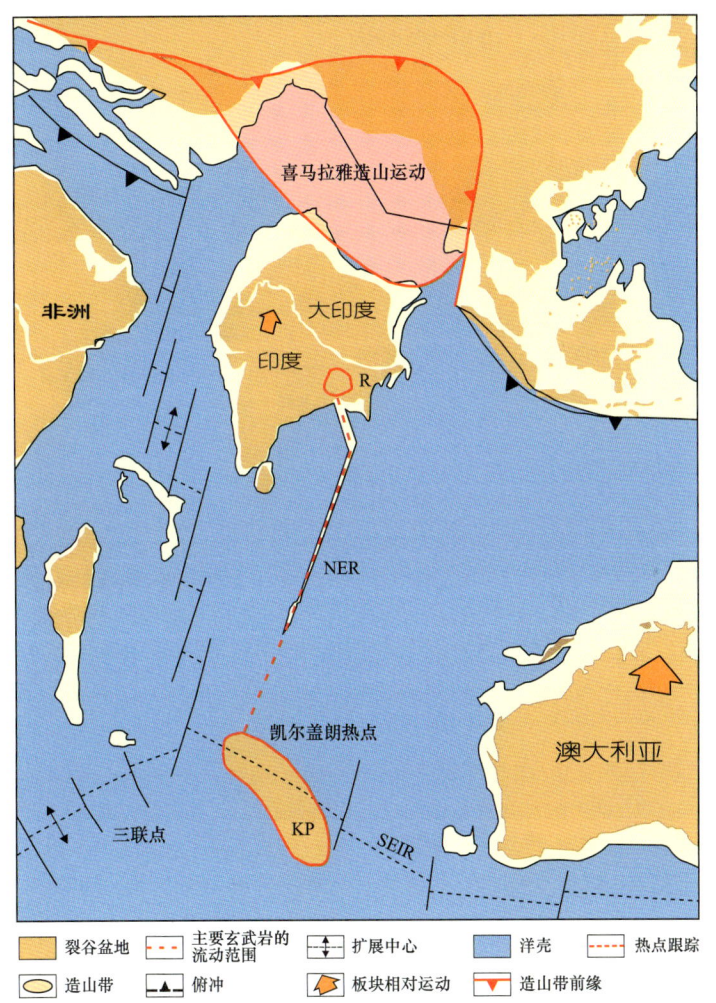

图4-16 古新世澳大利亚西北陆架周缘构造演化图（据Doré et al., 2002）

与此同时，先期形成的印度板块和南极洲板块之间的大洋中脊不断扩张，印度板块不断向北北东向移动。而这一时期在澳大利亚大陆和南极洲板块之间同样存在一个近东西向的大洋中脊，这一大洋中脊不断驱动澳大利亚大陆和南极洲大陆分离，两个板块分离及该洋中脊扩张的结果导致在澳大利亚大陆和南极洲板块之间形成了东南印度洋中脊

（SEIR）（Longley et al.，2002；Doré et al.，2002；Jablonski et al.，2004）。

渐新世，整个澳大利亚大陆及其附近地区大洋中脊不断扩张，板块不断漂移，构造格局没有大的变化。印度板块和欧亚板块进一步向欧亚板块下俯冲，喜马拉雅造山带开始形成。而先期形成残留的阿尔戈陆块逐渐漂移到现在的印度尼西亚群岛位置处，形成印度尼西亚群岛（图4-17）（Doré et al.，2002；龚承林，2010）。

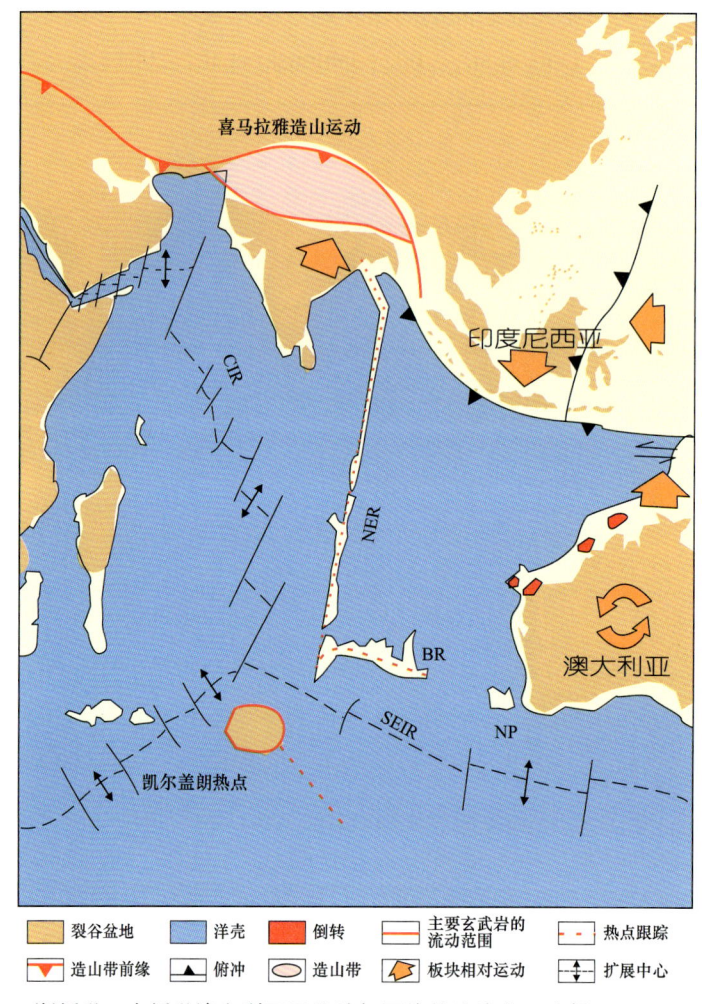

图4-17　渐新世—中新世澳大利亚西北陆架周缘构造演化图（据Doré et al.，2002）

从渐新世末开始，由于新近纪碰撞及澳大利亚板块、欧亚板块的巽他古陆（Sundaland）微板块、卡罗琳（Caroline）海和菲律宾海洋壳及太平洋板块的相互作用，澳大利亚板块不断向欧亚板块俯冲，板块碰撞会聚作用产生了一次大规模的左旋剪切作用，该左旋剪切逐渐形成了一个弧形构造"北波拿巴盆地—帝汶岛—东印度尼西亚群岛"复杂沟—弧体系。在这一阶段，沉积层遭受褶皱、逆掩和叠覆，被动大陆边缘开始向活动大陆边缘转化，如图4-18所示（Longley et al.，2002；Doré et al.，2002；龚承林，2010）。

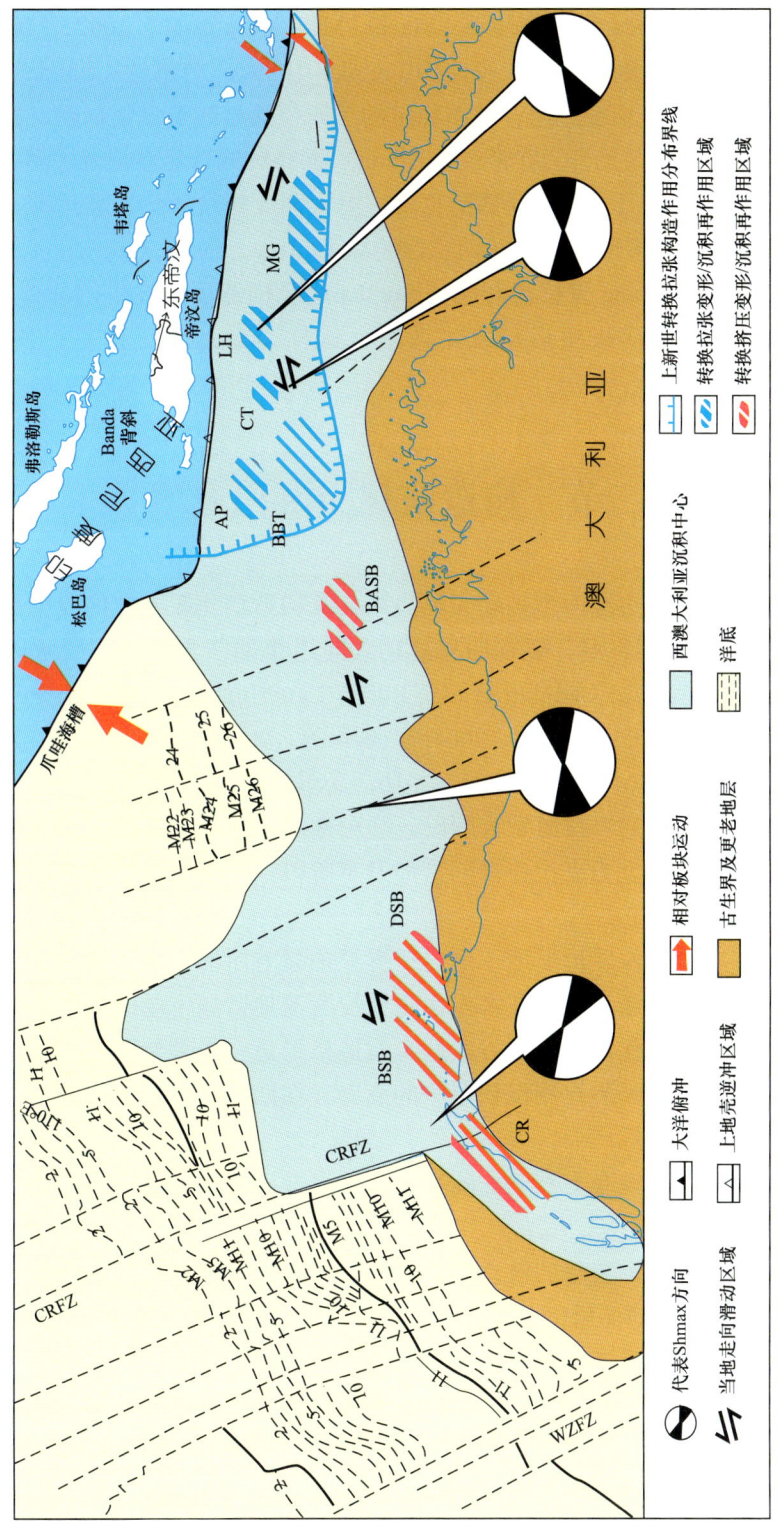

图 4-18 澳大利亚西北陆架新近纪构造反转及其响应图（据 Doré et al., 2002）

晚新近纪的构造运动的具体时间：新几内亚褶皱带形成于大约12Ma和3~4Ma（Hill et al., 1999），Sumba-Banda碰撞发生在8Ma和3Ma（Keep et al., 2002）。新几内亚褶皱带的结束标志着从聚敛到压扭的改变（Hill et al., 1999）。内班达（Banda）岛弧在大约5Ma之前与帝汶岛弧会聚在一起，后期稳定的沉积使盐岩构造恢复活动，盐岩底辟构造造成断裂发育和局部构造抬升。在帝汶（Timor）海3Ma构造运动记录了澳大利亚洋壳消亡到内班达弧的结束，但它只是局部消亡带。澳大利亚板块继续向北运动，然而开始沿着Wetar和Flores挤压带形成向北的消亡区（McCaffrey, 1996；Genrich et al., 1996）。3Ma构造运动也是Sundalang克拉通和相邻Sumba地区构造反转发生的证据（Bransden et al., 1992），同时太平洋板块运动发生改变，这样3Ma运动更像是一次区域事件（Pockalny et al., 1997）。

第二节　构造演化与沉积充填

澳大利亚西北陆架属边缘海型被动大陆边缘，其构造演化跟其他的典型被动大陆边缘类似，大致经历了前裂谷期、裂谷期和被动大陆边缘期三大构造发展阶段（Falvey, 1974；Longley et al., 2002；Cadman et al., 2003；Lavering et al., 1991；Felton et al., 1993；Doré et al., 2002；Jablonski et al., 2004；白国平等，2007；Edwards et al., 2000；Eyles et al., 2002；许晓明等，2010；冯杨伟等，2010；龚承林，2010）：

（1）寒武纪—三叠纪的克拉通发育阶段，其中寒武纪—早泥盆世为克拉通内盆地发育阶段；石炭纪—早二叠世为克拉通坳陷盆地发育阶段，与冰川相关的断裂产生构造抬升，盆地被区域性冰川覆盖。

（2）三叠纪末期至早侏罗世早期—早白垩世早期裂谷阶段，澳大利亚板块从印度板块分离，导致部分断层重新活动，在古生代内克拉通盆地区域下坳的基础上，形成了中生代裂谷盆地，断裂构造作用使得裂谷盆地内构造格局进一步复杂化，形成若干个次一级断陷和凸起构造单元，断裂控制沉积层序的发育。在凹陷区发育厚层裂谷层序，在凸起区裂谷层序很薄或者缺失。

（3）早白垩世早期—现今为被动大陆边缘盆地形成阶段，各盆地内的构造运动基本趋于停止（图4-19）。

至此，盆地经历了一个完整的被动大陆边缘盆地的形成和发展的全过程，从陆架区到深海区沉积物先逐渐加厚然后逐渐减薄，呈楔形，在主裂谷附近最厚。

新近纪，西澳大利亚巨型盆地受到区域构造运动的影响，不规则的澳大利亚边缘和帝汶—班达弧的碰撞影响了波拿巴盆地，印度地区褶皱带的形成引发的区域应力的改变影响了北卡那封盆地和布劳斯盆地（Longley et al., 2002；Symonds et al., 1994；Doré et al., 2002；冯杨伟等，2010；龚承林，2010）。根据三次澳大利亚石油勘探会议论文集和前人研究与勘探成果，得出了澳大利亚西北大陆架的地质演化和沉积充填特征。层序地层模型及生物地层格架对比研究对于最近十年的西北大陆架的研究产生了重要影响。Helby（1987）通过对澳大利亚孢粉成带性的研究，提出了划分区域层系的可靠标准。在区域构造演化的控制下西北陆架发育三大套沉积建造层序（图4-19），西北陆架的地层基本不含盐岩，下部为前侏罗系前裂谷内克拉通沉积，上覆侏罗系至新生界裂谷层序和被动陆缘层序（Longley et al., 2002; Lavering et al., 1991; Edwards, 2000; Gartrell, 2000）。

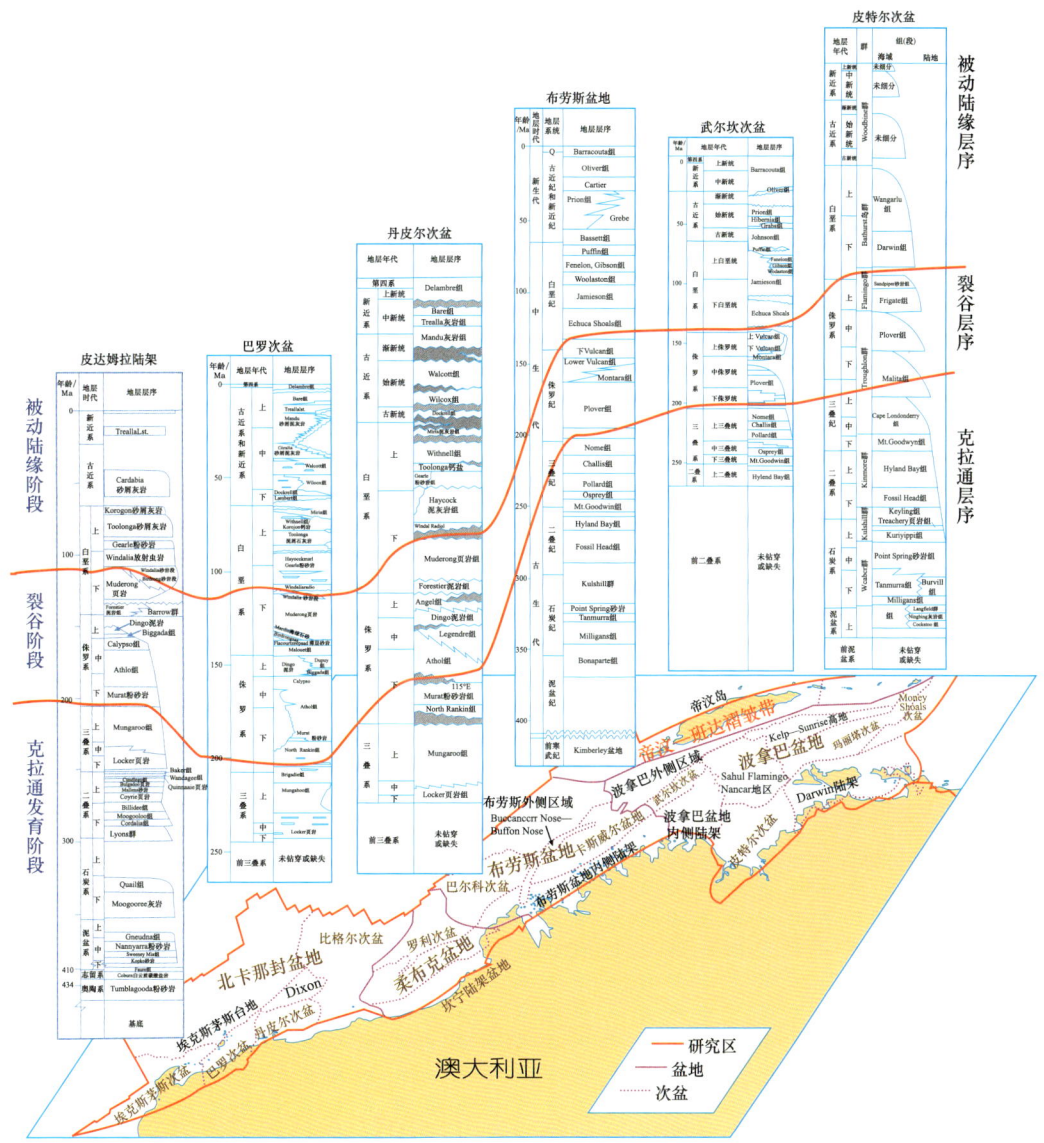

图4-19 澳大利亚西北陆架陆缘盆地构造阶段和构造层序图（据 Doré et al., 2002; Boyd, 1992; Longley et al., 2002; Symonds et al., 1994; Cadman et al., 2003; Cawood et al., 2000; Cawood Song, 2000; Felton et al., 1993; Crostella et al., 2000; Iasky et al., 2002; Hearty et al., 2002）

早古生代的内克拉通层系地层没有详细研究，主要因为埋藏太深或者缺失，同时对油气勘探没有物质贡献。

晚古生代以来发育克拉通内坳陷层序，泥盆系—石炭系形成了两套裂谷—凹陷旋回，形成了海相、三角洲和冰期沉积。晚石炭世—早二叠世，受区域性冰川和冰河作用影响的近海沉积遍布整个盆地。

三叠纪菲茨洛伊扭张性构造运动影响整个西北陆架，三叠纪—侏罗纪，西北陆架发育三大三角洲体系。北卡那封盆地的沉积建造受控于发育在前裂谷期三叠纪—早侏罗世的Mungaroo-Legendre三角洲，发育在裂谷期的布劳斯三角洲和Plover三角洲分别控制布劳斯盆地和波拿巴盆地的沉积建造，发育一套三角洲砂岩和泥岩、碳质泥岩和煤系地层。三大三角洲体系形成了本区重要的烃源岩和储层。

早白垩世起西北陆架进入被动陆缘的演化阶段，下部充填局限海的泥岩和泥灰岩，上覆广海的碳酸盐岩和浊积沉积序列，该套沉积地层是油气良好的区域性盖层（Cadman et al.，2003；Lavering et al.，1991；Felton et al.，1993；Doré et al.，2002；Jablonski et al.，2004；邓运华等，2010；冯杨伟等，2010）。

一、克拉通发育阶段

寒武纪—早泥盆世，盆地基本上处于稳定的沉积环境下，发育两套旋回性沉积，这个时期基本上没有发生褶皱作用和断裂作用。早奥陶世到早泥盆世，盆地扩张运动拉开了西澳大利亚地区克拉通内古生代沉积盆地的序幕，主要表现为区域性拉张作用下的盆地迅速沉降。晚奥陶世到早志留世期间，坎宁盆地北部抬升，沉积作用停止，整体上表现为区域性单斜，而盆地南部继续接受沉积，Willara和Kidson凹陷稳定沉降，成为沉积中心，并广泛发育蒸发岩系（Longley et al.，2002；Lavering et al.，1991；Cadman et al.，2003；Felton et al.，1993）。

泥盆纪早期，Prices Creek区域性挤压运动，导致再一次区域性抬升，并于早泥盆世早期盆地发生区域性沉积间断。在挤压背景下，形成北西向展布的横穿盆地Broome-Crossland隆起带，伴随出现小型褶皱构造，Broome-Crossland隆起发生大面积剥蚀。

泥盆纪早—中期在Pillara区域性拉张运动作用下，西北大陆架地区在前期稳定的大型隆坳构造环境的基础上，开始出现断裂活动，断裂活动诱发并导致各盆地内部新的构造格局出现（图4-20）。

早泥盆世的断裂构造作用导致坎宁盆地中部的Droome-Crossland隆起带进一步发展，并将盆地更加严格地分割成为南北两大沉积沉降中心。北部的菲茨罗伊（Fitzroy）和Gregory凹陷随之迅速沉降，Pillara拉张运动期间又出现3期次级的构造运动（即Gogo期、Van Emmerick期和Red Bluffs Extensions期）。在盆地南部广泛堆积了风成和陆相沉积物，而在盆地北部则发育边缘海相碳酸盐岩和碎屑岩（Lavering et al.，1991；Cadman et al.，2003；Felton et al.，1993）。

中、晚泥盆世—早石炭世，皮尔巴拉（Pilbara）地块、金伯利（Kimberley）地块和达尔文地块之间产生北东—南西向构造张力，导致了克拉通内菲茨罗伊（Fitzroy）凹陷、皮特尔（Petrel）次盆和布劳斯盆地的形成（图4-20）。

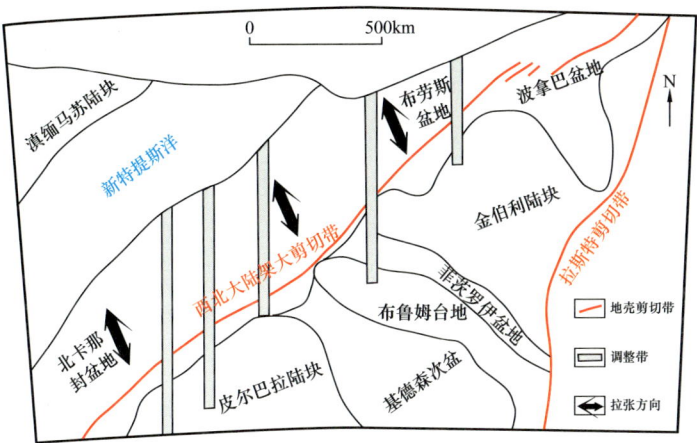

图4-20 西澳大利亚巨盆地晚古生代主要拉张构造单元和调整带分布示意图（据钱桂华等，2008）

中泥盆统北卡那封盆地出现沉积间断，下泥盆统与下石炭统直接接触，表明本期内有构造抬升。中泥盆统—下石炭统只在 Mehrnleigh 坳陷北部及邻近的 Gascoyne 坳陷有所保存，在两个坳陷的泥盆系是可以对比的，表明中石炭世之前坳陷不具明显的分割性，Merlinleigh 坳陷与 Gascoyne 坳陷互为一体，相互连通。

波拿巴盆地发育3大沉积旋回，第一旋回发生在盆地的早期海侵之后，在皮特尔次盆东部和西部的断裂边缘沉积了粗碎屑岩，在盆地沉积中心沉积了海相碎屑岩夹泥灰岩和石灰岩（Cockatoo组）建造。上述沉积建造形成之后，盆地出现短暂的抬升，导致陆源碎屑供给减少。第一个沉积旋回结束，后期盆地开始沉降，形成第二个旋回的沉积，该旋回由 Ningbing 碳酸盐岩组成，在盆地边缘的隆起构造周围发育碳酸盐礁及相关的后礁相和前礁相。之后盆地边缘的再次抬升，标志着第二个沉积旋回的结束。第三个沉积旋回期间，由于大量陆源碎屑注入，使生物礁的生长遭到抑制，发育了两个由碳酸盐岩到碎屑岩的沉积层序（Langfield 群），每个层系均是滨岸碎屑岩前积于陆架碳酸盐岩之上（Lavering et al.，1991；Cadman et al.，2003；Felton et al.，1993）。

早石炭世早期，皮特尔次盆的中央部分发生塌陷（Gunn，1988）。盆地快速沉降导致了厚层页岩层序（Milligans组下部）的沉积，这套层系覆盖在下伏的断块之上。持续的裂陷作用导致了源自上地幔的岩浆侵入到盆地沉积层系，重力资料显示盆地局部地区发育一系列火山岩脉，这些火山岩脉沿裂谷轴分布，重力上呈现高值区（Gunn，1988）。然而，有些研究者认为这种重力异常区不一定全部是火山岩脉，有些可能是盐岩流动引起的（Edgerley et al.，1974）。

早石炭世中期，波拿巴盆地的裂陷活动基本上停止，盆地的沉积和沉降速度显著下降，这个时期仅发育 Tanmurra 组，该组由海侵的浅海相碳酸盐岩组成。随后随着盆地的再次抬升，在盆地边缘沉积了河流—三角洲相 PointSpring 砂岩建造（Cadman et al.,

2003；Felton et al.，1993；Doré et al.，2002；Jablonski et al.，2004；Longley et al.，2002）。

在晚石炭世，古生代第二次构造运动发生。对于西北陆架来说是一次最重要的运动，因为在这次运动中产生了西澳大利亚巨型盆地（图4-5）。

晚石炭世布劳斯盆地拉张构造作用非常显著，导致深切至上地壳的大断裂出现，形成一系列的裂谷系统，盆地分化为几个沉降中心，沉积了一套河流—三角洲相的碎屑岩沉积，下二叠统逐渐过渡到海相石灰岩和页岩沉积（Lavering et al.，1991）。

坎宁盆地在晚石炭世经历了Meda区域性扭压性构造作用，地层反转，北部菲茨罗伊凹陷发育厚层河流相，盆地南部出现沉积间断。

二叠纪早期，在Point Moody拉张构造背景下，菲茨罗伊凹陷再次快速沉降。盆地广泛发育Grant群冰川沉积物，沉积了海相到三角洲相砂岩。Poole砂岩组的沉积标志着冰川期的结束，随后开始沉积Noonkanbah组粉砂岩。

二叠纪晚期发生海退，在此背景下沉积了浅海相Liveringa群，受沉积基底影响，Liveringa群在盆地北部沉积厚度大，而盆地南部和中部沉积厚度薄。Point Moody拉张运动末期，局部出现小型隆起，地层遭受剥蚀（Longley et al.，2002）。

二叠纪最重要的事件是大陆冰盖的发育，最终沉积了一套覆盖了整个西澳大利亚盆地的北东—南西走向的厚层沉积（Bradshaw et al.，1988）。二叠纪Alice Springs造山运动在中澳大利亚进入了最后阶段，刚性稳定的地块将构造应力释放，产生一系列断裂。发育与均衡补偿相关的铲式正断层。裂谷两侧发生构造抬升，在冈瓦纳古陆的高纬度地区，由断裂产生的抬升触发晚石炭世的广泛区域冰川覆盖，冈瓦纳古陆的大部分，包括整个西澳地区被极地冰盖覆盖，持续数千万年之久，显示出断裂作用和冰川作用是紧密相关的。巨型盆地基底沉降的速度超过沉积速度，盆地成为饥饿性盆地。沉积的早期阶段（Lyons群）有混杂沉积岩，岩石分选性差，砾岩存在垮塌变形构造。随着盆地沉降速度的加大，在滨海地带出现有粉砂岩和碳酸盐岩沉积。后期由于盆地沉降速度放慢，沉积物注入速度增加，从而产生冲积扇和三角洲粗粒砂沉积（Longley et al.，2002；Lavering et al.，1991；Struckmeyer et al.，1998；Doré et al.，2002；Jablonski et al.，2004）。

晚二叠世—晚三叠世，由于区域构造抬升，发生沉积间断，地层剖面上可见这一时期发育有区域性不整合面。三叠纪初期，发生了地壳隆升、断裂和火山活动，这次重大构造事件影响了从北卡那封盆地到布劳斯盆地的西北大陆架广大的地区。

二、裂谷阶段

澳大利亚西北陆架的裂谷演化开始于晚三叠世晚期至早侏罗世早期，伴随着一系列小的陆块从澳大利亚克拉通西北部边缘的分离，西北陆架裂谷盆地逐步发展。北东—南西向的断裂大量发育，同时诱发一些前裂谷期的断裂重新活动。断裂使西北陆架区域构造格局进一步复杂化，形成若干个次一级断陷和凸起构造单元，次级构造单元多元化，但基本上大致沿北东—南西向展布。盆地后期的构造运动所形成的构造样式基本都继承了前期的构造轮廓，在断陷盆地中形成海相和三角洲沉积。早白垩世早期印支板块与澳大利亚克拉通裂解，西北陆架裂谷阶段结束（Longley et al.，2002；Struckmeyer et al.，1998；Doré et al.，2002；Lavering et al.，1991；Jablonski et al.，2004）。

晚三叠世早期（226Ma），西北陆架区域发育南北向挤压构造运动，在坎宁盆地和波拿巴盆地称为菲兹洛伊构造运动。菲兹洛伊运动主要性质为扭压性的，同时伴有区域性的右旋构造运动。

三叠纪—早侏罗世，西北大陆架处于剪切带附近，在该运动的影响下澳大利亚西北陆架区域结束了前期坳陷阶段的沉积。菲茨罗伊构造运动形成了兰金台地及其断裂系统。同时发育了大规模的背斜和向斜构造，沉积凹陷比如武尔坎次盆等次级构造单元也在构造运动中产生，导致了区域性的不整合。隆起区发生剥蚀，张性盆地中发育海相和河流—三角洲相。与菲茨罗伊运动相伴随的内陆抬升和构造运动导致一套来源于坎宁盆地隆起区而在北卡那封盆地沉积的巨厚地层—Locker组页岩（局部发育碳酸盐岩）沉积，沉积环境为海侵环境。这套厚层三角洲地层从陆上坎宁盆地边缘向前进积500km，扩展到埃克斯茅斯地台并直入Wombat-Timor海槽海湾处。

晚三叠世发育Mungaroo三角洲，相变为河流—三角洲相砂岩和泥岩互层沉积。这次构造运动形成的一系列沉积凹陷，在运动之后的裂谷发育阶段沉积了重要的烃源岩，西北大陆架的油气田大部分都源自这种类型的烃源岩（Longley et al.，2002；Struckmeyer et al.，1998；Doré et al.，2002；Lavering et al.，1991；Jablonski et al.，2004）。

澳大利亚西北陆架区域裂谷阶段的演化，开始于沿克拉通边缘被剥蚀、抬升的区域构造运动菲兹洛伊构造运动结束之后，从晚三叠世卡尼期—诺利期直到早白垩世瓦兰今期，一系列大小不等的地块从西北陆架区域裂解出去。裂解作用导致产生一系列北东—南西向的地堑、半地堑，这些不同时期发育的地堑、半地堑状深凹作为其各个发育时期的沉积中心充填了巨厚层裂谷期层序，裂谷期陆源海相三角洲控制着本区主力烃源岩和储层的发育（Forman et al.，2000）。

Lhasa板块在晚三叠世诺利期开始，从印度北边缘裂离（Metcalfe，1999）。在西澳大利亚巨型盆地这期运动在瑞替阶底形成一次大的海泛面，地震界面是TRR。伴随着Lhasa板块漂移，沿冈瓦纳边缘持续拉张，紧接着西缅和Woyla板块从冈瓦纳的澳大利亚边缘分离漂移。Metcalfe（1999）没有提出具体板块漂移期，Longley等（2002）提出一套详尽的模型来解释在西澳大利亚巨型盆地观察到的构造和沉积特征。这个模型与Müller等（1998）的研究成果一致，Müller根据海上地磁异常揭示牛津期和瓦兰今期漂移期形成Argo和Cuvier洋盆（Longley et al.，2002；Jablonski et al.，2004）。

早侏罗世晚赫塘期—早辛涅缪尔期，裂谷作用结束了三叠纪的坳陷沉积背景，西北大陆架北部的、北西走向的古生代盆地被抬升和褶皱，同时形成一系列北东走向的活动裂谷和夭折裂谷（Labutis，1994）。西缅板块Ⅰ在晚赫塘期开始断裂，在地震界面上推断其向盆地迁移沉积。一期大的砂体开始发育，拉张持续到辛涅缪尔期破裂。洋壳出现，伴随着盆地沉降，早侏罗世板块漂移产生大规模海侵，海侵在波拿巴盆地不明显，因为北部地区不在板块旋转范围内，还没有受到影响。受该运动影响，在比格尔地区外围有大套三角洲进积沉积，如图4-21所示（Longley et al., 2002; Struckmeyer et al., 1998; Doré et al., 2002; Jablonski et al., 2004）。

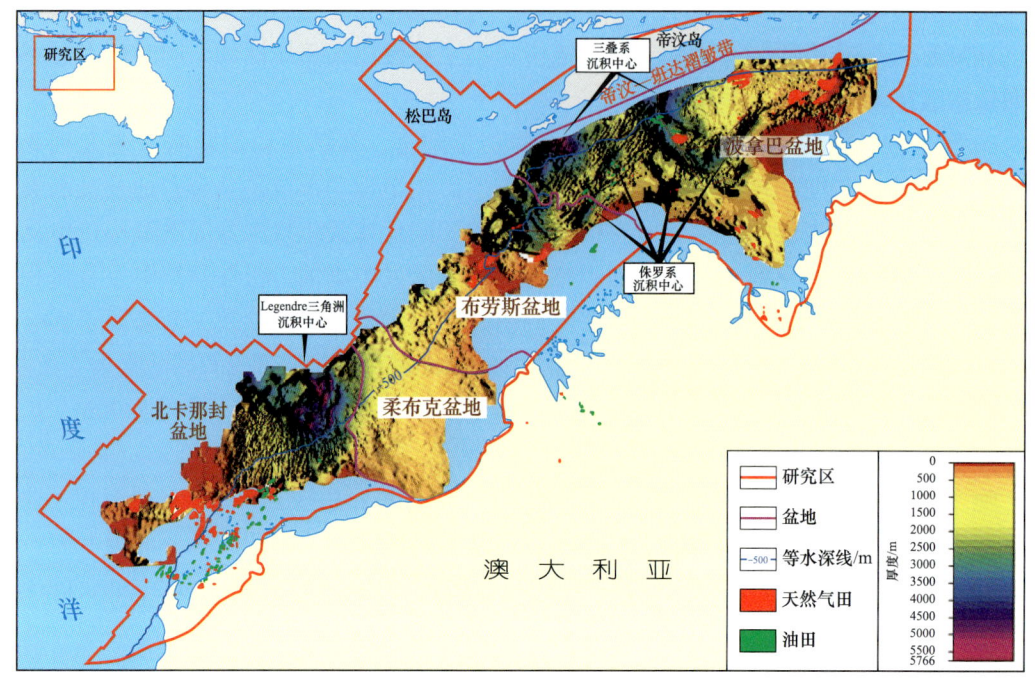

图4-21 西北陆架油气田分布与侏罗系地层厚度图（据Walker, 2007; Longley et al., 2002，汇编）

在北卡那封盆地，呈雁列式排列的埃克斯茅斯、巴罗、丹皮尔和比格尔等次盆代表了夭折裂谷，而活动裂谷则沿着埃克斯茅斯台地的西侧边缘和埃克斯茅斯次盆的西南延伸部分展布，并成为后来大陆解体的位置。裂谷作用初始阶段形成的三叠系断块构造和沉积于其上的盖层组合在一起，构成了兰金台地的大型构造圈闭和复合圈闭，发育了北卡那封盆地，同时也是澳大利亚西北陆架区域最重要的超大型、大型及中型天然气田（Longley et al., 2002; Struckmeyer et al., 1998; Jablonski et al., 2004）。

早—中侏罗世西北陆架的沉积层系主要为河流—三角洲相，北卡那封盆地部分地层发育碳酸盐岩沉积，并且逐渐过渡到海相沉积。在布劳斯盆地和波拿巴盆地则以河流—三角洲相占主导，主要受控于Legendre三角洲和Plover三角洲（图4-21）。

沉积中心主要有北卡那封盆地的比格尔次盆、布劳斯盆地的Caswell次盆、波拿巴盆地的武尔坎次盆、Ashul Flamingo Nancar地区和Mallta地堑等，沉积中心沉积物厚度达3~4km。这一时期沉积的海陆交互相碳质泥岩和煤系是本区已证实的主力烃源岩，三角洲相砂岩是已证实的主力储层（Longley et al., 2002; Struckmeyer et al., 1998; Doré et al., 2002; Lavering et al., 1991; Jablonski et al., 2004; 张建球等, 2008; 冯杨伟等, 2010; 许晓明等, 2010）。

在中侏罗世晚期—早白垩世早期，澳大利亚西北大陆架区域至少经历了三期大陆板块破裂和海底扩张事件：卡洛夫期晚期—牛津期、提塘期和瓦兰今期。在卡洛夫期晚期—牛津期断裂起始于 Argo 地区中部，在提塘期，断裂作用突然转向于帝汶岛北部（后来这种拉张记录已经消亡），进而至瓦兰今期断裂作用转移至 Cuver 地区南部。这种断裂史引起了复杂的裂陷和裂陷后沉积在时空上的分布，并强烈地控制了陆架边缘含油气系统的有效性和生油潜力（Longley et al., 2002; Struckmeyer et al., 1998; Doré et al., 2002; Jablonski et al., 2004; 张建球等，2008）。

中侏罗世晚期的卡洛夫期晚期，在阿尔戈深海平原发生了海底扩张和大陆解体，并形成了卡洛夫期不整合面，该不整合面也称为主不整合面或大陆解体不整合面。西缅板块Ⅱ在卡洛夫期开始从边缘断裂，在牛津期结束（Longley et al., 2002; Struckmeyer et al., 1998; Doré et al., 2002; Jablonski et al., 2004）。它影响到了北卡那封盆地袋熊高地和比格尔次盆，大陆解体和裂谷扩宽与裂谷向西北的迁移有关（Labutis, 1994; Barber, 1994）。在卡洛夫期，主要的张性构造影响着北卡那封盆地，形成了兰金台地断块。兰金台地断块一旦形成，标志着大陆西缘裂谷作用的结束。澳大利亚大陆西缘的构造轮廓在这次构造作用下已经定型。

裂谷期卡洛夫阶与下伏巴通阶的大面积三角洲平原显著不同，沉积环境为局限海盆地，主要沉积在狭窄裂谷内且裂谷中心沉积物厚度加大。在北卡那封盆地，晚中侏罗世盆地边缘发生隆起，侵蚀作用切割了兰金台地原来向西的断崖，形成低角度侵蚀断崖。在 Dupuy 三角洲和 Angel 三角洲的控制下，卡洛夫阶—上侏罗统碎屑岩和泥岩的沉积只局限于巴罗—丹皮尔次盆。东部物源的持续注入，在兰金高地形成砂岩沉积（Longley et al., 2002; Struckmeyer et al., 1998; Doré et al., 2002; Jablonski et al., 2004; 张建球等，2008; 冯杨伟等，2010; 许晓明等，2010）。

同样，由于波拿巴盆地远离主要断裂和板块旋转区，受南部断裂的影响微弱。布劳斯盆地也离主要断裂远，受到南部断裂的影响很小。二者均在稳定宽广三角洲平原上继续沉积，由于缺乏物源的供给而沉积了一套波拿巴盆地和布劳斯盆地的泥页岩地层是已证实的主要烃源岩。根据 Ravnas 和 Steel（1998）的断裂系统研究，这些裂谷在开始没有沉积，但后期有海相页岩和砂岩沉积，在某些地区的沉积不受克拉通的影响（Longley et al., 2002; Lavering et al., 1991; Struckmeyer et al., 1998; Doré et al., 2002; Jablonski et al., 2004; 张建球等，2008; 冯杨伟等，2010; 许晓明等，2010）。

澳大利亚和印度板块之间的断裂作用从中侏罗世开始，在早白垩世达到高潮。在白垩纪贝里阿斯期，印度板块跟冈瓦纳板块开始分离，在目前珀斯盆地处形成了狭长裂谷盆地。从晚提塘期到早贝里阿斯期的构造活动，结束了盆地东部侏罗纪的沉积。这一时期由于 Cape Range 断裂带南边的高地隆升剥蚀，提供了沉积碎屑物，沿北北东向向海推进的巴罗三角洲沉积体系开始形成（Barber, 1988）。同时在这一时期，印度洋开始开裂，开阔海环境得以延续，整个西北边缘发育海侵。北卡那封盆地发育了下白垩统巴罗组富砂的海底扇沉积及河成三角洲沉积，布劳斯盆地内陆抬升也在其局部地区沉积了三角洲（Hocking, 1988）。

瓦兰今期印度板块已经从冈瓦纳板块分离，终止了巴罗组沉积。这时埃克斯茅斯次盆的局部地区的下瓦兰今阶，遭受了剥蚀和与走滑断裂活动相关的褶皱构造活动，沿着科维尔和盖斯克吟深海平原边界的活动裂谷，发生了明显的大陆分离。在大陆分离之后的瓦兰今期—巴雷姆期，断裂带对沉积方式的影响减弱（Longley et al.，2002；Lavering et al.，1991；Struckmeyer et al.，1998；Doré et al.，2002；Jablonski et al.，2004）。海上布劳斯盆地和坎宁盆地缺失这些地层。

三、被动大陆边缘阶段

早白垩世瓦兰今期晚期，澳大利亚西北陆架的裂谷作用结束，紧随瓦兰今期大印度板块分离之后是西北陆架被动陆缘盆地的被动陆缘（热凹陷）期，主要的海侵导致了开阔海环境的延续。早白垩世晚期的区域性海进，形成了海相页岩沉积和局部的砂岩沉积，整个古近纪沉积了滨岸碳酸盐岩沉积（Hocking，1988）。可以分成三个阶段：早白垩世、中至晚白垩世和古近纪—新近纪。

在早白垩世饥饿沉积阶段，凹陷内沉积海相页岩地层（图4-19）。沉积同时伴有海退砂岩作为重要储层。该界面与大印度从南极洲分离有关，并形成开阔海。下白垩统阿普特阶标志着第一次海侵伴随着成熟洋盆形成的开始，这从富含硅深水上涌及含氧气的海水循环导致富含放射虫上可以识别出来（张建球等，2008）。

下白垩统上部是西澳大利亚巨型盆地区域白垩系盖层上部分。上白垩统局部是页岩，成为盖层。通常靠近下伏侏罗系的地层也是页岩，但是下白垩统泥页岩分布范围广，并最终成为区域盖层。

在晚白垩世坎潘期，内陆抬升（对应沿着澳大利亚南缘断裂事件）导致在埃克斯茅斯台地和埃克斯茅斯次盆地层反转（Tindale et al.，1998；Bradshaw et al.，1998）。这期构造运动标志着在巴罗和丹皮尔次盆内先前与断裂有关的构造开始发育扭压构造（如巴罗岛）。此外在卡斯威尔次盆北，内陆抬升导致陆架边缘板块旋转，使倾斜的内陆地层开始剥蚀，并在较深水的环境里重新沉积（Blevin et al.，1998）。这次区域构造运动解释为与远处板块运动有关，伴随着塔斯曼（Tasman）海扩张的形成（Bradshaw et al.，1998）。此外，在马斯特里赫特期，在卡斯威尔（Caswell）和武尔坎南部有砂体沉积，其上接古近系底部。

在古近纪珊瑚海开始扩张，西北陆架向北漂移，在远离有碎屑岩输入的地区沉积碳酸盐岩。在中始新世，大板块重新组合。澳大利亚板块迅速北移，碳酸盐岩沉积占主导地位（Baillie et al.，1994）。在未充填的裂谷盆地形成的可容纳空间内沉积大套碳酸盐岩（张建球等，2008）。

古新世，在早白垩世形成的印度板块和澳大利亚大陆之间的大洋中脊不断扩张，渐新世整个澳大利亚大陆及其附近大洋中脊不断扩张，板块不断漂移。这一时期，伴随着板块扩张—大陆漂移—大洋拓宽，在海底扩张的背景下西北陆架区域发育厚层沉积，大于200m水深区域的沉积物厚度基本在3～4km范围。在前期陆相沉积的基础上，发育一系列碎屑岩和碳酸盐岩进积楔状体，形成了稳定的陆架—陆坡—陆裾沉积（Longley et al., 2002；Lavering et al., 1991；Struckmeyer et al., 1998；Doré et al., 2002；Jablonski et al., 2004；张建球等, 2008）。

这一时期，对澳大利亚西北陆架被动陆缘盆地影响的区域构造运动对应着两个过程：第一主要局限在波拿巴盆地，是不规则的澳大利亚边缘和 Java-Banda 弧直接碰撞的结果（Keep et al., 2002）；第二主要在北卡那封盆地和布劳斯盆地，与因为 Irian-PNG 褶皱带的形成而发生的区域应力场改变有关（Hillis et al., 1997）。后者强化了在坎潘期形成的扭压构造，也被用来解释澳大利亚东南部同期形成的反转构造形成的原因（Dickinson et al., 2001）。由于本区的构造性质带有左行走滑的分量，引起了澳大利亚板块逆时针旋转（图4-18）。

渐新世—中新世挤压旋扭运动使早期断裂系统活化，造成白垩纪晚期—古近纪和新近纪早期油气成藏系统的破坏和泄漏（Longley et al., 2002；张建球等, 2008）。

从中新世末至全新世，西北陆架主要的沉积建造是陆架台地相碳酸盐岩沉积，沉积厚度较大，局部是浊积砂岩沉积，特殊的是在波拿巴盆地的 Ashmore 台地和 Sahul 台地的边缘则发育了生物礁（Longley et al., 2002；Lavering et al., 1991；Struckmeyer et al., 1998；龚承林等, 2010）。

Hovland 等（1994）揭示漏失的烃类为细菌提供营养，细菌为一些藻类提供食物，从而有助于生物礁的生长。Bishop 和 O'Brien（1998）在 Nancar 地区记录了与漏失伴生的生物礁，O'Brien 等（2002）在帝汶海也有相同发现。70年代以来，部分专家对 Scott Reef 地区巨大环状珊瑚礁的形成机制抱有怀疑态度，因为晚古近纪至今发育的暗礁与烃类漏失的关系目前还不清楚。O'Brien 和 Woods（1995）、Cowley 和 O'Brien（2000）描述了浅层地层中跟烃类漏失有关的振幅异常，在大陆架边缘分布广泛，这些热成因烃类运移的氧化作用在浅层新生界砂岩内被认为是形成碳酸盐胶结的一个原因。

第三节 主要断裂

澳大利亚西北陆架整体上是一系列构造事件的结果，其格架整体受控于走向北东—南西的断裂系统，控盆断裂均发育于侏罗纪和早白垩世，形成的盆地内部的二级构造单元基本呈北东—南西向展布（Longley et al., 2002；Lavering et al., 1991；Struckmeyer et al., 1998；Doré et al., 2002；Jablonski et al., 2004；张建球等, 2008；龚承林等, 2010）。

西北陆架的断裂主要为兰金断裂系统和 Flinders 断裂系统，这两大断裂系统贯穿整个西北陆架区域，控制其发育。在布劳斯盆地还发育 Barcoo 局部断裂系统，波拿巴盆地发育局部断裂 Lyndoch Bank 断裂系统。平面上这些断裂呈北东—南西断续定向排列，受其控制的背斜和向斜构造也近似与之平行断续分布，同时也存在北西—南东向的断裂系统，一些是古生代残存的断裂，一些是受其影响在中生代发育的断裂，如图4-22所示（Longley et al., 2002；Lavering et al., 1991；Struckmeyer et al., 1998；Doré et al., 2002；Jablonski et al., 2004）。

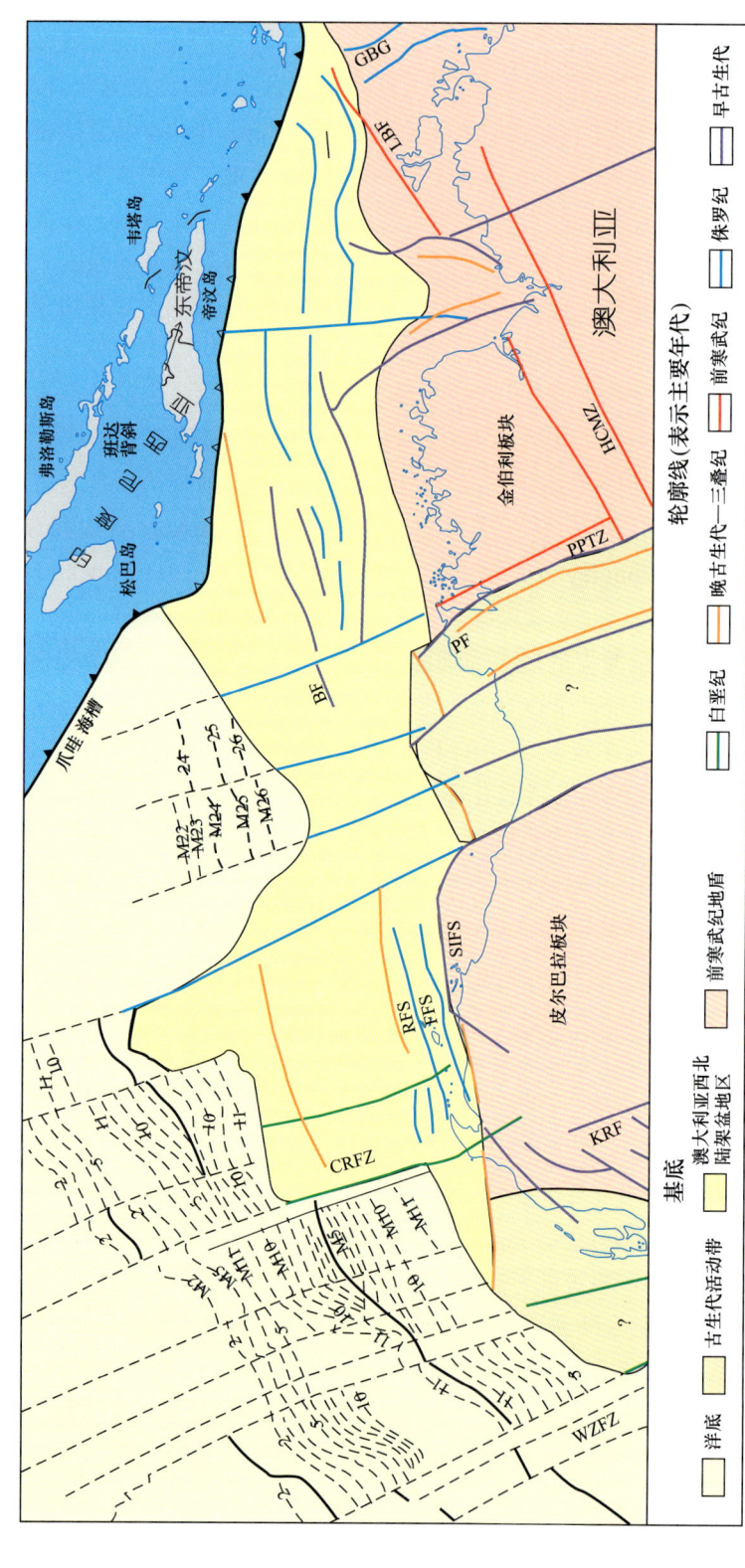

图 4-22 澳大利亚西北陆架主要断裂系统图（据 Doré et al., 2002）

BF-Barcoo 断裂，CRFZ-Cape Range 断裂带，FFS-Flinders 断裂系统，GBG-Goulburn 地堑，HCMZ-Halls Creek 活动带，KRF-Kennedy Range Fault, LBF-Lyndoch Bank 断裂，PF-Pender 断裂，PPTZ-Paterson–Petterman 构造带，RFS-兰金断裂系统，SIFS-Sholl Island 断裂系统，WZFZ-Wallaby-Zenith 断裂带

在多条北西—南东向的地质剖面（图 4-23），受区域性主要断裂系统控制，发育如下构造：

（1）盆地内部二级构造单元呈现隆坳相间格局；

（2）盆地在纵向上的下构造层为由基底倾角很大的张性正断层控制的地堑、半地堑，剖面上高角度且在平面上延伸远，发育的时期为裂谷期；盆地的中构造层为由铲式生长断层控制的碟状凹陷层，这些铲式断层在平面上呈特征性的弧形展布，发育的时期在被动陆缘期早期；盆地的上构造层往往是由于沉积物沉积时边沉积边向海推进而呈现楔状扰曲。

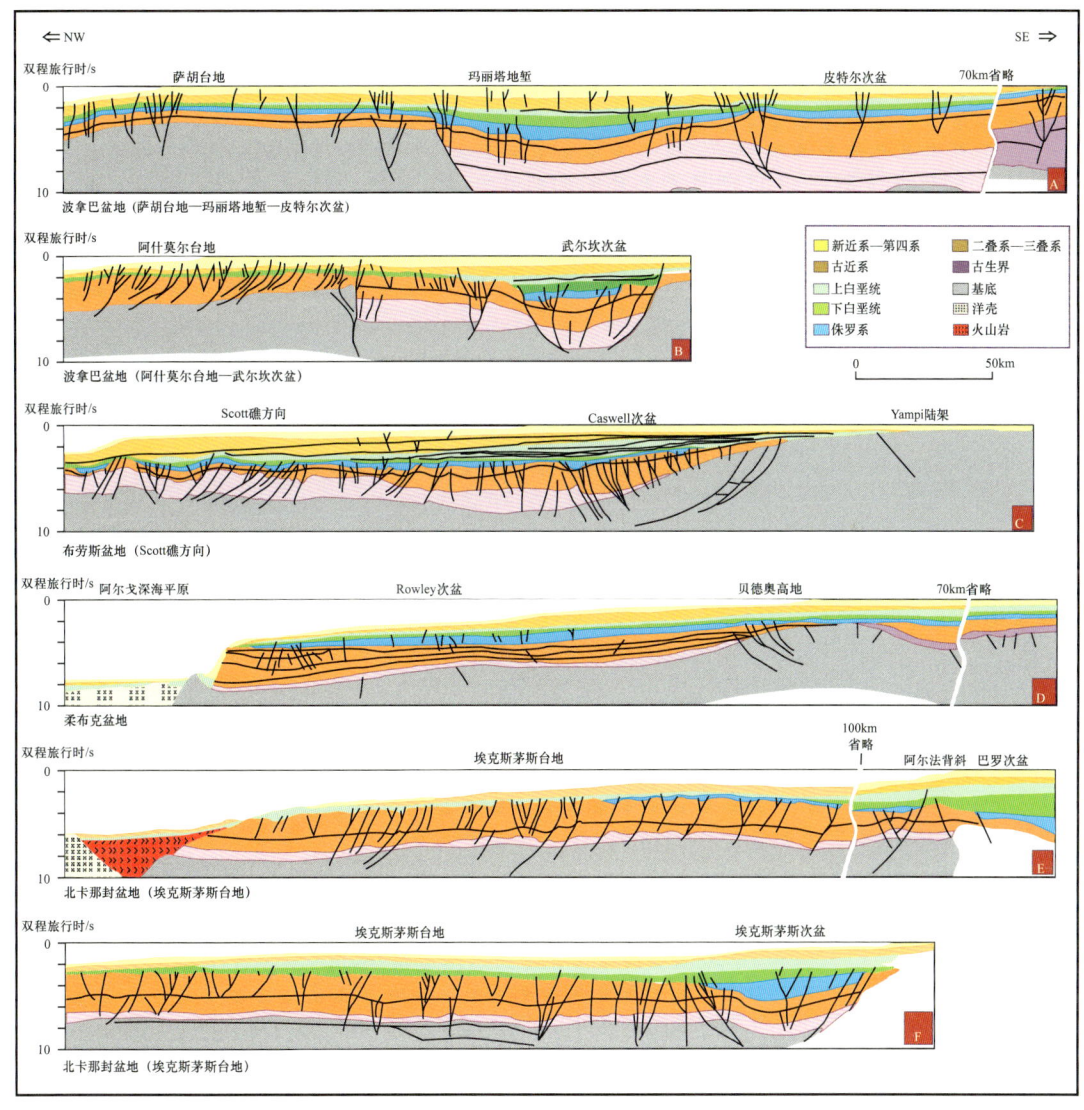

图 4-23　澳大利亚西北陆架（北卡那封盆地—波拿巴盆地）地质地震剖面（据 Doré et al., 2002）

第四节 构造单元划分

澳大利亚西北陆架区域构造单元受到主要断裂和基底性质的双重控制。基底重力异常和磁力异常是基底构造性质的响应，是进行区域性构造单元划分的重要依据。本研究区的构造单元划分是依据西北陆架控盆主要断裂系统（兰金断裂系统和Flinders断裂系统等）和大范围的布格重力异常及磁力异常得出的。

据Peter Petkovic等（2001）和Longley等（2002）的研究成果，澳大利亚西北陆架被动陆缘区域上包含四个含油气盆地和一个造山带，自西南到东北依次为北卡那封盆地（54.44×10^4 km²）、柔布克盆地（约11×10^4 km²）、布劳斯盆地（21.4×10^4 km²）、波拿巴盆地（27×10^4 km²）和帝汶—班达褶皱带（图4-24）。这四个盆地最终组成了西澳大利亚超级盆地，由于冈瓦纳大陆破碎而充填了一套厚层晚古生界、中生界和新生界。帝汶—班达褶皱带是晚古近纪西澳巨型盆地远端的班达弧和亚洲苏门答腊克拉通东南部边缘弧碰撞的结果（Longley et al., 2002；张建球等，2008；冯杨伟等，2012）。

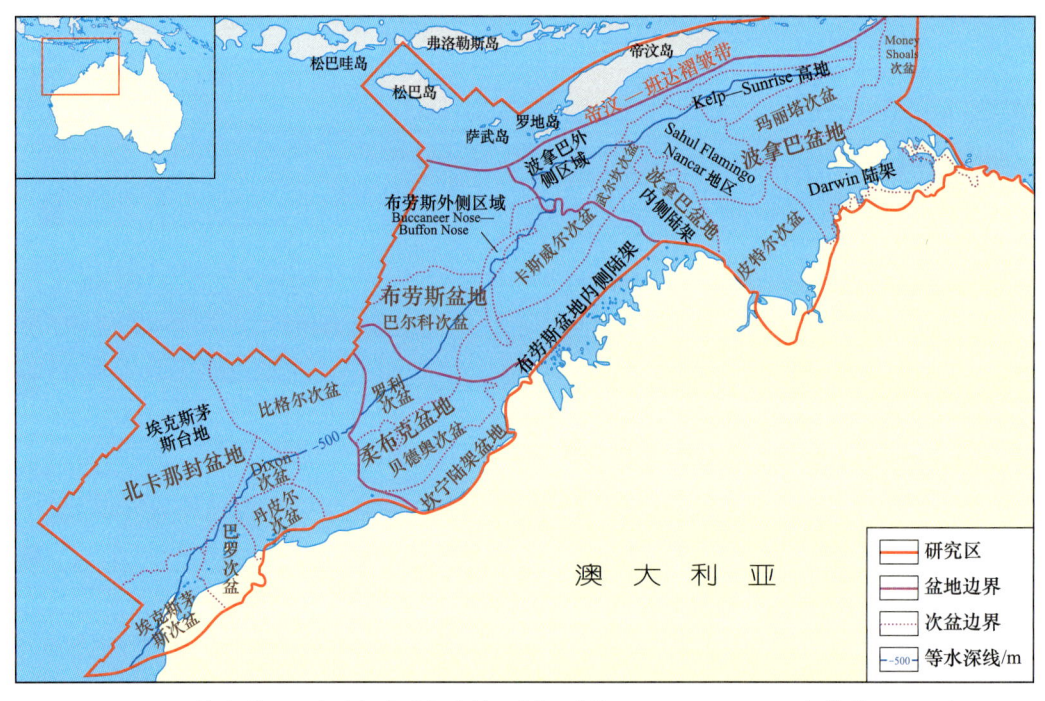

图4-24 澳大利亚西北陆架含油气盆地区划图（据Walker，2007；冯杨伟等，2012）

一、北卡那封盆地构造单元

北卡那封盆地是发育于澳大利亚西北陆架最南端的一个沉积盆地，北东向展布。东以乌龟北凸起与柔布克盆地分开，西和北与科维尔（Curvier）、盖斯克吟（Gascoyne）和阿尔戈（Argo）深海平原相邻，分界线定为 3500m 水深线（Bradshaw et al., 1988）。

北卡那封盆地从陆架到埃克斯茅斯台地边界区域地壳厚度从 24km 左右逐渐减薄到 14km 左右；在次盆等二级构造单元中的沉积中心部分，地壳厚度跟邻区相比加大。

依据盆地内基底重力异常、磁力异常、地壳厚度和主要控盆断裂系统，划分出北卡那封盆地的主要构造单元包括埃克斯茅斯高地、袋熊高地、伊外斯特盖特尔（Investigator）次盆、兰金台地、埃克斯茅斯次盆、巴罗次盆、丹皮尔次盆、比格尔次盆、恩德比阶地、皮达姆拉（Peedamullah）陆架和兰伯特（Lambert）陆架。

不同构造单元之间一般有明显的分界线，但巴罗次盆和丹皮尔次盆之间的分界线比较模糊，二者之间仅有一个转换带分隔，因此这两个次盆常常被合在一起统称为巴罗—丹皮尔次盆。巴罗次盆跟埃克斯茅斯次盆以北西—南东走向的阿尔法（Alpha）背斜为界而分开。丹皮尔次盆西北方向和埃克斯茅斯台地之间以兰金台地和袋熊高地分隔，丹皮尔次盆东北方向和比格尔次盆以一条北西—南东走向的断裂相分隔。伊外斯特盖特尔次盆是埃克斯茅斯台地上的凹陷等，如图 4-25 所示（Felton et al., 1993；Pryer et al., 2002；Longley et al., 2002；Edwards et al., 2000）。

二、波拿巴盆地构造单元

区域构造特征上，波拿巴盆地以断层、不整合面为边界，在西南和东南部，盆地与金伯利（Kimberley）和斯德特（Sturt）地块相邻，盆地的东部边缘受北北东走向的 Cockatoo 断裂带（断裂带构成了 Halls Creek-Fitzmaurice 活动带的西北边缘）的控制，断裂带向北加宽并逐渐被海上的北西走向的枢纽带所替代。元古宇基底和显生宙沉积建造之间的不整合面是波拿巴盆地与金伯利地块之间的分界。盆地的西南边界由于一系列北西走向的断裂切割，出露前泥盆纪掀斜断块，晚泥盆世—二叠纪的沉积建造向盆地西部、东部和南部边缘变薄，向北和西北方向加厚。盆地西部位于海上，由一系列不连续的构造高地构成了波拿巴盆地与布劳斯盆地的边界（图 4-26）。东部边界出现一系列正断层，这些断层把波拿巴盆地与 Money Shoal 盆地分割开来，帝汶海沟和坦尼巴（Tanimba）海槽的俯冲带构成了盆地的北部边界（Longley et al., 2002；Edwards et al., 2000）。

波拿巴盆地内部构造格局受南部北西—南东走向的中生代构造带控制，由一系列古生代和中生代发育的次级盆地和台地组成，盆地内可划分为七个次一级的地质单元：阿什莫尔台地、武尔坎次盆、伦敦德里高地、萨胡向斜、萨胡台地、玛丽塔地堑和皮特尔次盆。

阿什莫尔台地是一个大型的抬升地块，它东接武尔坎次盆的西部边缘，南部为布劳斯盆地的北翼。一个向西凹的弓形断裂带将阿什莫尔台地分为东西两部分，西部主要为西倾断层，东部既有东倾断层也有西倾断层。

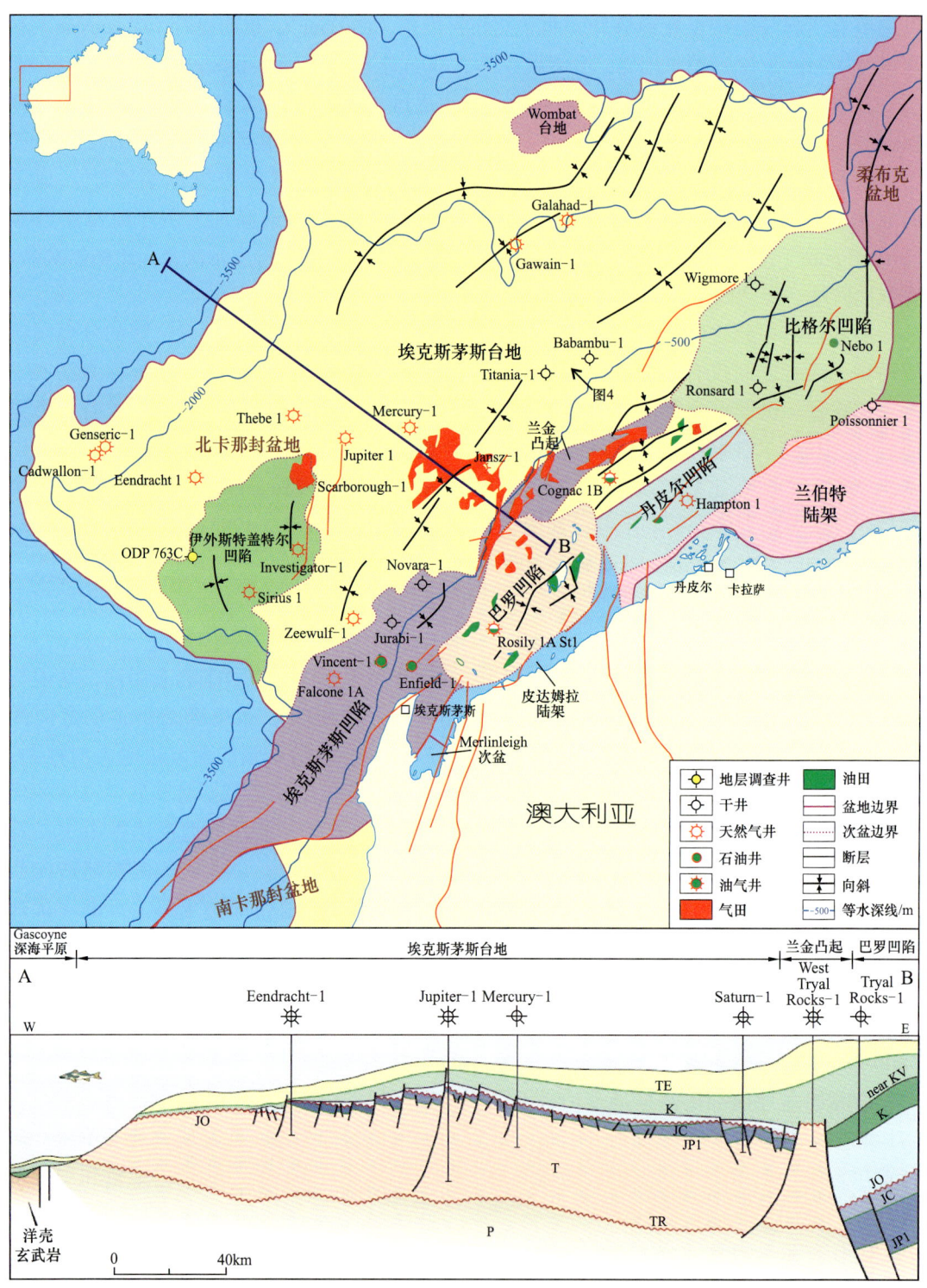

图 4-25 西北陆架北卡那封盆地构造单元划分和盆地剖面图（据朱伟林等，2013；Thomas，2010；Feng et al.，2020）

武尔坎次盆是位于波拿巴盆地西部的一个北东走向的中生界伸展沉降中心。盆地由一系列复杂的地垒、地堑和与东南部的伦敦德里高地及西北部的阿什莫尔台地相关的盆地边沿阶地组成。盆地内钻探的大部分探井都位于武尔坎次盆内部狭长的地垒或盆地边沿的阶地上。

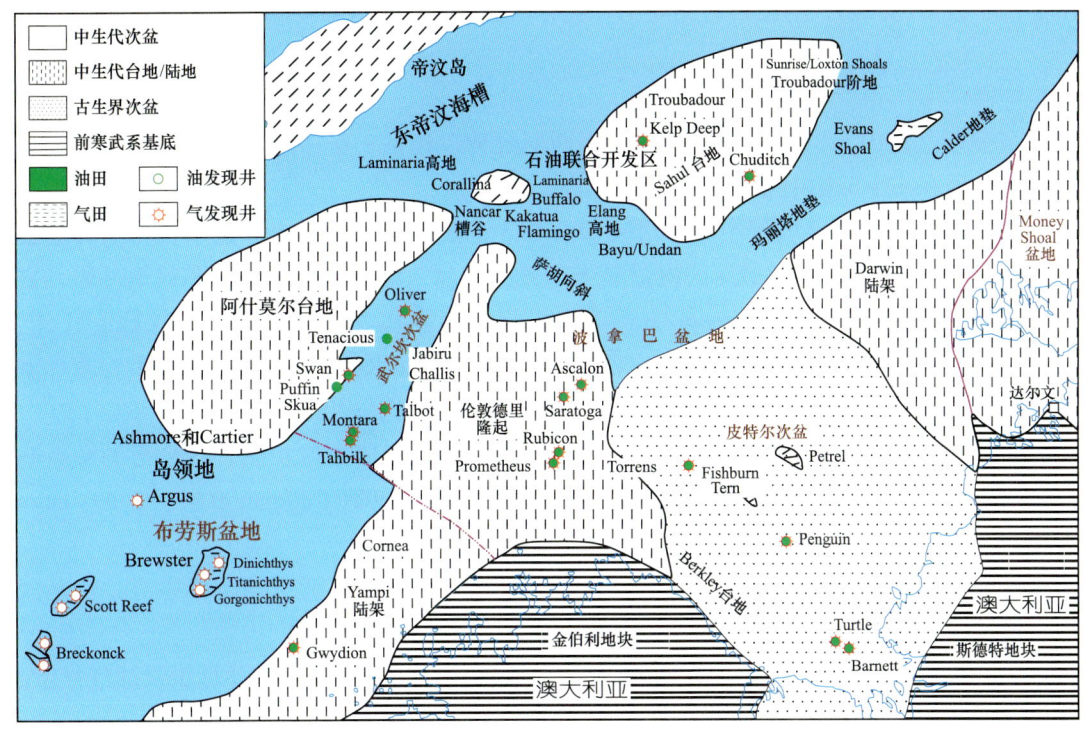

图 4-26 波拿巴盆地构造分区和油气田分布图（据张建球等，2008）

伦敦德里高地是一个二叠纪—三叠纪的地垒和地堑的复合体，在晚侏罗世的裂谷期，它邻近沉积中心主要的物源区（De et al.，2000）。它的东北边界及东部边界分别为萨胡向斜和 Echo 向斜。其北部的 Nancar 海槽是一个主要的沉积中心，沉积了厚达 8000m 的中生界—新生界（De et al.，2000）。Cartier 海槽（一个东北—西南走向的伸展构造）是北伦敦德里高地的西部边界。

萨胡向斜是波拿巴盆地北部一个北西走向的古生代至中生代海槽。向斜向北是弗来明戈（Flamingo）高地和萨胡台地的翼部，向南是北伦敦德里高地。

萨胡台地又叫北波拿巴盆地，西部是萨胡向斜，东南部是玛丽塔地堑，北部是帝汶海槽。Hocking 等（1994）将皮特尔次盆的西北部区域称为北波拿巴盆地，它沉积了相当厚的中生界和新生界。

萨胡台地是一个大型的由掀斜断块和地垒组成的北东向基底隆起。台地向西南倾覆。二叠系、三叠系和侏罗系向台地东北部变薄。台地可能形成于古生代裂谷期，并在随后的中生代大陆碰撞过程中隆升。

玛丽塔地堑是三叠纪的沉积中心，其西北边界为萨胡台地，东南边界为达尔文大陆架。该地堑以北东东向大断距断层为边界。目前还没有在地堑中央钻井。在前寒武纪的基底之上，可能沉积了总共超过10000m的中生界和新生界（Mory，1988）。

皮特尔次盆是位于波拿巴盆地东南部的一个北西—南东走向的不对称古生代裂谷。次盆位于波拿巴海湾，向南延伸到陆上，包含古生界和中生界。

三、布劳斯盆地构造单元

布劳斯盆地内部构造单元呈北东—南西向延伸，包括一个弓形陆架区，一个边界为断层的阶地和一个沉积中心（图4-27）。

按构造成因，盆地沉积中心可进一步分为3个次盆：卡斯威尔，巴尔科和塞林伽巴丹（Seringapatam）次盆。最深的次盆是卡斯威尔次盆，盆地基底为金伯利盆地基岩，岩性为元古宇变质岩和流纹岩、英安岩等火山岩。沉积物大约15km厚（Hocking et al.，1994；Struckmeyer et al.，1998）。该次盆在西北边以Scott-Reef和Buffon构造带与塞林伽巴丹次盆相隔，在西南边以Buccaneer鼻状隆起与巴尔科次盆相隔。

布劳斯盆地的主要构造走向为北东—南西向，因此形成了拉长的、次平行的倾斜断块和背斜构造带（Lavering et al.，1991；Longley et al.，2002；Cadman et al.，2003；Doré et al.，2002；Jablonski et al.，2004；Edwards et al.，2000）。

卡斯威尔凹陷位于盆地中部，是布劳斯盆地的主要构造单元沉积沉降中心，也是盆地主要的生烃中心。盆地石油勘探活动主要集中在卡斯威尔凹陷。

巴尔科凹陷位于盆地西南部，勘探程度很低，只有几口探井，钻井见少量油气显示，无重要的油气发现。

塞林伽巴丹断陷，又称为外布劳斯盆地，位于西部大陆坡和深海区域，海水水深大于1500m，勘探程度极低。塞林伽巴丹断陷的构造和沉积特征、形成过程及石油地质条件等与波拿巴盆地的武尔坎断陷极为相似，是布劳斯盆地极具远景的油气勘探区，但其生油窗位于5000m以下，目标层系埋深大于5000m，勘探成本很高（Lavering et al.，1991；Struckmeyer et al.，1998；Longley et al.，2002；Doré et al.，2002；Jablonski et al.，2004；Edwards et al.，2000；张建球等，2008）。

四、柔布克盆地构造单元

柔布克盆地北西向展布，主要由两个沉积中心（贝德奥次盆和罗利次盆）和三个高地（贝德奥高地、Cobagooma高地、中三叠统火山岩形成的层高地）组成，盆地的构造—沉积历史已经在公开发表的文章中论述过（Lipski，1993，1994；Colwell et al.，1994；Smith et al.，1999）。西边以乌龟北凸起与北卡那封盆地分开，西北边以中三叠统火山岩形成的高地与阿尔戈深海平原分隔，东边和坎宁盆地以Cobagooma高地分隔。盆地内部以贝德奥高地分为贝德奥次盆和罗利次盆两大沉积中心（图4-28）。

图 4-27 布劳斯盆地次级构造单元划分和油气分布图（据 Struckmeyer et al., 1998）

图 4-28　澳大利亚西北陆架柔布克盆地构造单元划分（据 Smith et al., 1999）

第五章　澳大利亚西北陆架地层与沉积相

第一节　地　　层

一、北卡那封盆地地层

北卡那封盆地基底是太古宙变质岩、火山成因的沉积物和花岗岩侵入体，如绿岩建造、硅铁建造、镁铁质—超镁铁质岩火山建造等（Felton et al.，1993；Ikoda，2003；Heath et al.，1984；张建球等，2008）。

上覆沉积地层从下往上依次如下（Felton et al.，1993；Ikoda，2003；He et al.，2002；Iasky et al.，2002；Bond et al.，2002；Edwards et al.，2000；白国平等，2007；张建球等，2008）：

下古生界寒武系缺失；奥陶系 Tumblagooda 组仅仅发育于皮达姆拉陆架的 Candace 阶地；志留系缺失。

上古生界下泥盆统为 Faure 组和 Kopke 组，中泥盆统为 Nannyarra 组砂岩和 Gneudna 组，上泥盆统缺失。下石炭统为 Moogooree 组和 Quail 组，上石炭统缺失。下二叠统下部为 Lyons 群和 Callytharra 组，中部缺失。上二叠统为 Baker 组和 Wandagee 组。

下三叠统与二叠系普遍存在沉积间断；下、中三叠统为 Locker 组页岩，上三叠统为 Mungaroo 组。

下侏罗统为 Brigadie 组、North Rankin 组和 Murat 组。中侏罗统为 Athol 组，在盆地东部地区相变为 Legendre 组。上侏罗统为 Dingo 组，盆地中部地区 Dingo 组泥岩相变为 Biggada 组和 Dupuy 组砂岩，盆地东部地区 Dingo 组之上发育 Angel 组。

下白垩统为 Barrow 群、Forestier 组泥岩和 Muderong 组页岩，而后有一个沉积间断，之上发育 Windalia 组和下 Gearle 组，盆地东部地区相变为 Haycock 组石灰岩。上白垩统为上 Gearle 组、Toolonga 组和 Withnell 组，之后为沉积间断，上覆 Miria 组。

古新统盆地在东部地区为 Lambert 组和 Dockrell 组，西部地区 Cardabia 群直接上覆在 Miria 组之上。

始新统在盆地东部为 Wilcox 组和 Walcott 组，盆地西部地区为 Giralia 组。始新统下部地层普遍缺失，始新统上部和中新统下部在盆地中部地区为 Mandu 组，东部地区为 Cape Range 群，西部地区为 Tulkils 组。

中新统中上部为 Treallalst 组，上段东部相变为 Bare 组，西部相变为 Pilgramunna 组。上中新统普遍发育沉积间断。

上新统盆地东部地区为 Delambre 组，西部相变为 Exmouth 组。

1. 寒武系

北卡那封盆地下古生界寒武系缺失。

2. 奥陶系

北卡那封盆地奥陶系发育于皮达姆拉陆架的 Candace 阶地，为 Tumblagooda 组砂岩。Tumblagooda 组砂岩沉积环境为河流—滨海相，为一套夹少量粉砂岩和泥岩的红层砂岩。在皮达姆拉陆架内，已知的最老的沉积岩发现于罗布海湾的 Echo Bluff 1 井。泥盆系碎屑岩与石灰岩覆盖在奥陶系 Tumblagooda 砂岩之上。这种分选差红色粗粒偶含砾的赤铁矿化砂岩厚度至少 1000m。Candace 阶地上，靠近 Sholl 断层的一个倾斜不整合面把中泥盆世跟老的岩层分隔，如图 5-1 所示（Crostella et al.，2000；Iasky et al.，2002）。

3. 志留系

北卡那封盆地志留系缺失（Iasky et al.，2002）。

4. 泥盆系

上古生界下泥盆统为 Faure 组和 Kopke 组，中泥盆统为 Nannyarra 组砂岩和 Gneudna 组、Munabia 组，上泥盆统缺失（Iasky et al.，2002）。泥盆纪—早石炭世为冲积扇和近滨硅质碎屑—浅海碳酸盐岩沉积建造，下泥盆统从下往上依次为 Faure 组、Kopke 组砂岩，如图 5-1 所示（Felton et al.，1993）。

中泥盆统之后出现沉积间断，中泥盆统与下石炭统直接接触。Nannyarra 组砂岩为一套早泥盆世晚期开始的海侵环境背景下的水动力条件弱的浅海—潮间带环境的砂岩沉积，不整合覆盖在下泥盆统之上，部分地区与志留系呈角度不整合接触。Gneudna 组为近滨海到局限浅海环境下的粉砂岩沉积，Gneudna 1 井揭示地层中出现石膏脉，反映该组地层特定时期局部处于蒸发环境，该组层系整合覆盖于 Nannyarra 砂岩之上。局部地区相变为 Munabia 组，主要为障壁岛沉积环境下的砂岩，夹少量泥岩、砾岩和白云岩，整合于 Gneudna 组之上，如图 5-1 所示（Felton et al.，1993）。

5. 石炭系

下石炭统为 Moogooree 组和 Quail 组，Moogooree 组为温暖浅水的环境中的碳酸盐岩沉积，Quail 组为泥岩沉积。上石炭统缺失。

6. 二叠系

下二叠统下部为 Lyons 群和 Callytharra 组，上部缺失。上二叠统为 Baker 组和 Wandagee 组。大陆冰川对上石炭统—下二叠统的影响很大。冈瓦纳古陆的大部分，包括皮尔巴拉地块及北卡那封盆地的东南边缘的整个西澳地区被极地冰盖覆盖。受区域性冰川和冰河作用的近海沉积里昂群（Lyons 群）遍布整个盆地，Lyons 群为混杂沉积岩，

第五章 澳大利亚西北陆架地层与沉积相

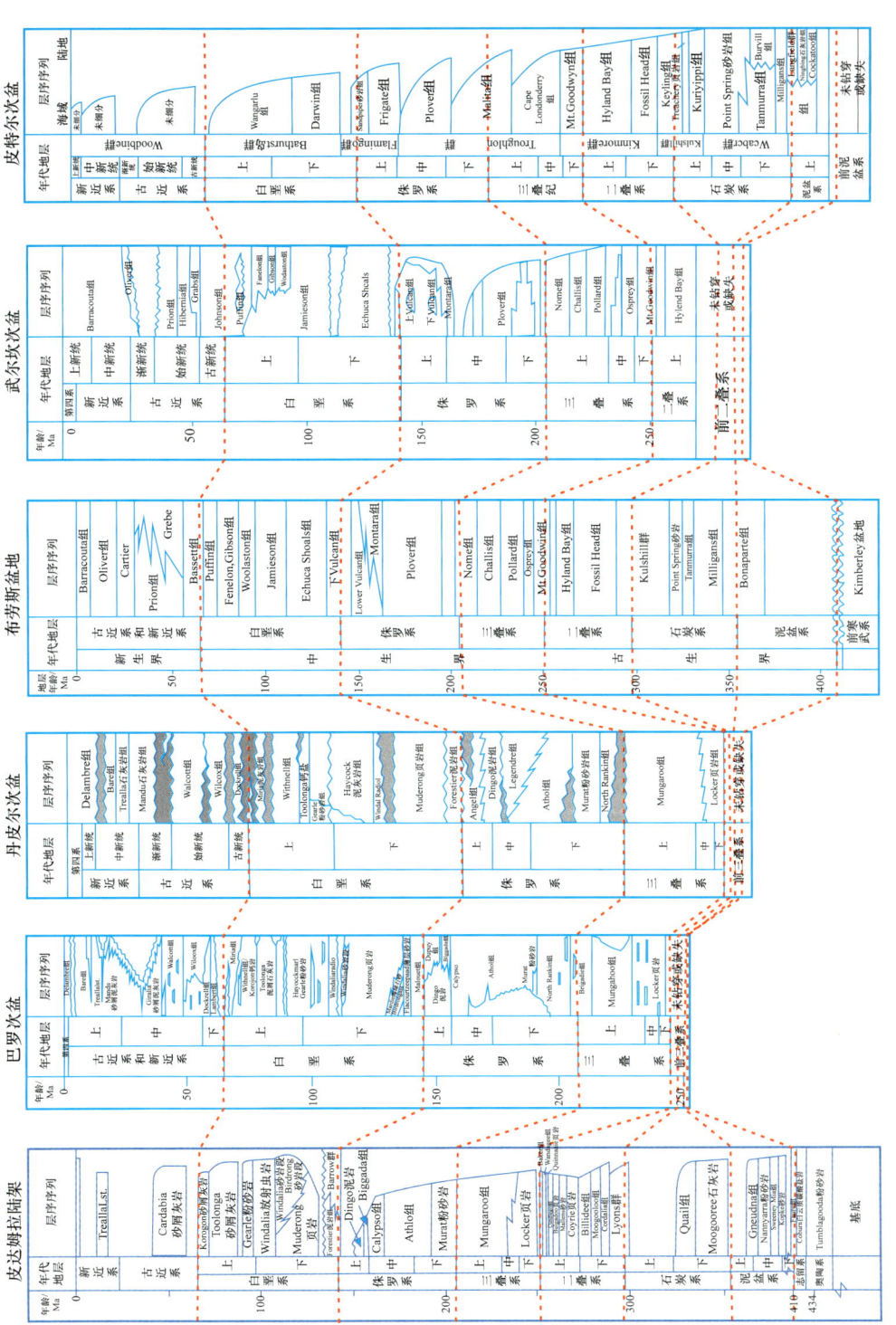

图 5-1 澳大利亚西北陆架被动陆缘盆地地层综合对比图（据 Felton et al., 1993; Ikoda, 2003; He et al., 2002; Iasky et al., 2002; Bond et al., 2002; Edwards et al., 2000; 白国平等, 2007; 张建球等, 2008）

· 65 ·

岩石分选性差，砾岩存在垮塌变形构造。随着盆地沉降速度的加大，在滨海地带出现有 Callytharra 组碳酸盐岩和粉砂岩沉积。后期由于盆地沉降速度放慢，沉积物注入逐渐速度加快，由海相碳酸盐岩逐渐过渡为河流—三角洲相粗粒砂岩沉积（Felton et al.，1993）。二叠系受冰川影响的近海地层分布面积较广，受到海水和冰川的双重控制而地层厚度较均匀，基本为 2km 左右。

7. 三叠系

中生界下三叠统跟二叠系普遍存在沉积间断，下、中三叠统为 Locker 组页岩，上三叠统为 Mungaroo 组，如图 5-2 所示（Dolby，1976；Longley et al.，2002）。

下—中三叠统的沉积环境为海侵环境，盆地发育一套来源于坎宁盆地隆起区的巨厚地层—Locker 组页岩沉积，局部发育碳酸盐岩（TR20 层序），沉积环境为海侵环境。而后在北卡那封盆地的西南侧发育 Mungaroo 三角洲，相变为 Mungaroo 组河流—三角洲相砂岩和泥岩互层沉积（图 5-2）。

8. 侏罗系

下侏罗统为 Brigadie 组、North Rankin 组和 Murat 组。中侏罗统为 Athol 组，在盆地东部地区相变为 Legendre 组。上侏罗统为 Dingo 组，盆地中部地区 Dingo 组泥岩相变为 Biggada 组和 Dupuy 组砂岩，盆地东部地区 Dingo 组之上发育 Angel 组。

下侏罗统上赫塘阶—下辛涅缪尔阶，盆地发育河流—三角洲相 North Rankin 组沉积，是本期形成的一系列北东走向的活动裂谷和夭折裂谷的结果。裂谷作用结束了三叠纪的坳陷沉积背景，西北大陆架北部的北西走向的古生代盆地被抬升和褶皱（Labutis，1994）。

下侏罗统普林斯巴阶—中侏罗统晚期卡洛夫阶，地层包括 Murat 粉砂岩组、Athol 组和 Legendre 组海相和三角洲沉积，它们沉积于滨岸平原—陆架沉积环境（Felton et al.，1993；Ikoda，2003；He et al.，2002；Iasky et al.，2002；Bond et al.，2002；Edwards et al.，2000；白国平等，2007；张建球等，2008）。

中侏罗统卡洛夫阶—上侏罗统，发育局限海盆 Athol 组沉积，并在一个裂谷中心沉积物厚度变大。卡洛夫阶—上侏罗统 Biggada 组和 Dupuy 组碎屑岩和 Dingo 组泥岩的沉积只局限于巴罗—丹皮尔次盆。东部物源的持续注入，在兰金高地形成砂岩沉积（Barber，1994；He et al.，2002；Ikoda，2003）。

9. 白垩系

下白垩统为 Barrow 群、Forestier 组泥岩和 Muderong 组页岩，而后有一个沉积间断，上覆 Windalia 组和下 Gearle 组，盆地东部地区相变为 Haycock 组石灰岩。上白垩统为上 Gearle 组、Toolonga 组和 Withnell 组，之后发育沉积间断，上覆 Miria 组（Barber，1994）。

下白垩统 Birdrong 组海侵砂岩遍布整个盆地，从沉积中心到沿岸的内斜坡，浅

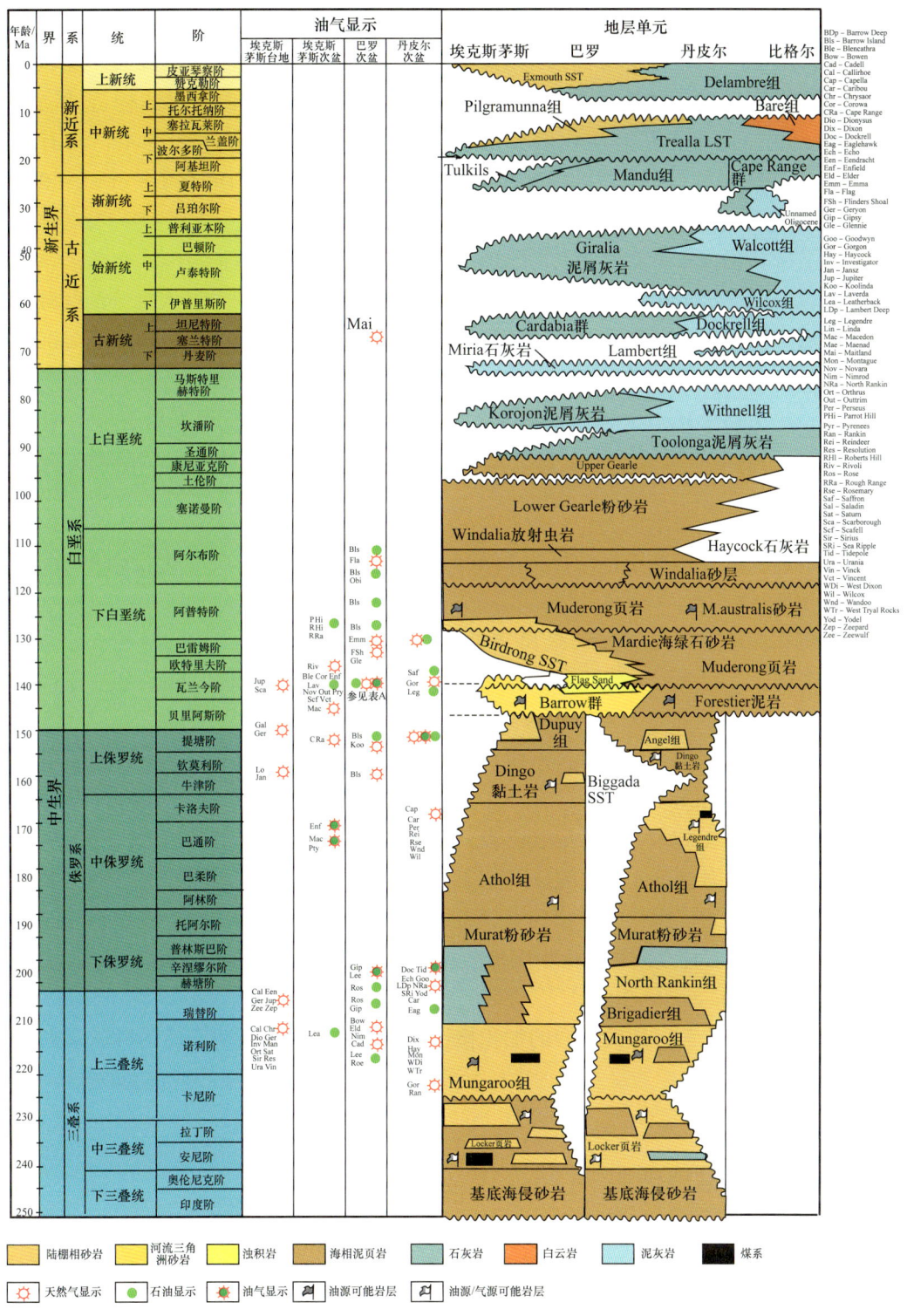

图 5-2 北卡那封盆地地层综合柱状图（据 Ikoda，2003）

海泥岩、放射虫岩、泥屑灰岩和砂屑灰岩的依次出现，为冈瓦纳大陆裂解后稳定水下沉积环境的产物。Winning 群向断陷的北部变厚，在 Eouth 次盆厚度最大。除 Rough Range 断层带有构造活动外，在盆地其他地区没有发现早—中白垩世的构造活动的痕迹，反映出这个时期沉积环境比较稳定，沉积建造以低能细粒沉积为主，没有出现构造抬升或构造剥蚀作用产生的粗粒硅质碎屑沉积（Barber，1994；He et al.，2002；Ikoda，2003）。

下白垩统超覆在掀斜断块之上，盆地的大部分在巴雷姆之前都被海水覆盖。该期沉积海相泥岩处于支配地位，主要为 Muderong 组泥岩，这些泥岩对该区大部分油气藏提供了区域盖层。晚阿普特期前，印度洋的张开和次盆西部边缘的下沉导致从陆缘海沉积变化为陆棚—陆坡沉积（Gilvery et al.，1997；Tingate et al.，2001）。

上白垩统主要为 Haycock 泥灰岩、Gearle 组粉砂岩、Toolonga 组泥屑灰岩、Withnell 组浊积砂岩和 Miria 组泥灰岩，是外陆棚到陆坡环境下的沉积（Hull et al.，2002）。

10. 古近系和新近系

新生界古新统在盆地东部地区为 Lambert 组和 Dockrell 组，西部地区 Cardabia 群直接上覆在 Miria 组之上。

始新统在盆地东部为 Wilcox 组和 Walcott 组，盆地西部地区为 Giralia 组。始新统下部地层普遍缺失，始新统上部和中新统下部地层在盆地中部地区为 Mandu 组，东部地区为 Cape Range 群，西部地区为 Tulkils 组。

中新统中上部为 Treallalst 组，上段东部相变为 Bare 组，西部相变为 Pilgramunna 组。上中新统普遍发育沉积间断。

上新统在盆地东部地区为 Delambre 组，西部相变为 Exmouth 组（Cathro，2006）。

古新世的两次海侵首先在内陆棚产生了泥灰岩和泥岩沉积，然后在外陆棚到陆坡深水形成泥灰岩和泥岩沉积，并持续到始新世早期，其间出现了一次较小的沉积间断。晚始新世外陆棚石灰岩开始沉积，一个碳酸盐岩的加积楔状体从陆棚向上堆积起来（Gorter et al.，2002；Tingate et al.，2001）。

中中新世末期之前，碳酸盐岩的加积楔已经达到海滨带，形成广泛的砂岩和白云岩沉积。中新世末期，陆棚边缘水深加大，导致了外陆棚和深水环境的细粒碳酸盐岩沉积，这种沉积环境一直持续至今。

二、波拿巴盆地地层

在不同构造单元，波拿巴盆地地层差异很大。总体上，古生界主要分布于陆上地区和皮特尔次盆靠近陆地的部分，中—新生界则主要局限于波拿巴盆地的海域部分（Cadman et al.，2003；Ambrose et al.，2004）。

基底是太古宇变质岩、火山成因的沉积物和花岗岩侵入体，如绿岩建造、硅铁建造、镁铁质—超镁铁质岩火山建造等。其中下寒武统为火山喷发相的安特里姆台地玄武岩，在南波拿巴盆地玄武岩较发育，厚度约为100m。

上覆沉积地层从下往上依次为，如图5-3所示（Cadman et al.，2003）：

1. 古生界寒武系—奥陶系

中、上寒武统—奥陶系为Carlton群，局部地区相变为GooseHole群，Carlton群从下往上依次为Tarrara组、Hart Spring组、Skewthorpe组、Pretlove组、Clark组和Pander组（Ambrose et al.，2004）。

中、上寒武统—奥陶系的Carlton群或GooseHole群为浅海相—边缘海相碎屑岩、碳酸盐岩沉积，地层厚度可达1200m。底部为Tarrara组红色和灰色粉砂岩和泥岩沉积。下部为Hart Spring组砂岩沉积，中部为Skewthorpe组鲕粒白云岩沉积，并夹有砂岩和页岩；上部为Pretlove组、Clark组和Pander组砂岩沉积（Cadman et al.，2003；Ambrose et al.，2004）。

2. 古生界泥盆系—志留系

中—下泥盆统缺失，上泥盆统为波拿巴组Cockatoo段/Mahony段、Ningbing段和Langfield段。上泥盆统波拿巴组Cockatoo段/Mahony段为陆相和浅海相砂岩沉积，夹有砾岩层及礁灰岩，地层厚度为1600～2700m，向海方向逐渐过渡为以页岩夹砂岩沉积为主。上泥盆统—下石炭统Ningbing段和Langfield段是一套生物礁相和浅海相的碳酸盐岩、页岩沉积建造。上部夹有砂岩层，沉积厚度大于2000m，但其后的抬升剥蚀量大于1000m。这个时期，北波拿巴盆地为波拿巴组细碎屑岩沉积，是一套较好的生油岩建造（图5-3、图5-4）。

3. 石炭系

中—下石炭统为Webber群，Webber群从下往上包括Milligans组、Tanmurra组、Burvill组和Point Spring组。

上石炭统为Kuriyippi组和Treachery组（Cadman et al.，2003；张建球等，2008；龚承林，2010）。

下石炭统Webber群为河流相—滨岸相，下部Milligans组岩性为黑灰色页岩，含粉砂页岩，夹有砾岩、砂岩、粉砂岩、石灰岩层，地层厚度为350～2000m，向海洋方向地层不断加厚。中部Burvill组或Tanmurra组，岩性为砂岩，夹有少量粉砂岩、页岩和石灰岩。上部为Point Spring组砂岩，夹有少量砾岩和粉砂岩、石灰岩。地层厚度为300～500m。

上石炭统为Kuriyippi组和Treachery组，是一次大范围的海侵作用的产物，岩性以前三角洲泥岩、广海页岩、陆架页岩和碳酸盐岩为主。

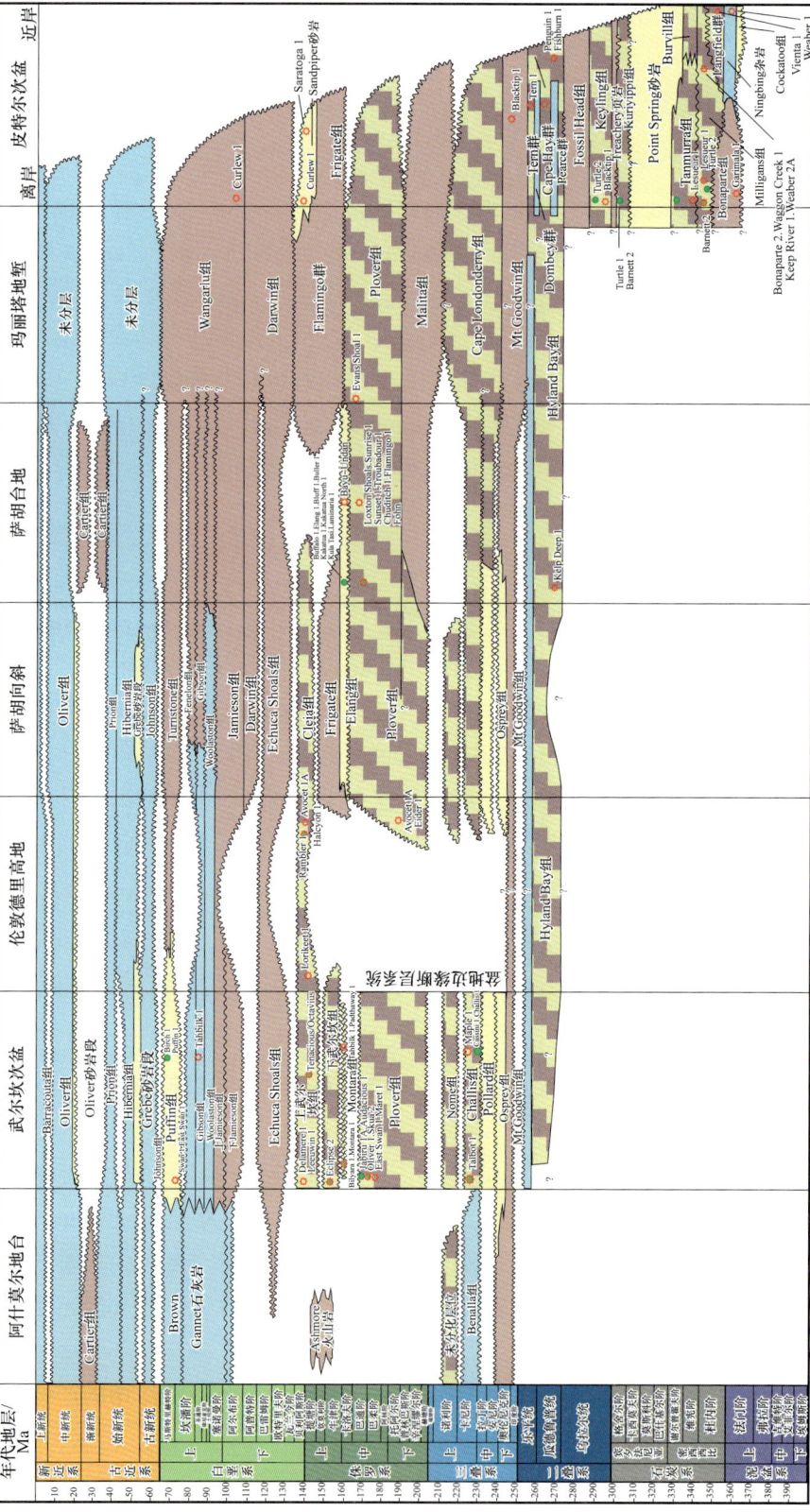

图 5-3 波拿巴盆地地层综合柱状图（据 Cadman et al., 2003）

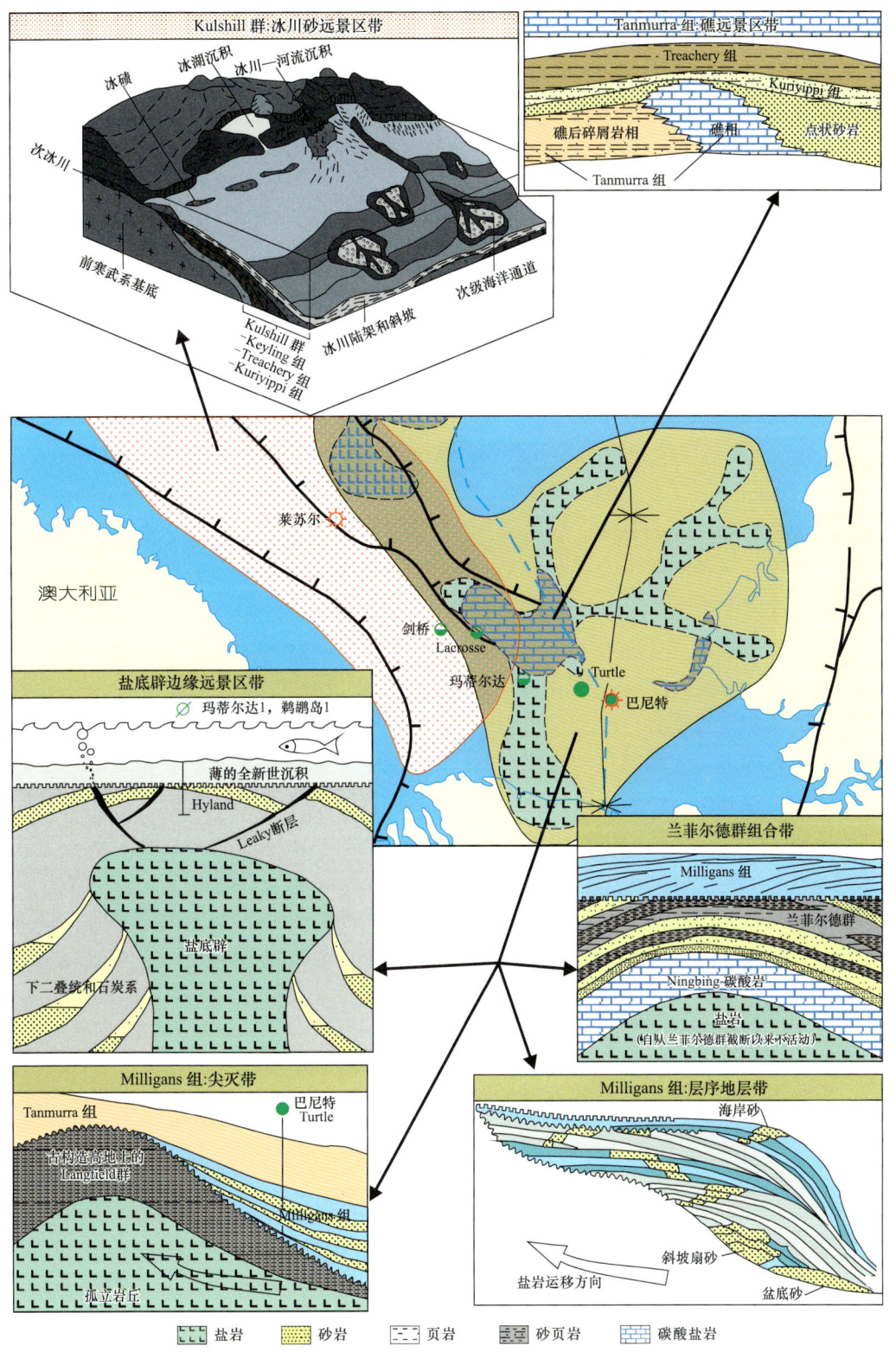

图 5-4　南波拿巴盆地晚古生代沉积综合图（据 Candman et al., 2003；张建球等，2008）

4. 二叠系

上石炭统顶部—下二叠统为 Keyling 组和 Fossil Head 组，上二叠统为 Hayland Bay 组，二叠系为北波拿巴盆地发生了第二次海侵作用的沉积。此时澳大利亚板块已漂移至低纬度地区，在波拿巴盆地海上区域发育了广阔的碳酸盐陆架沉积，而在靠近达尔文陆架一侧发育海岸平原相和三角洲相（Cadman et al.，2003；张建球等，2008）。

5. 三叠系

中生代以来主要的沉积作用发生在波拿巴盆地的海上部分即北波拿巴盆地，同时受物源控制在盆地的西南部分沉积厚度较大。

中生界下三叠统为 Mount Goodwin 组，与下伏地层存在盆地区域的角度不整合。中三叠统为 Osprey 组，在阿什莫尔（Ashmore）台地、萨胡（Sahul）台地和伦敦德里（Londonderry）高地区域相变为 Mount Goodwin 组。上三叠统为 Pollard 组、Challis 组和 Nome 组（Cadman et al.，2003）。

下三叠统为 Mount Goodwin 组泥岩，在凹陷区域向上渐变为中三叠统 Osprey 组，是一套前三角洲、三角洲前缘和三角洲平原沉积环境的浊积岩沉积。在阿什莫尔台地、萨胡台地和伦敦德里高地区域，中三叠统延续下三叠统 Mount Goodwin 组。

上三叠统 Pollard 组上覆在 Osprey 组之上，为一套浅海相碳酸盐岩。Challis 组上覆在三叠系的 Pollard 组之上，是一套由碎屑岩和碳酸盐岩组成的沉积建造，这套地层沿着武尔坎断陷的东部发育良好。Challis 组为碎屑岩和碳酸盐岩的混合相，侧向岩性关系复杂变化大，沉积环境为大潮河口的边缘沉积，南部发育于海湾环境沉积，东北部主要是河流沉积体系。Challis 组的生油岩主要是迁移的河道相，形成于宽阔的河口或海湾环境下。武尔坎断陷西部该期发育 Challis 组碳酸盐岩台地。

Nome 组上覆于 Challis 组和 Benalla 组之上，它形成于三角洲前缘—三角洲平原环境，主要由前积三角洲系列沉积物组成。它的垂向和侧向岩性变化较大，垂向和侧向上渐变为三角洲平原和河道相的沉积序列，Nome 组中的砂岩是好的储层。

6. 侏罗系

下—中侏罗统 Plover 组跟上三叠统存在一沉积间断，为角度不整合。Plover 组广泛发育，但在阿什莫尔台地和伦敦德里高地缺失。上侏罗统为 Swan 群，包括 Montara 组、下 Vulcan 组和上 Vulcan 组，上 Vulcan 组局部地区相变为 Cleia 组。

侏罗系广泛发育河流沉积，是由于北波拿巴盆地发生了一次海退，河流沉积作用增强，陆架泥岩相对于三叠系来说范围大大缩小。先期的海相沉积环境被陆相环境所取代，在皮特尔次盆和玛丽塔地堑区域沉积了三叠统—下侏罗统 Malita 组的红层沉积，这套红层建造沉积形成于河流泛滥平原沉积环境中。武尔坎次盆、萨胡台地和伦敦德里隆起及其附近区域其上覆地层为早侏罗世 Plover 组，与三叠系沉积之间出现不整合接触。

下—中侏罗统 Plover 组为裂谷作用沉积，沉积环境划分为 3 类：辫状河和曲流河的河道环境，侧向上伴随着三角洲环境；海侵环境转变为三角洲沉积环境；三角洲前缘沉积环境。

中侏罗统 Plover 组砂岩被认为是有利的储层之一，在武尔坎断陷和靠近伦敦德里高地的区域，上侏罗统 Swan 群直接覆盖在 Plover 组之上，二者之间为不整合接触。

Swan 群包括下部的 Montara 组、下 Vulcan 组和上 Vulcan 组（被不整合面分开）。整个 Swan 群形成于侏罗纪裂谷期，其沉积物特征受构造环境控制较大。Swan 群的下部即 Montara 组由前积扇状三角洲体系组成，一直延伸到武尔坎断陷的东南翼，侧向上相变为前积三角洲扇沉积体系，为低能环境下的海相沉积物，是区域重要的烃源岩层。在其他地区，如伦敦德里高地，Montara 组则变薄或相变为浅水海岸相（Cadman et al.，2003；龚承林，2010）。

上侏罗统的海相沉积地层范围进一步扩大，扇三角洲体系被海相台地所取代，形成海相页岩和局部的海底扇沉积。阿什莫尔隆起基本上没有发生沉积或者沉积很少，地层暴露或地层遭受剥蚀作用。

在武尔坎断陷的地垒和地堑构造带上发育厚层的局限海相沉积，地堑之间的高地发育富海绿石的海底扇砂岩沉积。

7. 白垩系

下白垩统跟侏罗系之间角度不整合接触，下白垩统下部为 Echuca Shoals 组，在玛丽塔地堑区域相变为 Darwin 组。下白垩统上部为 Jamieson 组。

上白垩统为 Wodaston 组、Gibson 组、Fanelon 组和 Puffin 组，在玛丽塔地堑区域相变为 Wangarlu 组（Cadman et al.，2003；张建球等，2008；龚承林，2010）。

盆地下白垩统瓦兰今阶—上白垩统发育海相至边缘海相沉积，地层几乎覆盖了包括伦敦德里高地、萨胡台地和阿什莫尔台地等构造高地的所有地区。在靠近帝汶海的一侧以浅海大陆边缘相为主，发育陆架泥岩、陆架砂岩、浅水碳酸盐岩沉积，在靠近海岸一侧以过渡相为主，发育滨岸平原或障壁岛沉积。瓦兰今期—白垩系末期的地层厚度从陆架到深水区逐渐减小。

下白垩统瓦兰今阶 Echuca Shoals 组不整合地上覆在上侏罗统之上，为海绿石黏土岩和砂岩，在玛丽塔地堑区域相变为 Darwin 组，属 Bathurst Island 群底部。Echuca Shoals 组向上渐变为含放射虫、海绿石和钙质的黏土岩，对 Bathurst Island 群的划分具有一定的代表性。下白垩统阿普特阶为 Jamieson 组，发育于盆地的中部大部分地区。

上白垩统盆地发育 Wodaston 组、Gibson 组、Fanelon 组和 Puffin 组，在玛丽塔地堑区域相变为 Wangarlu 组，为陆架相和斜坡相的细粒碎屑岩和碳酸盐岩，构成了 Bathurst Island 群主要沉积实体。土伦阶—坎潘阶发育的细粒碎屑岩和碳酸盐岩沉积反映该时期海平面的波动变化较大，上坎潘阶—马斯特里赫特阶发育粗碎屑岩沉积，在武尔坎次盆等凹陷区发育块状或扇状 Puffin 组浊积砂体，局部出现细粒的钙质沉积，是海水变浅的产物

（Cadman et al.，2003；张建球等，2008；龚承林，2010）。

8. 古近系和新近系

古近系和新近系主要发育在北波拿巴盆地，南波拿巴盆地大范围缺失。古新统为 Johnson 组，始新统在波拿巴大部分地区为 Grebe 组砂岩、Hibernia 组石灰岩和 Prion 组，渐新统在台地地区发育，为 Cartier 组。中新统为 Oliver 组，上新统为 Barracouta 组，与中新统 Oliver 组之间为角度不整合接触（Gorter et al.，2005）。

古近系古新统为 Johnson 组，始新统在北波拿巴大部分地区为 Grebe 组砂岩、Hibernia 组石灰岩和 Prion 组，渐新统在台地发育，为 Cartier 组。中新统 Oliver 组在波拿巴盆地发育不同的碳酸盐岩楔状进积体系。白垩纪末—渐新世末期间北波拿巴盆地陆架区的水深相对较浅，发育厚达数百米的碳酸盐岩沉积。大部分陆架地区遭受侵蚀，在越靠近海岸的部分海岸侵蚀作用越强烈。始新世由于水位降低，进积的三角洲相发育，使得碳酸盐岩沉积被破坏。与此同时原来与海岸线平行的海岸平原沉积向靠近洋盆的一侧迁移，形成稳定的大陆坡沉积和碳酸盐岩沉积。

中新统为 Oliver 组，上新统为 Barracouta 组。

从中新世开始，北波拿巴盆地原来的陆架沉积区被海水所覆盖重新沉积陆架碳酸盐岩沉积物。从中新世末至全新世，在阿什莫尔和萨胡台地的边缘则发育了生物礁，陆架台地相碳酸盐岩沉积是这个时期主要的沉积建造，对应沉积厚度较大，为油气储集提供了有利的空间场所（Cadman et al.，2003；Gorter et al.，2002）。

玛丽塔地堑的开阔陆架和皮特尔次盆的浅海陆架沉积环境跟整个波拿巴盆地一致，一直延续至新生代早期。新生界陆上地区未接受沉积并经受了地层剥蚀，海上区域古新统是一套陆架沉积层系，渐新世出现沉积间断。

三、布劳斯盆地地层

布劳斯盆地沉降历史反映了冈瓦纳超级大陆的解体和西澳大利亚超级盆地的形成，沉积中心卡斯威尔次盆有巨厚的沉积层系，东部边缘陆架区一直处于剥蚀状态，直到白垩纪开始接受沉积（Allen et al.，1978；Halse et al.，1971；Allen et al.，1979；Lavering et al.，1991；Ambrose et al.，2004）。

盆地基底包括金伯利地块的太古宇变质岩、上覆的沉积岩和火山岩向海上延伸的部分。后者仅在布劳斯盆地的东部边界出现，并且形成了下伏 Yampi 大陆架的基底隆起（Goncharov，2004；Halse et al.，1971）。

沉积地层从下往上依次为（图 5-1、图 5-5）：

下古生界缺失。

上古生界直接盖在前寒武系基底上，下泥盆统不详，上泥盆统为波拿巴组。石炭系从下往上依次为 Milligans 组、Tanmurra 组/Burvill 组、Point Spring 组和 Kuriyippi 组。二叠系发育 Kinmore 群，下二叠统为 Fossil Head 组，上二叠统为 Hayland Bay 组。

中生界下三叠统与下伏上二叠统角度不整合接触，三叠系从下往上依次为 Mount Goodwin 组、Osprey 组、Pollard 组、Challis 组和 Nome 组。下侏罗统与上三叠统有沉积间断，为不整合接触。下—中侏罗统为 Plover 组，上侏罗统为 Swan 群，包括 Montara 组、下 Vulcan 组和上 Vulcan 组下段。白垩系从下往上依次为上 Vulcan 组上段、Echuca Shoals 组、Jamieson 组、Wodaston 组、Gibson 组、Fanelon 组和 Puffin 组。

古新统为 Johnson 组，始新统为 Grebe 组砂岩、Hibernia 组石灰岩和 Prion 组，渐新统下部地层缺失，上部 Cartier 组局部地区发育。古近系与新近系之间为角度不整合接触，中新统为 Oliver 组，上新统为 Barracouta 组（Ambrose et al.，2004）。

1. 泥盆系

上古生界直接盖在前寒武系基底上，下泥盆统不详，上泥盆统为波拿巴组。

上泥盆统为波拿巴组和下石炭统 Milligans 组、Tanmurra 组/Burvill 组和 Point Spring 组，其环境为北西—南东向的河流—三角洲相，Symonds 等（1994）认为这个时期的沉积是菲茨罗伊地槽和皮特尔次盆的北东向扩张事件的产物（Lavering et al.，1991）。

2. 石炭系

石炭系从下往上依次为 Milligans 组、Tanmurra 组/Burvill 组、Point Spring 组和 Kuriyippi 组（图 5-5）。

下石炭统为 Milligans 组黑灰色页岩，含粉砂页岩夹层，地层向海方向逐渐加厚。上覆地层依次为 Tanmurra 组/Burvill 组砂岩和 Point Spring 组夹少量砾岩、粉砂岩和石灰岩。上石炭统为 Kuriyippi 组，以海相沉积为主（Struckmeyer et al.，1998）。

3. 二叠系

下二叠统为 Fossil Head 组，是上石炭统 Kuriyippi 组的延续，以海相沉积为主（Struckmeyer et al.，1998）。上二叠统为 Hayland Bay 组，组成为砂岩，渐变为页岩和石灰岩，为海侵期沉积（Ambrose et al.，2004）。

4. 三叠系

中生界下三叠统与下伏上二叠统角度不整合接触，地震和钻井资料反映三叠系底部有比较明显的不整合现象，在二叠系—三叠系巨厚地层内出现较多不整合面，并与坎宁盆地和波拿巴盆地的地层有着良好的对应关系。

三叠系从下往上依次为 Mount Goodwin 组和 Sahul 群，Sahul 群从下往上依次为 Osprey 组、Pollard 组、Challis 组和 Nome 组（Lavering et al.，1991）。

下三叠统—中三叠统下部为 Mount Goodwin 组泥页岩，为早三叠世海进时期的陆架泥沉积，从陆架区向隆起区相变为砂岩。上覆 Osprey 组浅海砂岩沉积物。

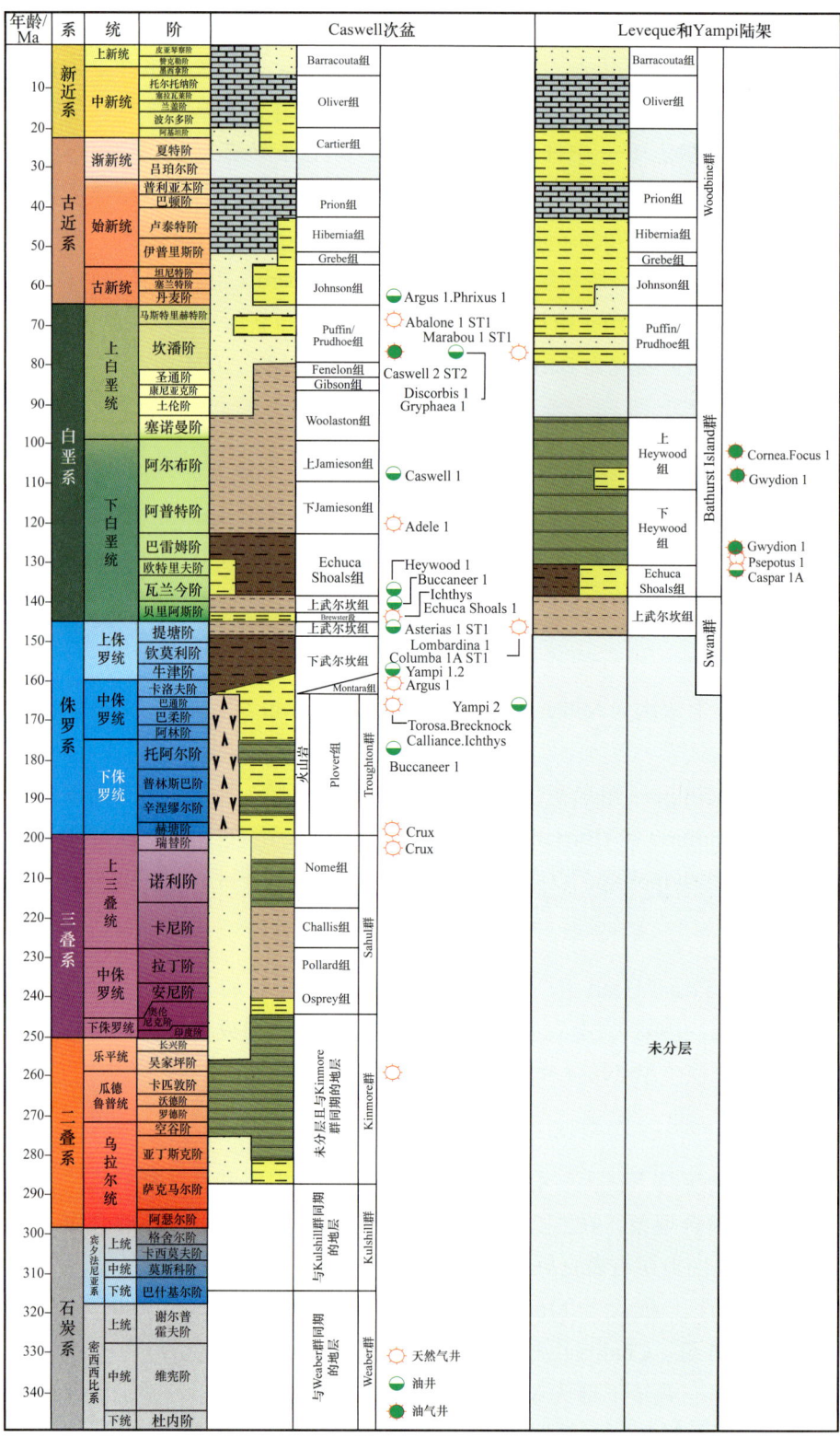

图 5-5 布劳斯盆地地层综合柱状图（据 Blevin et al., 1997）

上三叠统 Pollard 组为一套浅海相碳酸盐岩，盖在 Osprey 组之上。Pollard 组之上地层为 Challis 组，由砂岩和碳酸盐岩组成。Nome 组上覆于 Challis 组和 Benalla 组之上，垂向和侧向岩性变化较大，垂向和侧向上渐变为三角洲平原和河道相的沉积序列，形成于三角洲前缘—三角洲平原环境（图 5-5）。

5. 侏罗系

下侏罗统与上三叠统有沉积间断，为不整合接触。下—中侏罗统为 Plover 组，在靠近深海一侧的深水区域相变为火山岩。上侏罗统为 Swan 群，包括 Montara 组、下 Vulcan 组和上 Vulcan 组下段（图 5-5）。

下—中侏罗统为 Plover 组，为大段砂岩和泥页岩互层。沉积中心区为三角洲平原相砂岩、煤系地层和碳质泥岩等，近岸相变为海相—过渡相砂岩、泥岩，在靠近深海一侧的深水区域相变为火山岩。

下—中侏罗统为一个水体变浅的沉积层系，从前三角洲页岩相向上演变为前三角洲相、砂泥岩互层的三角洲平原物河道砂岩相。沉积物的迅速注入，使沉积物几乎覆盖了盆地的大部分地区。Trochusv-1 井、Yampi-1 井和 Buffon-1 井岩心揭示，下—中侏罗统沉积物主要为含大量河道砂和向上变粗的夹有三角洲平原粉砂岩和页岩的三角洲砂岩沉积（Blevin et al.，1998a）。

上侏罗统为 Swan 群下部 Montara 组砂岩，向深水区逐渐相变为下 Vulcan 组和上 Vulcan 组下段砂岩和泥页岩沉积。布劳斯盆地中部和西部，上侏罗统河流—三角洲相比较薄，但在 Leve-que 地台和 Prudhoe 阶地，沉积物却比较厚，达 100~350m。海伍德地堑沉积物分布范围更要广泛一些，晚侏罗世沉积厚度可达 1000m。这套河流—三角洲相由砂岩、页岩和粉砂岩组成，以披覆或者上超的形式沉积于卡洛夫阶构造之上。

6. 白垩系

白垩系与侏罗系为整合接触，从下往上依次为上 Vulcan 组上段、Echuca Shoals 组、Jamieson 组、Wodaston 组、Gibson 组/Fanelon 组和 Puffin 组。

白垩系的底部上 Vulcan 组上段中通常发育一薄层凝灰层。瓦兰今阶—阿普特阶，厚层的海相 Echuca-Shoals 组泥岩遍布整个卡斯威尔次盆，次级沉积中心地层巨厚，沉积环境为海相环境（Blevin et al.，1998a）。

阿普特阶—土伦阶为 Jamieson 组和 Wodaston 组，为厚层的粉砂岩和页岩，代表了沉降作用开始减缓，局部地区相变为海进砂岩、海绿石砂岩、盆底扇砂岩和富含放射虫砂岩。这个时期巴尔科和卡斯威尔次盆分化为不同的沉积中心，在 Yampi 陆架、Prudhoe 阶地和 Buffo-Scott Reef-Brecknock 构造带西部，这套层序变薄。在盆地西部巴尔科次盆，该层系在沉积中心相对较厚，在其他地区更薄（Lavering et al.，1991；张建球等，2008；金莉等，2013）。

土伦阶—下坎潘阶为 Gibson 组/Fanelon 组，从陆架一侧向深水区为由砂岩逐渐相变为泥页岩和粉细砂岩，在 Buffo–Scott Reef–Breck nock 构造带又相变为砂岩，往深海区域随水体加深岩石粒度再次逐渐变细。

土伦阶是盆地沉降作用趋于停止并发生显著隆升作用环境下形成的一套地层。土伦阶—下坎潘阶沿着东部大陆架和海岸线，沉积物仍然是粗粒碎屑岩，远洋区域为钙质泥岩粉砂岩沉积。

早坎潘期海面开始下降，晚坎潘期海面下降愈加显著，沉积物以海退沉积相为主，形成高位和低位体系域的河流—三角洲相。

马斯特里赫特阶，在大陆架边缘以外的地区出现广泛的水下扇沉积，为 Puffin 组浊积砂岩，是海面进一步下降的沉积，这些沉积主要集中于卡斯威尔次盆的北部地区（Blevin et al.，1998a）。

7. 古近系和新近系

新生界古近系和新近系古新统为 Johnson 组，始新统为 Grebe 组砂岩、Hibernia 组石灰岩和 Prion 组，渐新统下部地层缺失，上部 Cartier 组局部地区发育。中新统跟始新统之间为角度不整合接触，中新统为 Oliver 组，上新统为 Barracouta 组。

古新统和渐新统为一套从碎屑岩夹碳酸盐岩逐渐过渡到碳酸盐岩的地层层序，古新统为 Johnson 组，砂岩沉积。始新统 Grebe 组为砂岩，上覆 Hibernia 组和 Prion 组厚层石灰岩沉积（Blevin et al.，1998b）。

渐新统下部地层缺失，中新统跟始新统角度不整合接触，这是晚渐新世—早中新世澳大利亚板块和太平洋板块发生碰撞造成区域性的抬升和剥蚀作用的结果。渐新统上部为 Cartier 组砂岩，局部地区发育。中新统 Oliver 组和上新统 Barracouta 组为分布范围广泛的陆架碳酸盐岩沉积，局部地区相变为浊积砂岩沉积（图 5–5）。

第二节 沉 积 相

澳大利亚西部地区经过了漫长的地质演化历史，具有特殊的大地构造演化进程，从太古宙到新生代形成了独特的沉积建造。中生代之后开始了被动大陆边缘的演化进程，形成了一系列稳定的含油气盆地，盆地中发育稳定的生油沉积层系，具有油气生成、运移、成藏的有利沉积环境和构造背景。

澳大利亚西部地区沉积物总厚度显示，沉积物在澳大利亚西北陆架被动陆缘盆地区域较厚，靠近海岸的陆架区域厚度较薄，一般小于6km，且从陆向海的方向由于可容空间逐渐加大而沉积物逐渐加厚。盆地中心部分沉积物厚度最大，往水体加深的方向由于没有物源而厚度又逐渐减小。北卡那封盆地和波拿巴盆地整体厚度较大，绝大部分地区地层厚度均大于12km，部分地史时期曾经是沉积中心的地区沉积地层厚度大于18km或20km。柔布克盆地的沉积物厚度大部分地区大于8km，曾经是沉积中心的地区厚度大于12km，零星地区大于14km。布劳斯盆地的沉积物总厚度不大但相对较均匀，大致在6~8km（Bradshaw，1988；Alexey Goncharov，2004）。

澳大利亚大陆的基底是火山成因的沉积物和花岗岩侵入体，在西部和中部已证实存在有这类岩性组成的Pilbara和Yilgarn两个地盾。澳大利亚大陆早在35亿年以前便存在包括流水的侵蚀、搬运和堆积作用在内的外动力地质作用，随即开始了沉积作用。在沉积过程中，广泛的花岗岩侵入，发育巨厚的太古宙绿岩建造，这些地质现象表明大陆地壳在太古宙迅速增生。在地壳不断增长的过程中，形成一系列特殊的沉积建造，如绿岩建造、硅铁建造、镁铁质—超镁铁质岩火山建造等。在经过早—中元古代的一系列构造旋回后，澳大利亚中部和西部的克拉通逐步形成。在东部仍为塔斯曼活动带，其分布约占澳大利亚大陆面积的1/3。澳大利亚西部在晚元古代形成了一系列内克拉通盆地，沉积了由碎屑岩、碳酸盐岩和蒸发岩组成的混合岩相层序。

寒武纪—奥陶纪澳大利亚西北陆架内克拉通盆地继续下沉，接受浅海碎屑岩和碳酸盐岩沉积。奥陶纪地台区的海陆面貌基本上是寒武纪的继续。澳大利亚西部地台区的奥陶系为石英岩、砂板岩和薄层石灰岩，含 *Endoceras*、*Asaphus* 等，厚达2000m以上，与下伏地层不整合接触。

中泥盆世海水从中、西部退出，澳大利亚西部以碳酸盐岩为主，生物礁发育，其生物群面貌与亚洲相似。

晚泥盆世—早石炭世西部盆地仍为浅海相（图5-6）。

早石炭世早期，皮特尔次盆的中央部分发生塌陷（Gunn，1988）。盆地快速沉降导致了厚层页岩层序（Milligans组下部）的沉积，这套层系覆盖在下伏的断块之上。

晚石炭世—晚三叠世澳大利亚经历了一次重要的气候与构造变迁，形成了新的构造格局。在西部和西北部，沿珀斯、卡那封和波拿巴盆地一带形成一个狗腿形陆内裂陷复合体。在该裂陷系内首先充填的是石炭系—二叠系的冰期沉积物（图5-7）和近海层序。晚二叠世，澳大利亚板块已迁移至低纬度区，沉积环境主要是海相环境，气候环境主要为亚热带气候，沿着澳大利亚大陆的北部发育了广阔的碳酸盐岩陆架沉积。到早三叠世被浅海覆盖，晚三叠世发育河流—三角洲相。

晚二叠世—三叠纪初，发生了地壳隆升、断裂和火山活动，这次重大构造事件影响了从北卡那封盆地到布劳斯盆地的西北大陆架广大的地区。而西北陆架西北部的布劳斯

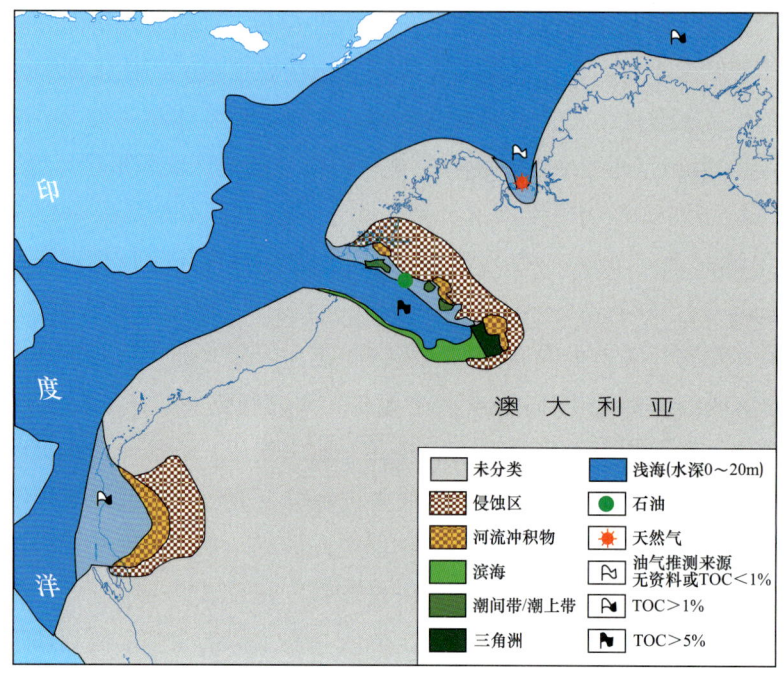

图 5-6 澳大利亚西部区域晚泥盆世沉积相分布图（据 BMR Palaeographic Group，1990）

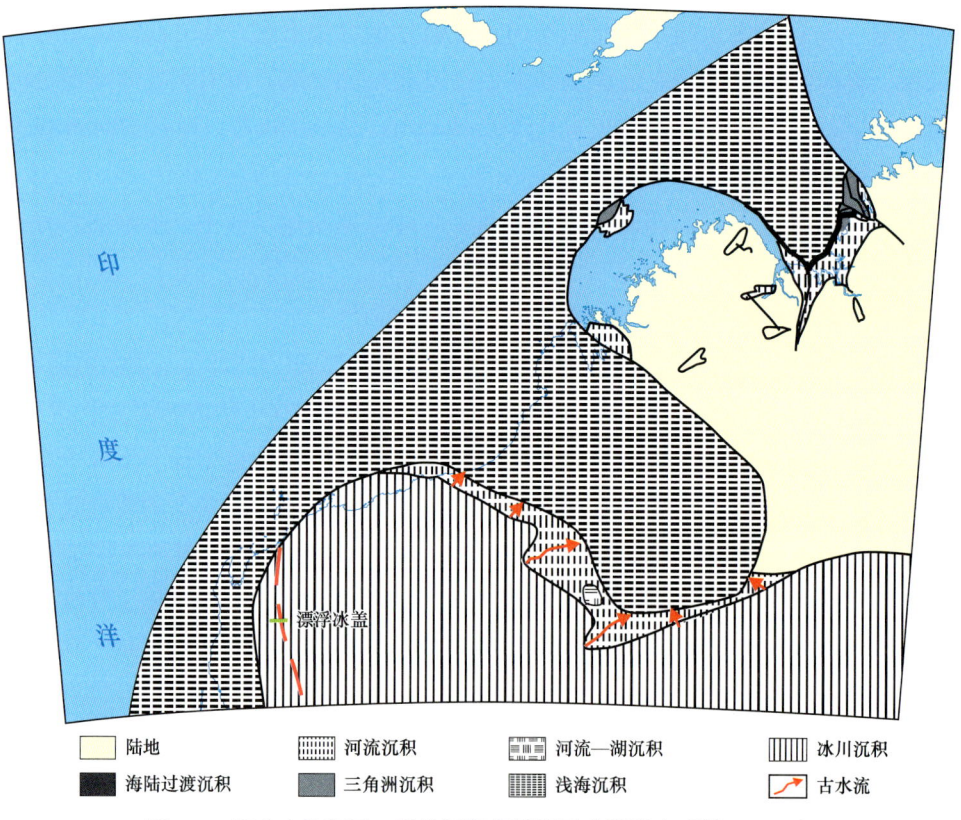

图 5-7 西北大陆架早二叠世沉积相概要图（据张建球等，2008）

盆地和波拿巴盆地广大区域，在晚二叠世末，发生了快速而广泛的海退，早三叠世整个西北陆架又被海水淹没，沉积了Mount Goodwin组的海相粉砂岩和页岩。

晚三叠世，受到菲茨罗伊运动影响发生抬升，随着上三叠统—下侏罗统澳大利亚西北陆架海洋环境逐渐被陆相环境所取代，澳大利亚西北陆架及其邻近区域发育河流和三角洲，从陆上向深海区域依次为河流相—三角洲相—海相碳酸盐岩相（图5-8）。

早侏罗世—早白垩世西部裂谷断裂作用加剧，小的板块/地体从澳大利亚板块边缘解体。在裂谷东北支的布劳斯盆地区域，基性岩浆喷发。西北陆架在裂谷作用下，形成多个槽隆相间的构造带。菲茨罗伊构造运动形成的一系列沉积凹陷在运动之后的裂谷发育阶段沉积三角洲和近岸平原环境的砂岩、泥岩和煤系地层。

中侏罗世卡洛夫期西北陆架发生短暂的抬升，局部地区发育细粒的陆架沉积。卡洛夫期—提塘期阿尔戈深海平原海底扩张作用的开始标志着侏罗纪裂谷活动的结束，也代表了长期沉降与相对构造稳定时期的开始。这个时期的沉积环境主要以北东—南西向地堑内河流—三角洲相和盆地扇相为主（图5-9、图5-10）。晚侏罗世，盆地受热沉降、海平面升降及小的断裂活化相互作用的影响，上侏罗统发育砂泥岩互层沉积，形成了局部的盖层和烃源岩（图5-11）。

早白垩世早期，西北陆架区域发育三角洲沉积和海相沉积，从陆向海由三角洲相到海相逐渐过渡且受控于断裂和三角洲而呈现各相带基本平行于现今海岸分布（图5-12、图5-13）。北卡那封盆地主要受控于巴罗三角洲，同时受到Talisman三角洲的影响，主要发育巴罗群三角洲相和Forestier组泥页岩沉积。坎宁三角洲控制柔布克盆地和布劳斯盆地一部，Brewster三角洲控制布劳斯盆地和波拿巴盆地大部分地区，同时波拿巴盆地的东部地区还受到Arafura三角洲的影响。布劳斯盆地主要的沉积区域卡斯威尔次盆和波拿巴盆地区域发育上Vulcan组上段河流、三角洲等沉积，紧贴着海岸线发育滨岸平原或障壁岛沉积，而在靠近帝汶海槽的陆架发育广阔的陆架泥岩沉积（图5-13）。

白垩纪末期，水体逐渐加深。北卡那封盆地区域整体下伏Toolonga组砂屑、泥屑灰岩沉积，上覆Miria组泥灰岩沉积。白垩纪末到古近纪，澳大利亚西北陆架区的水深相对较浅，发育厚达数百米的碳酸盐岩沉积，大部分陆架地区遭受侵蚀，在越靠近海岸的部分海岸侵蚀作用越强烈。与此同时，原来与海岸线平行的海岸平原沉积向靠近洋盆的一侧迁移，形成稳定的大陆坡沉积和碳酸盐岩沉积。

渐新世—中新世，澳大利亚板块和欧亚板块发生俯冲、碰撞（Li et al., 2001）。新近纪到第四纪，澳大利亚西北陆架大陆边缘沉积区被海水所覆盖，发育一套海相陆架碳酸盐岩沉积，局部地区发育浊积沉积。

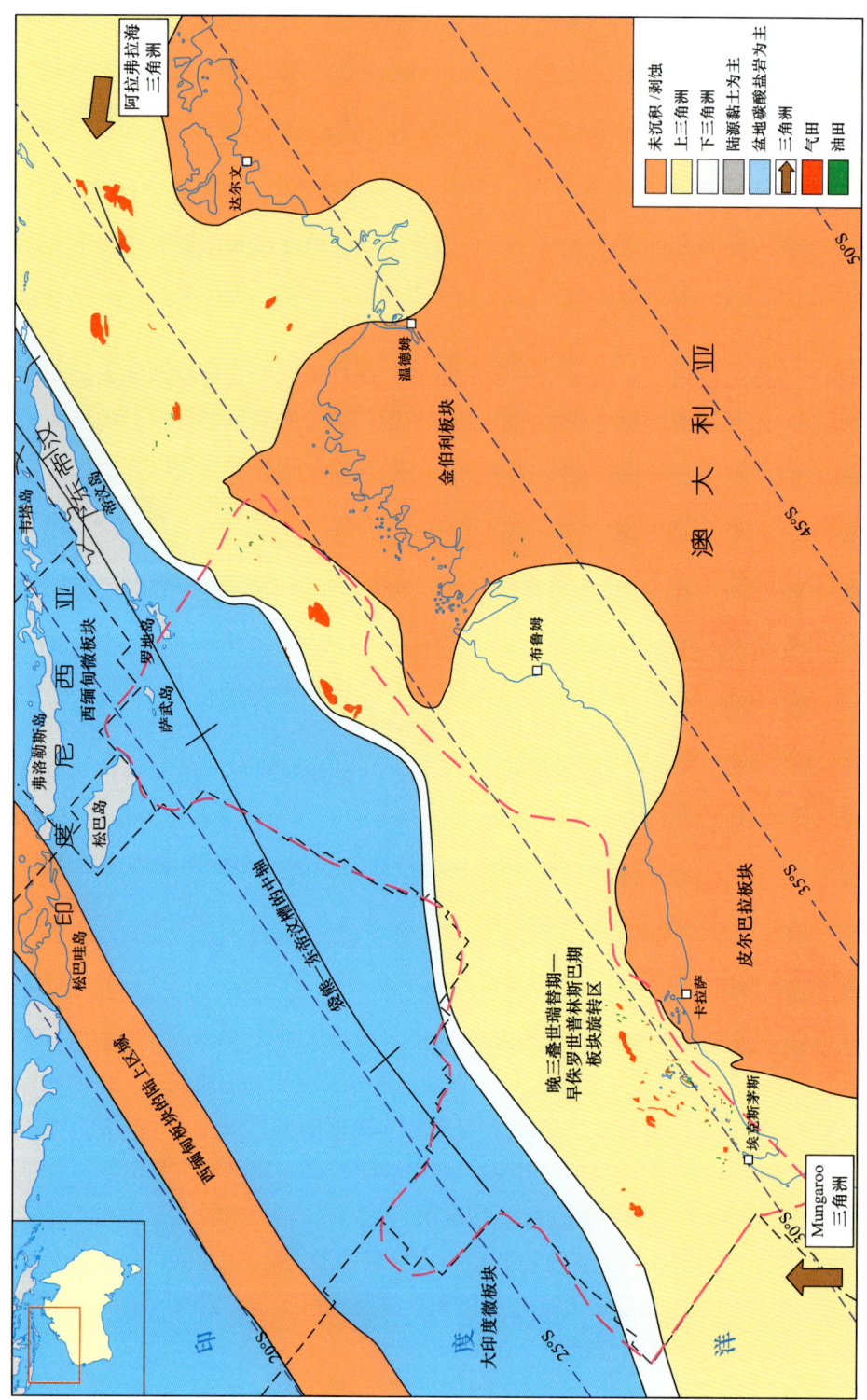

图 5-8 澳大利亚西北陆架上三叠统古地理图（据 Longley et al., 2002）

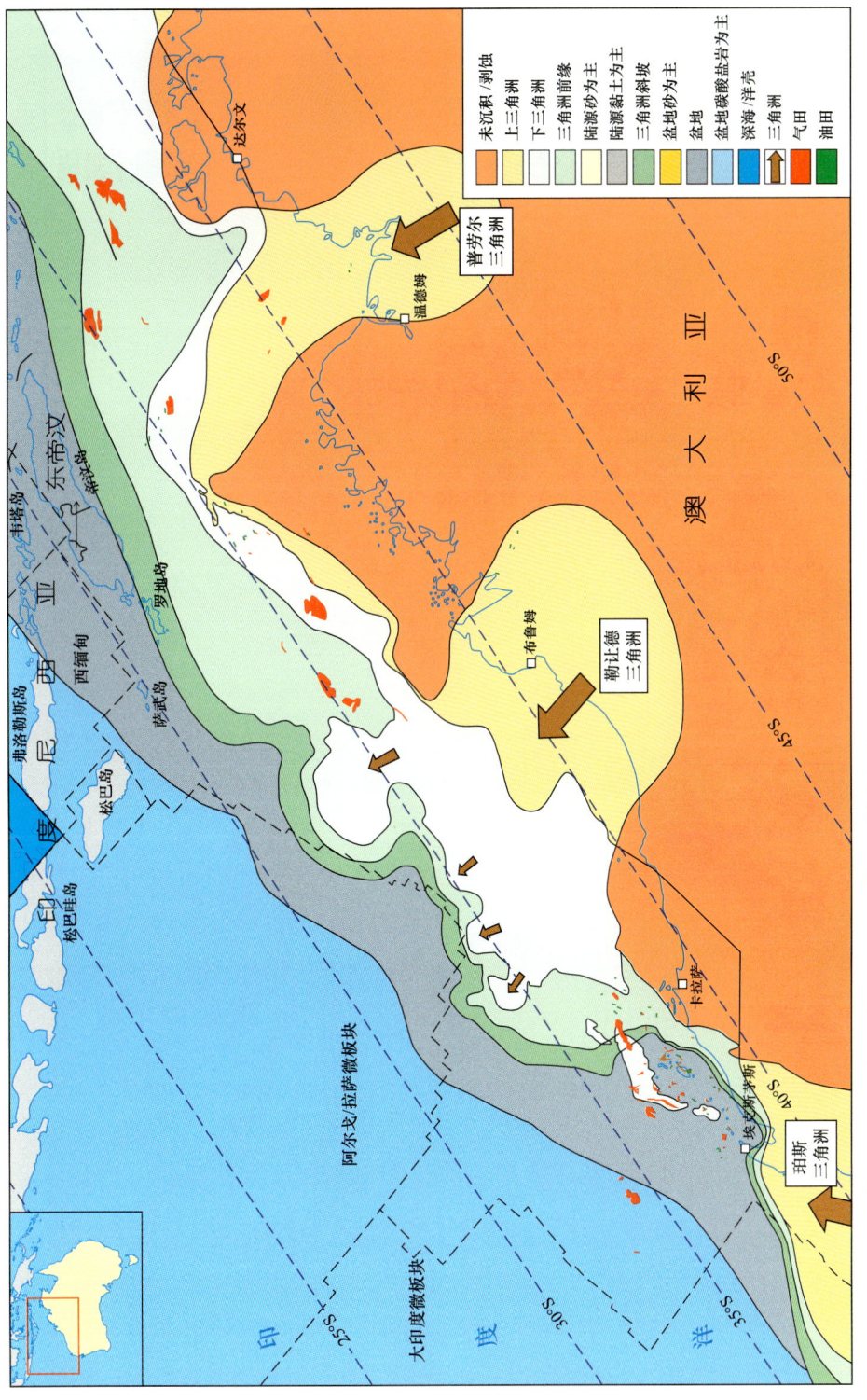

图 5-9 澳大利亚西北陆架下侏罗统辛涅缪尔阶—中侏罗统卡洛夫阶古地理图（据 Longley et al., 2002）

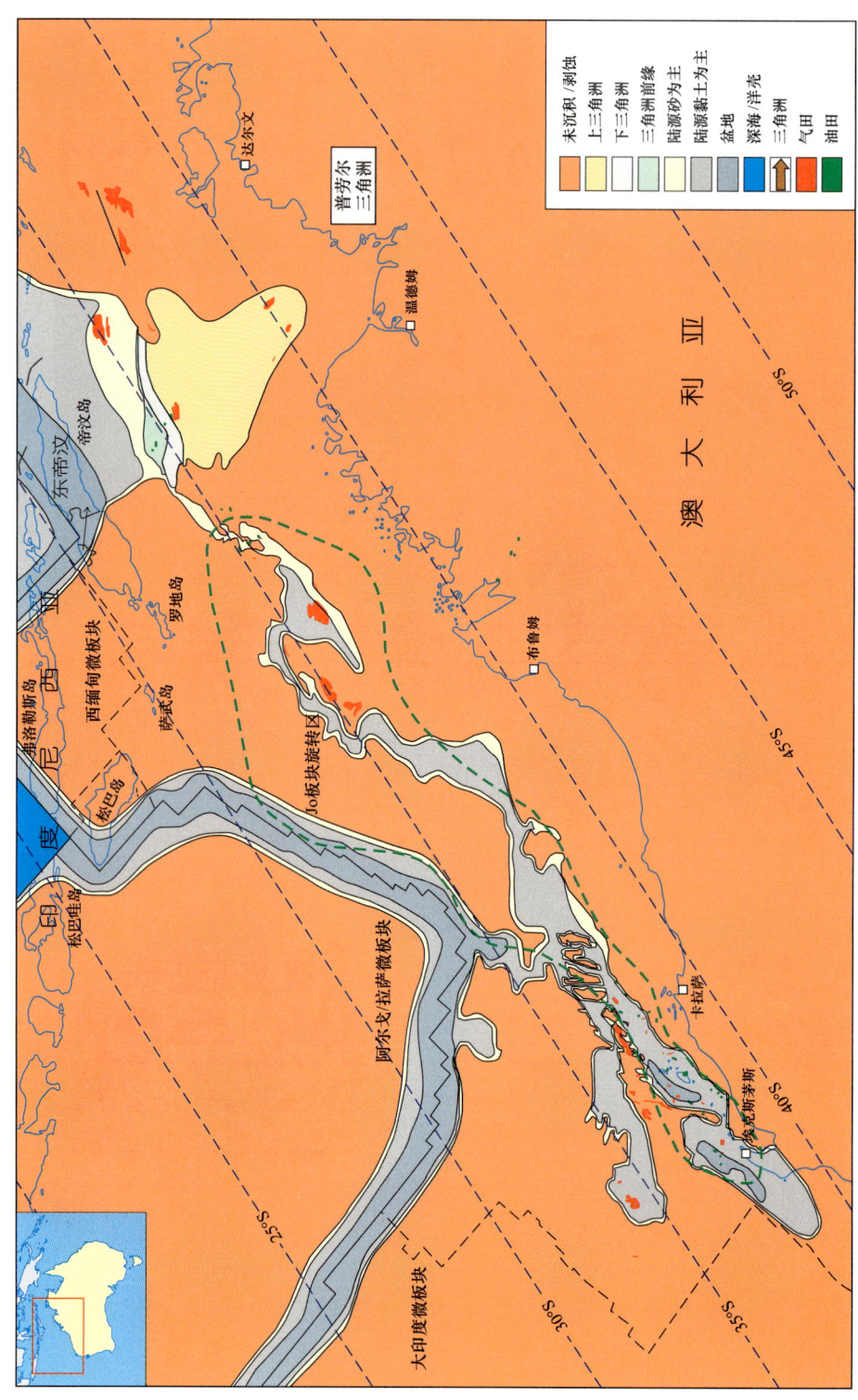

图 5-10 澳大利亚西北陆架中侏罗统卡洛夫阶古地理图（据 Longley et al., 2002）

第五章 澳大利亚西北陆架地层与沉积相

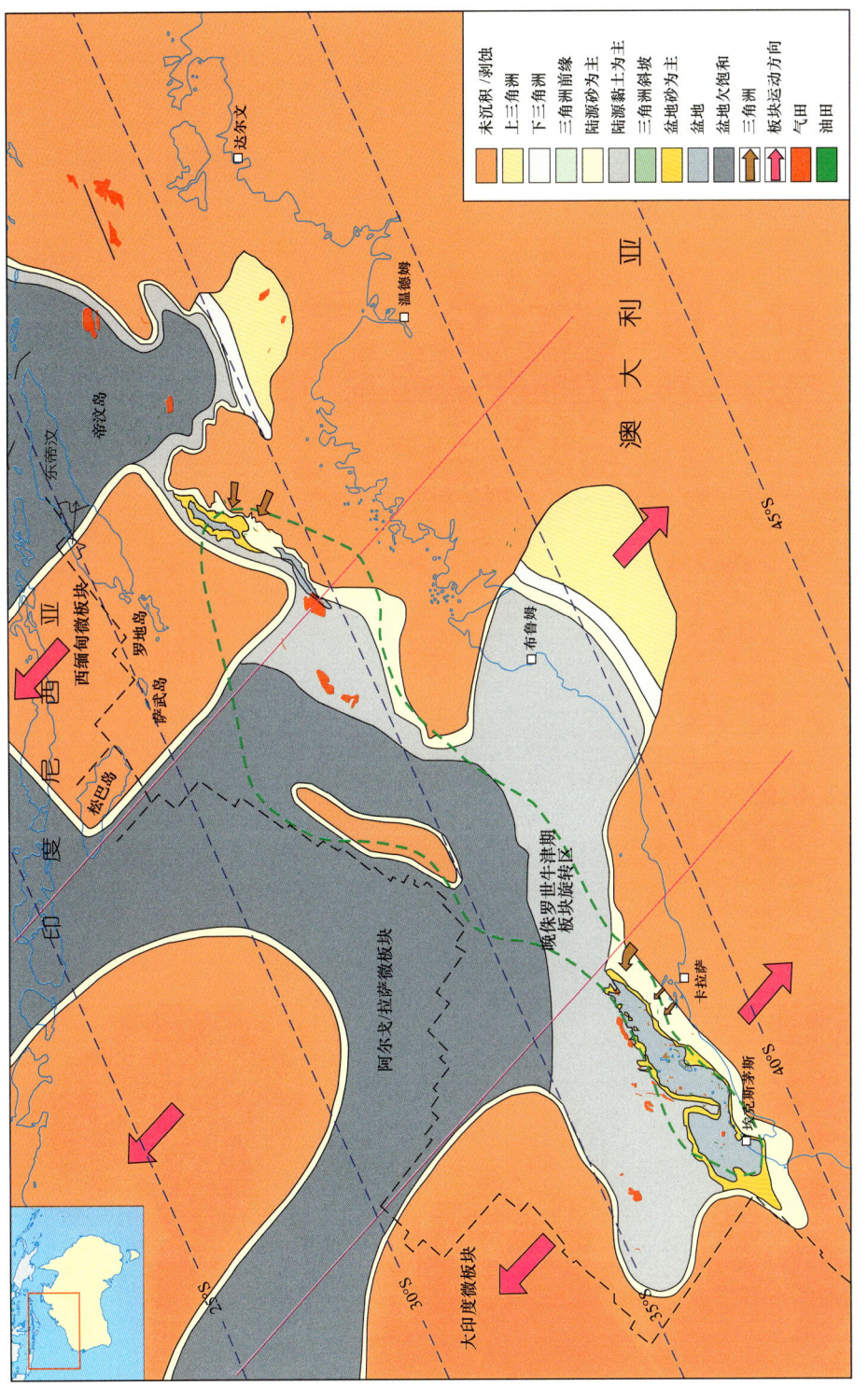

图 5-11 澳大利亚西北陆架上侏罗统牛津阶古地理图（据 Longley et al., 2002）

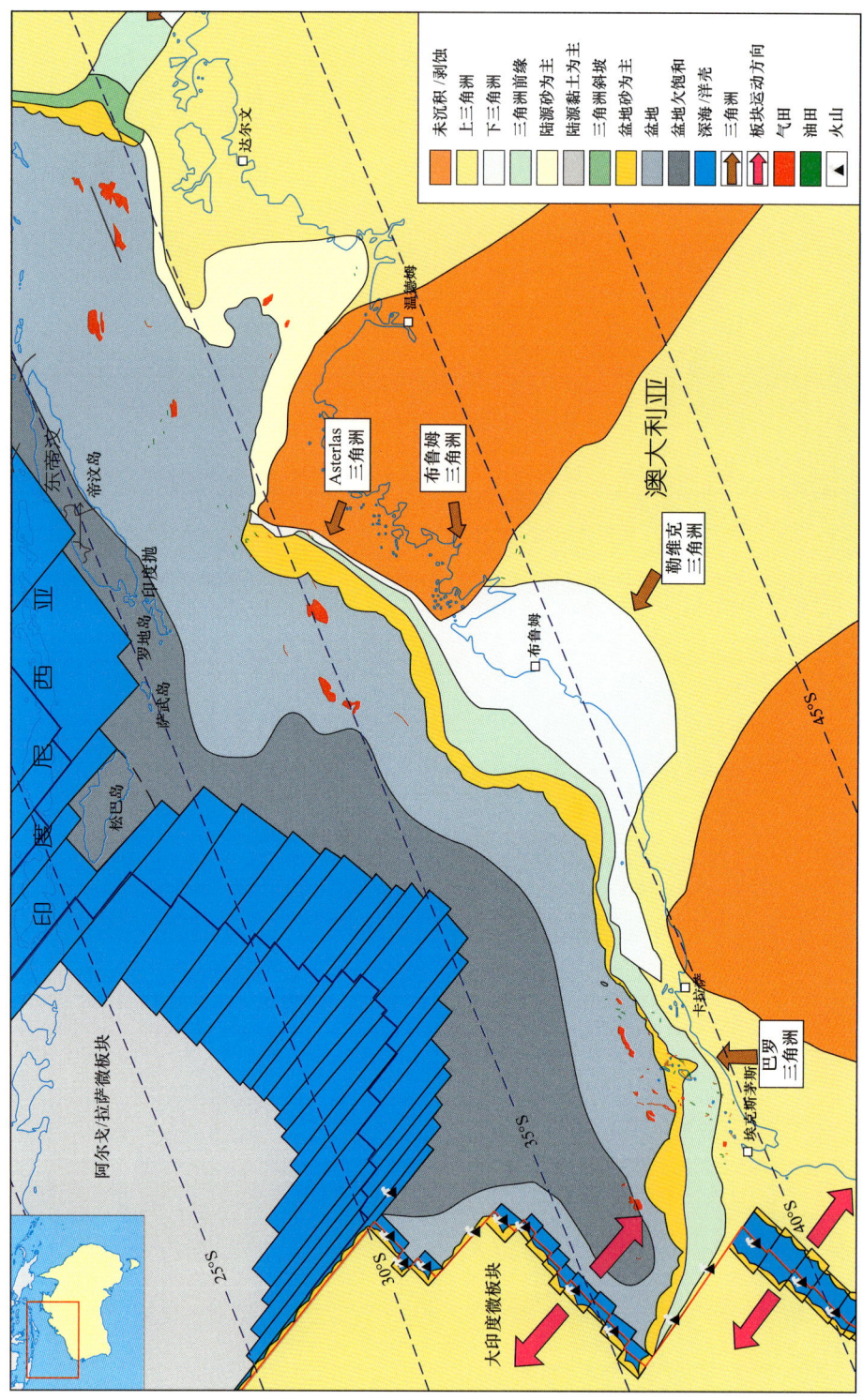

图 5-12 澳大利亚西北陆架下白垩统瓦兰今阶—巴雷姆阶古地理图（据 Longley et al., 2002）

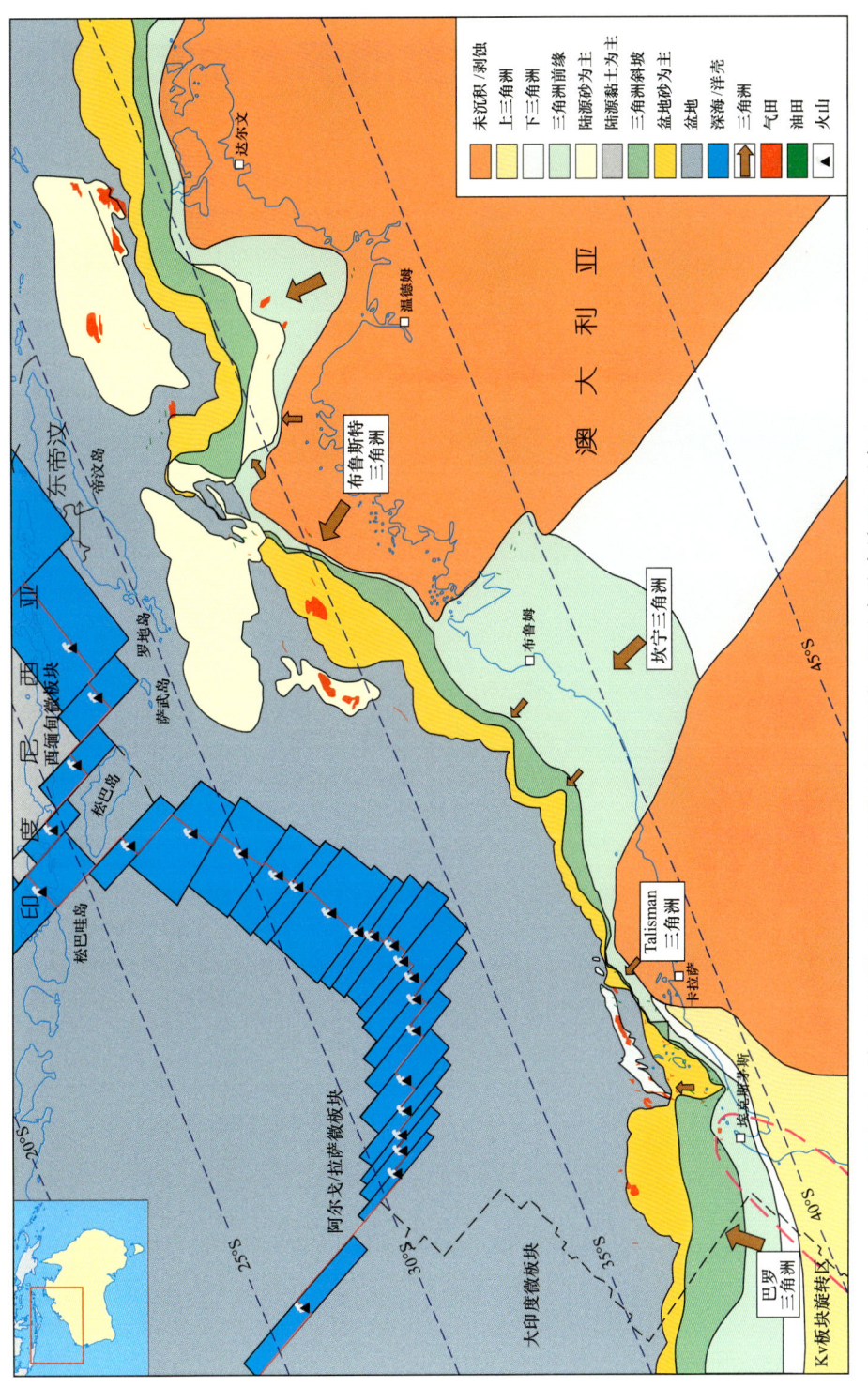

图 5-13 澳大利亚西北陆架下白垩统贝里阿斯阶—瓦兰今阶古地理图（据 Longley et al., 2002）

第六章　北卡那封盆地深水油气地质

北卡那封盆地位于澳大利亚西北大陆架的最南端，为一被动大陆边缘盆地。北边与柔布克盆地毗邻，南依南卡那封盆地，面积约 $54.44×10^4 km^2$，其中陆上面积仅 $0.94×10^4 km^2$（Bernecker et al.，2010），是一个晚古生代—新生代的世界级的富气盆地（图 6-1）。目前的油气勘探主要集中在盆地中的巴罗次盆、丹皮尔次盆、埃克斯茅斯次盆和埃克斯茅斯台地地区，比格尔次盆油气发现有限，主要的油气发现有 60 余个。

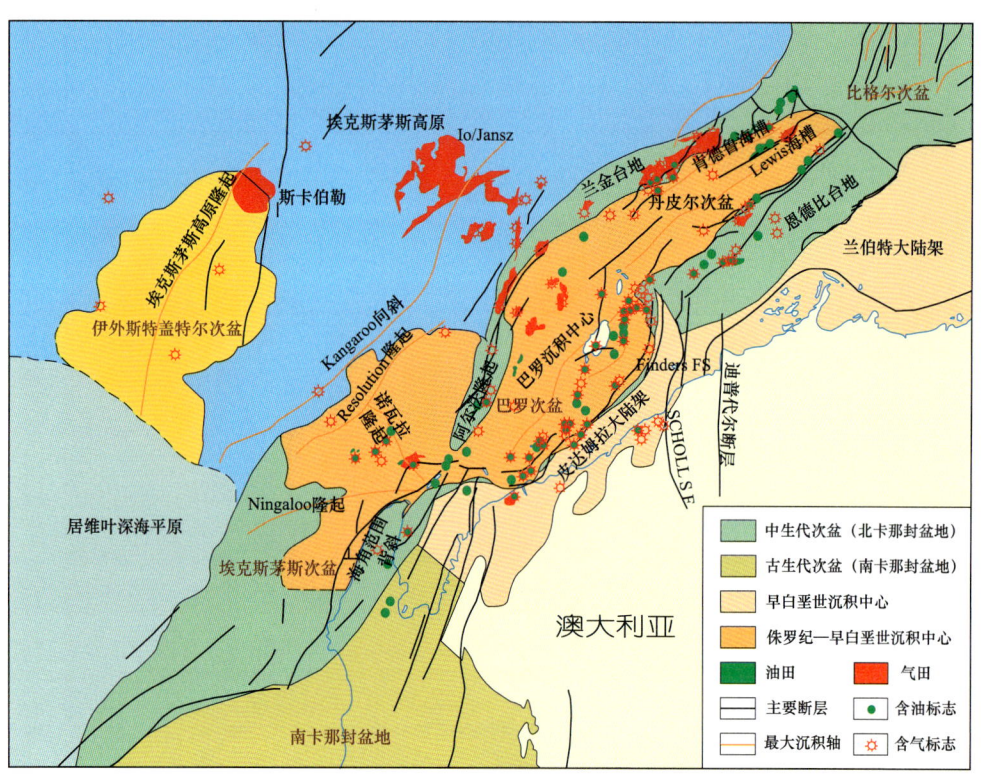

图 6-1　澳大利亚北卡那封盆地石油地质综合图（据 Bernecker et al.，2010）

第一节　烃 源 岩

一、主力烃源岩

北卡那封盆地主要发育 4 套烃源岩：三叠系 Locker 页岩组—Mungaroo 组烃源岩层

系，受沉积环境影响，通常以生气为主，生油次之。下—中侏罗统 Athol 组为生气岩。中—上侏罗统 Dingo 组泥岩烃源岩和下白垩统 Forestier 组泥岩—Muderong 组页岩为生油岩，如图 6-2 所示（白国平等，2007；冯杨伟等，2012；Cesar et al.，2019）。

这 4 套烃源岩是以生气为主的气源岩，生油潜力较小，为海陆交互相，部分（Mungaroo 组）属于河流—三角洲相和滨海平原—边缘相。三叠系烃源岩在台地区为成熟，在断裂区为过成熟。侏罗系—白垩系烃源岩则从盆地边缘区到断裂沉降中心自不成熟向成熟过渡（Felton et al.，1993；He et al.，2002；Iasky et al.，2002；Bond et al.，2002；Edwards et al.，2000；白国平等，2007；张建球等，2008）。这些主力烃源岩受沉积中心控制沿兰金台地分布，部分烃源岩分布于埃克斯茅斯台地南部边缘及兰金台地外侧，这些地区发现多个大型的气田，如 Scarborough、Jansz、Geryon、Orthrus、Maenad、Urania 和 Callirhoe 气田等，其天然气储量有上万亿立方英尺，伴生的凝析油储量也达几千万桶（Geoscience Australia，2010）。

1. 三叠系烃源岩

三叠系烃源岩主要为下三叠统 Locker 组湖相页岩，是北卡那封盆地气田的主要烃源岩。有机质丰度较高，干酪根类型为Ⅲ型，氢指数（HI）为 30~150，H/C 原子比为 0.5~0.7，如图 6-2 所示（Felton et al.，1993；白国平等，2007；冯杨伟等，2010）。

早、中三叠世的烃源岩在晚三叠世开始生烃，并向上覆的 Mungaroo 组三角洲相砂岩储集岩中运移。晚三叠世的 Mungaroo 组三角洲相泥页岩烃源岩受到阿尔戈深海平原形成所产生高热流影响，在中—晚侏罗世开始生烃，目前烃源岩都进入了成熟期，R_o 基本大于 1.35%（Felton et al.，1993）。

2. 下—中侏罗统烃源岩

下—中侏罗统烃源岩主要为 Athol 组和 Legendre 组三角洲海陆过渡相泥岩，次要气源岩为 NorthRankin 组和 Murat 组海相至边缘海相泥页岩，以生气为主（Felton et al.，1993；白国平等，2007；冯杨伟等，2010）。干酪根类型为Ⅲ型，氢指数（HI）在埃克斯茅斯次盆为 50~350，在巴罗—丹皮尔次盆为 30~200，总有机碳含量（TOC）在 1.0%~2.5%，S_1+S_2 在 1.0~3.0mg/g，H/C 原子比为 0.5~1.1（图 6-3）（Felton et al.，1993；Peters，1986）。

早—中侏罗世盆地的烃源岩分布与次一级盆地发育相关，巴罗—丹皮尔和埃克斯茅斯次盆的 Athol 组和 Legendre 组等三角洲相泥岩、页岩以生气为主，也具有生油潜力，沉积于次盆中央的盆地相泥岩、页岩的生油潜力要更大一些。比格尔次盆在早—中侏罗世的页岩显示出良好的生烃潜力，如图 6-4 所示（Felton et al.，1993；Peters，1986；Halse，1973）。

3. 中—上侏罗统烃源岩

中—上侏罗统牛津阶—提塘阶烃源岩为 Dingo 组海相泥岩，生气和油（Felton et al.，

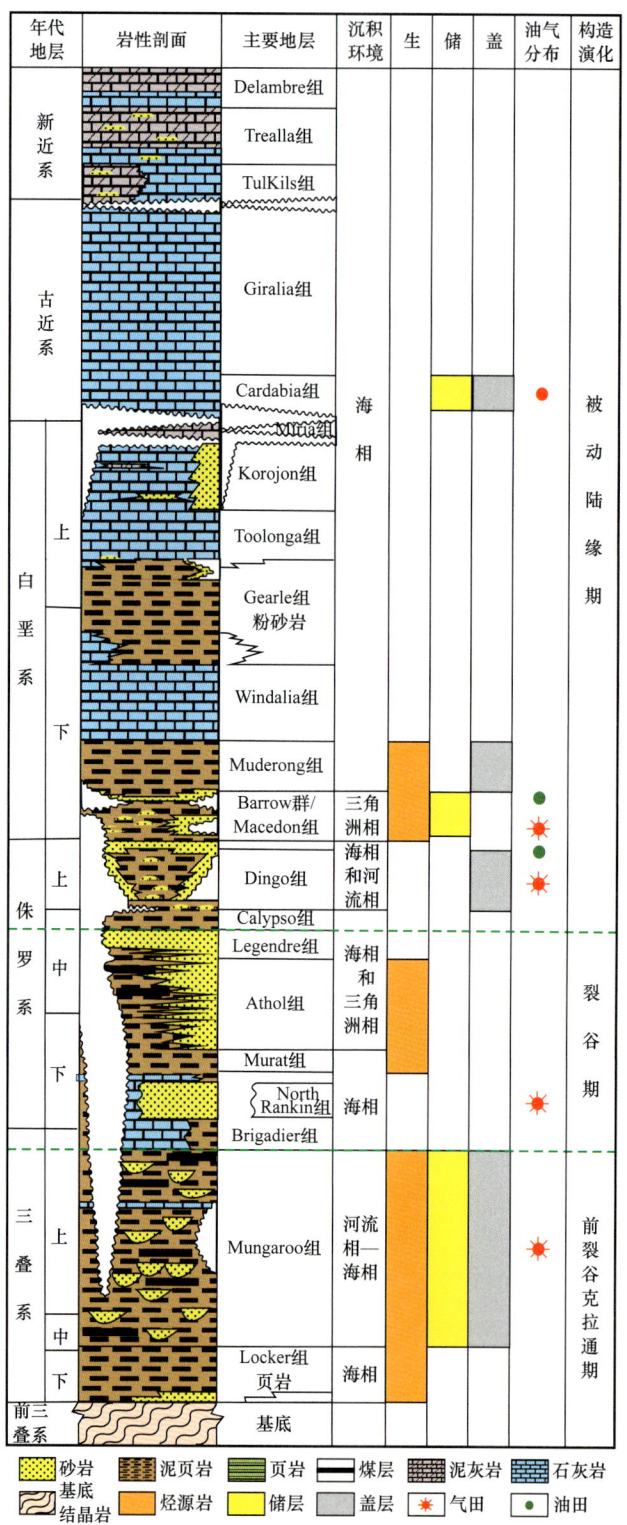

图 6-2 澳大利亚北卡那封盆地综合地层柱状图（据 Feng et al., 2020）

1993；白国平等，2007；冯杨伟等，2010）。干酪根类型为Ⅲ型，氢指数（HI）在埃克斯茅斯次盆为90～310，在巴罗—丹皮尔次盆为20～100。总有机碳含量（TOC）在1.0%～3.0%，均值1.5%，S_1+S_2在0～4.0mg/g，H/C原子比在0.5～1.1（图6-5）（Felton et al.，1993；Peters，1986）。

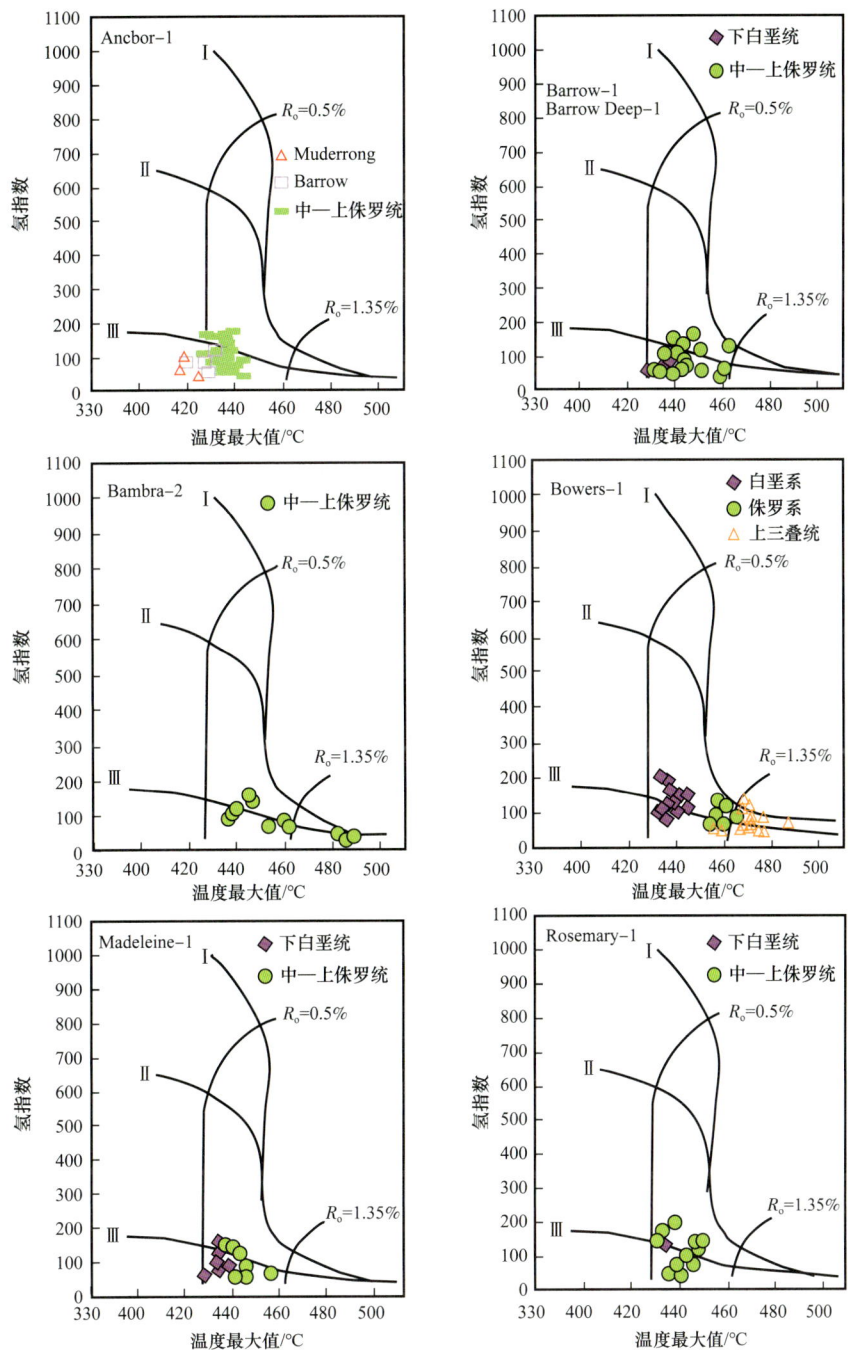

图6-3　北卡那封盆地巴罗—丹皮尔次盆烃源岩特征图（据Felton et al.，1993）

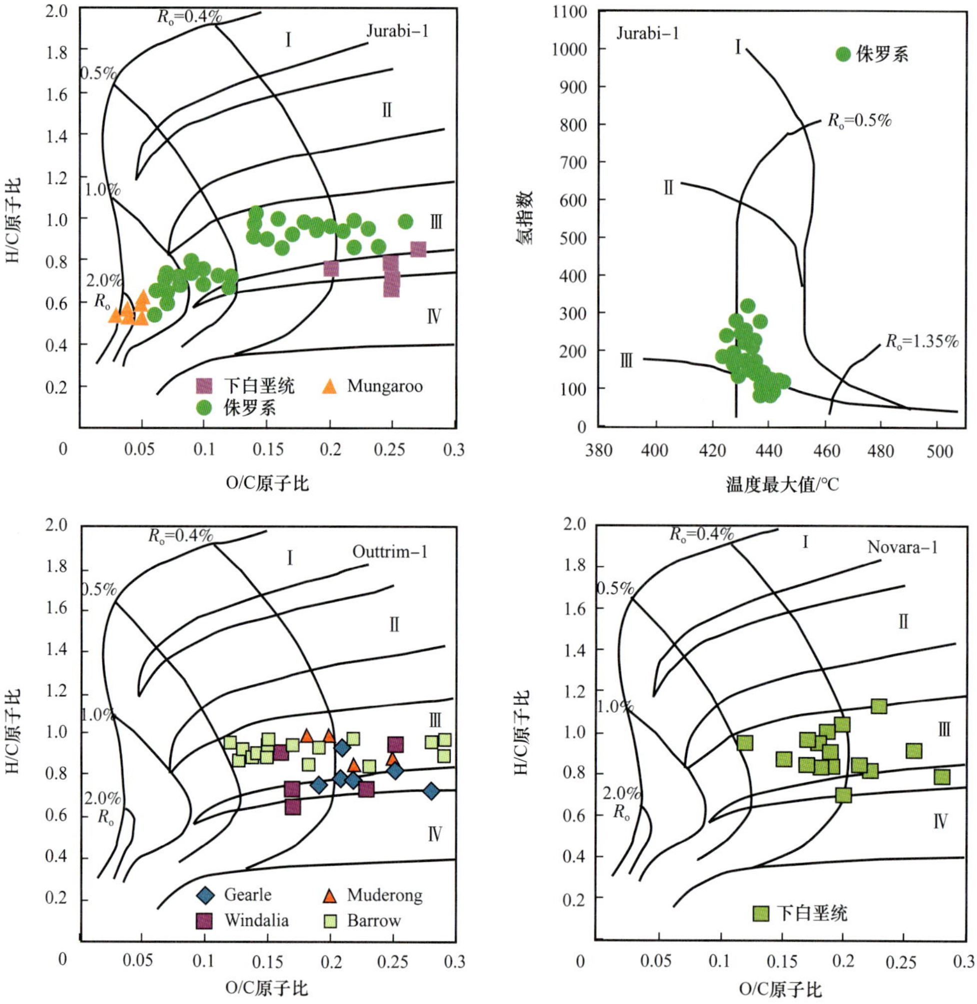

图 6-4　北卡那封盆地埃克斯茅斯次盆统烃源岩特征图（据 Felton et al.，1993）

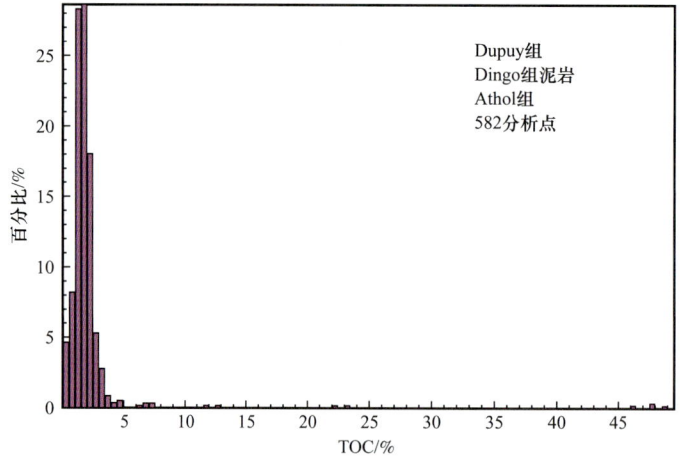

图 6-5　北卡那封盆地 Dingo 组和 Dupuy 组泥岩总有机碳含量图（据 Felton et al.，1993）

4. 下白垩统烃源岩

下白垩统瓦兰今阶—阿普特阶烃源岩主要为 Forestier 组泥岩—Muderong 组海相页岩，次要为巴罗群内部海相泥岩，均为生油岩（Felton et al.，1993；白国平等，2007；冯杨伟等，2010）。干酪根类型为Ⅲ—Ⅳ型，氢指数（HI）40～200，总有机碳含量（TOC）为 0.5%～3.0%，S_1+S_2 在 0.5～2.0mg/g，H/C 原子比在 0.5～1.1（Felton et al.，1993）（图 6-6）。

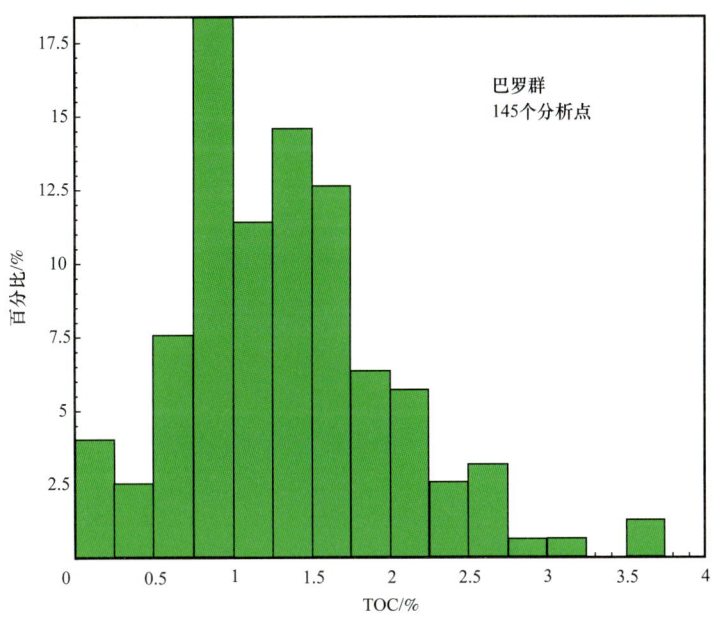

图 6-6 北卡那封盆地巴罗群总有机碳含量图（据 Felton et al.，1993）

二、烃源岩成熟度

Cook 和 Kantsler（1980）根据巴罗—丹皮尔地区大量的钻井资料，分析了西南皮达姆拉陆棚经刘易斯槽谷，到北部的兰金地台钻井中的镜质组反射率。研究表明，盆地构造作用、沉积环境引发的热事件与成熟度的关系十分密切。地壳厚度和地层岩石中的一些高富集特别是铀和钍元素对烃源岩的成熟演化有一些控制作用，但目前由于样品数量少和其覆盖的范围广度不够，其对烃源岩成熟的影响有待于进一步厘定。

在巴罗—丹皮尔次盆，镜质组反射率表现为低值，R_o 降至 0.5%，以较低的地温梯度为特征，但比周边诸如南面的珀斯盆地等地温梯度相对偏高；对在巴罗—丹皮尔次盆的阶地而言，下白垩统至贝里阿斯阶烃源岩刚刚成熟（R_o 为 0.42%～0.90%），上侏罗统烃源岩在次盆的大部分地区已经成熟（R_o 为 0.58%～1.00%），但在东北边缘一带因沉积减薄而未成熟（R_o 为 0.37%～0.48%），裂谷地区因为发育厚层沉积已经过成熟。与上侏罗统相似，下—中侏罗统烃源岩在次盆内处于成熟—过成熟状态（R_o 为 1.00%～2.17%），而在东北边缘一带，则为初成熟—成熟阶段（R_o 为 0.48%～0.81%）（Felton et al.，1993；Peters，1986）。兰金台地上的镜质组反射率相对次盆内偏低，这可能与晚白垩世沉降及向海方向地温梯度降低有关。

根据埃克斯茅斯高原地热和镜质组反射率资料分析，埃克斯茅斯高原是一个低地热流区，高原的中部和西部地温梯度较低，仅为 2.3℃/100m。镜质组反射率资料分析表明，埃克斯茅斯高原的生油门限（0.7%）大约在 3800～4000m。裂陷带内充填厚层沉积，地温梯度为 3.54℃/100m。埃克斯茅斯台地的中部和兰金台地的中三叠统埋深超过 4000m，目前处于生油窗内，走滑断层控制的裂陷槽内的下—中侏罗统烃源岩尚未成熟。埃克斯茅斯台地南部、埃克斯茅斯次盆和巴罗—丹皮尔次盆，下—中侏罗统烃源岩成熟—过成熟，三叠系烃源岩过成熟。

埃克斯茅斯次盆中的镜质组反射率的偏差是由岩浆侵入而产生的接触变质及裂前抬升和剥蚀所造成的，在埃克斯茅斯次盆的南部地区和活动裂谷的其他边缘地区，发现丰富的岩浆岩（Agso，1994；Stagg et al.，1994），而在北卡那封盆地的其他地方却很少有岩浆岩。

在比格尔次盆，上侏罗统一般较薄，其烃源岩尚未成熟（R_o 为 0.33%～0.51%），而下—中侏罗统的页岩处于生油的早期至中期阶段（R_o 为 0.31%～0.77%）。皮达姆拉陆架叠置在地温场较高的元古宇基底之上，较高地温梯度条件下，较老的沉积地层和较高的热流双重作用，产生了较高热演化程度，中生界沉积中心生油岩的镜质组反射率值高。

第二节　储　　层

北卡那封盆地的储层主要为中生界碎屑砂岩，主体为河流三角洲相，同时深水浊积扇砂岩也是本区较为重要的储集体。

主要储层为中—上三叠统 Mungaroo 组河流—三角洲相砂岩、侏罗系 North Rankin 组河流—三角洲相砂岩、Dingo 组 Briggada 段浊积砂岩等、下白垩统巴罗群浊积砂岩。其中，河流—三角洲成因的三叠系砂岩是盆地中分布范围最大的储层（图 6-1、图 6-2）。

一、中—上三叠统储层

中—上三叠统 Mungaroo 组含有大量的河流相—边缘海相纯净的粗砂岩，遍及全盆地，形成了盆地主要的储集层系。在兰金带和埃克斯茅斯高原钻井钻遇的该套储层的深度一般为 3～4km。这套地层为砂岩、泥岩和粉砂岩互层，总厚度约 4000m。兰金台地气田物性分析表明，砂岩储层的孔隙度达 34%，平均孔隙度超过 20%，渗透率可达 7D。随着深度的增加，由于压实作用和石英次生加大，孔隙度降低。海绿石是许多储集砂岩的重要组分，海绿石砂岩比净砂岩容易压实，因此孔隙度随埋深更易降低。在 4000m 以深砂岩，其孔隙度和渗透率分别减小到 15% 和 30mD（图 6-1、图 6-2）。

成岩作用的改造和次生矿物的生长也降低了孔隙度，胶结物主要由方解石、黄铁矿、菱铁矿、高岭石和白云石组成，黄铁矿和菱铁矿可交代由长石分解而形成的海绿石和高岭石。孔隙度的降低除受压实作用和埋藏深度或成岩作用的影响外，还明显受到沉积环境的影响。Wanaea油田的西南部地区，因离物源区较远，远端砂岩通常为细颗粒砂岩且泥质含量比较高，因此其孔隙度和渗透率都比较小。在巴罗—丹皮尔次盆的中部地区和埃克斯茅斯次盆北部，Barrow群的远端砂岩也因颗粒细和泥质含量高而具有较低的孔隙度。Windalia组砂岩是巴罗岛油田的主要储层，主要由细砂岩组成，平均渗透率仅为23mD。

二、下—中侏罗统储层

下—中侏罗统储层主要为下侏罗统North Rankin层、Legendre组及Dingo组泥岩层Briggada段的海相三角洲砂岩。砂岩储层的分布受早—中侏罗世的沉积环境控制，分布在巴罗—丹皮尔次盆、外比格尔次盆、兰金构造带上的断块内及埃克斯茅斯高原。下—中侏罗统海相砂储层，砂岩储层质量好，孔隙度高达28%，渗透率为740mD（表6-1）。

表6-1 北卡那封盆地储集层系一览表（据张建球等，2008）

层位	岩性	时代
Lambert组	海绿石砂岩	丹麦期
Barrow群	砂岩	贝里阿斯期—欧特里夫期
Angel组	砂岩	提塘期
Eliassen组	砂岩	牛津期
Biggada砂岩组	砂岩	牛津期
Calypso组	砂岩	晚巴柔期—卡洛夫期
Legendre组	砂岩	托阿尔期—巴柔期
Athol组	砂岩	托阿尔期—巴柔期
North Rankin组	砂岩	中赫塘期—辛涅缪尔期
Brigadier组	砂岩	瑞替期—早赫塘期
Mungaroo组	砂岩	拉丁期—诺利期

三、上侏罗统—下白垩统

该层系的砂岩层是东部和中部巴罗—丹皮尔次盆油气的主要储层，上侏罗统提塘阶Angel组是巴罗—丹皮尔次盆北部的主要储层，贝里阿斯阶—欧特里夫阶Barrow群则构成了埃克斯茅斯次盆和巴罗—丹皮尔次盆南部的主要储层。其他的中侏罗统—下白垩统的储层段是少数几个油气田的储层。Biggada段、Angel组、Barrow群砂岩储层一般为深水重力流或水下扇沉积，如表6-1所示（Bond et al.，2002；张建球等，2008）。

第三节 盖 层

有效的区域盖层为下白垩统 Muderong 组页岩和及其上部细粒沉积层,在区域上广泛分布。裂陷构造活动的趋缓,使得早侏罗世暴露于地表的构造高地被这些区域盖层所覆盖。但进入次盆的东南边缘,Muderong 组页岩逐渐相变为 Birdrong 组砂岩,变为非盖层(Dewhurst,2003;Bailey et al.,2006)。

三叠系—白垩系还发育多套层内局部盖层,相对区域性盖层,局部盖层封盖性能要差得多。三叠系被众多的断层所切割,层内局部盖层和区域性盖层在油气成藏过程中起到了重要作用。

第四节 圈 闭

北卡那封盆地以构造圈闭为主,石油主要聚集在构造圈闭,天然气可在各类圈闭中聚集成藏。北卡那封盆地石油主要分布在与构造圈闭相关的 Winning 构造成藏组合、Barrow 构造成藏组合(图 6-7)、Ange 1 构造成藏组合,三者占盆地石油总储量的 76%。天然气主要分布在 Mungaroo 构造—不整合面成藏组合、Mungaroo 构造成藏组合和 Barrow 构造成藏组合,占盆地天然气总储量的 59%。

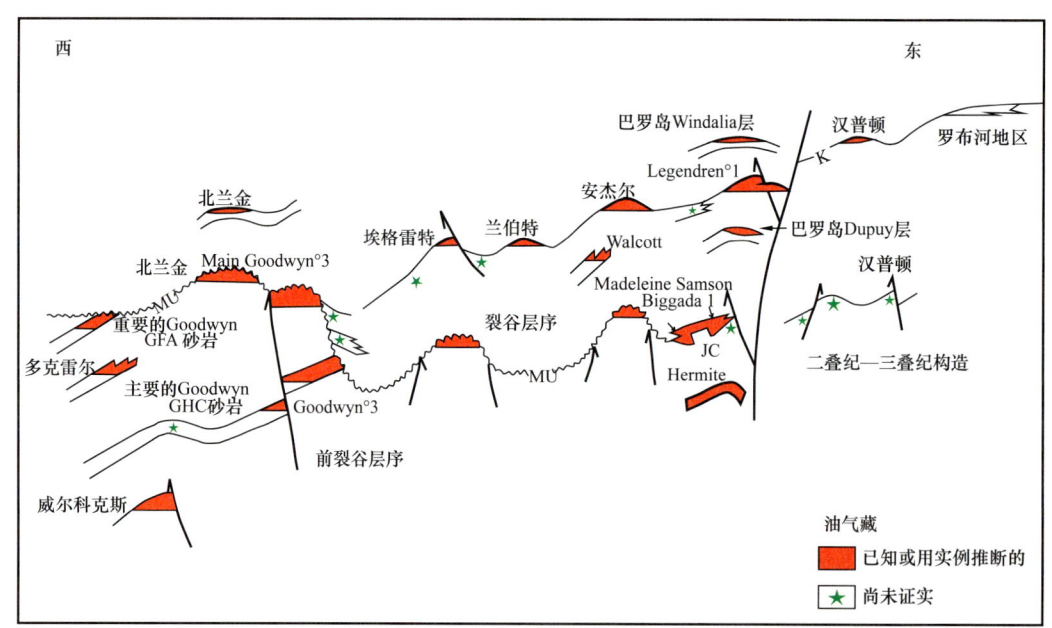

图 6-7 澳大利亚西北陆架卡那封盆地巴罗—丹皮尔次盆圈闭类型图(据张建球等,2008)

第五节 油气运移

西北陆架主要发育三类油气运移方式：垂向运移、不整合面侧向运移和构造脊运移。

在北卡那封盆地裂谷期断裂非常活跃，盆地内构造格局进一步复杂化，形成若干个次一级断陷和凸起构造单元，如巴罗次盆、丹皮尔次盆和兰金台地等。次盆凹陷区比如巴罗次盆—兰金台地地区，由于生烃作用和新构造期快速沉降，地层差异压实或液体体积膨胀往往使地层处于超压状态，北卡那封盆地中侏罗系Dingo组泥岩普遍发育有超压，而凸起带上地层埋藏浅，为常压或过渡压力区，例如兰金台地地区，是油气运聚的主要方向。

图6-8为北卡那封盆地巴罗次盆东部地区油气运移模式，厚层的侏罗系Dingo组泥质烃源岩由于差异压实发育超压。油气初次运移时在超压作用下垂直岩层面进入巴罗群储层砂体中，二次运移沿着高角度断层、不整合面和储层中高孔渗带进行，油气在圈闭和不整合面—地层圈闭中富集成藏。

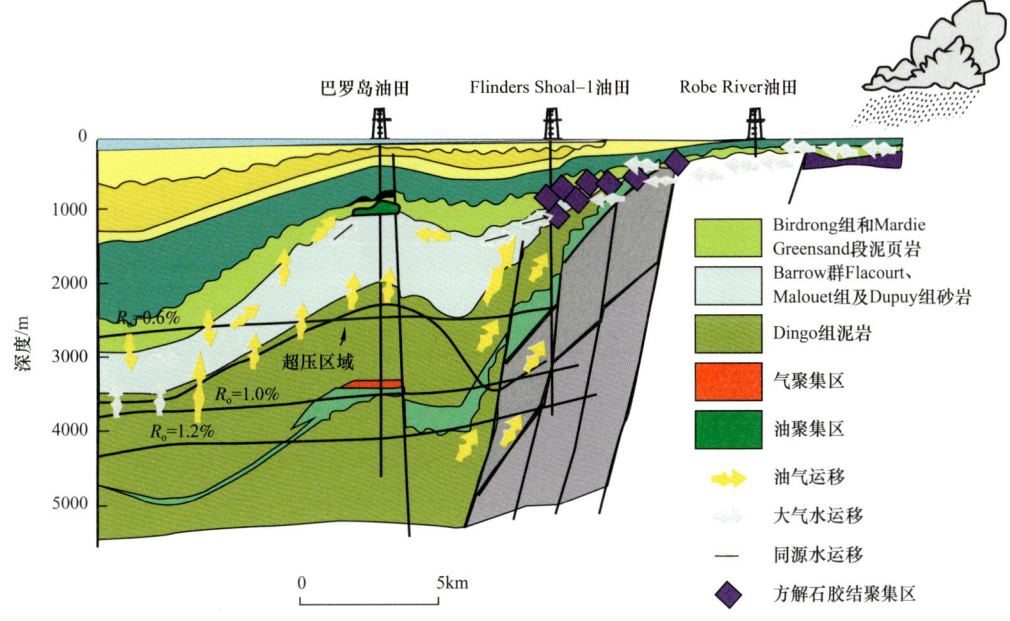

图6-8 北卡那封盆地巴罗次盆东部地区油气运移图（据Kraishan et al.，2000）

第六节 成藏组合

北卡那封盆地主要的成藏组合为三叠系Mungaroo组构造和构造—不整合面成藏组合、侏罗系Biggada组和Dingo组构造、地层和构造—不整合面成藏组合及下白垩统 Barrow 群构造和地层成藏组合等（Felton et al., 1993；白国平等, 2007；冯杨伟等, 2012）。

一、三叠系 Locker 组页岩—Mungaroo 组成藏组合

烃源岩为早—中三叠世 Locker 组页岩和晚三叠世 Mungaroo 组，这些都是主力烃源岩。Mungaroo 组中碎屑岩是重要的储层，Locker 组页岩和 Mungaroo 组页岩层也都是很好的盖层。断背斜、掀斜断块和其与不整合面联合形成的复合圈闭是主要圈闭类型（图 6-9）。

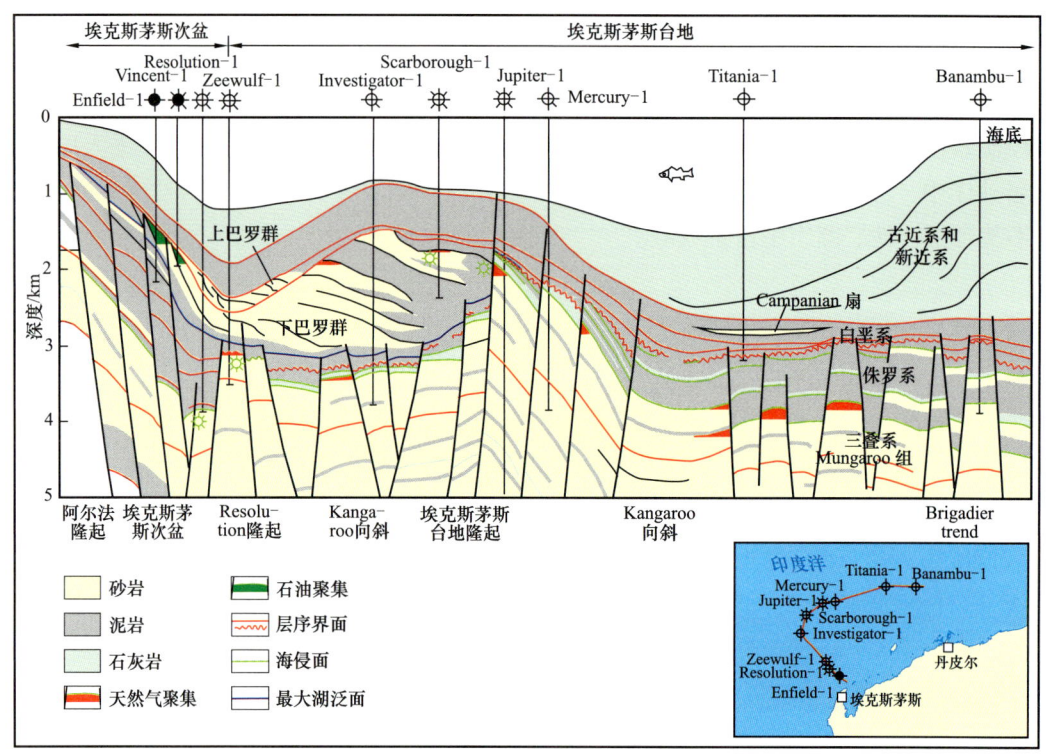

图 6-9　北卡那封盆地埃克斯茅斯次盆及台地油气剖面图（据 Felton et al., 1993；Iasky et al., 2002；Ameed et al., 2005；张建球等, 2008, 汇编）

二、侏罗系 Biggada 组和 Dingo 组自生自储成藏组合

侏罗系 Biggada 组和 Dingo 组海相深水浊积扇层间泥页岩既是主力烃源岩也是重要盖层，浊积砂是深水油气的主要储层。背斜圈闭、地垒圈闭、地层岩性圈闭及构造—不整合面复合圈闭是主要圈闭类型（图 6-10）。

三、下白垩统 Forestier 组—Barrow 群成藏组合

裂谷期早白垩世 Forestier 组海相泥岩、巴罗群泥岩和 Muderong 组页岩为主要烃源

岩，早白垩世 Barrow 群浊积砂岩为主力储层，早白垩世 Muderong 组页岩是优良的区域性盖层。地层岩性圈闭、背斜圈闭、断背斜圈闭和构造—不整合面圈闭是主要圈闭类型。

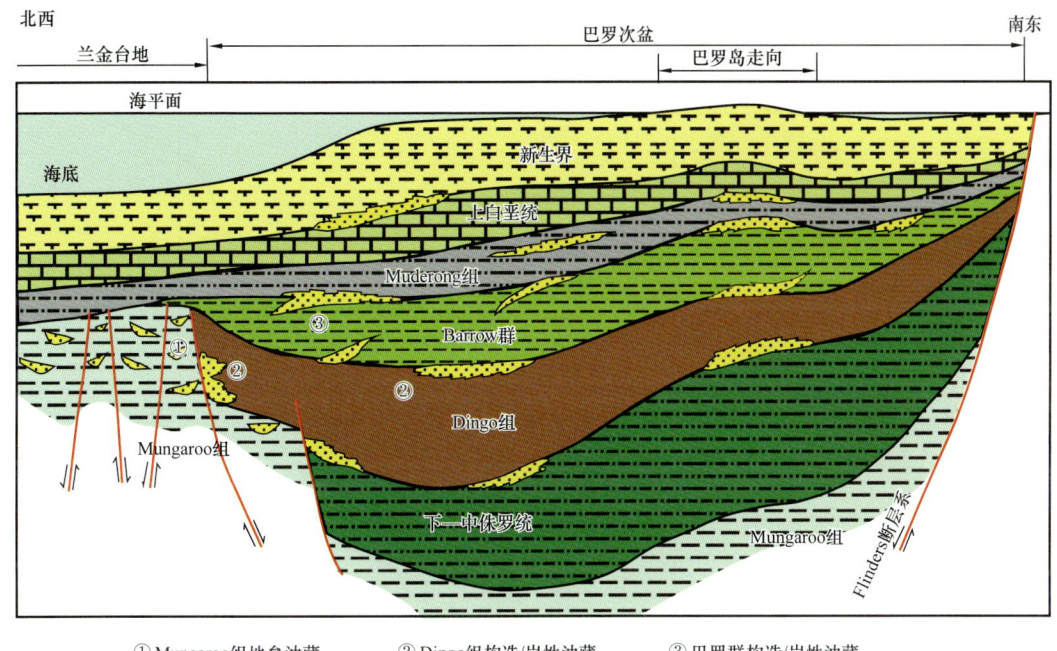

① Mungaroo组地垒油藏　② Dingo组构造/岩性油藏　③ 巴罗群构造/岩性油藏

图 6-10　北卡那封盆地巴罗次盆油气成藏组合（据 Felton et al.，1993；Iasky et al.，2002；Ameed et al.，2005，汇编）

第七节　油气分布特征

全球油气分布呈现出高度的不均一性，油气分布的这种不均一性在北卡那封盆地也表现得相当明显。呈现"内油外气，上油下气"的显著特点。

一、油气平面分布特征

发现的绝大部分石油分布于巴罗—丹皮尔次盆（图 6-11），分布于此的石油储量占石油总储量的 76.36%。天然气和凝析油则主要分布于兰金台地和埃克斯茅斯台地，前者的天然气和凝析油储量分别占天然气和凝析油总储量的 51.50% 和 75.91%，后者的天然气和凝析油储量占 40.73% 和 14.83%。油气的平面分布显示出"内侧为油、外侧为气"的特征，这种分布特征主要受烃源岩灶和构造圈闭展布的控制。

二、纵向分布特征

从层系分布看，天然气和凝析油主要储于上三叠统 Mungaroo 组，其他主力储层还包括上侏罗统和下白垩统储层。与天然气不同的是，石油主要储于下白垩统和上侏罗统，油气的层系分布显现出"上油下气"的特征，这与我国鄂尔多斯盆地古生界储气中生界储油的"上油下气"分布特征（常象春等，2006）相类似。

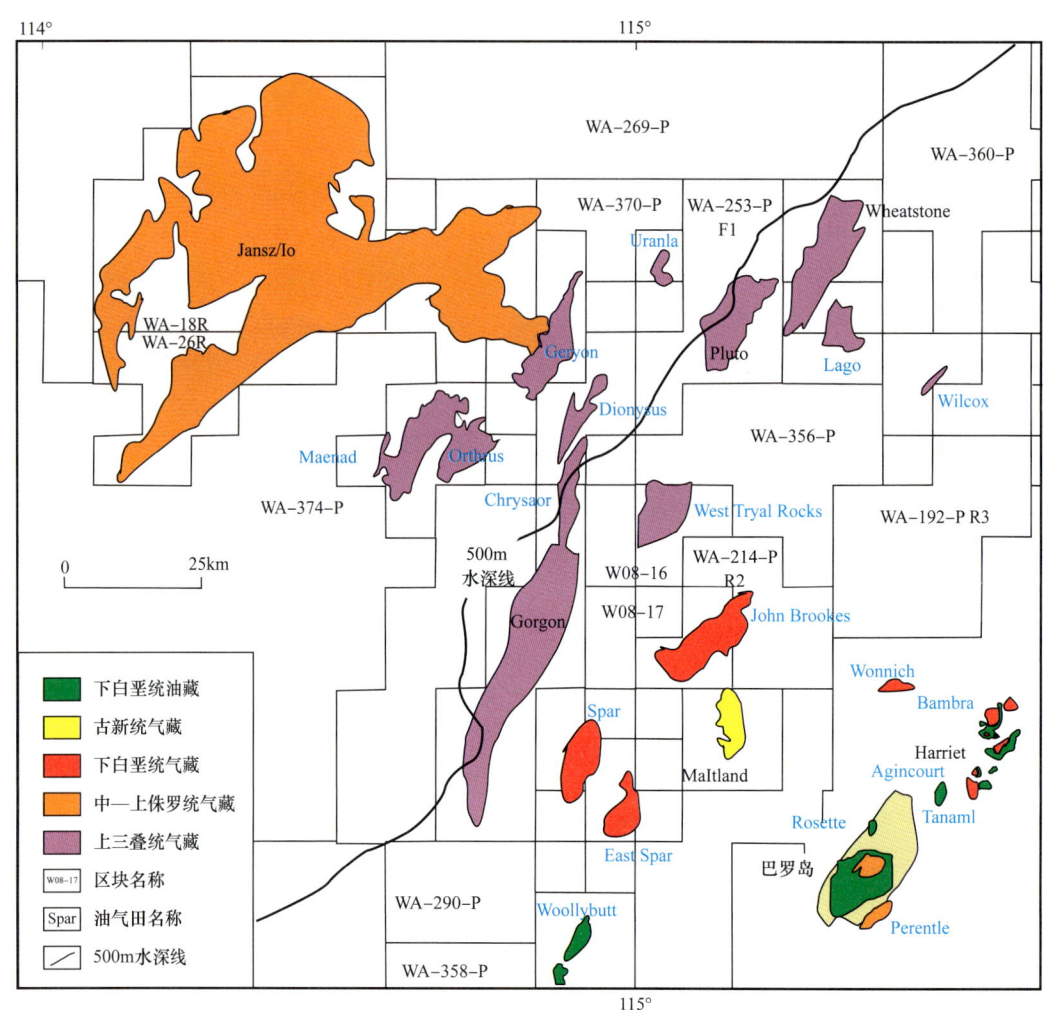

图 6-11　北卡那封盆地主要油气藏分布特征图（据 Bradshaw，2008）

第八节　勘探潜力分析

北卡那封盆地经历了复杂的构造运动，沉积环境、烃类的生成、运移和聚集主要受盆地与裂谷有关的构造作用控制。大陆分离之后，在晚侏罗世，活动断层继续活动，导致兰金台地抬升、倾斜，在邻近抬升地区的沉积中心，再改造沉积物沉积。构造沉降速率远大于沉积速率，沉积了一套厚层的深水 Dingo 组泥岩，Dingo 组泥岩主要局限于巴罗，丹皮尔和埃克斯茅斯次盆的沉积中心，超覆于高断块边缘。而在埃克斯茅斯高地、埃克斯茅斯次盆的边缘及盆地东部边缘皮达姆拉、昂斯洛陆架等地区这套烃源岩很薄，甚至在部分地区缺失。

北卡那封盆地发育 2 个含油气系统，一个是以侏罗系 Dingo 组泥岩为烃源岩，侏罗系—白垩系砂岩为储层的 Dingo 组—Muderong 组/Barrow 群含油气系统；另一个是以三叠系 Locker 组和 Mungaroo 组泥页岩为烃源岩，Barrow 群—牛津阶砂岩为储层的 Locker 组—Mungaroo 组/Barrow 组—牛津阶含油气系统。这两个含油气系统在平面上分布是有所差异的，在巴罗次盆、丹皮尔次盆及埃克斯茅斯次盆部分地区这两个含油气系统均有分布，但以 Dingo 组—Muderong 组/Barrow 群含油气系统为主。在埃克斯茅斯高地、埃克斯茅斯次盆的边缘及盆地东部边缘皮达姆拉、昂斯洛陆架以 Locker 组—Mungaroo 组/Barrow 群—牛津阶含油气系统为主。也就是说，在巴罗次盆、丹皮尔次盆及埃克斯茅斯次盆等地区油气勘探应以 Dingo 组—Muderong 组/Barrow 群含油气系统为主，而在埃克斯茅斯高地、埃克斯茅斯次盆的边缘及盆地东部边缘皮达姆拉、昂斯洛陆架油气勘探应以 Locker 组—Mungaroo 组/Barrow 群—牛津阶含油气系统为主。

在巴罗次盆、丹皮尔次盆及埃克斯茅斯次盆等地区圈闭类型多样，既有构造圈闭（断背斜、断块、断垒及滚动背斜等），也有地层岩性圈闭（地层尖灭、盆底扇等）——主要发育于局部构造活动地垒边缘，同时也具有构造—地层复合圈闭。

埃克斯茅斯高地的主要烃源岩为三叠系和二叠系，在高地的中部和南部，二叠系和三叠系厚度大，有机质丰度可能比较高。研究认为，这些烃源岩在早—中三叠开始生油气。USGS（1999）在研究北卡那封盆地含油气系统时认为该地处于活跃生烃灶，在晚三叠纪开始生油气，且目前仍处于生油窗。侏罗系较薄，并且在高地的南部局部地区缺失，但沉积了一套较厚的下白垩统——Barrow 群三角洲，厚度达 1600m，可以造成二叠系、三叠系烃源岩二次生烃。

地垒和掀斜断块是高地南部的主要勘探目标，影响该区勘探成功率的主要因素有两种，一是断层的封闭性，如果断层的封闭性很好，油气就不能运移到这些圈闭中，如 Leyden 地垒；另一个因素是油气运移的输导层（砂岩）。盖层主要是 Dingo 组泥岩、Barrow 群和 Muderong 组泥岩。Barrow 群的主要圈闭是披覆背斜、浊积扇中的尖灭和前三角洲砂岩，盖层主要为层间泥岩及区域盖层——Muderong 组泥岩。

巴罗次盆、丹皮尔次盆为勘探成熟盆地，但仍有很多已发现类型的勘探目标和未勘探类型目标，勘探前景好。埃克斯茅斯高地在 USGS 评价时还没有重大发现，目前仍为勘探未成熟盆地，但近年已有巨型气田发现，因此是最具勘探潜力的地区。

第七章　布劳斯盆地深水油气地质

布劳斯盆地位于波拿巴盆地和柔布克盆地之间，面积约 $21.3×10^4 km^2$，东南部和东部超覆在金伯利克拉通之上，西部和西北部延伸至阿尔戈深海平原，北至爪哇帝汶海槽，在西南和东北方向上分别逐渐向柔布克盆地和波拿巴盆地过渡（图7-1）。

盆地显生宙沉积物厚达 15km，盆地基底为古生界克拉通层系，上覆盖层为：

（1）侏罗系—下白垩统裂谷层系，主要为一套海陆过渡相和陆源海相三角洲沉积；

（2）早白垩世至今被动大陆边缘层序，主要为海相碳酸盐岩和浊积砂岩沉积。

现有的勘探表明布劳斯盆地天然气资源十分丰富而石油发现很少，盆地还没有进入油气生产阶段。目前油气勘探主要集中在盆地的卡斯威尔凹陷和 Yampi 陆架区域，已发现的大型油气田主要集中在卡斯威尔凹陷区域。

图 7-1　布劳斯盆地主要构造单元图（据 Kennard et al., 2002）

第一节 烃源岩

一、主力烃源岩

布劳斯盆地最重要的烃源岩系是下—中侏罗统Plover组三角洲相页岩、上侏罗统下Vulcan组海相页岩和下白垩统Echuca Shoals组海相泥岩（图7-2）。

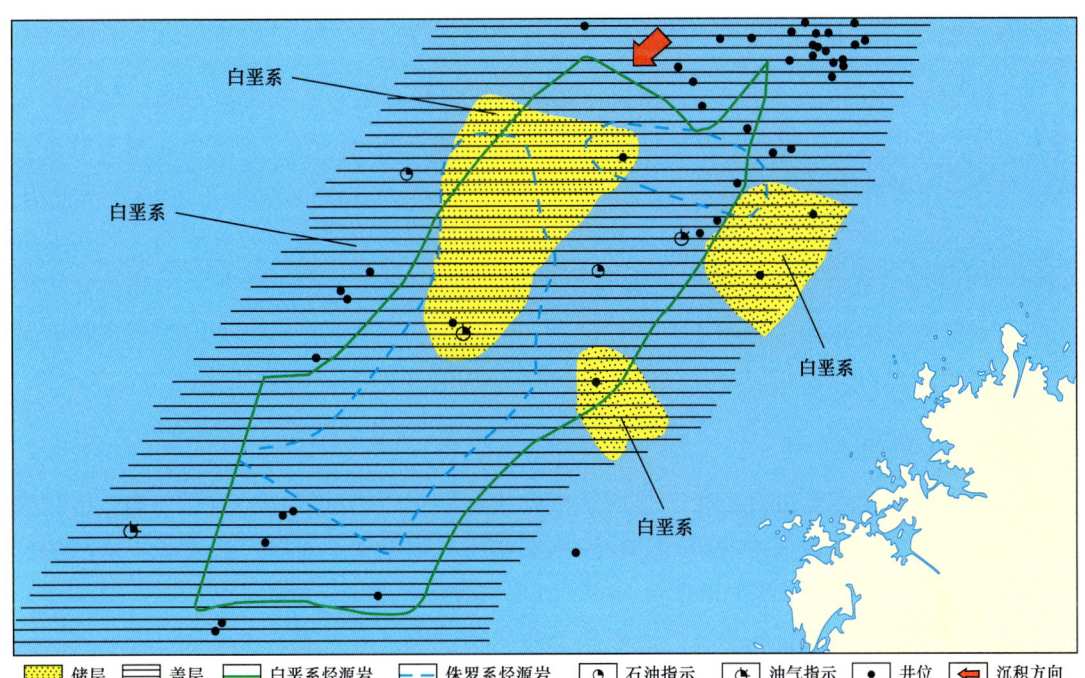

图7-2 布劳斯盆地侏罗系—白垩系烃源岩、储层、盖层平面展布图（据Bradshaiv et al., 1994）

1. 下—中侏罗统Plover组三角洲相页岩

下—中侏罗统Plover组烃源岩及其等效地层为三角洲平原—前三角洲及海相泥岩、碳质泥岩和煤层，烃源岩生烃潜力中等—好，总有机碳含量（TOC）为1.0%～3.5%，氢指数最高可达100～200mg/g。在盆地中央地区，这套沉积层系烃源岩已过成熟，而在盆地边缘则处于未成熟阶段。

2. 上侏罗统—下白垩统下Vulcan组海相泥岩

布劳斯盆地的上侏罗统—下白垩统的海相泥岩比盆地周围地区要薄而且有机质非常少，烃源岩生烃潜力为差—中等，总有机碳含量（TOC）最高为3.5%，平均值为0.5%。主要原因是虽然西澳大利亚大型盆地均发育晚侏罗世缺氧环境沉积的海相泥岩主力烃源岩（Bradshaw et al., 1994），但布劳斯盆地发育下白垩统瓦兰今阶巨厚沉积而不发育上侏罗统—下白垩统沉积，因为局部变热和火山作用使得卡洛夫期大陆解体之后热沉降直至瓦兰今期才开始发生。

但在塞林伽巴丹和西卡斯威尔次盆，有较高的生烃潜力。上侏罗统—下白垩统海相泥岩和页岩烃源岩总有机碳含量（TOC）一般为1%～5%，最高可达10%以上，具有较高的有机质丰度。热解烃（S_2）为2～15mg/g，氢指数（HI）为100～400。下—中侏罗统Plover组烃源岩为冲积平原和三角洲环境沉积，具有陆相Ⅲ型干酪根特征，总有机碳含量（TOC）含量为1%～70%，热解烃（S_2）为2～250mg/g，氢指数（HI）为100～600mg/g。

3. 下白垩统上Vulcan和Echuca-Shoals海组泥页岩

下白垩统上Vulcan和Echuca-Shoals海组泥页岩烃源岩有机质含量不高，但由于面积大而生烃量很大。烃源岩的演化阶段处于生油窗内，在Caswell-2井的巴雷姆裂缝页岩中，见有良好的油气显示。

对布劳斯盆地卡斯威尔次盆油气藏生油岩的有机地球化学指标研究表明，现已发现的油气田的油气资源主要来自下白垩统Echuca-Shoals泥岩（以生油为主）和下—中侏罗统Plover组页岩（以生气及凝析油为主），研究认为这两套烃源岩是凹陷最主要的烃源岩。

二、成熟度

布劳斯盆地的主要沉降发生于早白垩世，快速的裂后热沉降始于瓦兰今期，持续到了土伦期。布劳斯盆地下白垩统瓦兰今阶沉积物比其临近地区要厚，盆地沉积中心的二叠系、三叠系和侏罗系烃源岩由于过成熟，以形成天然气为主。

根据现今地温梯度资料推算，上白垩统泥岩在卡斯威尔次盆的西部和中部地区已经成熟，进入生油早期阶段，下白垩统烃源岩在卡斯威尔次盆中部大部分地区已成熟，中、下侏罗统烃源岩在卡斯威尔次盆内均已成熟，在其中西部地区大部分处于生气阶段。镜质组反射率表明，在盆地东部低断阶带（Prudhoe断阶带）和卡斯威尔次盆北部地区的上侏罗统Vulcan组烃源岩已经进入生油高峰期。卡斯威尔次盆内，瓦兰今阶和巴雷姆阶烃源岩于古近纪进入生油窗，油气运移主要发生于中中新世及其之后。

根据盆地模拟结果，卡斯威尔次盆内侏罗系下Vulcan组烃源岩最大生烃量为每平方千米$1000×10^4$bbl油当量气和$500×10^4$bbl油，侏罗系Plover组烃源岩最大生烃量分别为每平方千米$2000×10^4$bbl油当量气和$2000×10^4$bbl油，表明卡斯威尔次盆烃源条件较好。推断盆地中心烃源岩的生烃量更大，根据烃源岩地球化学分析资料及已发现的油气田资料判断，该次盆深部油气资源以天然气为主，占总资源量的90%以上。

在布劳斯盆地的沉积中心，主要指卡斯威尔次盆，二叠系和三叠系沉积物已达过成熟。在其边缘地区二叠系烃源岩从Yampi-1和Prudhoe-1井的过成熟变化到Rob-

Roy-1 井处的未成熟,说明二叠系烃源岩可能于晚三叠世才进入了生油窗。在盆地东翼地区,三叠系烃源岩在白垩纪中期才成熟。在巴尔科次盆和 Prudhoe 阶地的 Barcoo-1 和 Lynher-1 井,上三叠统烃源岩处于生油窗内。

所有古近系和新近系烃源岩都还没有成熟。

第二节 储　　层

布劳斯盆地主要储层为侏罗系—下白垩统的河流—三角洲相砂岩,次要储层系为上三叠统河流—三角洲相砂岩、二叠系河流—三角洲相砂岩和上白垩统的海相浊积扇浊积砂岩(图 7-3)。

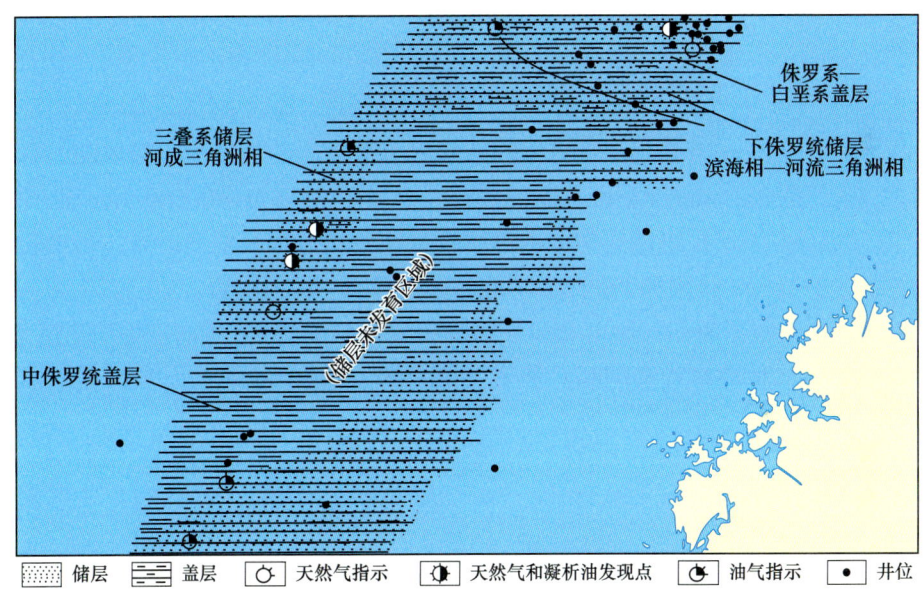

图 7-3　布劳斯盆地上三叠统—下侏罗统成藏要素平面展布(据 Bradshaiv et al.,1994)

一、主力储层

1. 下—中侏罗统 Plover 组河流—三角洲相砂岩

下—中侏罗统储层为 Plover 组河流—三角洲相砂岩,为浅海大陆架前缘三角洲沉积,是布劳斯盆地最重要的储层之一。主要沿 Brecknock-Scott-Reef 构造带分布,是 Scott-Reef 油气田、Brecknock 油气田和 Brewster 油气田等大型气田和凝析油田的主力储层。下—中侏罗统储层 Plover 组的沉积环境可以划分为 3 个部分:辫状河和曲流河的河道环境,侧向上伴随着三角洲环境;海侵环境转变为三角洲沉积环境;三角洲前缘沉积环境。

由于这些砂体为近海的河流—三角洲相成因，常常在盆地的东边和 Scott-Reef 构造带，这种类型的砂体非常发育。下—中侏罗统砂体的储集物性变化不一，储集物性变化的主要原因是由于成岩作用引起的，孔隙度变化的主控因素包括岩石的原始成熟度、后期成岩作用的改造程度、埋藏深度和层间火山岩的发育状况（Maung et al.，1994）。在 Scott-Reef-1 井（4300m）和 Brecknock-1 井（3800m），深部层系孔隙度仍然可以达到 16%。浅部层系的孔隙度可以达到 25%，例如在 Lynher-1 井的 1600m 埋深处，因为出现安山质凝灰岩，使得 Brewster 组储层的孔隙度变低，只有 5%～12%。

2. 上侏罗统下 Vulcan 组和 Brewster 组砂岩

上侏罗统下 Vulcan 组和 Brewster 组储层为河流—三角洲相砂岩，巴尔科次盆发育比较好的牛津阶河流—三角洲相砂岩，在 Lynher-1 井，其孔隙度可高达 20%（Goldstein，1994）。在盆地东边，提塘阶—贝里阿斯阶为高能近岸碎屑岩沉积，孔隙度可达 15%。

3. 下白垩统上 Vulcan 组和 Echuca-Shoals 组砂岩

下白垩统上 Vulcan 组储层是在贝里阿斯期因大量砂岩碎屑的注入形成的，孔隙度可达 24%～27%，是 Brewster-1A 和 EchucaShoals-1 气田（Cornea 和 Gwydion 油气田）的重要储层。Echuca-Shoals 组储层为低水位体系域和海侵过程沉积的砂岩，是比较好的储层，这些储层在 Yampi 陆架和 Prudhoe 阶地的地层圈闭中尤为发育。

卡斯威尔次盆阿普特阶—阿尔布阶发育次要碎屑岩储集体，Caswell-1 井在 5m 厚的薄层浊积岩中测试日产原油 201bbl，重度为 46°API。Yampi-1 井的三角洲相砂体的孔隙度达 20%。

二、次要储层

1. 上三叠统 Nome 组河流—三角洲相砂岩

上三叠统储层为 Nome 组河流—三角洲相砂岩，形成于三角洲前缘—三角洲平原环境。垂向和侧向岩性变化较大，垂向和侧向上渐变为三角洲平原和河道相的沉积序列，Nome 组中的砂岩是较好的储层。

2. 二叠系储层

二叠系储层为河流—三角洲相砂岩，受埋藏深度的控制而致密，在盆地的西部和中部其埋藏深度都超过了 4000m。二叠系底部海进砂岩储集物性最好，Echuca-Shoals-1 井在 4294m 井段的河流—三角洲相致密砂岩中具有很好的气显示。盆地东边二叠系河流—三角洲相储层无有效的上覆盖层，是无效储层。

3. 上白垩统 Puffin 组储层

上白垩统 Puffin 组储层为水下扇和斜坡扇浊积砂岩，孔隙性很好（Kalyptea-1/ST1 井砂岩的孔隙度为 15%～26%，Asterias-1 井砂岩的孔隙度为 19%～32%）。普遍发育于卡斯威尔次盆，Caswell-2 井的薄层坎潘阶水下扇和斜坡扇储层发现了石油，研究证实储集物性好的扇砂体是区内潜在有利的储层。

第三节　盖　　层

布劳斯盆地内发育多套盖层，以泥质岩盖层为主。中、下白垩统瓦兰今阶—塞诺曼阶 Jamieson 组、Echuca-Shoals 组、上 Vulcan 组泥质岩是盆地良好的区域性盖层，局部盖层包括三叠系—侏罗系层间页岩和泥质岩。

一、区域性盖层

布劳斯盆地区域性盖层为中、下白垩统瓦兰今阶—塞诺曼阶 Jamieson 组、Echuca-Shoals 组、上 Vulcan 组泥质岩，分布面积广，厚度稳定。布劳斯盆地最主要三个大型—超大型油气田 Scott-Reef 油气田、Brecknock-1 油气田和 Brewster-1 气田的主要盖层均为中、下白垩统海相泥岩盖层。

二、局部盖层

布劳斯盆地的局部盖层主要为三叠系—侏罗系层间页岩和泥质岩，是某一局部地区不可或缺的盖层。

盆地中部和西部的上二叠统和三叠系 Sahul 群底部储层的直接盖层为 Sahul 群内部海相泥岩，该层系在盆地的东部变薄，甚至在局部地方消失。

Plover 组主要是一套河流—三角洲相，层系内发育了一系列的层间盖层。Montara 组向上沉积颗粒变细，这些细粒沉积层系构成了卡洛夫期不整合面之下储层的区域盖层。

第四节　圈　　闭

根据对已发现油气田的研究成果表明，卡斯威尔凹陷主要圈闭类型为断背斜、断块、披覆背斜和倾斜断块构造，次要圈闭类型包括砂岩尖灭和不整合面等圈闭。

该盆地是一个被断层复杂化的背斜、向斜相间排列的盆地，有勘探潜力的圈闭主要是位于盆地中央早、中侏罗统断块、断背斜和地层圈闭（图 7-4），圈闭的最佳场所应该是位于成熟烃源岩附近。

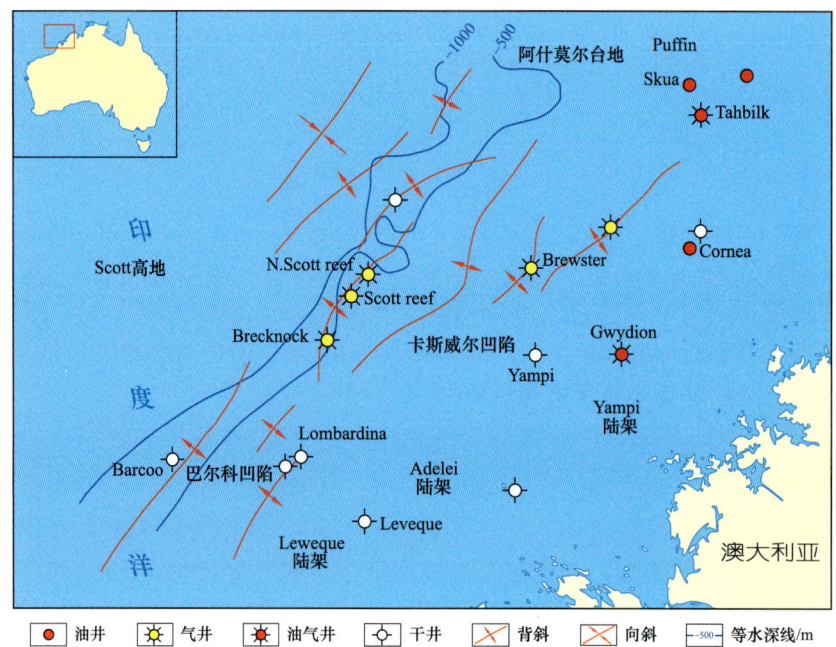

图 7-4 布劳斯盆地构造圈闭平面分布图（据冯杨伟等，2012；朱伟林等，2013）

第五节 油气运移

布劳斯盆地的油气主要通过断裂系统垂向运移到相邻圈闭和上部的圈闭中，同时，在高断阶隆起带上 Cornea 和 Gwydion 油气田的发现表明在盆地东部地区存在着油气长距离向东运移（图 7-5）。

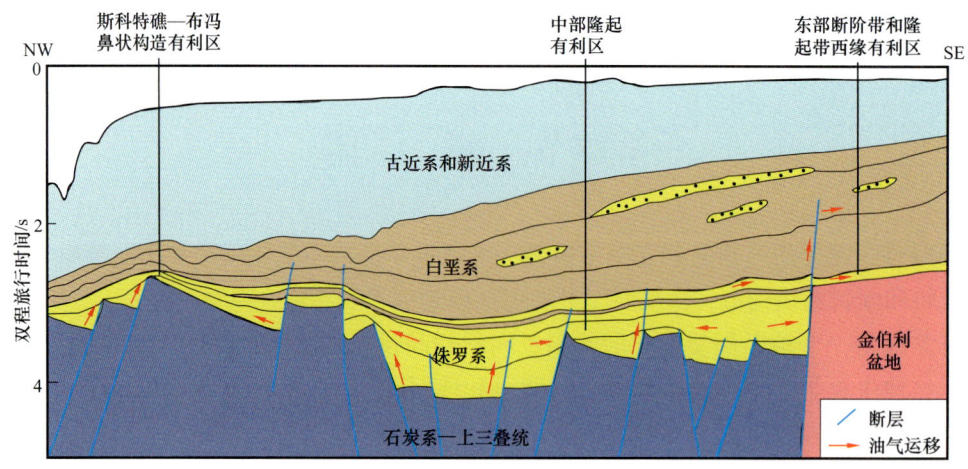

图 7-5 布劳斯盆地有利区剖面分布示意图（据冯杨伟等，2012）

Spry 和 Ward（1997）认为盆地东部的油气田是油气通过边界断层做垂向运移或通过白垩纪砂体内部的侧向运移聚集成藏的，油气从沉积中心沿地层的上倾方向运移至背斜圈闭和岩性尖灭地带形成油气圈闭。盆地西部，卡斯威尔次盆内的烃源岩生成的油气沿着 Scott-Reef 油田的边界断层运移至盆地边缘聚集成藏。由于 Scott-Reef 和 Brecknock 构造带的烃源岩尚未成熟，Scott-Reef 和 Brecknock 气田的天然气不是原地成因的，气源来自下倾方向的成熟烃源岩。

盆地内主要的烃源岩位于盆地中心区域，垂向和侧向运移使得油气可以在盆地的北部、南部、中部及东部聚集成藏，盆地边缘已发现油气藏证明油气需要向盆地边部地区做长距离的侧向运移才能在盆地边缘形成油气藏。古近纪和新近纪大陆架向西挠曲，油气沿大陆架的上倾方向侧向长距离运移至盆地的北缘和东缘地区聚集成藏，如图 7-6 所示（Gemma et al.，2020；Bradshaw，2008；Keall et al.，2000）。

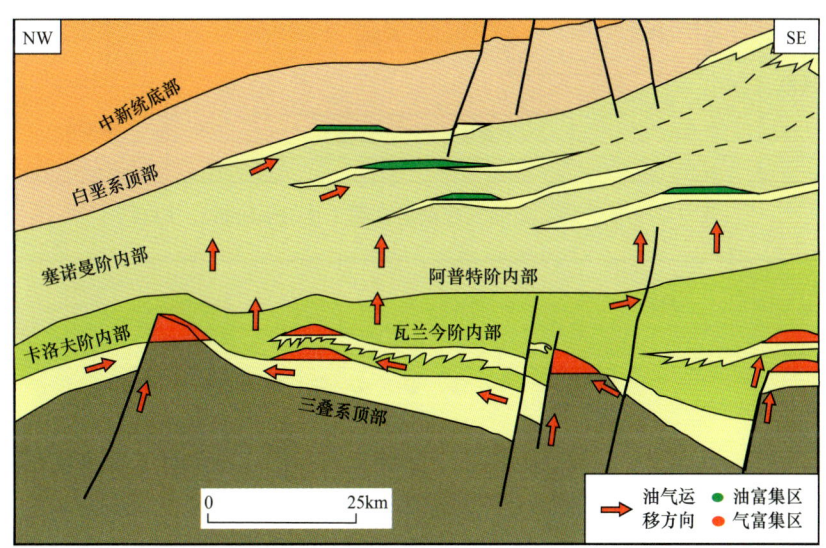

图 7-6　布劳斯盆地卡斯威尔次盆油气运移图（据 Bradshaw，2008；Keall et al.，2000）

第六节　成藏组合

在多旋回沉积作用的背景下，布劳斯盆地内发育多套油气成藏组合。主要包括下白垩统成藏组合，上侏罗统成藏组合，中、下侏罗统—上三叠统成藏组合和石炭系—二叠系成藏组合。其中，下白垩统成藏组合，上侏罗统成藏组合，中、下侏罗统—上三叠统成藏组合最为重要，盆地内发现的 11 个油气田都属于这些油气成藏组合（图 7-7、图 7-8）。

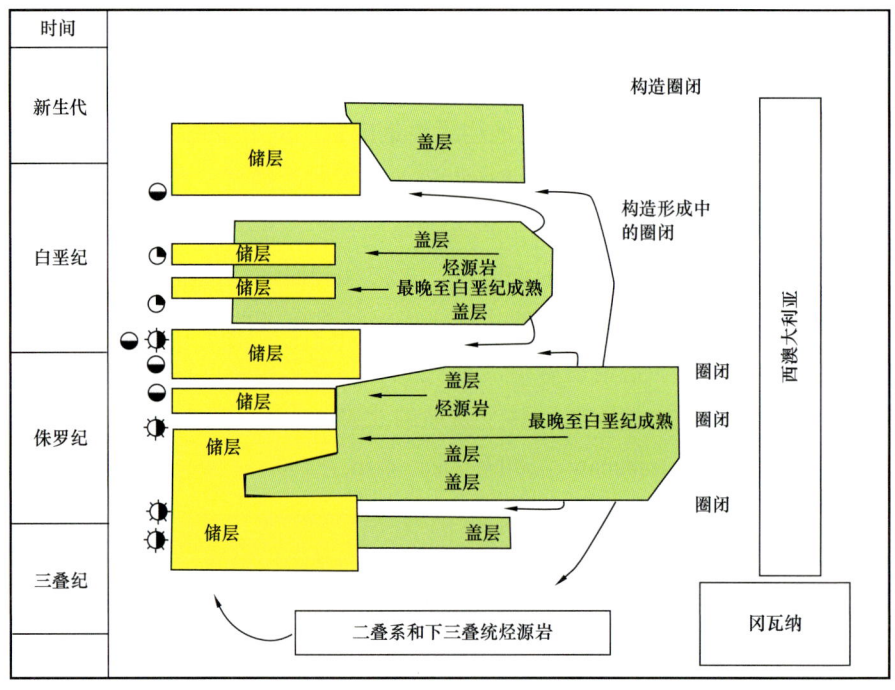

图 7-7　布劳斯盆地油气成藏组合图（据 Bradshaiv，1994）

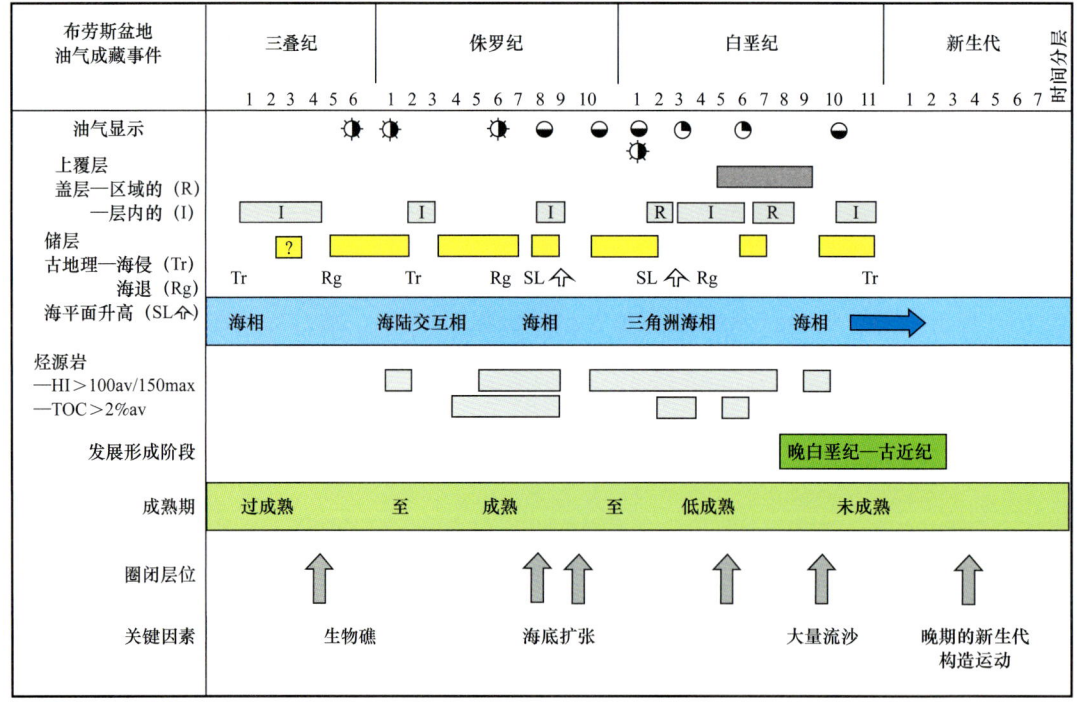

图 7-8　布劳斯盆地油气成藏组合事件图（据 Bradshaiv，1994）

盆地发育巨厚的烃源岩和区域性盖层，烃源岩质量好，为盆地油气田（藏）的形成奠定了良好的物质基础。勘探表明盆地中砂岩储层发育良好，物性较好，为盆地生储盖条件的有利配置奠定了基础，盆地内油气运移聚集成藏的关键时期发生于新生代（Bradshaiv，1994）。

一、下白垩统油气成藏组合

下白垩统烃源岩的生烃潜力良好，早白垩世是一期较长的高海平面和快速沉降期，陆相和海相有机质的快速沉积及稳定的沉积环境使得富含有机质的烃源岩得以沉积并被保存下来。凹陷中西部地区具有巨厚且分布面积广的下白垩统Echuca-Shoals组烃源岩，富含藻类和细菌，以生油为主，构成盆地主力烃源岩体系（图7-9）。

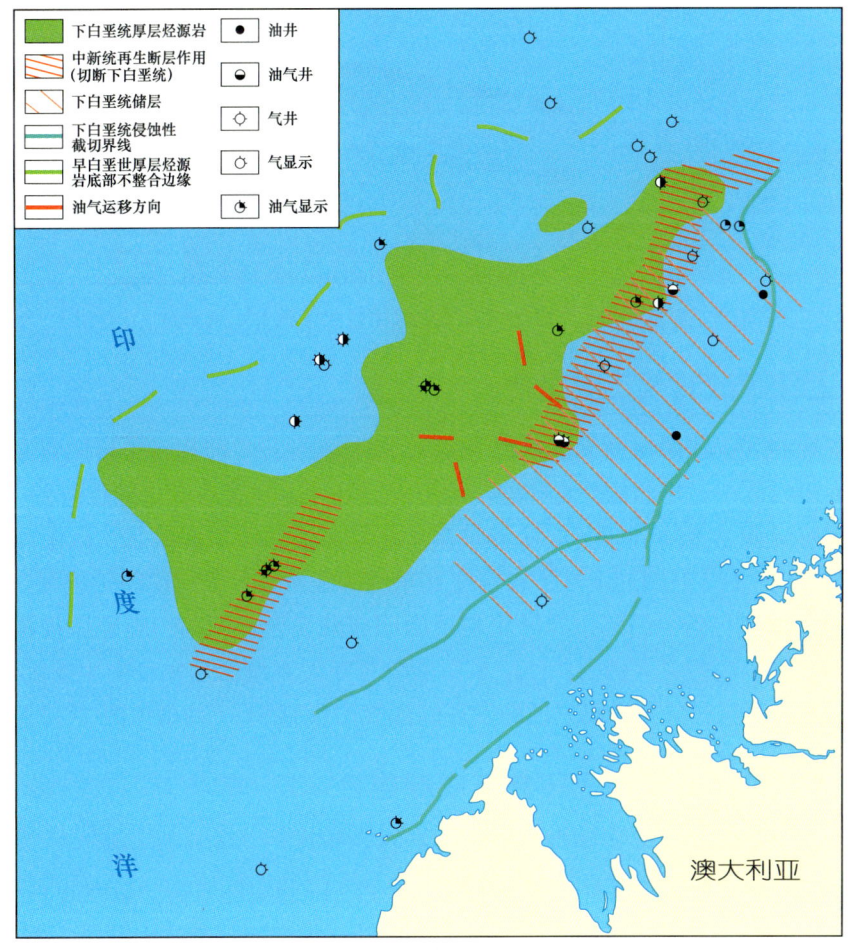

图7-9 布劳斯盆地下白垩统含油气系统要素平面展布图（据Blevin et al., 1998b）

下白垩统低水位扇砂岩和上超的海进砂岩是盆地最重要的储层之一，主要为河流—三角洲相到近岸海相沉积建造，常常在浅海大陆架形成三角洲前积砂体，该砂岩层系在盆地东部和Scott-Reef地区最为发育，是Scott-Reef，Brecknock-1，Brewster-1和

Gorgonichthys-1等大型气田和凝析油田的主要储集岩，重要程度相当于波拿巴盆地的下白垩统 Plover 组的河流—三角洲相砂岩（Blevin et al.，1998b）。

下白垩统油气系统成藏类型包括：卡斯威尔次盆东部边缘（高断阶及隆起带）的地层超覆尖灭、剥蚀不整合面及二叠系—三叠系深切谷圈闭等成藏组合，油气由盆地中心凹陷区向东做长距离运移进入圈闭成藏；卡斯威尔次盆西部边缘中新世断裂系统活化形成断层遮挡构造圈闭成藏组合，断裂系统的活化使生成的油气向上输导在次生圈闭中成藏；上白垩统和古近系—新近系的水下扇岩性圈闭油气成藏组合；下白垩统披覆构造和侏罗系超覆尖灭圈闭成藏组合；凹陷中东部断裂系统活化形成的次生圈闭成藏组合（图7-10）。

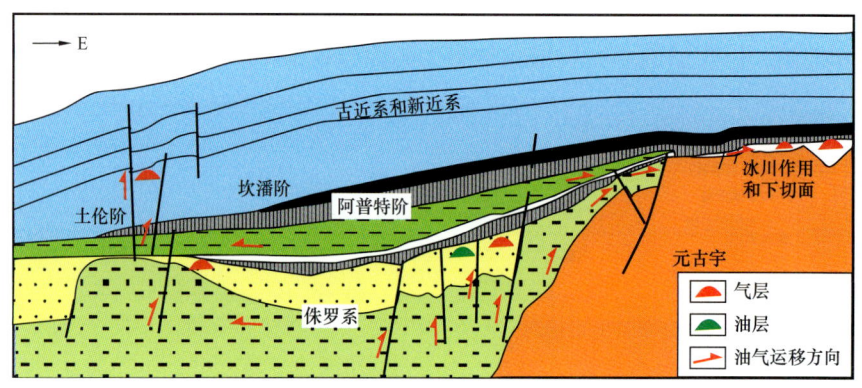

图7-10 布劳斯盆地下白垩统油气成藏组合图（据 Blevin et al.，1998b）

二、上侏罗统油气成藏组合

上侏罗统油气成藏组合为上侏罗统 Vulcan 组河流—三角洲相自生自储自盖型成藏组合，Vulcan 组河流—三角洲相砂岩和前三角洲泥岩互层，发育多套生储盖组合。

上侏罗统烃源岩主要分布于卡斯威尔次盆北部与波拿巴盆地武尔坎断陷相邻的斜坡部位（图7-11），油气向四周运移，在西北和东南部地堑边界断层圈闭中成藏。上侏罗统油气成藏组合类型包括：凹陷边界断块构造圈闭成藏组合；凹陷内隆起区披覆构造圈闭成藏组合；凹陷内超覆尖灭圈闭；凹陷东部断阶带断裂系统活化发育次生圈闭成藏组合。上侏罗统油气成藏组合分布局限，已经发现的油气田仅有 Skua 油田（图7-12）。

三、中、下侏罗统—上三叠统成藏组合

中、下侏罗统—上三叠统油气成藏组合的烃源岩广泛分布于深凹陷内，主要为上三叠统 Nome 组河流三角洲相页岩和中—下侏罗统 Plover 组海相页岩。虽然晚三叠世 Nome 组陆相页岩生烃能力有限，但是中—下侏罗统 Plover 组海相页岩最大厚度大于500m，生烃潜力良好，是盆地的主力烃源岩。成藏组合富含陆相和海相混合来源的有机质，以生气和凝析油为主。凹陷内已经发现的主要油气田均属于这种类型，包括凹陷西部的 Torosa 气田、Brecknock 气田、凹陷中部的 Brewster、Gorgonichthys、Titanichthys 气田、凹陷东北部断阶带 Crux 气田等。

图 7-11 布劳斯盆地侏罗系含油气系统要素平面展布图（据 Blevin et al.，1998b）

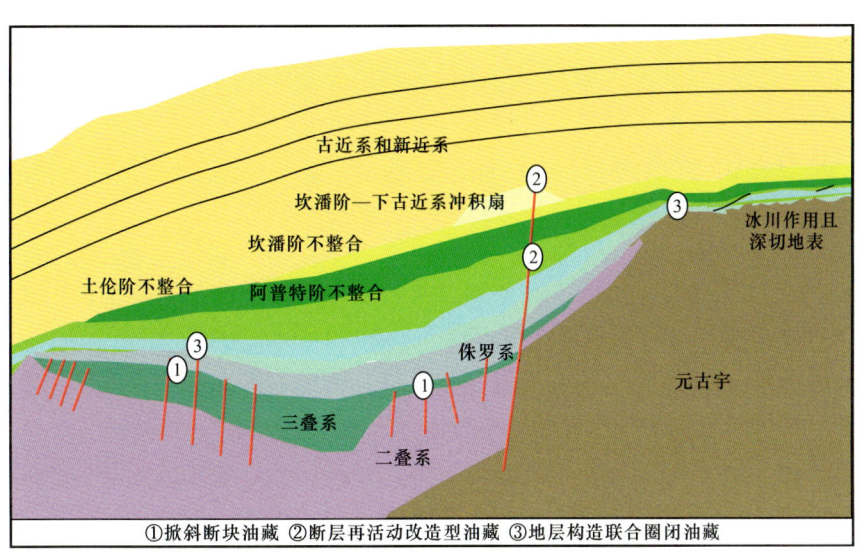

图 7-12 布劳斯盆地上侏罗统油气成藏组合图（据 Blevin et al.，1998b）

储层主要为中—下侏罗统 Plover 组海相三角洲砂岩，次要为上三叠统 Nome 组河流三角洲相砂岩，盖层为上三叠统 Nome 组河流三角洲相页岩和中—下侏罗统 Plover 组海相页岩与 Montara 组页岩，Plover 组海相三角洲沉积中砂页岩是很好的储盖组合。

油气成藏组合类型主要包括：凹陷边缘斜坡带的断块、断背斜等构造圈闭成藏组合；凹陷内部隆起区披覆背斜圈闭成藏组合；凹陷内超覆尖灭地层圈闭成藏组合；凹陷东部断阶带的断裂系统再活化次生圈闭成藏组合（图 7-13）。

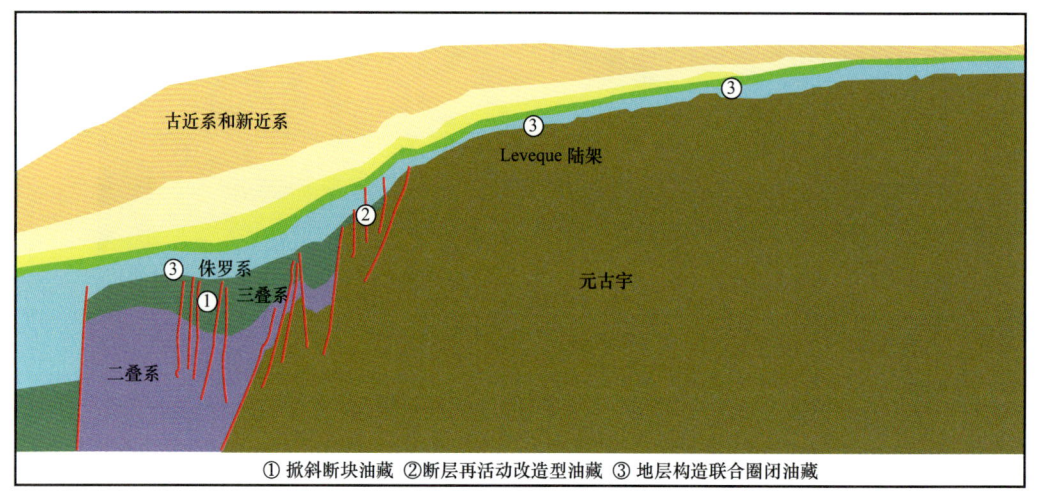

图 7-13　布劳斯盆地中、下侏罗统—上三叠统油气成藏组合图（据 Blevin et al., 1998b）

四、石炭系—二叠系油气成藏组合

石炭系—二叠系油气成藏组合的烃源岩为早二叠世 Fossil Head 组冰川海相黏土岩，品质为差—中等，局限分布于石炭纪—二叠纪的裂谷断陷中。在盆地内部已经过成熟，在边部未成熟—刚成熟，以生成干气为主，生烃时间基本是晚三叠世。

主要储层为烃源岩之上海进时期形成的上三叠统 Nome 组河流—三角洲相砂岩，主要发育于盆地的边缘。上三叠统—下侏罗统 Nome 组前三角洲相页岩和 Plover 组海相页岩是该油气成藏组合的重要盖层。

油气主要侧向运移到晚三叠世挤压构造期形成的背斜构造带，凹陷东部断阶带为油气的主要垂向运移区域。

三叠纪构造反转期间，形成了一系列背斜和断块圈闭并改造了以前的构造，这次构造运动对油气聚集存在一定的破坏作用。Yampi 陆架上的储层内见到湿气显示，表明早白垩世在 Yampi 陆架的确发生了油气的进一步运移，由于盆地东部边缘的下三叠统盖层很薄或者缺失，因而该地区的油气藏绝大部分因为三叠系盖层缺失而被破坏。

前石炭系—三叠系油气成藏组合类型包括：石炭纪—二叠纪拉张断裂造成的构造圈闭和构造—岩性复合圈闭成藏组合；晚三叠世挤压运动形成的背斜构造圈闭成藏组合；断裂系统后期活化的晚期次生圈闭油气成藏组合类型。

第七节 油气分布特征

研究发现布劳斯盆地油气的分布特征与北卡那封盆地基本一致，平面上呈"内油外气"，纵向上呈"上油下气"的特点，天然气富集于下侏罗统，石油则富集于上侏罗统和下白垩统。地球化学研究表明，布劳斯盆地内油气源自两类不同的烃源岩，所形成的油气分布于不同地区。

一、平面分布特征

天然气和凝析油分布于盆地西部（Torosa 气田和 Brecknock 气田），其烃源岩为三叠系—侏罗系的 Plover 组和 Vulcan 组。

石油分布于盆地东部（Cornea 1 井、Gwydion 1 井、Caswell 2 井、Kalyptea 1 井和 ST 1 油田），其烃源岩为 Echuca Shoals 组的瓦兰今期—巴雷姆期的海相烃源岩，这些烃源岩的氢指数（HI）为 130~330mg/g。

二、纵向分布特征

在盆地的西部，天然气和凝析油聚集于下侏罗统；在盆地东部，石油聚集于上侏罗统和下白垩统（Blevin et al., 1998a）。以现今的地热梯度为标准，上白垩统黏土岩在盆地的中西部已成熟，盆地中部大部分地区的下白垩统烃源岩已成熟，盆地内侏罗纪早期—中期的烃源岩均已成熟，生烃高峰期为晚侏罗世—晚白垩世。

第八节 勘探潜力分析

美国地质勘探局（USGS）对该盆地待发现资源潜力研究认为具有很大勘探潜力。有勘探潜力的圈闭主要是位于盆地中央下、中侏罗统断块、断背斜和地层圈闭，圈闭的最佳场所应该是位于成熟烃源岩附近。尽管在白垩系及年轻地层中也有很多圈闭，但是其勘探风险比较高，因为其依赖于成熟烃源岩及区域盖层的双重作用。Willis（1988）研究认为大多数有勘探潜力的圈闭应该是形成于晚白垩世，盆地边缘与古近纪构造运动有关的掀斜圈闭由于缺乏区域盖层具有较高的勘探风险。

盆地主要存在 4 个油气富集有利构造带（图 7-5）和 1 个潜在有利勘探目标层位：（1）斯科特礁—布冯鼻状构造带有利区，毗邻盆地已证实富生烃凹陷卡斯威尔次盆，发育断背斜、掀斜断块及披覆背斜等构造圈闭，已发现如 Torosa 气田、Brecknock 气田等巨型气田；（2）卡斯威尔次盆中部隆起有利区，四周均为卡斯威尔次盆优质烃源岩分布区，"近水楼台先得月"，目前已发现有 Ichthys 巨型气田；（3）卡斯威尔次盆北部与武尔坎次盆接合带，位于布劳斯盆地已证实的富生气凹陷卡斯威尔次盆和波拿巴盆地已证实的富生油凹陷武尔坎次盆之间，发育断背斜和掀斜断块等构造圈闭，已发现如 Crux 气田等大型油气田；（4）卡斯威尔次盆东部断阶带和隆起带西缘，布劳斯盆地生烃中心卡斯威尔次盆生成的油气通过较长距离的运移进入该区域有利不整合面—地层复合圈闭中，油气藏埋藏较浅，已发现油气田如 Dinichthys 气田、Cornea 油田、Gwydion 油气田等。（5）与上白垩统 Puffin 组浊积砂岩相关的成藏组合是不可忽视的勘探目标，目前已有个别油气发现，是储量增长的潜在亮点之一。

第八章 波拿巴盆地深水油气地质

波拿巴盆地位于澳大利亚北部帝汶海海域，覆盖了西澳大利亚金伯利地区以北的陆上和海上区域。盆地西南部与布劳斯盆地相接，北部抵达帝汶海沟，东部为霍尔斯溪（Halls Creek）和菲茨莫里斯（Fitzmaurice）断裂带（图8-1）。

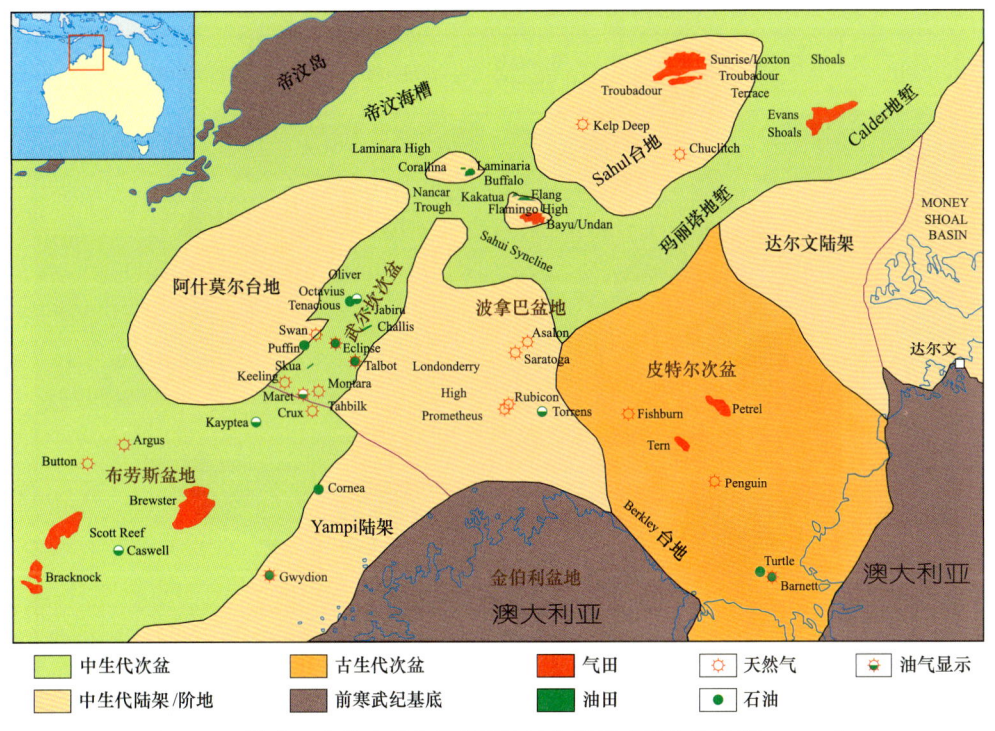

图8-1 波拿巴盆地次级构造分区和油气田图（据朱伟林等，2013）

盆地主体位于海上，称为北波拿巴盆地，面积约 $25×10^4 km^2$。盆地南部的陆上部分为西澳大利亚地区金伯利古老克拉通盆地，称为南波拿巴盆地，面积约 $2×10^4 km^2$（张建球等，2008）。盆地形态上呈喇叭状向北帝汶海域张开，盆地类型属于被动陆缘盆地。

目前油气勘探主要集中在盆地的 Sahul–Flamingo–Nancar 地区、Kelp–Sunrise 高地、武尔坎次盆、皮特尔次盆和玛丽塔地堑等，其勘探程度相对较高。

第一节 烃源岩

波拿巴盆地发展演化过程中，发育上古生界、中生界两大烃源岩层系，盆地在不同阶段、不同构造单元发育不同的主力烃源岩层系。陆上地区发育古生界烃源岩，是盆地局部地区尤其是皮特尔次盆的主力烃源岩,上古生界石炭系 Milligans 组页岩是主力烃源岩层。海上深水区主力烃源岩为中生界层系。

一、主力烃源岩

海上中生界烃源岩层系构成了盆地油气生成的物质基础,是目前波拿巴盆地最主要的油气源。武尔坎次盆、玛丽塔地堑和弗来明戈向斜、萨胡向斜及北西—南东走向的 Nancar 槽谷内,发育中生界烃源岩层系,包括下—中侏罗统 Plover 组、上侏罗统下 Vulcan 组、下白垩统 Echuca Shoals 组 3 套区域性主力烃源岩,如图 8-2 所示(Daniel,2007;Mory,1990;Edwards,2004;Rakotonravoavy,2016)。

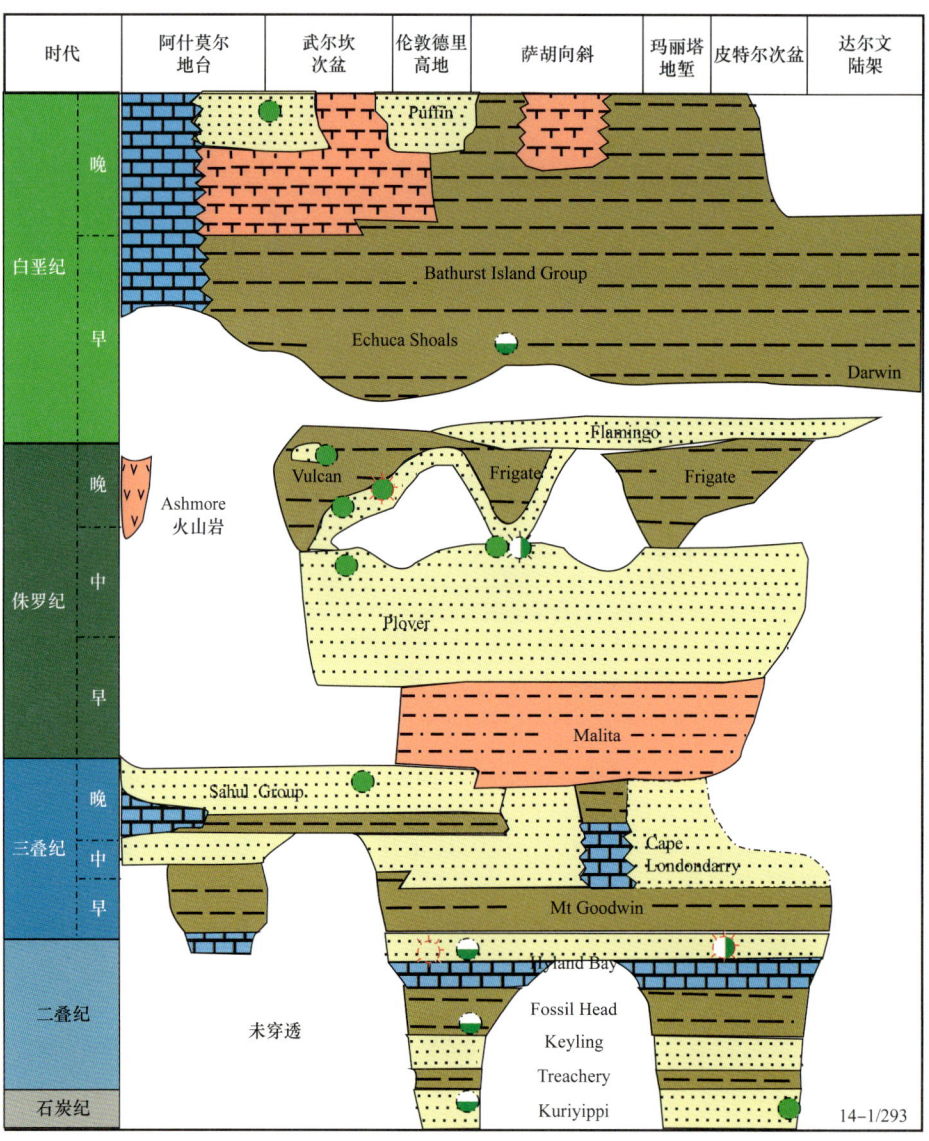

图 8-2 波拿巴盆地地层综合柱状图(据 Mory,1990)

1. 下—中侏罗统 Plover 组烃源岩

研究表明盆地中的烃源岩具有较高的有机质丰度，下—中侏罗统 Plover 组泥质烃源岩总有机碳含量（TOC）在 2.2%（Gull 1 井）～13.9%（Tamar 1 井），氢指数（HI）值和低姥鲛烷植烷比值表明，这些烃源岩是倾向于生油的海藻或细菌型生油岩，烃源岩层系处于刚成熟—已成熟（镜质组反射率为 0.44%～0.8%）阶段（逄林安等，2017）。武尔坎次盆和附近地区的油田的原油主要是来自 Plover 组的生油岩（Cadman et al.，2003；张建球等，2008；龚承林，2009；冯杨伟等，2010）。

2. 上侏罗统 Vulcan 组烃源岩

上侏罗统 Vulcan 组是武尔坎次盆和附近地区最好的烃源岩层之一，在 Paqualin 1 井，页岩烃源岩的总有机碳含量（TOC）平均值为 2%。上侏罗统 Frigate 组页岩也具有良好的生烃潜力，虽然在盆地的近岸地区刚成熟，但在萨胡凹陷和玛丽塔地堑其成熟度要高得多。这套烃源岩的有机质主要由海藻或细菌组成，但向上至 Sandpiper 组砂岩，其干酪根逐渐变为腐殖型（Cadman et al.，2003；张建球等，2008；龚承林，2009；冯杨伟等，2010）。

3. 下白垩统 Echuca Shoals 组烃源岩

下白垩统 Echuca Shoals 组页岩具有较好的生烃潜力，总有机碳含量（TOC）一般为 1%～3%，为一般—较好的烃源岩，烃源岩热解氢指数（HI）平均值为 100，最大值为 150；干酪根以 Ⅱ 型为主，少量为 Ⅲ 型，以生油为主。但是在盆地的大部分地区，其有机质刚成熟。George 等（2002）认为该烃源岩是 Bauy 和 Undan 气田天然气和凝析油的烃源岩，断裂活动使得 Elang 组和 Plover 组储层与 Echua Shoals 组烃源岩形成较好的侧向接触关系，从而使天然气和凝析油可较顺利地运移至储层，聚集在萨胡向斜和弗来明戈高地成藏。Elang 和 Kakatua 油气田的油气源自下白垩统 EchucaShoals 组烃源岩，而 Bayu 和 Undan 气田的天然气和凝析油则源自侏罗系 Plover 组、Elang 组和 Frigate 组烃源岩。下白垩统 Darwin 组页岩具有好的生烃潜力，其总有机碳含量（TOC）大于 1%，氢指数（HI）为 150mg/g，镜质组反射率为 1%。该地层向玛丽塔地堑变厚，在玛丽塔地堑，Darwin 组页岩被认为是成熟的生油岩（Cadman et al.，2003；张建球等，2008；龚承林，2009；冯杨伟等，2010）。

二、烃源岩成熟度

盆地西部深凹带（Swan 地堑、Paqualin 地堑和 Cartier 深凹带）烃源岩于晚白垩世就已经进入成熟生油阶段，现在处于过成熟的生气阶段，特别是在 Cartier 深凹区，由于埋深大，成为武尔坎断陷重要的气源中心；中部浅凹及内斜坡带为成熟烃源岩区；东部外斜坡高带的烃源岩埋藏浅，成熟度降低，基本处于未成熟—低成熟阶段，生油潜力较小。

根据现今地温梯度资料推算，皮特尔次盆的生油窗在东南部为 1500～3000m，向西北逐渐增至 3000～5000m。Keyling 组烃源岩在侏罗纪进入生油阶段，中新世进入生气阶段。皮特尔次盆上古生界二叠系 Keyling 组、Hyland Bay 组页岩、煤系地层和石炭系 Milligans 组海相页岩，在凹陷中部、北部和东部斜坡带镜质组反射率大于 0.8%，为成熟生油气阶段；而中生界侏罗系和白垩系烃源岩 Plover 组和 Echuca Shoals 组由于埋藏浅，基本处于未成熟阶段。

第二节 储　　层

盆地深水区发育中生界储集层系，储集岩主要为河流—三角洲、滨岸砂及浊积砂体。海域主力储层为侏罗系、三叠系和白垩系，为河流—三角洲、滨岸砂及浊积砂体，阿什莫尔台地的生物礁储层为潜在储层，侏罗系 Plover 组是盆地内最重要的储层。

一、下—中侏罗统 Plover 组砂岩储层

下—中侏罗统 Plover 组砂岩是盆地最重要的油气储层，这套储层分布于武尔坎次盆、萨胡台地和卡德尔（Calder）地堑等，为海相三角洲和滨浅海相砂岩沉积，孔隙度为 21%~22%，渗透率为 10mD，其油气储量占盆地油气总储量的 75% 以上。

二、上三叠统 Challis 组和 Nome 组储层

中—上三叠统 Sahul 群 Challis 组储层为河流—三角洲相至边缘海相砂岩。在 Challis 油田，储集岩物性良好，孔隙度为 23%~30%，渗透率最高达 7000mD，平均为 2000mD。在 Talbot 油田，储层的物性要差一些，粉砂质潮坪砂岩的孔隙度为 11%~34%，渗透率为 125mD。

三、中—上侏罗统 Montara 组、Elang 组海相砂岩储层

中—上侏罗统 Montara 组海相三角洲砂岩也是重要的储油层，为细—巨粗石英砂岩，储集岩品质差—很好，砂岩的分选中等—很好，矿物成熟度很高，主要组成为单晶石英颗粒，次要组分有多晶石英颗粒、长石颗粒、岩屑和重矿物。孔隙主要是粒间孔隙，其最大孔隙度和最大渗透率分别是 22% 和 2187mD。

与 Montara 组层位相当的 Elang 组构成了波拿巴盆地的另一套重要储层，主要由石英砂岩组成。受海洋环境影响，Elang 组颗粒大小、黏土含量和生物扰动作用都有很大的差别，造成物性（孔隙度和渗透率）的变化范围很大。孔隙很少超过 15%，估计的渗透率可高达 2500mD。

四、上白垩统 Bathurst 群 Puffin 组砂岩储层

上白垩统 Bathurst 群的 Puffin 组的砂岩构成了波拿巴盆地的一套次要储层，Puffin 组油气藏主要局限于武尔坎次盆。在该次盆内，Puffin 组的砂岩透镜体在大陆架上形成沉积，

这些砂体可能是潮下河道沉积产物。在 Skua 油田，Puffin 组砂岩的孔隙度可高达 35%，渗透率介于 400～1500mD。

第三节　盖　　层

盆地深水区发育区域性盖层，以泥页岩盖层为主，局部以致密碳酸盐岩盖层（Dombey 段碳酸盐岩）为补充。

一、上侏罗统 Frigate 组页岩

上侏罗统 Frigate 组页岩是波拿巴盆地中央区的 Plover 组储层的盖层，在其他地区为局部盖层。在盆地边缘因为砂质含量增多且有缺失而丧失了封盖能力，因此在盆地边缘地带这套盖层的封闭性明显降低。

二、白垩系 Bathurst 群页岩

在不整合面之上沉积了厚层的 Bathurst 群页岩（Echuca Shoals 组、Darwin 组、Jamieson 组和 Gibson 组），是一套良好的区域性盖层，这些页岩构成了 Halcyon 1 井的 Flamingo 群砂岩、Challis 油田的 Challis 组砂岩、Skua 油田和 Plover 油田的 Plover 组砂岩、Jabiru 油田的 Flamingo 群砂岩储层的盖层。层内的页岩对 Bathurst 群储层，尤其是 Puffin 组储层，起着很好的封盖作用（图 8-3）。

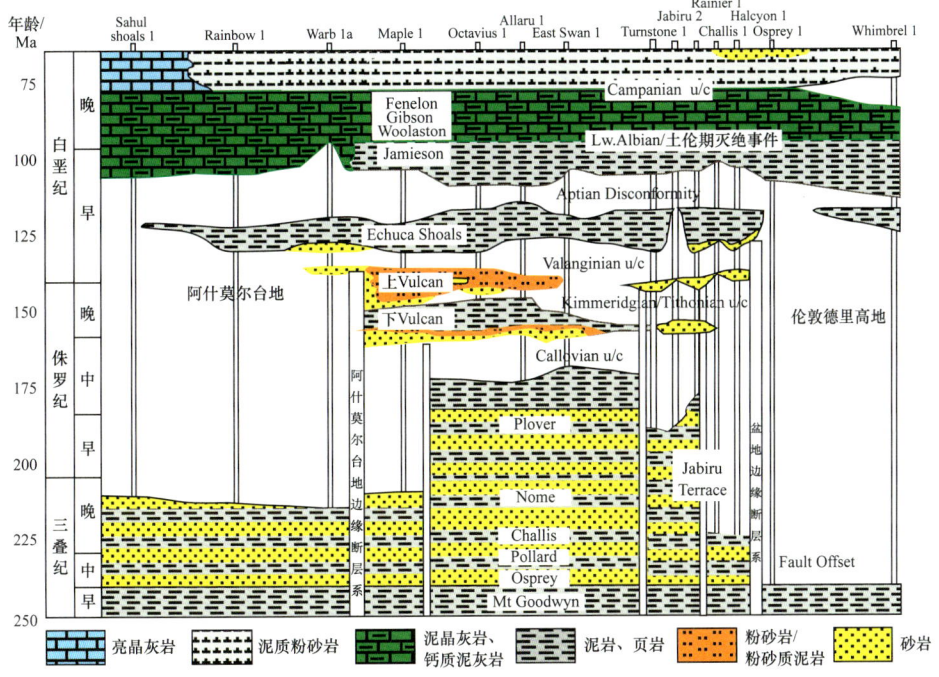

图 8-3　波拿巴盆地武尔坎次盆层序地层和盖层展布图（据 Doré et al., 2002）

三、上侏罗统 Flamingo 组层间泥页岩

上侏罗统 Flamingo 砂岩组内的页岩为 Bayu-Undan 油田、Elang 和 Kakatua 油田提供了局部盖层。

四、二叠系泥页岩

上二叠统前三角洲相页岩和粉砂岩为下伏 Keyling 组砂岩的区域盖层，在 Petrell 井上二叠统 Dombey 段（Hyland Bay 组）厚达 30m。上二叠统 Mount Goodwin 组页岩为皮特尔断陷的区域性盖层，它构成了 Tern 1 井的 Tern 段砂岩和 Fishburn 1 井的 Hyland Bay 组砂岩的区域盖层。

第四节　圈　　闭

主要的圈闭类型为背斜圈闭、地垒圈闭、掀斜断块圈闭、构造—不整合复合圈闭，次要圈闭类型为砂岩尖灭岩性圈闭和不整合地层圈闭等（Gartrell，2005；Anthony et al.，2006）。

波拿巴盆地的武尔坎断陷是其主要油气聚集区之一，武尔坎断陷内发现的油气田的圈闭类型主要为盐岩刺穿遮挡圈闭和断层上盘的断背斜构造圈闭、披覆背斜圈闭。断层是主要的垂向运移通道，油气田的构造位置主要在地堑和凹陷两侧的断层上盘，紧靠烃源区（图 8-4）。

第五节　油气运移

波拿巴盆地油气运移以垂向或短距离侧向运移聚集为主，同时也有构造脊长距离运移，断裂系统和盐底辟构造是盆地油气垂向运移聚集的重要通道，盆地内已发现的油气藏主要分布在断陷深凹或紧邻断陷的深凹部位。

在海上区域以武尔坎次盆为代表，富烃凹陷中成熟烃源岩生成的油气沿着运载层和断层面运移至断块、断背斜或构造—地层联合圈闭的储层内聚集成藏。Challis 油田的烃源岩为 Flamingo 群页岩，在 Swan 地堑和 Skua 槽谷，Flamingo 群页岩在晚白垩世—古近纪已经成熟，生成的油侧向运移至 Cleghorn 地垒的 Sahul 群储层中聚集成藏，运移距离大约为 50km，Swan 地堑内生油岩生成的石油至今还在充注 Challis 构造。

图 8-5 为波拿巴盆地武尔坎次盆的构造脊长距离运移模式，油气在 Swan 地堑和 Paqualin 地堑及 Cartier 地槽中生成后，首先在过剩压力和浮力的驱动下运移至邻近的 Montara 构造脊和 Jabiru 构造脊，然后在构造脊中向高部位运移聚集（Fujii et al.，2004）。上侏罗统 Vulcan 组是波拿巴盆地北部的主要烃源岩，正断层造成断层上下盘错动，常把这些烃源岩与三叠系和下侏罗统的储层对接在一起，油气可穿过断层面运移至相邻的砂体中。

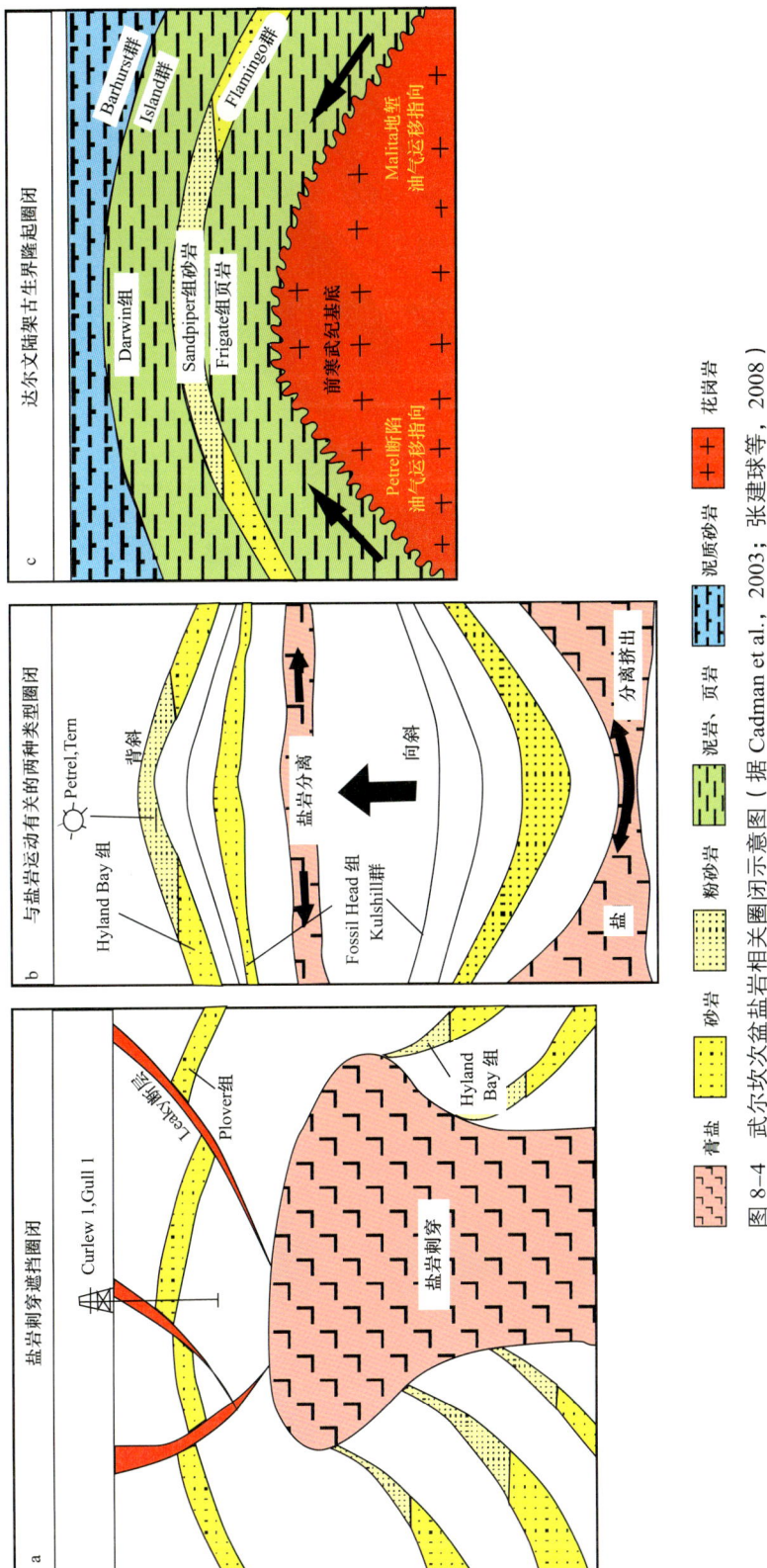

图 8-4 武尔坎次盆岩盐岩相关圈闭示意图（据 Cadman et al., 2003; 张建球等, 2008）

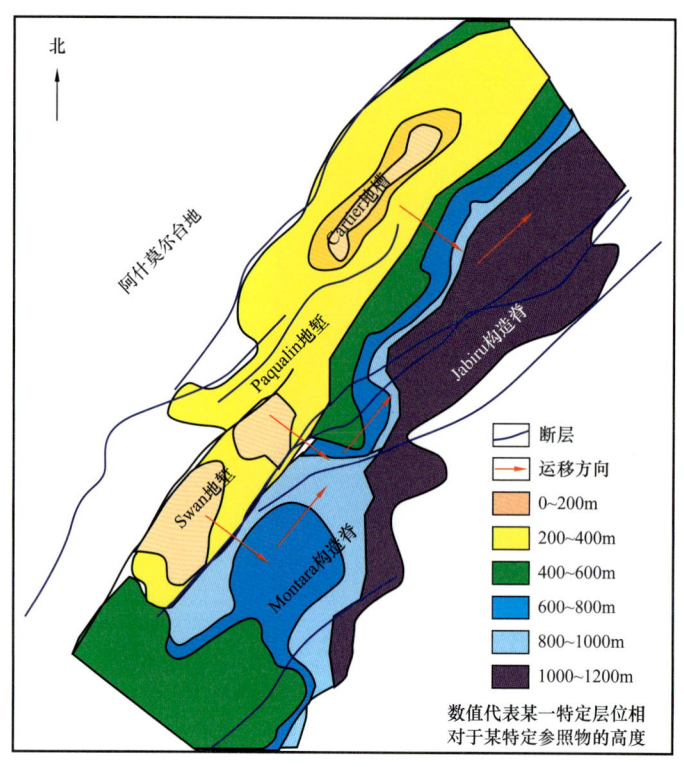

图 8-5　波拿巴盆地武尔坎次盆构造脊运移模式示意图（据 Fujii et al., 2004, 修改）

在近岸浅水区和陆上区域以皮特尔次盆为代表，近岸浅水区的 Keyling 组烃源岩生成的天然气通过短距离的运移充注至 HylandBay 组储层。Keyling 组烃源岩在 Petrel 1 井附近已处于生气阶段，皮特尔气田的气是通过短距离的垂向运移而聚集成藏的。在 Tern 1 井和 Fishburn 1 井 Keyling 组烃源岩还处于生油阶段，Tern 和 Fishburn 油气田的气则是通过垂向、侧向两个方向运移聚集成藏的（Baxter, 1998）。

第六节　成藏组合

波拿巴盆地主要的成藏组合为受北东向断层控制的侏罗系垒块和断层上盘的断背斜油气藏组合，主要分布在武尔坎次盆、玛丽塔地堑、萨胡向斜和弗来明戈高地。油气田主要分布在紧靠烃源区的地堑和凹陷两侧的断层上盘，构造所处的区域位置、构造圈闭的规模控制着油气藏规模。同时盆地还发育上古生界油气成藏组合，为次要组合。其中二叠系成藏组合主要分布在皮特尔次盆浅水区、伦敦德里高地和萨胡台地等，石炭系成藏组合仅分布在皮特尔次盆的海陆过渡区，如图 8-6 所示（Edwards et al., 2000）。

盆地以天然气和凝析油为主，基本上平均分布在 Plover 组成藏组合中。Plover 组构造成藏组合内的天然气储量占天然气总储量的 76.98%，凝析油储量占凝析油总储量的

95.61%。另一个天然气主要成藏组合为 Plover 组构造不整合成藏组合,该组合内的天然气占天然气总储量的 13.92%(Anthony et al,2006;张建球等,2008)。

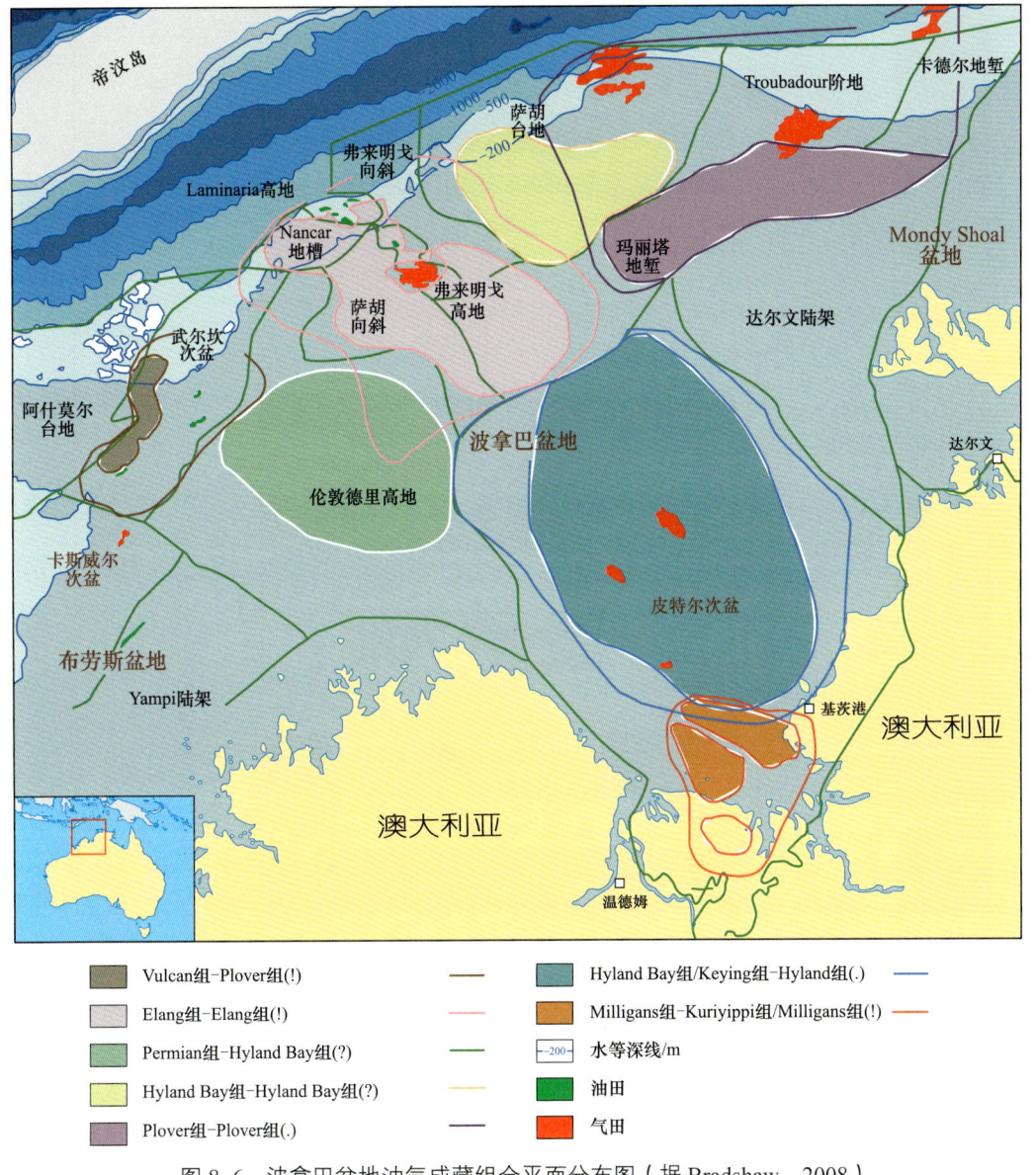

图 8-6 波拿巴盆地油气成藏组合平面分布图(据 Bradshaw,2008)

一、侏罗系油气成藏组合

侏罗系油气成藏组合主要发育于武尔坎次盆及其周边地区、武尔坎次盆、玛丽塔地堑、萨胡向斜和弗来明戈高地地区,烃源岩、储层和盖层都是侏罗纪形成的(图 8-7),圈闭形成于侏罗纪和白垩纪的同沉积—剥蚀期及三叠纪—白垩纪和中新世的构造变形期。烃源岩于早白垩世开始生油,有些地区的烃源岩依然处于成熟生油阶段。

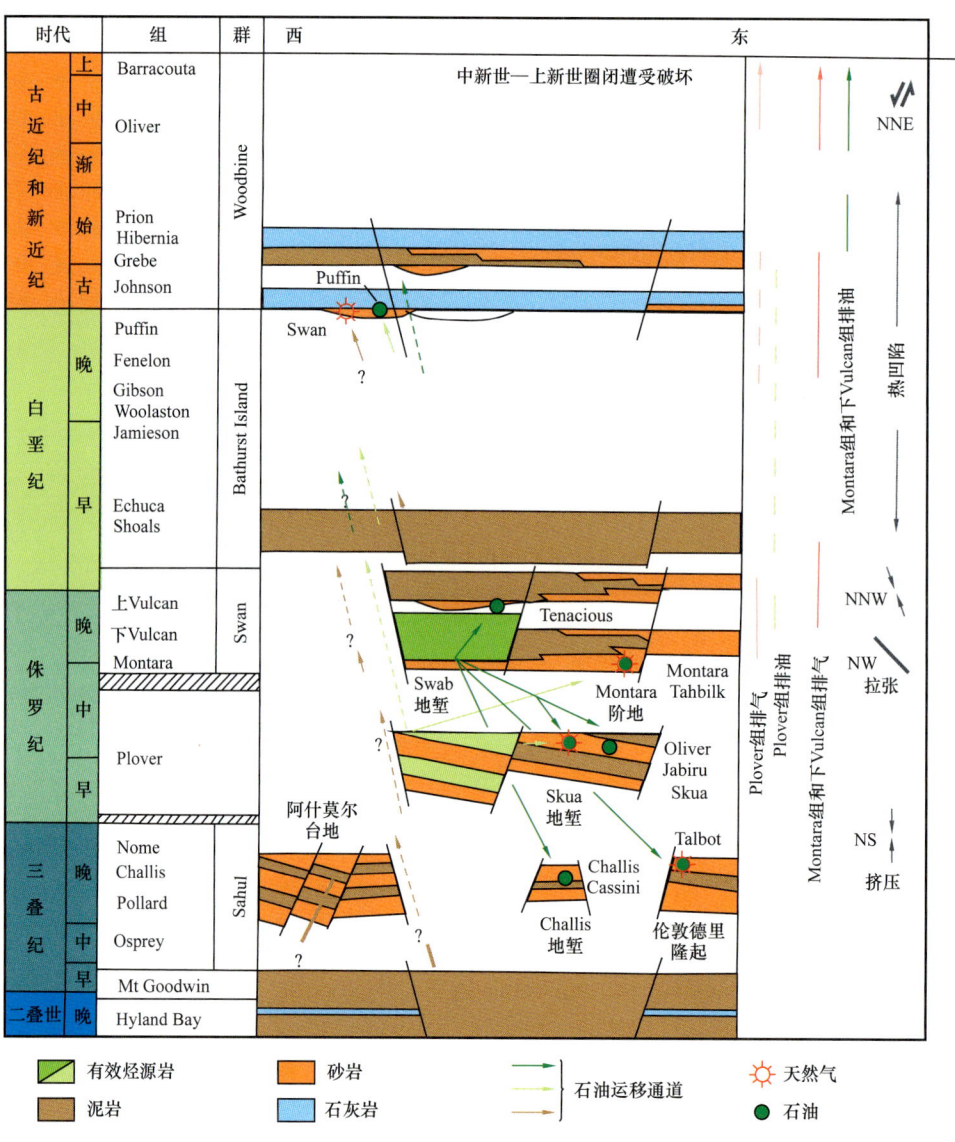

图 8-7 波拿巴盆地侏罗系油气成藏组合图（据 Kennard et al., 2002）

烃源岩为上侏罗统下 Vulcan 组泥岩和下—中侏罗统 Plover 组泥页岩（Kennard et al., 2003）。下—中侏罗统 Plover 组的泥页岩是很好的烃源岩，处于成熟初期—成熟阶段，是武尔坎次盆及其周边地区一系列已发现油气田的主要烃源岩。Plover 组沉积于三角洲环境，是一套粗粒碎屑岩层夹有少量的海相沉积物和薄煤层。上侏罗统—下白垩统的下 Vulcan 组页岩是一套非常好的烃源岩层，发育于武尔坎次盆，与其他地方的下 Flamingo 群相当。该组沉积于三角洲环境，岩性为页岩和粉砂岩，底部发育砂岩储层。

储层主要为下—中侏罗统 Plover 组砂岩和中—上侏罗统 Vulcan 组砂岩，其他储层还有上侏罗统 Montara 组、下 Vulcan 组、上 Vulcan 组及 Elang 组，这些储层的油气储量仅占油气总储量的一小部分。

武尔坎断陷内发现的油气田的圈闭类型主要为垒块构造和断层上盘的断背斜构造、披覆背斜构造，断层是主要的垂向运移通道。油气田的构造位置主要在地垒和凹陷两侧的断层上盘，紧靠烃源区。

二、二叠系 Keyling 组和 Hyland Bay 组油气成藏组合

该组合是皮特尔次盆的主要的油气成藏组合，在皮特尔次盆浅水区、伦敦德里高地和萨胡台地等地区均有分布。二叠系油气成藏组合以生气为主，主要的油气发现是位于皮特尔次盆中部及西南部的 Blacktip、Petrel、Tern 和 Fishburn 油气田，该组合的天然气储量仅占盆地天然气总储量的 3.5%。

烃源岩主要由下二叠统 Keyling 组浅海和滨岸平原泥岩和煤系地层及上二叠统 Hyland Bay 组三角洲前缘海相页岩，Treachery 组页岩和 Kuriyippi 组的页岩也提供了少量的烃源。储层主要是位于皮特尔次盆中部的 Keyling 组和 Hyland Bay 组 Cape Hay 段和 Tern 段的砂岩，Mount Goodwin 组为区域盖层，在 Fossil Head 组和 Hyland Bay 组内还发育局部盖层，圈闭为披覆背斜和背斜（图 8-8）。

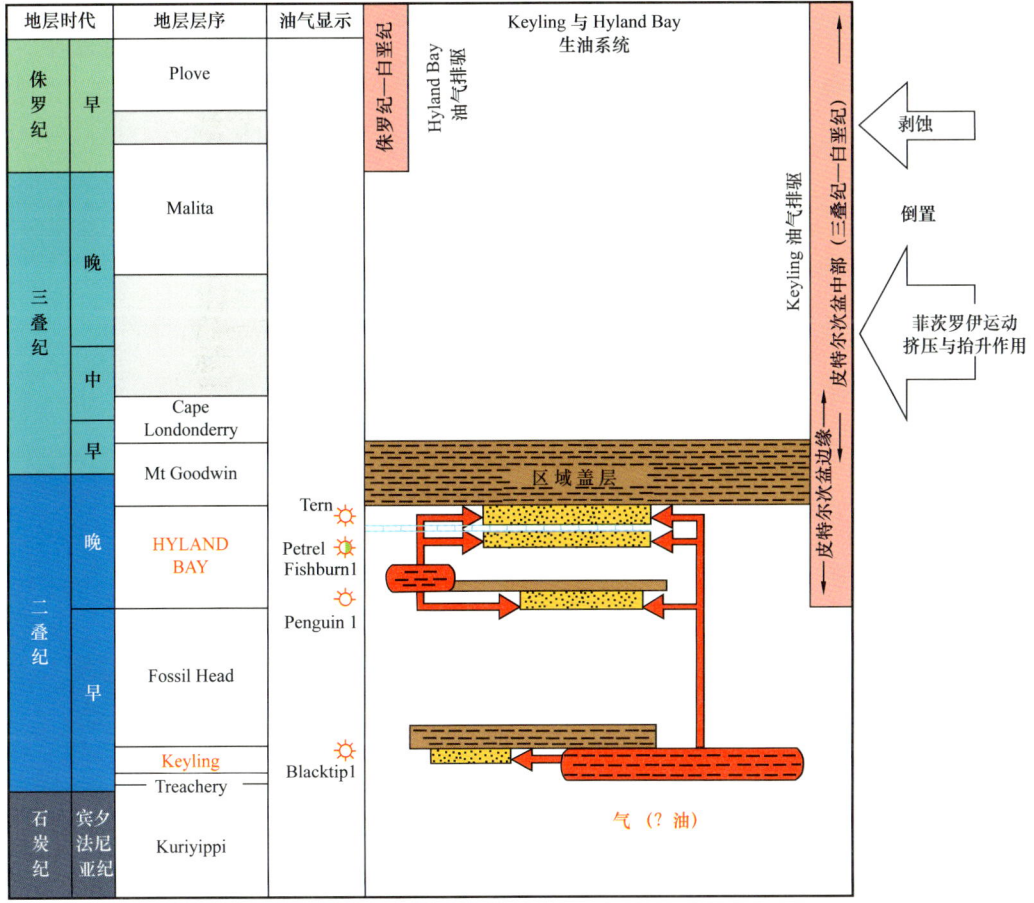

图 8-8 波拿巴盆地二叠系油气成藏组合图（据 Kennard et al., 2002）

第七节 油气分布特征

波拿巴盆地整体富气少油，区域上油气围绕中生代富烃凹陷的生烃中心分布，处于成油阶段的烃源岩控制着区域油田的分布，处于成气阶段的烃源岩控制着区域气田的分布，分布特征平面上呈整体"内油外气"，海域地区"东北气西南油"的特点，纵向上呈侏罗系富气和油，白垩系仅富集油。

一、油气平面分布特征

在盆地的海上区域，天然气主要分布在盆地的东北部位的玛丽塔地堑和弗来明戈台地及向斜、萨胡台地及向斜，石油主要分布在盆地西南部的武尔坎次盆及北西—南东走向的 Nancar 槽谷内。陆上区域和皮特尔次盆同样具有靠近海域方向为天然气田，靠近陆上区域为油田。同时，北东向构造控制着油气聚集，区域上油气呈北东向带状展布。

原油的重度也具有分区性，在萨胡向斜和弗来明戈高地区域原油的重度较集中，为 50~60°API。同样位于海上的武尔坎次盆的重度相对较分散，值为 30~50°API。靠近陆地的皮特尔次盆原油重度较集中，大多数为 30~40°API，个别为 15°API、45°API 等，如图 8-9 所示（Cadman et al., 2003）。

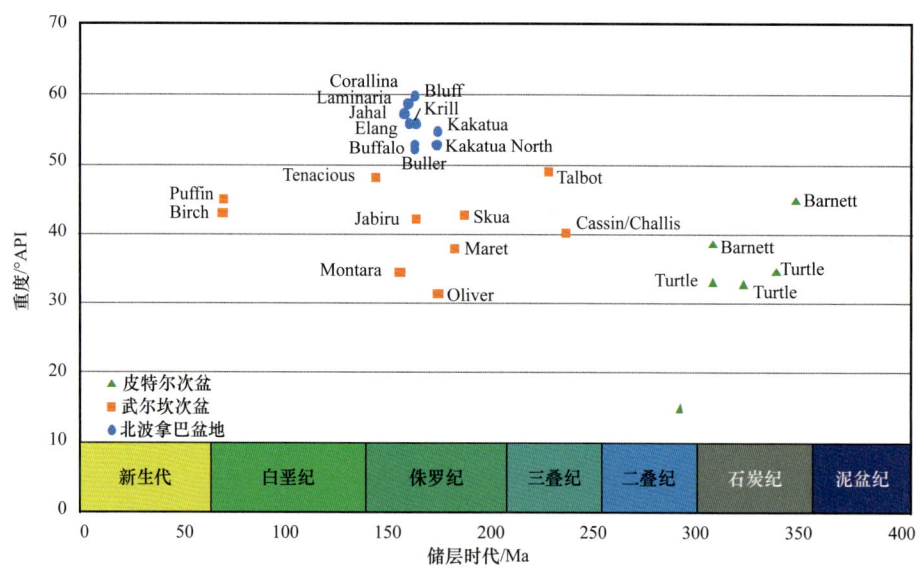

图 8-9 波拿巴盆地油气重度分布图（据 Cadman et al., 2003）

盆地石油储量主要分布于西北大陆架武尔坎次盆和联合开发区，主要油田包括 Jabiru、Challis、Cassini、Elang、Kaktua 和 Kakaua 北部的油气田，覆盖面积 4121km²。Jabiru 油田的生产始于 1986 年，日产量为 1.3×10⁴bbl（相当于 1857t/d），随着 Jabiru 油田产量的增加，带动了 Challis 和 Cassini 油气田的开发，在 1990 年日产量达到了 8.34×10⁴bbl（相当于 1.2×10⁴t/d）的最高峰。Skua 在开发了 2013×10⁴bbl（相当于 287.66×10⁴t/d）油当量后，于 1997 年停产。天然气和凝析油储量主要分布于萨胡台地和卡尔德（Calder）地堑（表 8-1），主要的深水大油气田有以下几个：Sunrise-Troubadour 油气田、Bayu-undan 气田、Lynedoch/Barossa 气田等。

表 8-1 波拿巴盆地油气储量区域分布表（据张建球等，2008）

构造单元	石油储量/10⁴bbl	比例/%	天然气储量/10⁸ft³	比例/%	凝析油储量/10⁴bbl	比例/%	油当量/10⁴bbl	比例/%
皮特尔次盆	1274	2.15	18890	6.36	883	0.97	33632	5.21
武尔坎次盆	31113	52.43	37530	12.64	8730	9.63	102393	15.88
萨胡台地	4300	7.25	124910	42.07	76750	84.64	289225	44.85
卡德尔地堑	0	0	115000	38.73	4100	4.52	195767	30.36
其他	22650	38.17	600	0.20	214	0.24	23870	3.70
合计	59337	100	296930	100	90677	100	644887	100

二、油气纵向分布特征

从油气分布的层系上看，三叠系—侏罗系是区域最有利的成油气系统。油气主要分布在下白垩统 Echuca Shoals 组厚层页岩和上侏罗统 Vulcan 组上部厚层页岩层为区域性盖层的三叠系—侏罗系成油气系统内。其中，侏罗系储层占天然气和凝析油总储量 90% 以上，占石油总储量 70% 以上，白垩系储层石油储量占石油总储量的 16.44%（表 8-2）。

表 8-2 波拿巴盆地油气储量层系分布表（据张建球等，2008）

层位	石油储量/10⁴bbl	比例/%	凝析油储量/10⁴bbl	比例/%	天然气储量/10⁸ft³	比例/%	油当量/10⁴bbl	比例/%
白垩系	10493	16.44	557	0.62	130	0.04	13051	1.86
侏罗系	46605	73.01	88637	98.37	21250	6.47	643263	91.70
三叠系	5000	7.83	200	0.22	1140	0.34	7100	1.01
二叠系	—	—	711	0.79	304810	92.78	36127	5.15
石炭系	1734	2.72	2	0	1200	0.37	1944	0.28
合计	63832	100	90107	100	328530	100	701482	100

第八节　勘探潜力分析

波拿巴盆地的石油地质条件良好，勘探潜力大。盆地内的次级单元中，以阿什莫尔台地，武尔坎次盆及萨胡台地的勘探前景最为突出。盆地内有利的勘探区带在以下几个方面：

（1）在阿什莫尔台地的东翼，Woodbine-1 井和 Keeling-1 已经钻遇了高质量的古近系砂岩储层。再往西，阿什莫尔台地独有的三叠纪断块不是被早白垩世泥岩和页岩封闭，就是被晚白垩世—新生界的碳酸盐岩封闭，而成为勘探目标。在阿什莫尔台地，已发现的油气藏证明这种成藏组合是有效的。在武尔坎次盆周边钻探的数口井都遇到了高质量的马斯特里赫特阶（Puffin 组）和始新统（Grebe 砂岩层）砂岩。马斯特里赫特阶和始新统砂岩被上部的碳酸盐岩层所封闭，很可能在阿什莫尔台地的东部边缘形成构造和地层圈闭。

（2）武尔坎次盆主要的勘探目标是中侏罗世 Plover 组的河流三角洲相砂岩、晚侏罗世 Montara 组的扇三角洲砂岩，Vulcan 组的海底扇砂岩，晚三叠世 Chiallis 组和 Nome 组砂岩及晚白垩世 Puffin 组砂岩。

（3）Plover 组和 Elang-Laminaria 组是萨胡台地的首要目的层。这些地层单元分布广泛、稳定，主要为河流相和开阔海相砂岩。但是在萨胡台地中部有可能缺失或非常薄。

波拿巴盆地共有 7 个二级构造单元，每个构造单元由于所经历的地质构造运动不同，导致了次级单元的沉积环境存在差异，其含油气程度也不一样，总体来看，在波拿巴盆地进行油气勘探存在以下风险：烃源岩未熟或缺少烃源岩，如阿什莫尔台地和皮特尔次盆；无有效的构造，如阿什莫尔台地和武尔坎次盆；缺少储层，这一点在玛丽塔地堑表现尤为突出；后期圈闭遭到破坏，后期强烈的构造运动及断层活动使得圈闭的完整性遭到破坏，不再具有聚集油气的能力，如萨胡背斜、伦敦德里高地、武尔坎高地；圈闭形成的时间和油气充注时间不匹配，主要是圈闭形成于主要油气充注期后，如阿什莫尔台地；还有一些导致油气不能成藏的原因有待分析，如萨胡背斜。

第九章 澳大利亚西北陆架深水油气成藏要素综合分析

澳大利亚西北陆架被动陆缘盆地是目前深水油气最主要的热点之一，在近年来的勘探开发过程中储量增长迅速。目前，油气主要富集在北卡那封盆地、波拿巴盆地和布劳斯盆地，柔布克盆地没有获得工业油气流突破（Felton et al., 1993；Ikoda, 2003；He et al., 2002；Iasky et al., 2002；Bond et al., 2002；Edwards et al., 2000；白国平等，2007；张建球等，2008）。

西北陆架深水盆地成藏条件优越，其中包括：发育多套有效烃源岩；下白垩统厚层泥岩为优质区域性盖层；盖层之下发育多套物性良好的河流—三角洲相砂岩储层；油气运移的方式（构造脊、断层和不整合面）多样等。深水油气是浅水油气的延伸，只是水深加大，圈闭类型和储盖组合与浅水富油气区类似，但深水区烃源岩是否达到排烃门限的判定增大了勘探的风险。近期北卡那封盆地埃克斯茅斯台地深水商业油气的发现揭示出其油气地质条件跟浅水区巴罗—丹皮尔次盆类似，沿沉积中心同样分布着侏罗系的一系列"甜点"。

澳大利亚西北陆架深水区石油地质特征在三方面不同于南大西洋大陆边缘深水热点地区：

其一为南大西洋大陆边缘深水区以油为主，占绝对优势，天然气少，如西非陆缘和巴西东部陆缘富油少气（Belmonte et al., 1965；刘剑平等，2008；Oreiro et al., 2008），而澳大利亚西北陆架富气少油，且气在储量中占绝对优势；

其二是澳大利亚西北陆架主力烃源岩为海陆交互相的碳质泥岩和煤系地层，南大西洋大陆边缘深水区主力烃源岩为湖相泥岩；

其三是澳大利亚西北陆架主力储层是河流—三角洲相砂岩储集体，南大西洋大陆边缘深水区主力储集体为浊积砂岩。

目前已发现油气的分布具有不均一性，呈"内油外气，上油下气"的特点。大型气田，比如 Jansz 气田和 Gordon 气田等主要分布在富烃凹陷区域且位于远岸带深水区；近岸带浅水区主要发育一些小型油田，比如巴罗岛油田等；中间过渡带富烃凹陷区域已发现大、中型气田，发现油田的潜力很大。

第一节 烃源岩

一、主力烃源岩

澳大利亚西北陆架被动陆缘盆地发育四套烃源岩，如表 9-1 所示（Lavering et al.，1991；Felton et al.，1993；Cadman et al.，2003；Ikoda，2003；He et al.，2002；Iasky et al.，2002；Bond et al.，2002；Bradshaiv，1994；Edwards et al.，2000；白国平等，2007；张建球等，2008；冯杨伟等，2010，汇编），主力烃源岩为早—中侏罗世海相泥岩、海陆交互相碳质泥岩和煤系地层（图 9-1），Ⅲ型干酪根，总有机碳含量（TOC）高低悬殊，最低为 0.5%，最高大于 70%。

表 9-1 澳大利亚西北陆架中生界主力烃源岩特征

盆地	发育时代	构造期次	岩石类型和地化指标	成熟度
北卡那封盆地	三叠纪	前裂谷期	湖相页岩	成熟
	早—中侏罗世	裂谷期	海陆过渡相页岩	成熟
	晚侏罗世—早白垩世	裂谷期	海相页岩，R_o 为 0.31%～0.77%	低成熟
布劳斯盆地	早三叠世	前裂谷期	页岩	成熟—过成熟
	早—中侏罗世	裂谷期	海陆过渡相泥岩、碳质泥岩	过成熟
	晚侏罗世	裂谷期	海相泥岩	成熟
	早白垩世	裂谷期	海相页岩、浊积岩	成熟
	晚白垩世	被动陆缘期	海相泥岩	低成熟
波拿巴盆地	早侏罗世—中侏罗世	裂谷期	海陆过渡相页岩，R_o 为 0.44%～0.7%	成熟—过成熟
	晚侏罗世	裂谷期	海相页岩	成熟
	早白垩世	被动陆缘期	海相页岩	低成熟

（1）第一套烃源岩为三叠系湖沼相泥页岩，以生气为主，生油次之。发育于北卡那封盆地到布劳斯盆地的广大区域，在北卡那封盆地为 Locker 组页岩—Mungaroo 组烃源岩系，在布劳斯盆地三叠系页岩为次要烃源岩。

（2）第二套烃源岩最重要，为侏罗系海相、海陆交互相泥岩、碳质泥岩和煤系地层，发育于整个西北大陆架。在北卡那封盆地主要为 Dingo 组，生油；其次为 Athol 组，生气。在布劳斯盆地为 Plover 组，生气和凝析油为主。在波拿巴盆地为 Plover 组，生油。同时，发育在布劳斯盆地和波拿巴盆地的裂谷期低能环境下的 Vulcan 组海相页岩也具有一定生烃潜力。

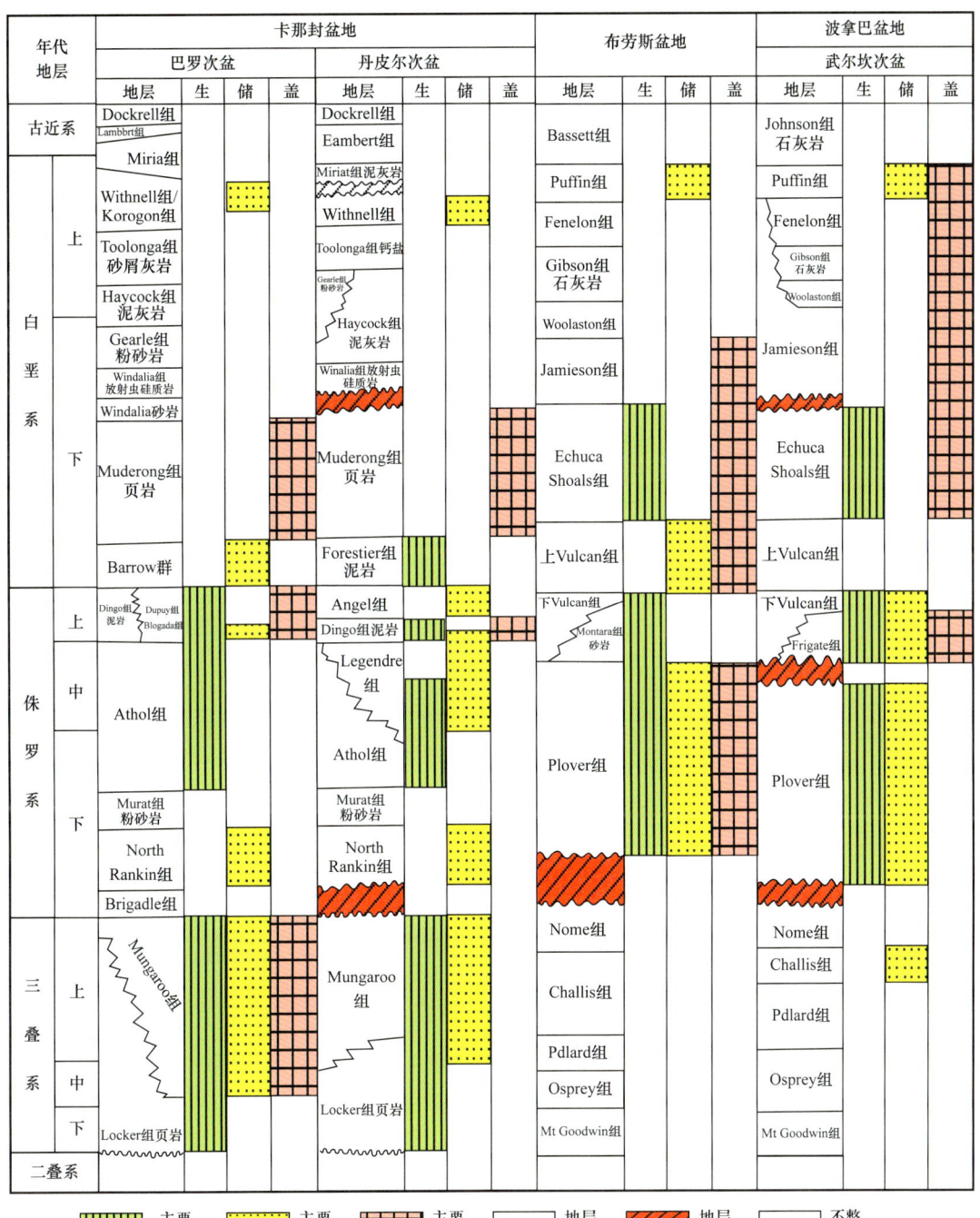

图 9-1 澳大利亚西北大陆架中生界生储盖组合图（据冯杨伟等，2010）

（3）第三套烃源岩为下白垩统海相泥页岩，在整个西北大陆架广泛发育。在北卡那封盆地为 Forstier 组泥岩，生油。在布劳斯盆地和波拿巴盆地均为裂谷晚期的 Echuca Shoals 组海相泥岩，富含有机质，生油。

（4）另外，发育于古生界的波拿巴盆地的一些次级构造单元中主力烃源岩还有石炭系和二叠系泥页岩；布劳斯盆地还发育二叠系泥岩烃源岩。

二、烃源岩分布

澳大利亚西北陆架被动陆缘区域已证实的烃源岩分布地域和时代均具有强烈不均一性，基本上发育于裂谷期的若干的次级沉积中心内，受控于三角洲沉积体系，同时在被动陆缘期发育多套潜力不等的潜在烃源岩（图 9-2）。

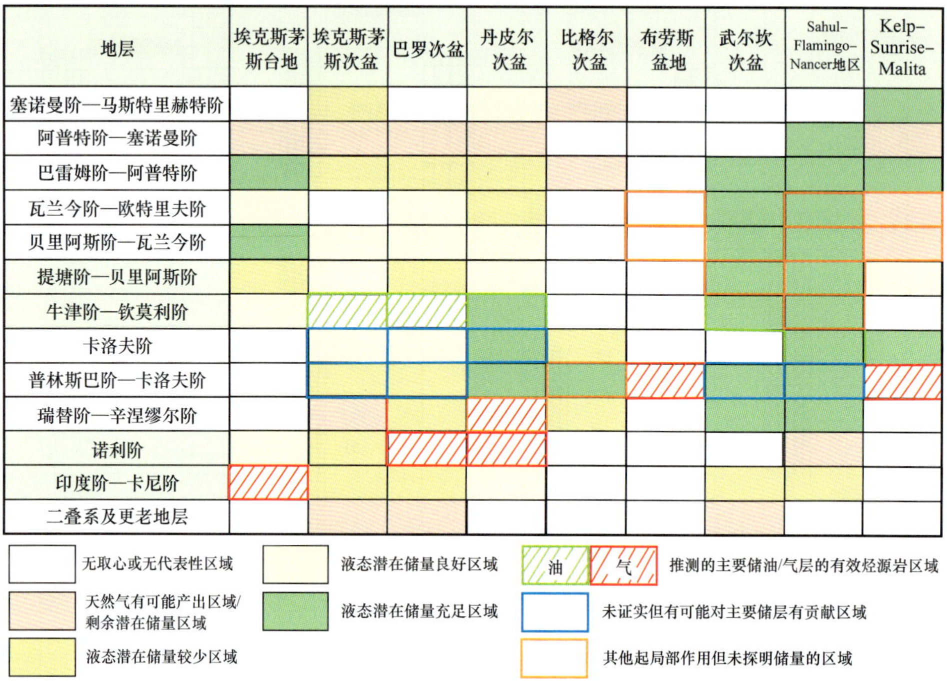

地层	埃克斯茅斯台地	埃克斯茅斯次盆	巴罗次盆	丹皮尔次盆	比格尔次盆	布劳斯盆地	武尔坎次盆	Sahul–Flamingo–Nancer地区	Kelp–Sunrise–Malita
塞诺曼阶—马斯特里赫特阶									
阿普特阶—塞诺曼阶									
巴雷姆阶—阿普特阶									
瓦兰今阶—欧特里夫阶									
贝里阿斯阶—瓦兰今阶									
提塘阶—贝里阿斯阶									
牛津阶—钦莫利阶									
卡洛夫阶									
普林斯巴阶—卡洛夫阶									
瑞替阶—辛涅缪尔阶									
诺利阶									
印度阶—卡尼阶									
二叠系及更老地层									

图 9-2 澳大利亚西北大陆架烃源岩分布图（据 Longley et al., 2002）

西北陆架区域富烃凹陷主要有北卡那封盆地的巴罗次盆、丹皮尔次盆、埃克斯茅斯台地和埃克斯茅斯次盆和布劳斯盆地的卡斯威尔次盆及波拿巴盆地的武尔坎次盆、皮特尔次盆、玛丽塔地堑、Sahul-Flamingo-Nancar 地区和 Kelp-Sunrise 台地。这些富烃凹陷中的气源岩均位于其下部层位，为三角洲相的碳质泥岩、泥岩和煤系地层。北卡那封盆地气源岩主要发育于三叠系，受控于 Mungaroo 组三角洲。布劳斯盆地和波拿巴盆地的气源岩主要发育于下侏罗统，分别受控于 Legendre 组三角洲和 Plover 组三角洲。区域上的油源岩主要为上侏罗统海相泥岩，北卡那封盆地 Dingo 组和布劳斯盆地与波拿巴盆地的 Plover 组—下 Vulcan 组是良好的生油烃源岩。

同时，在西北陆架区域还发育一系列的生烃潜力有待证实的潜在烃源岩，它们基本上都是被动陆缘期发育的海相泥岩和泥灰岩，在波拿巴盆地有很好的前景。

三、生烃条件

1. 生烃指标

Woodside 利用西北陆架近 30000 个烃源岩样品（岩心、井壁取心和钻屑）资料，同时又补充进了澳大利亚地球科学 orgchem 数据库和中生代烃源岩数据库数据，对西北陆架的烃源条件进行了全面分析，主要评价了总有机碳含量（TOC）和氢指数（HI）。结果表明：多数沉积物中含有相当高的 TOC，能作为烃源岩。其中 60% 的样品 TOC 大于 0.5%，具有一定的生烃能力；有 25% 的样品 TOC 大于 1.5% 而显示出很好的生烃潜力（Longley et al.，2002）。

但是同时结合氢指数判别后发现，烃源岩样品中生油的比例占很小一部分，大多数样品具有生气的能力。全部样品中大约 6%～7.5% 的样品氢指数大于 300 而具有生油能力，煤系样品中有 40% 的样品氢指数大于 300，显示出生油潜力。这些生烃指标所显示的生烃能力跟目前西北陆架富气少油的状况相吻合（Longley et al.，2002）。

2. 成熟度

烃源岩有机质成熟度是衡量烃源岩实际生烃能力的重要指标之一，是评价一个地区或某一烃源岩系生烃量及资源前景的重要依据。评价成熟度的指标各种各样，如镜质组反射率（R_o）、C_{29} 甾烷 $\alpha\alpha\alpha$ 20S/（20R+20S）、C_{29} 甾烷 $\alpha\beta\beta$/（$\alpha\beta\beta+\alpha\alpha\alpha$）及藿烷 $\alpha\beta$/（$\alpha\beta+\beta\alpha$）等立体化学参数、岩石热解、饱和烃气相色谱、干酪根红外光谱、可溶有机质的演化、孢粉颜色指数（SCI）、色变指数（CAI）及芳香烃色质指标等。其中，应用较广的指标是镜质组反射率（R_o）。

澳大利亚西北陆架被动陆缘盆地的烃源岩演化整体上呈平面上"外围气窗、内侧油窗"的特点（图 9-3）。在北卡那封盆地外侧的埃克斯茅斯台地和兰金台地区域位于生气窗范围内，靠近陆地近岸一侧的巴罗次盆、丹皮尔次盆和埃克斯茅斯次盆则位于生油窗内。同样，在布劳斯盆地内位于远岸地带的卡斯威尔次盆位于生气窗内，内侧的 Yampi 陆架区域则位于生油窗内。波拿巴盆地也基本上符合这一规律，但是位于远岸地区的武尔坎次盆和 Sahui-Flaming-Nancar 地区由于大地热流值低、演化程度低而位于生油窗内，相反在近岸地区的皮特尔次盆一部分由于大地热流值高而位于生气窗内。

澳大利亚西北陆架被动陆缘盆地的烃源岩演化标定同样依据镜质组反射率（R_o），纵向上从众多单井中的烃源岩演化的资料分析知下部层位过成熟生气，往上逐渐生油。地壳厚度和地层岩石中的一些高富集特别是铀和钍元素对烃源岩的成熟演化有一些控制作用，但目前由于样品数量少和其涵盖的范围广度不够，其对烃源岩成熟的影响有待于进一步厘定。

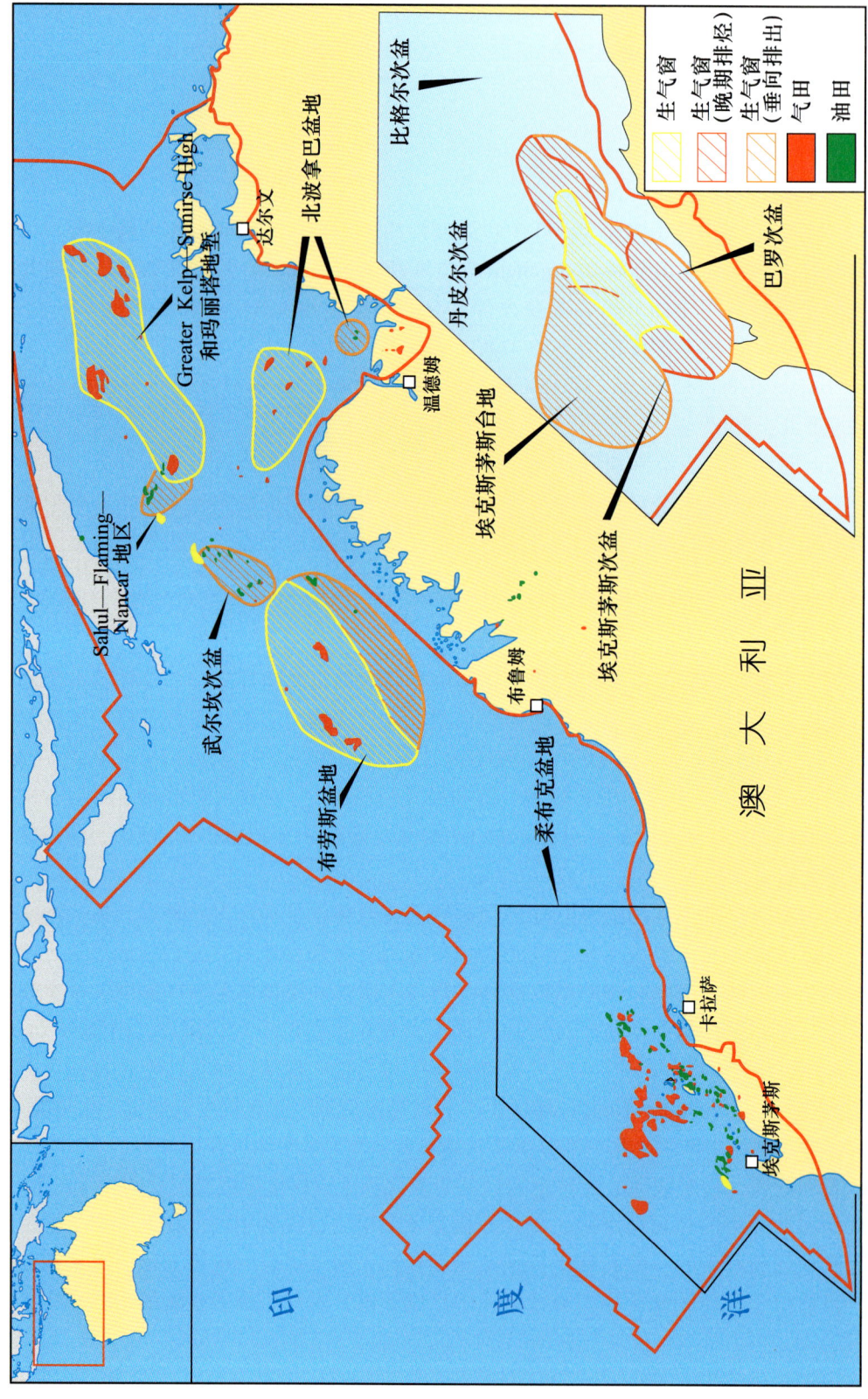

图 9-3 澳大利亚西北陆架烃源岩成熟度平面展布图（据 Longley et al., 2002）

第二节 储 层

一、主力储层

澳大利亚西北大陆架含油气盆地区域发育4套主要的储层,见表9-2(Lavering et al.,1991;Felton et al.,1993;Cadman et al.,2003;Ikoda,2003;He et al.,2002;Iasky et al.,2002;Bond et al.,2002;Edwards et al.,2000;白国平等,2007;张建球等,2008;冯杨伟等,2010;许晓明等,2010;龚承林等,2010;朱伟林等,2010)。

表9-2 澳大利亚西北陆架中生界主力储层特征

盆地	沉积相	储层时代	构造期次	储层岩性	孔隙度/%	渗透率/mD
北卡那封盆地	深水重力流或水下扇沉积	早白垩世	裂谷期	砂岩	—	—
	深水重力流或水下扇沉积	晚侏罗世	裂谷期	砂岩	—	—
	海相三角洲	早—中侏罗世	裂谷期	砂岩	5~28	2~740
	海相三角洲	早侏罗世	裂谷期	砂岩	7~23	56~580
	三角洲—边缘海相	中—晚三叠世	克拉通发育期	粗砂岩	15~34	45~7000
布劳斯盆地	水下扇、斜坡扇和三角洲相	晚白垩世—古近纪	被动陆缘期	碎屑岩	15~32	
	低位斜坡扇、远端浊积扇	早白垩世	裂谷期	砂岩	—	
	三角洲—滨岸相	晚侏罗世末期—早白垩世早期	裂谷期	砂岩	7~20	—
	三角洲相	早侏罗世	裂谷期	砂岩	5~25	—
	河流—三角洲相	晚三叠世—早侏罗世	裂谷期	砂岩	11~14	—
波拿巴盆地	海相三角洲	中—晚侏罗世	裂谷期	石英砂岩	8~22	25~2187
	海相三角洲和滨海相	早—中侏罗世	裂谷期	砂岩	11~22	10~202
	河流—三角洲相至边缘海相	中—晚三叠世	克拉通发育期	砂岩	11~34	110~7000

第一套储层为下白垩统砂岩。布劳斯盆地发育下白垩统砂岩，为上 Vulcan 组—Echuca Shoals 组海进时期的临滨及大陆架砂体和 Jamieson 组低位斜坡扇、远端浊积砂，是目前深水勘探的目标。北卡那封盆地下白垩统 Barrow 群海相砂岩发育于局部地区。

第二套储层为上侏罗统砂岩，局限于北卡那封盆地和波拿巴盆地的局部地区。在北卡那封盆地为 Dingo 组的 Briggada 段深水浊积扇砂岩和 Angel 组砂岩；在波拿巴盆地为下 Vulcan 组砂岩。

第三套储层为下—中侏罗统砂岩，广布于西北大陆架。在北卡那封盆地包括 North Rankin 组和 Legendre 组砂岩，储层砂体展布受早—中侏罗世的沉积环境控制。在布劳斯盆地为 Plover 组近海的三角洲砂岩沉积，是盆地最主要的储层；在波拿巴盆地为 Plover 组砂岩，是盆地最主要的油气储层，占总储量的 75% 以上。

第四套储层为中—上三叠统三角洲—边缘海相砂岩，发育于北卡那封盆地和波拿巴盆地。北卡那封盆地为 Mungaroo 组粗砂岩，遍及全盆，是最主要的储层；在波拿巴盆地为 Challis 组砂岩。

二、次要储层

第一套为上白垩统浊积砂岩储层，布劳斯盆地和波拿巴盆地为 Puffin 组浊积砂岩，油气藏只局限于布劳斯盆地和波拿巴盆地的武尔坎次盆（图 9-4）。在北卡那封盆地跟 Puffin 组相当的储层为 Withnell 组。

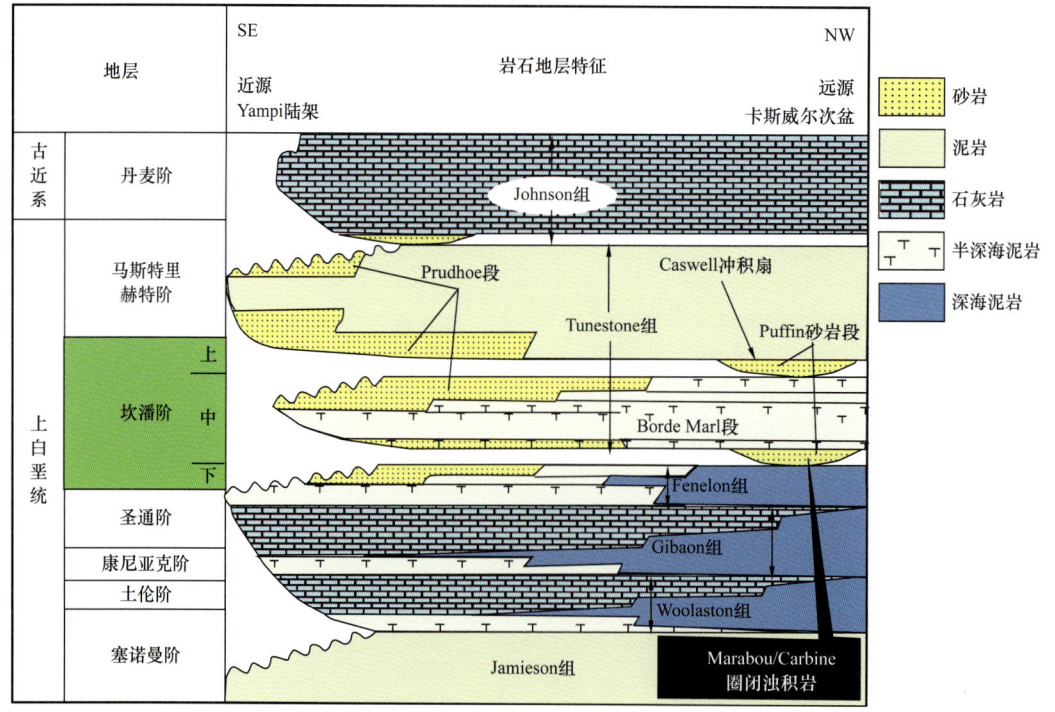

图 9-4　布劳斯盆地上白垩统地层层序（据 Benson et al.，2004）

第二套为二叠系河流—三角洲相砂岩,在布劳斯盆地主要为上二叠统的 Hyland Bay 组和 Mt. Goodwin 组砂岩,在波拿巴盆地主要为上二叠统的 Hyland Bay 组砂岩、下二叠统的 Keyling 组砂岩和下石炭统的 Milligans 组砂岩及上石炭统的 Kuriyippi 组砂岩。

三、潜在储层

第一套为古新统海相储层。澳大利亚西北陆架古新统储层主要为海相砂岩,由于时代较新且埋深较浅而物性较好。巴罗次盆内产于 Lambert 组海相砂岩中的 Maitland 气田是西北陆架唯一一个古近系重大发现(Sit et al.,1994)。到目前为止整个澳大利亚西北陆架没有第二个类似重大发现,但是作为一个新的油气发现方向,值得探索。

第二套为中新统生物礁储层。澳大利亚西北陆架波拿巴盆地阿什莫尔台地区域发育中新世生物礁储层,目前是借助于 2D 和 3D 地震揭示的,具体物性情况不详(Gorter et al.,2002)。中新世生物礁以其优良的储集物性在中国南海北部深水区有 LH-11 重大油气发现(龚再升等,1997;周守为等,2009),二者有相似性。

第三节 盖 层

澳大利亚西北大陆架含油气盆地区域,中生界发育的主要区域性盖层为下白垩统海相泥页岩盖层,在北卡那封盆地为 Muderong 组页岩,在布劳斯盆地为下白垩统的 Jamieson 组、上 Vulcan 组和 Echuca Shoals 组泥页岩,在波拿巴盆地为 Bathurst 群页岩(图 9-1)(Lavering et al.,1991;Felton et al.,1993;Cadman et al.,2003;He et al.,2002 白国平等,2007;张建球等,2008;冯杨伟等,2010;许晓明等,2010)。

区域性盖层在平面上呈现不均一性,平面上主要分布于北卡那封盆地的巴罗次盆、丹皮尔次盆及埃克斯茅斯台地等,以及布劳斯盆地的卡斯威尔次盆和波拿巴盆地的玛丽塔地堑、Sahul-Flamingo-Nancar 地区、武尔坎次盆和皮特尔次盆一部分及 Kelp-Sunrise 高地一部分等。

同时侏罗系盖层局限发育,在北卡那封盆地区域性的盖层还有侏罗系 Dingo 组泥岩,在布劳斯盆地侏罗系的 Plover 组层间泥岩也是有利的盖层,在波拿巴盆地 Frigate 组页岩是盆地中央区域 Plover 组储层的盖层。

第四节 圈 闭

澳大利亚西北大陆架的大多数圈闭都与断块有关,主要圈闭是断背斜、断块、压实披覆背斜和倾斜断块构造圈闭,次要圈闭类型为砂岩尖灭岩性圈闭和不整合面地层圈闭等(Lavering et al.,1991;Felton et al.,1993;Cadman et al.,2003;张建球等,2008;朱伟林等，2010）。

一、背斜圈闭

背斜圈闭的形成是因为上方为非渗透性盖层或压力盖层，下方为水体或非渗透层联合形成封闭，其闭合面积即为通过溢出点的构造等高线所圈定的闭合区，它的油柱高度主要决定于背斜圈闭的闭合度和上覆岩层的封盖能力。

在研究的过程中，对澳大利亚多个深水盆地圈闭类型进行了总结归纳，发现盆地中背斜圈闭比例较大，背斜圈闭多数在拉张背景下形成，常常与生长断层相关。同时在挤压背景下也可以形成背斜圈闭，盐岩的底辟拱升使上覆岩层发生褶皱弯曲，形成的圈闭是油气富集的有利区域。

二、断层圈闭

断层圈闭是指油气藏在靠近断层处被封闭，多发育于拉张背景下。断层圈闭存在于布劳斯盆地和波拿巴盆地。

三、盐岩刺穿圈闭

由于刺穿岩体接触遮挡而形成的圈闭称为岩体刺穿圈闭。由于盐岩的塑性流动作用，形成了形态极为复杂的盐构造。近年来，国内外学者对世界各地（包括伸展型盆地和挤压型盆地）盐构造进行过详细研究，发现了形式多样的盐构造。

波拿巴盆地的武尔坎断陷是其主要油气聚集区之一，武尔坎断陷内发现的油气田的圈闭类型主要为断层上盘的断背斜构造圈闭、披覆背斜圈闭和盐岩刺穿遮挡圈闭。断层是主要的垂向运移通道，油气田的构造位置主要在地垒和凹陷两侧的断层上盘，紧靠烃源区。

四、复合圈闭

储油气圈闭往往受到多种因素的控制，当某种单一因素起绝对主导作用时则为单一因素圈闭，但是当多种因素共同起作用时，如果多种因素起到大体相同的作用时就形成了复合圈闭。储层的上方和上倾方向由任一种构造和地层因素联合封闭所形成的油气圈闭称为构造—地层复合圈闭，如埃克斯茅斯次盆的系列油气藏。

第五节 油 气 运 移

西北陆架主要发育三类油气运移方式：垂向运移、不整合面侧向运移和构造脊运移（Keall et al.，2000；Kraishan et al.，2000；Fujii et al.，2004；张建球等，2008）。

西北陆架最有利的烃源岩发育于侏罗纪裂谷期，平面上优质烃源岩局限于分隔性的几个主要中新生界深凹陷的次盆中。深凹中—快速充填且差异压实往往发育超压,生成的油气在过剩压力和自身浮力的驱使下向邻近的常压的隆起区运移聚集,然后在隆起区沿构造脊从低部位向高部位运移(Keall et al.,2000;Kraishan et al.,2000;Fujii et al.,2004;张建球等,2008)。

图7-10为布劳斯盆地的油气运移模式,在凹陷东部边缘的隆起带,发育地层超覆尖灭、剥蚀不整合面及二叠系—三叠系深切谷圈闭等,油气由凹陷内部向东沿不整合面长距离运移进入圈闭体系中,同时,断裂系统的活化使生成的油气向上输导,进入次生圈闭而成藏(Lavering et al.,1991)。

图6-8为北卡那封盆地巴罗次盆东部地区油气运移模式,厚层的侏罗系Dingo泥质烃源岩由于差异压实发育超压。油气初次运移时在超压作用下垂直岩层面进入巴罗群储层砂体中,二次运移沿着高角度断层、不整合面和储层中高孔渗带进行,油气在圈闭和不整合面—地层圈闭中富集成藏(Kraishan et al.,2000)。

图8-5为波拿巴盆地武尔坎次盆的构造脊长距离运移模式,油气在Swan地堑和Paqualin地堑及Cartier地槽中生成后,首先在过剩压力和浮力的驱动下运移至邻近的Montara构造脊和Jabiru构造脊,然后在构造脊中向高部位运移聚集(Fujii et al.,2004)。

图9-5为布劳斯盆地Yampi陆架油气运移模式图。晚古近纪,澳大利亚克拉通跟欧亚板块碰撞造成本区构造的反转,导致圈闭破坏。本区已形成的油气藏发生调整,再次运移后部分再次成藏,部分发生油气渗漏。

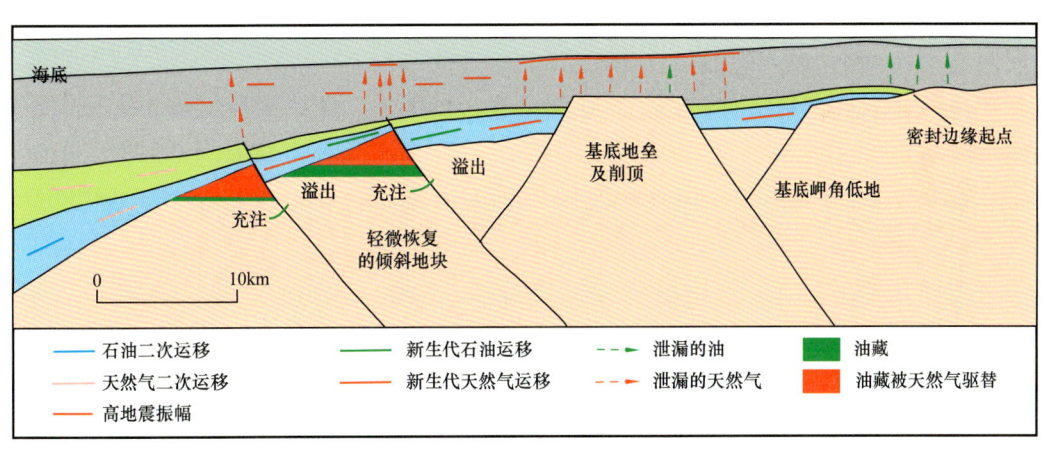

图9-5 布劳斯盆地Yampi陆架油气运移和渗漏图(据Brien,1996)

第六节 成藏组合

澳大利亚西北陆架主要的油气成藏组合在中生界,在西北陆架东北段的布劳斯盆地和波拿巴盆地还发育处于很次要地位的上古生界成藏组合。卡那封盆地发育侏罗系成藏组合、侏罗系—白垩系成藏组合和三叠系成藏组合三大成藏组合；波拿巴盆地主要发育侏罗系成藏组合，此外还有二叠系成藏组合和石炭系成藏组合；布劳斯盆地发育下—中侏罗统成藏组合、上侏罗统成藏组合和下白垩统成藏组合三大成藏组合，二叠系—石炭系成藏组合处于很次要地位（Lavering et al.，1991；Felton et al.，1993；Cadman et al.，2003；Ikoda，2003；He et al.，2002；Bond et al.，2002；Edwards et al.，2000；白国平等，2007；张建球等，2008；冯杨伟等，2010）。

澳大利亚西北陆架含油气盆地区域，中生界由于物源、海平面变化和构造沉降在不同构造单元的差异，不同盆地的生储盖组合也各有特色。根据形成生储盖组合的沉积环境，主要可以划分为"海生海储海盖型"和"陆生陆储陆盖型"两大生储盖组合类型（图9-6）。

一、海生海储海盖型生储盖组合

该类生储盖组合广泛分布于西北大陆架，是西北陆架最重要的成藏组合。主要出现在裂谷层序中，部分在被动陆缘早期层序中。

在北卡那封盆地主要发育两套组合，第一套是烃源岩为下—中侏罗统 Athol 组海相泥岩、碳质泥岩，储层 North Rankin 组、Legendre 组和 Dingo 组的 Briggada 段深水浊积扇砂岩，盖层为侏罗系 Dingo 组海相泥岩，产气；第二套是烃源岩为下白垩统 Forstier 组泥岩—Muderong 组页岩，储层为上侏罗统 Angel 组和下白垩统 Barrow 群海相砂岩，盖层为下白垩统 Muderong 组海相页岩，产油。

在布劳斯盆地主要发育两套组合，第一套是烃源岩、储层和盖层均为下—中侏罗统 Plover 组近海的河流—三角洲相，产气和凝析油；第二套是烃源岩为下白垩统 Echuca Shoals 组海相泥岩，储层为下白垩统上 Vulcan 组—Echuca Shoals 组海进时期的临滨及大陆架砂体和 Jamieson 组低位斜坡扇、远端浊积砂，盖层为下白垩统的 Jamieson 组、上 Vulcan 组和 Echuca Shoals 组海相泥页岩，产油。

在波拿巴盆地主要发育两套组合，第一套是烃源岩和储层均为下—中侏罗统 Plover 组近海的河流—三角洲相，储层为上三叠统 Challis 组和下—中侏罗统 Plover 组近海的河流—三角洲相，盖层为上侏罗统 Frigate 组海相页岩，产油；第二套是烃源岩为上侏罗统下 Vulcan 组和下白垩统 Echuca Shoals 组海相泥岩，储层为上侏罗统下 Vulcan 组海相砂岩，盖层为下白垩统 Echuca Shoals 组海相泥岩和 Jamieson 组海相页岩，产油。

二、陆生陆储陆盖型生储盖组合

该生储盖组合是北卡那封盆地重要的组合，主要发育于北卡那封盆地三叠系层系中，以生气为主。烃源岩为三叠纪 Locker 组页岩—Mungaroo 组烃源岩系，储层主要为三叠纪

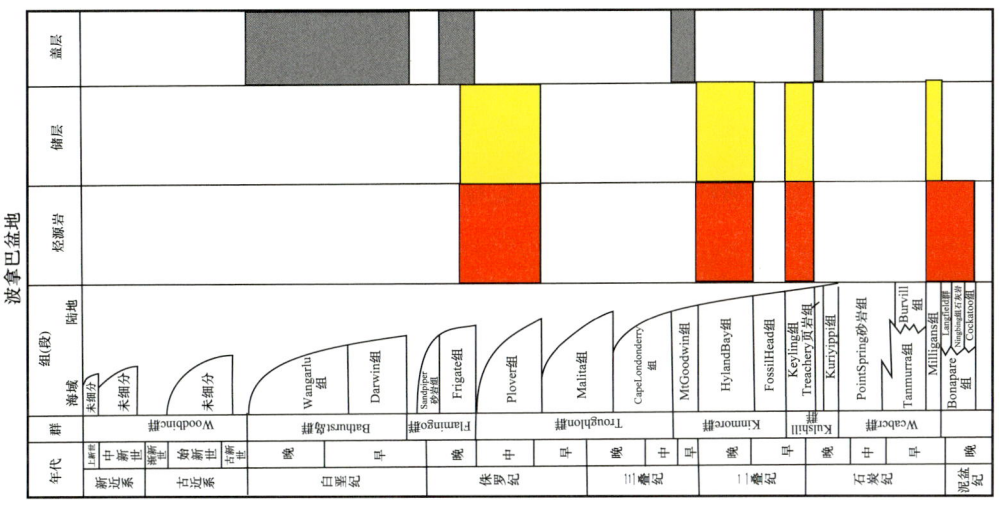
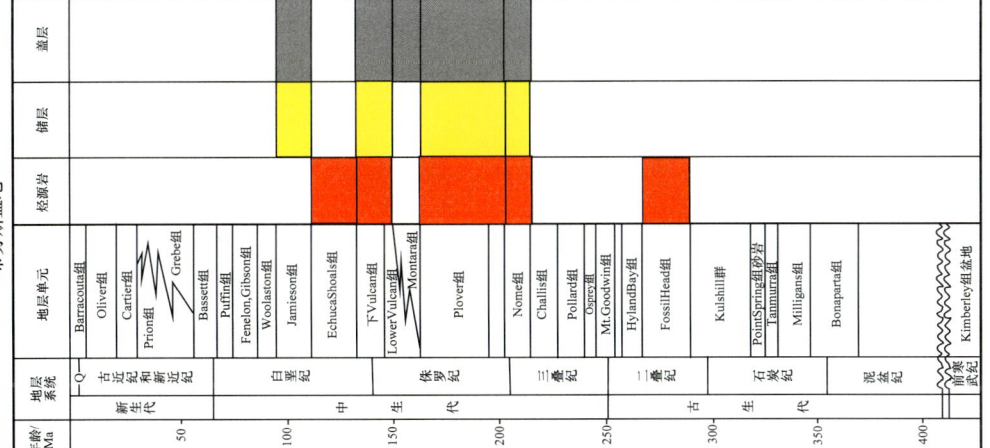
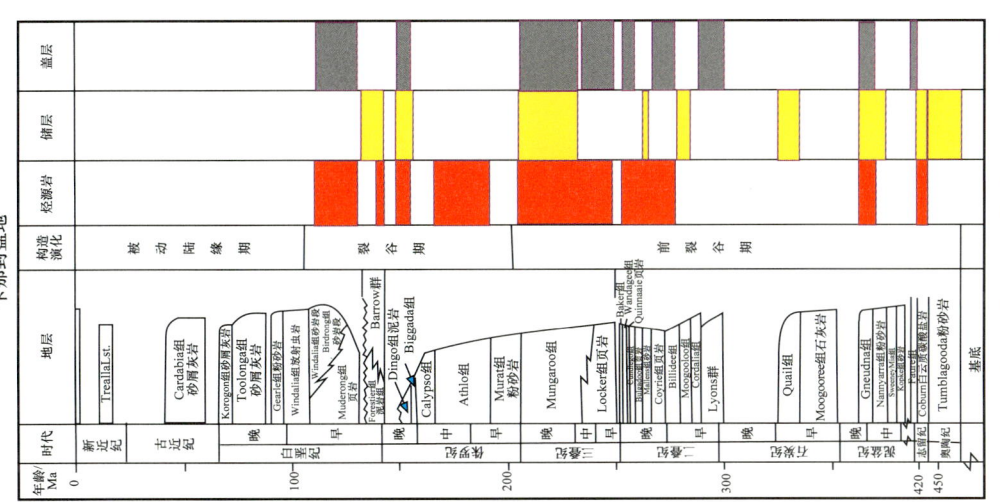

图 9-6 澳大利亚西北陆架深水盆地群生储盖组合（据 Lavering et al., 1991; Felton et al., 1993; Cadman et al., 2003; Ikoda, 2003; He et al., 2002; Bond et al., 2002; Edwards et al., 2000; 张建球等, 2008; 冯杨伟等, 2010）

Mungaroo 组粗砂岩，遍及全盆，是最主要的储层，局部还有 Brigadier 组砂岩，盖层为三叠纪 Mungaroo 组层间泥页岩，在局部地区是良好有效的盖层。

第七节 油气分布规律

西北陆架盆地具有"近岸油、远岸气"油气分布特征（图 9-7）。近岸带以发育一些中小型油田为主，如 Barrow Island 油田、Stag 油田等；远岸带发育大型、超大型气田，比如 Jansz 气田、Gorgon 气田、Scarborough 气田和 Sunrise Troubadour 气田、N.Rankin 气田、Ichthys 气田、Goodwyn 气田等；纵向上具有"上油（上侏罗—下白垩统储层）下气（三叠系—下中侏罗统储层）"的格局。

图 9-7 澳大利亚西北大陆架含油气盆地及油气田分布图（据冯杨伟等，2011；金莉等，2015）

西北陆架的油气分布具有区域上的不均一性，油气主要富集于诸如巴罗次盆、丹皮尔次盆、埃克斯茅斯次盆、武尔坎次盆、Sahul-Flamingo-Nancar 地区、玛丽塔地堑和卡斯威尔次盆等若干个富烃凹陷中。总体上天然气和石油地质储量比约为 4：1，表现出"富气少油"的特点。

一、平面分布规律

油气田分布呈现"内油外气"的特征，一系列侏罗系"甜点"沿沉积中心分布。大型超大型气田主要分布在远岸带的深水区，比如 Jansz 气田、Gordon 气田、Scarborough 气田和 Sunrise Troubadour 气田等大型气田；500m 水深附近的中带区域同样发育大型气田和大—中型油田，比如北兰金气田、Ichthys 气田、哥萨克—先锋油田和 Puffin 油田等；近岸带以发育一些中小型油田为主，比如巴罗岛油田、Stag 油田等。同时，远岸带油气田储层的时代偏老，基本为上三叠统和侏罗系。靠近海岸区域油气田储层相对年轻，基本为下白垩统，目前仅仅有 Maitland 气田的储层为古新统（Kopsen et al.，2002；Cadman et al.，2003；Bradshaw，2008）。

二、纵向分布规律

澳大利亚西北陆架被动陆缘的油气分布具有层位上的不均一性。在剖面上，下部层位富气上部层位富油，呈"上油下气"的分布特征，如图 9-8 所示（Kopsen et al.，2002；Cadman et al.，2003；Bradshaw，2008）。约 97% 的油气储量储集于区域性盖层（下白垩统泥页岩）下的河流—三角洲—滨浅海相砂岩储层中，2.2% 的储量在古生界盖层之下，在下白垩统区域性盖层之上的油气储量仅占总储量的 0.2%。天然气位于下部层位，主力层位为中侏罗统（占总储量的 30.21%）、上三叠统（占总储量的 20.82%）、下侏罗统（占总储量的 10.31%）、上侏罗统（占总储量的 10.96%）和下白垩统（占总储量的 10.60%）。石油主要位于上部层位，主力层位为下白垩统（占总储量的 3.50%）和上侏罗统（占总储量的 2.87%）。凝析油的储量在中生界各层位的分布相对均匀，1.1%～1.69%，仅中侏罗统相对较高，为 3.24%（图 9-9）。

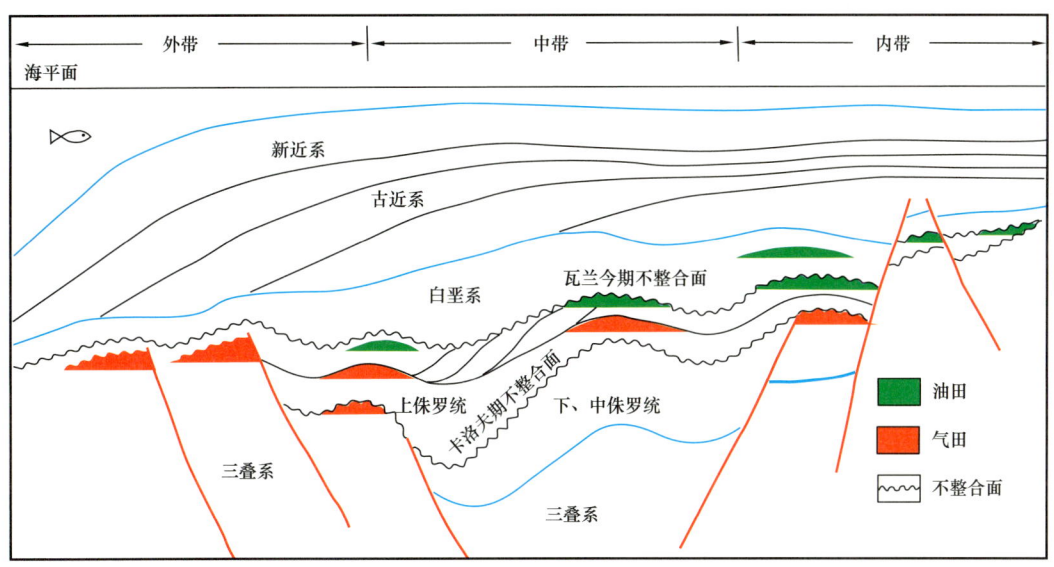

图 9-8　澳大利亚西北陆架油气纵向分布特征图（据 Cadman et al.，2003；Bradshaw，2008；冯杨伟等，2011）

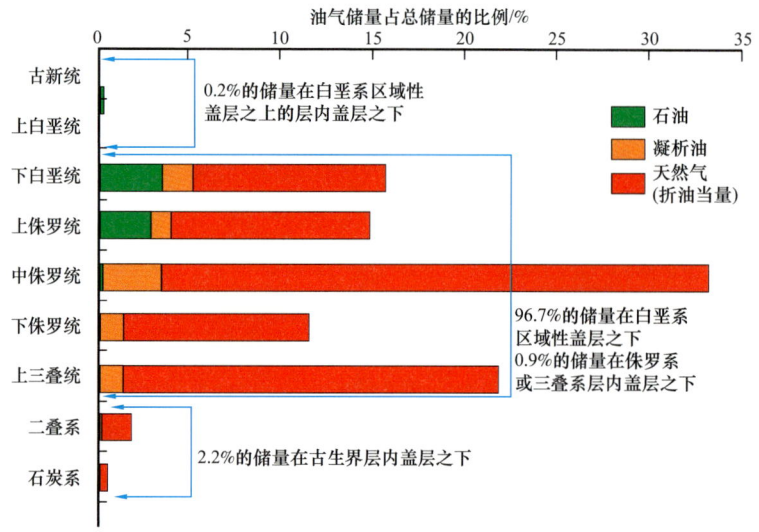

图 9-9　澳大利亚西北陆架天然气、凝析油和原油储量的层系分布特征图（据冯杨伟等，2011）

第八节　油气成藏主控因素分析

一、源盖控区

1. 烃源条件

澳大利亚西北陆架商业性油气田集中分布在三个盆地当中的埋深足够大的次盆或凹陷及其周缘的隆起上，这三个盆地的其他次盆和其他盆地目前基本没有商业油气发现。这预示该区的油气分布受烃源岩及其热演化程度双重因素控制。烃源岩及其热演化程度决定了该区域的油气分布规律。烃源岩是油气形成的内因，热是油气形成的外因，内因和外因缺一不可，二者相互耦合控制含油气区、生烃潜力与分布模式，从而整体上呈"近岸油、远岸气"及"上油下气"的特点。

（1）烃源岩地质特征。澳大利亚西北陆架被动陆缘盆地的主力烃源岩为中生界海相泥岩、海陆交互相碳质泥岩和煤系。

三叠系湖相泥页岩烃源岩，以生气为主，生油次之。发育于北卡那封盆地到布劳斯盆地的广大区域，且从北卡那封盆地到布劳斯盆地该套烃源岩的生油气潜力减弱。在北卡那封盆地为Locker组页岩—Mungaroo组泥页岩，主要分布在埃克斯茅斯台地、埃克斯茅斯次盆、巴罗次盆和丹皮尔次盆等。布劳斯盆地三叠系页岩为次要烃源岩。

侏罗系烃源岩在整个西北大陆架均发育。下—中侏罗统为海相、海陆交互相碳质泥岩和煤系，北卡那封盆地为Athol组，生气；布劳斯盆地为Plover组，主要分布于卡斯威尔次盆，以生气和凝析油为主；在波拿巴盆地为Plover组，主要分布于武尔坎次盆和

Sahul-Flamingo-Nancar 地区等，生油。上侏罗统为海相泥页岩，北卡那封盆地为 Dingo 组泥岩，主要分布于巴罗次盆、丹皮尔次盆和埃克斯茅斯次盆等，生油；布劳斯盆地为裂谷期低能环境下的下 Vulcan 组海相页岩，主要分布于卡斯威尔次盆；波拿巴盆地为 Flamingo 群潟湖泥岩，主要分布于武尔坎次盆、玛丽塔地堑、Sahul-Flamingo-Nancar 地区及 Kelp-Sunrise 高地地区等。

下白垩统烃源岩为海相泥页岩，在整个西北大陆架广泛发育。在北卡那封盆地为 Forstier 组泥岩—Muderong 组页岩，主要分布于巴罗次盆、丹皮尔次盆及埃克斯茅斯台地的部分地区等，生油。在布劳斯盆地和波拿巴盆地均为裂谷晚期的 Echuca Shoals 海相泥岩，主要分布于卡斯威尔次盆、玛丽塔地堑、Sahul-Flamingo-Nancar 地区、武尔坎次盆和皮特尔次盆一部及 Kelp-Sunrise 高地一部等，富含有机质，生油。

（2）烃源岩热演化特征。主力烃源岩的成熟度平面展布（图 9-10）分析表明，在上述富烃凹陷的边缘区域烃源岩基本上位于生油窗内，在富烃凹陷内部的大部分区域均已进入生气窗内，其中在凹陷的中心部分烃源岩由于埋深太大已经过成熟。但在波拿巴盆地的 Sahul-Flamingo-Nancar 地区和武尔坎次盆烃源岩基本上还均处于生油窗内。

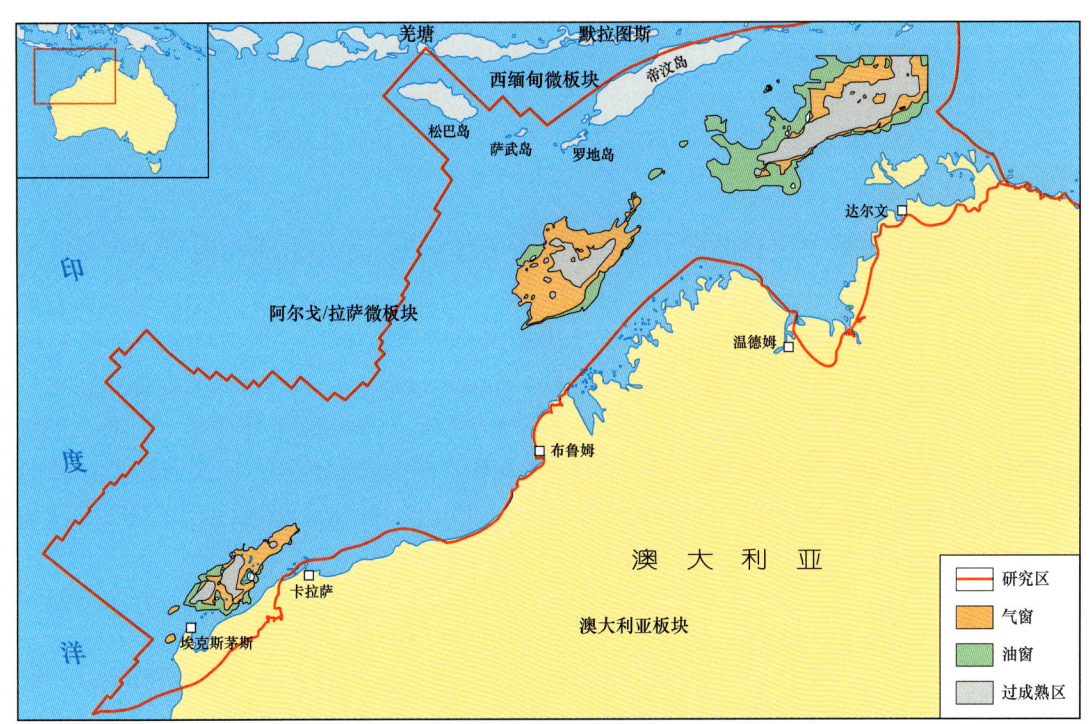

图 9-10 澳大利亚西北陆架被动大陆边缘盆地区域烃源岩成熟度演化平面展布图
（据 Walker，2007；Longley et al.，2002，汇绘）

北卡那封盆地远岸带外侧的埃克斯茅斯台地，烃源岩为三叠系三角洲相的泥岩、煤系和碳质泥岩，位于生气窗范围内。近岸一侧的兰金台地和巴罗、丹皮尔和埃克斯茅斯次盆发育中—晚三叠世、早—中侏罗世和晚侏罗世—早白垩世三套烃源岩，其下部两套海相—海陆过渡相三角洲烃源岩处于生气窗范围，上侏罗统烃源岩处于生油窗内。盆地东北部的比格尔次盆虽然发育厚层的早—中侏罗世海相—三角洲相烃源岩，并且有机质丰度较高，但由于该区域大地热流值很低，在 40mW/m² 左右，且烃源岩埋藏浅，表现为 R_o 值较低，小于 0.65%，未达到成熟状态，该次盆目前也没有商业油气发现。

布劳斯盆地发育卡斯威尔、巴尔科和塞林伽巴丹三个次盆，早—中侏罗世三角洲相的 Plover 组烃源岩都发育，但只有近岸的卡斯威尔次盆烃源岩埋深大，位于生气窗内，该次盆及其周邻隆起带形成了数个气藏和凝析气藏。另外两个次盆 Plover 组烃源岩埋深浅，未达到生气门限，目前没有商业发现。晚侏罗世海相泥岩烃源岩只在卡斯威尔次盆东北部发育，推测其东北部的 2 个小油藏很可能就是这套烃源岩供的烃。

波拿巴盆地远岸的武尔坎次盆和 Sahul-Flaming-Nancar 地区，发育早—中侏罗世 Plover 组三角洲和晚侏罗—早白垩世 Vulcan 组海相泥岩两套烃源岩，其中的 Plover 组烃源岩达到了生气门限，Vulcan 组烃源岩达到了生油门限，该区既有油藏也有气藏。玛丽塔地堑同样发育两套潜在烃源岩，隆起带萨胡台地只发育 Plover 组烃源岩，由于该区大地热流值高，两套烃源岩都处于生气窗内，形成多个气藏和凝析油藏，甚至干气气藏。

柔布克盆地与布劳斯盆地和南部的比格尔次盆都发育了早—中侏罗世潜在烃源岩，具有好—较好的 TOC 指标，有机质类型以 Ⅲ 型干酪根为主，但柔布克盆地烃源岩上覆层薄，在相同的地温场背景下，烃源岩埋深浅、成熟度低，未进入生气窗，且柔布克盆地不发育晚侏罗世—早白垩世海相泥岩烃源岩，所以至今没有商业油或气藏的发现。

2. 区域性盖层

澳大利亚西北陆架区域已证实的区域性有效盖层为下白垩统海相泥页岩和放射虫硅质岩，与南大西洋典型被动大陆边缘深水盆地发育盐岩层作为优良区域性盖层显著不同，岩盐层可以塑性流动且对热有屏蔽作用（熊利平等，2010）。西北陆架 97.6% 的已发现油气位于该套盖层之下，如图 9-11 所示（Longley et al.，2002），在北卡那封盆地为 Muderong 组页岩，在布劳斯盆地和波拿巴盆地均为 Echuca Shoals 海相泥岩。平面上主要分布于北卡那封盆地的巴罗次盆、丹皮尔次盆及埃克斯茅斯台地等，以及布劳斯盆地的卡斯威尔次盆和波拿巴盆地的玛丽塔地堑、Sahul-Flamingo-Nancar 地区、武尔坎次盆和皮特尔次盆一部及 Kelp-Sunrise 高地一部等。

3. 源盖共控

西北陆架下白垩统区域性盖层厚度大的巴罗次盆、丹皮尔次盆、埃克斯茅斯次盆、卡斯威尔次盆、武尔坎次盆、Sahul-Flamingo-Nancar 地区、玛丽塔地堑和皮特尔次盆一部及 Kelp-Sunrise 高地一部等区域均为油气富集区域，同时上述区域也均为西北陆架的富烃凹陷。在下白垩统区域性盖层较薄甚至缺失的地区目前基本没有油气发现，即使该地区曾经为中生界沉积中心。比如北卡那封盆地的比格尔次盆在早侏罗世为北卡那封盆地的沉积中心，发育厚层的 Legendre 三角洲沉积，但由于在该区域下白垩统区域性盖层很薄目前没有油气突破（图 9-12）。储层、圈闭等也是西北陆架油气富集不可或缺的因

第九章 澳大利亚西北陆架深水油气成藏要素综合分析

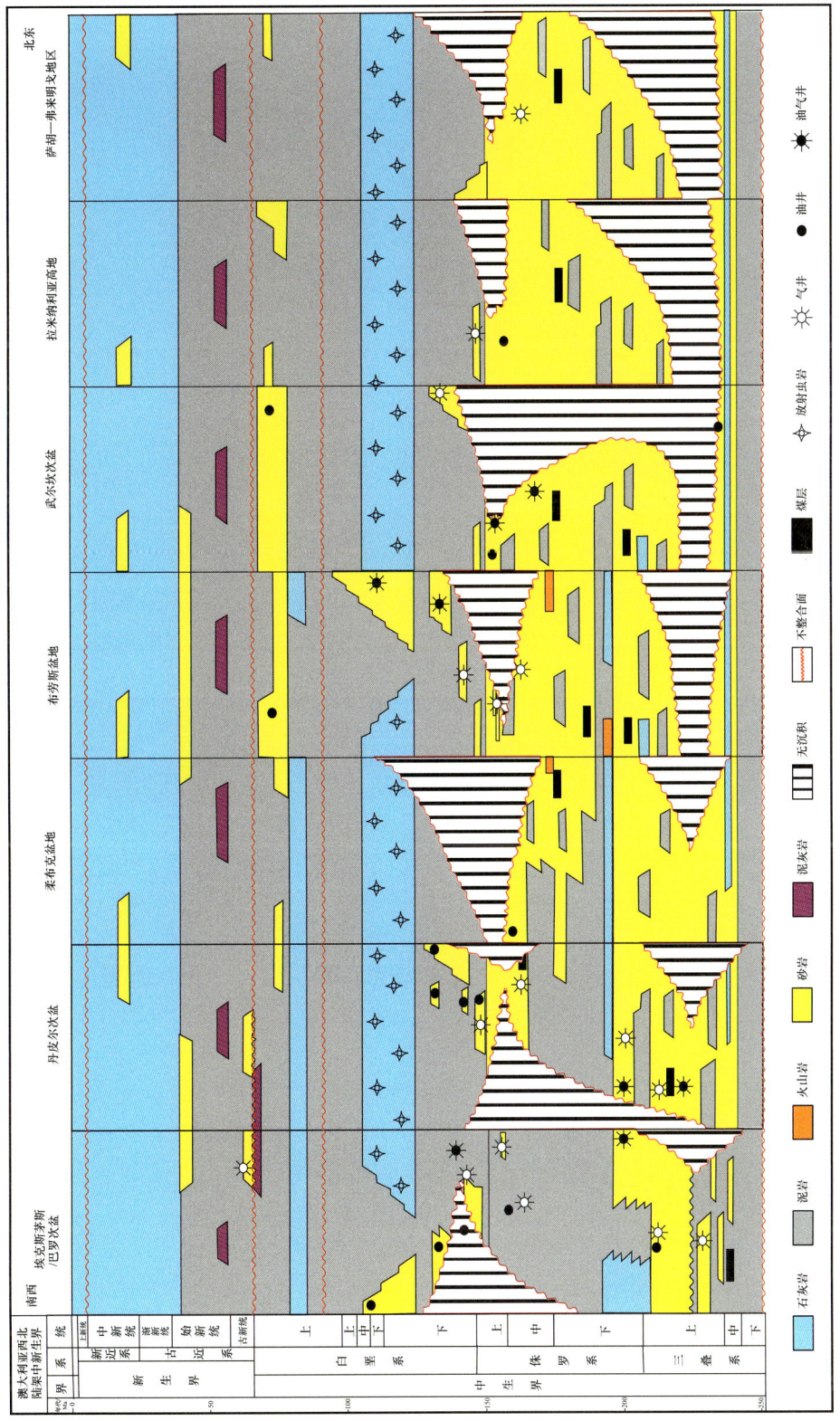

图 9-11 澳大利亚西北陆架中—新生界与油气分布（据 Longley et al., 2002）

a. 下—中侏罗统厚度图

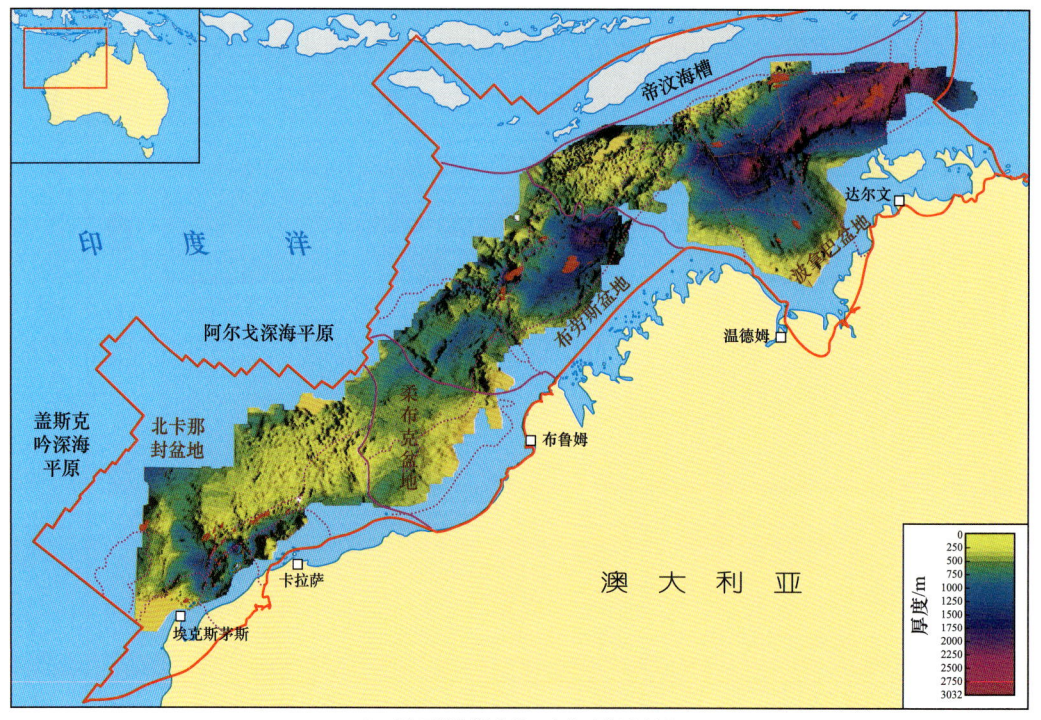

b. 下白垩统阿普特阶—上白垩统厚度图

图9-12 北卡那封盆地侏罗系—白垩系地层厚度图（据Longley et al., 2002, 修编）

素，由于在下白垩统区域性盖层之下发育多套优质中生界陆源海相三角洲砂岩储层且受到河流和波浪双重控制分布范围较广，同时西北陆架盆地的发育受控于北西—南东向的断裂，盆地区域发育一系列断背斜圈闭、地垒圈闭及不整合面—地层复合圈闭等圈闭类型。各成藏要素有机配置导致了油气的富集，烃源条件和盖层搭配共同控制了油气富集的区带。

二、大型浪控海相三角洲控藏

澳大利亚西北陆架油气主要富集在中生界发育的多个且多期叠加的大型三角洲储集体中。

三叠纪—早、中侏罗世，澳大利亚大陆西北部主要发育 Alice Springs 高地与 Pilpana-Yilgarn 高地，受 Alice Springs 高地控制发育的波拿巴河在波拿巴盆地形成了 Plover 大型三角洲，控制着盆地约 70% 油气储量，有诸如 Sunrise Troubadour 巨型气田等多个重大发现；受 Alice Springs 高地控制发育的菲茨罗伊河在布劳斯盆地形成了 Browse 大型三角洲，控制着盆地绝大部分天然气，占盆地油气总储量约 60%，巨型油气发现为 Torosa 气田与 Brecknock 气田等。受 Alice Springs 高地控制发育的坎宁河与受 Pilpana-Yilgarn 高地发育多条古河在北卡那封盆地形成了 Mungaroo-Legendre 巨型三角洲，控制盆地 100% 油气储量，巨型油气发现如 Jansz 气田、Scarborough 气田、Gorgon 气田及 Wheatstone 气田等（图 9-13）。

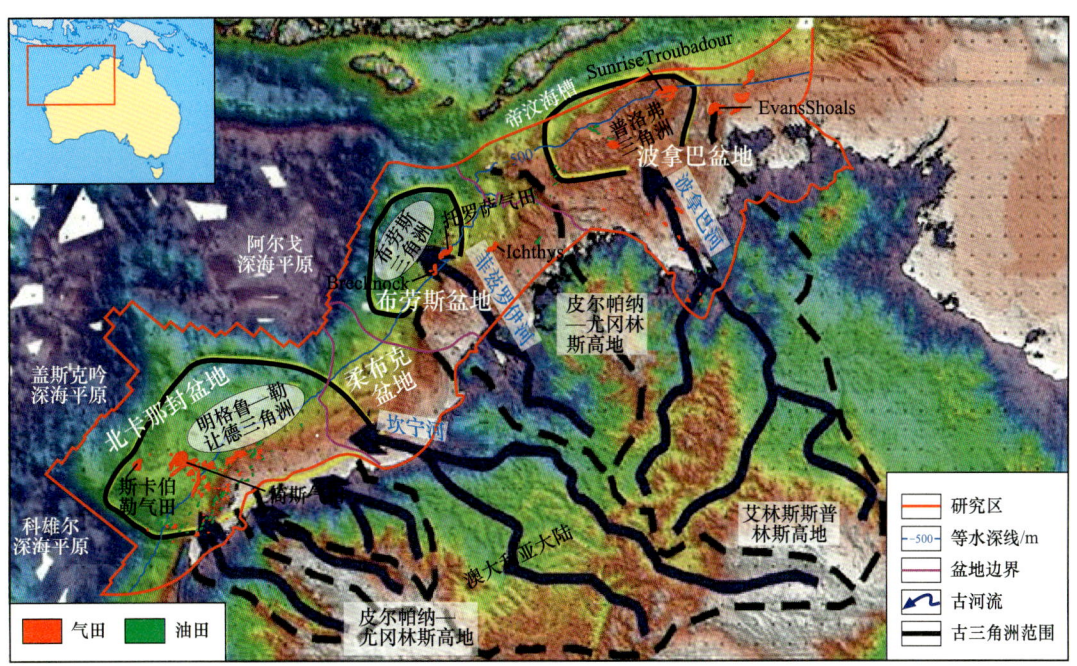

图 9-13　西北陆架三叠系—下、中侏罗统三角洲发育和油气田分布图（据 Norvick，2001；冯杨伟等，2012）

油气成藏组合与三角洲密切相关，这些多期发育的大型浪控海相三角洲控制发育了多套平行海岸呈带状分布且范围广、物性好的中生界陆源海相三角洲砂岩储层，区域最有利烃源岩为侏罗系大型三角洲控制的海陆过渡相碳质泥岩和煤系地层。

北卡那封盆地重要储盖组合：储层主要为三叠纪 Mungaroo 组河流相粗砂岩，盖层为三叠纪 Mungaroo 组层间泥页岩（图 9-14）；储层为中—上侏罗统 Legendre 组三角洲相砂岩、North Rankin 组海相砂岩和 Dingo 组的 Briggada 段深水浊积扇砂岩，盖层为侏罗系 Dingo 组海相泥岩，产气；储层为下白垩统 Barrow 群海相三角洲砂岩，盖层为下白垩统 Muderong 组海相页岩，产油。

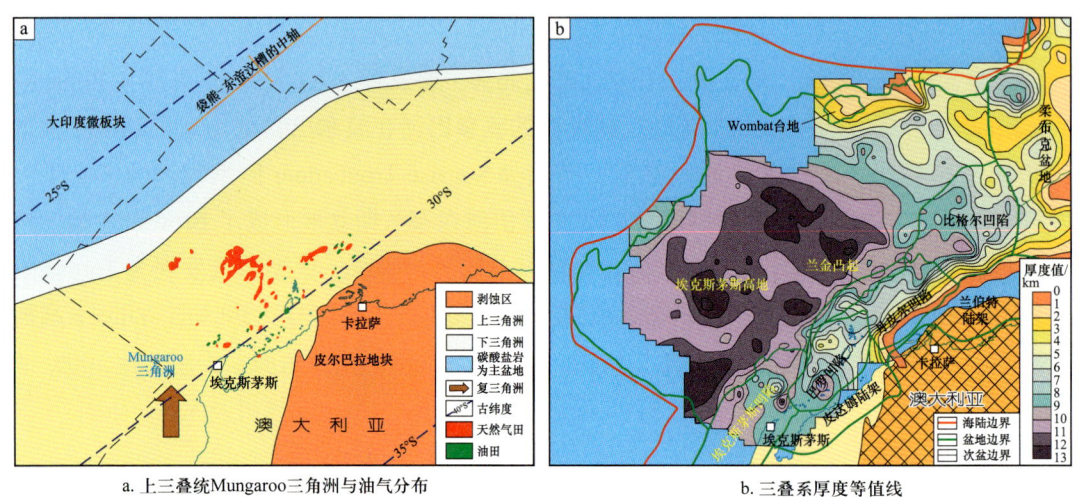

a. 上三叠统Mungaroo三角洲与油气分布　　　　b. 三叠系厚度等值线

图 9-14　北卡那封盆地三叠纪三角洲和三叠系地层厚度图（据 Longley I M et al., 2002）

布劳斯盆地重要储盖组合是储层为下—中侏罗统 Plover 组近海的河流—三角洲相砂岩，盖层为 Plover 组河流—三角洲相泥页岩和下白垩统 Echuca Shoals 组海相泥页岩，产气和凝析油。

波拿巴盆地重要储盖组合是下—中侏罗统 Plover 组近海的河流—三角洲相砂岩，盖层为上侏罗统下 Vulcan 组海相页岩和下白垩统 Echuca Shoals 海相泥岩，产油。

三、超压控制富烃凹陷中油气运聚方向

澳大利亚西北陆架区域最有利烃源岩发育于裂谷期的侏罗纪，平面上优质烃源岩局限于分隔性的几个主要中新生界深凹陷的次盆中。深凹中由于构造活动导致快速沉降充填与差异压实，同时烃源岩在深埋后的生烃作用引起流体体积膨胀，这些因素往往导致富烃凹陷中发育超压，跟中国南海北部深水盆地富烃凹陷中发育超压的机制（张功成等，2007）基本相同。而凸起带上地层埋藏浅为常压，是油气运聚的主要方向。生成的油气在过剩压力和自身浮力的驱使下沿不整合面和储集砂体向邻近的常压的隆起区运移聚集，然后在隆起区沿构造脊从低部位向高部位运移，最终聚集于凹边隆和凹中隆区域（Keall et al., 2000; Kraishan et al., 2000; Fujii et al., 2004; 张建球等, 2008）。

如在北卡那封盆地深水区的埃克斯茅斯台地地区，袋鼠（Kangaroo）向斜区域上侏罗统 Dingo 组泥岩由于差异压实发育有超压，过剩压力在 23.84～28.66MPa（图 9-15），

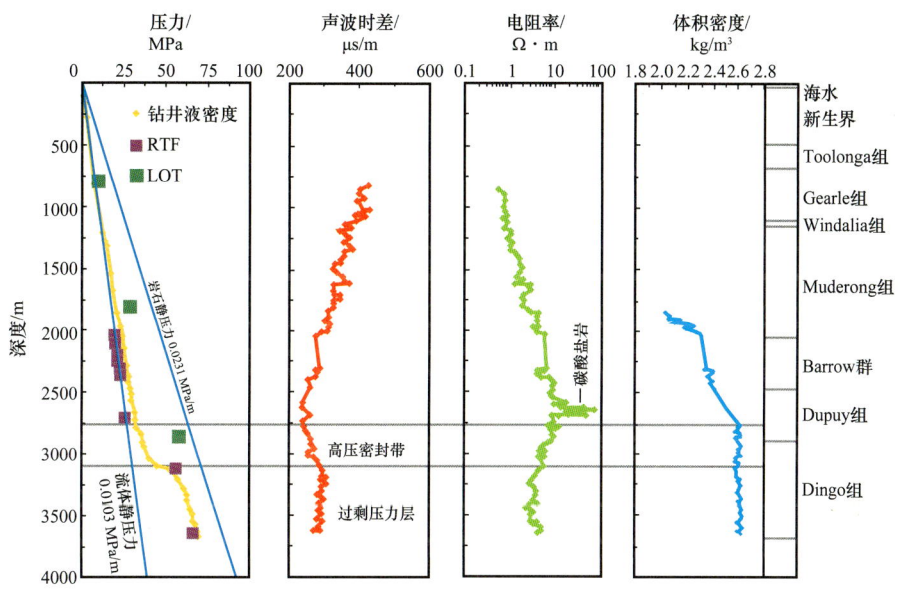

a. 巴罗深1井过剩压力特征

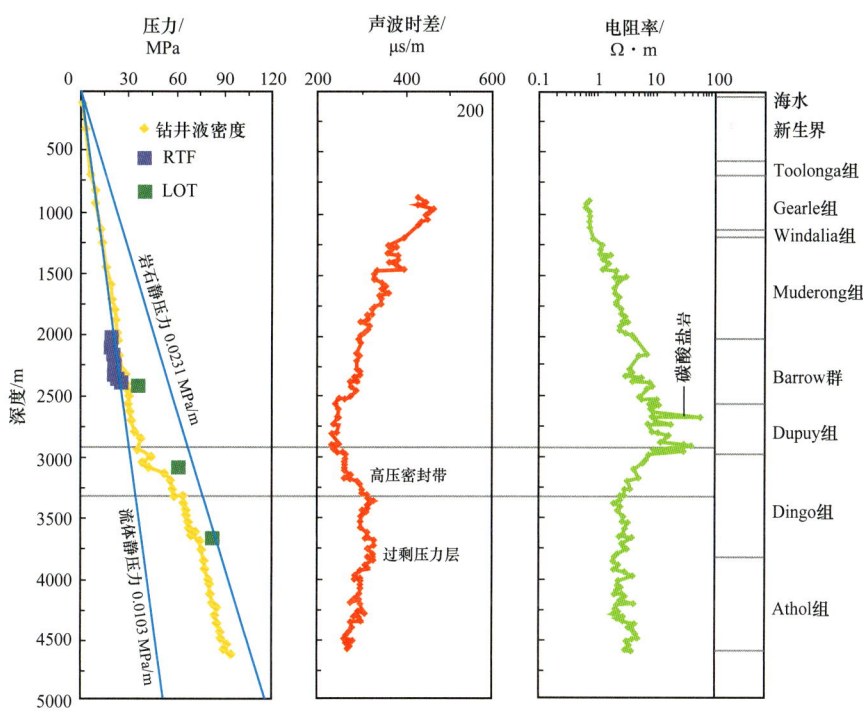

b. 巴罗2井过剩压力特征

图 9-15　北卡那封盆地钻井过剩压力特征

邻近的埃克斯茅斯台地隆起处于常压或过渡压力区。生成的油气沿不整合面向隆起区运移，同时埃克斯茅斯台地隆起的上覆层系发育良好区域性盖层下白垩统 Muderong 组页岩，是油气聚集成藏的有利部位（Bussell et al.，2001）。1979 年在埃克斯茅斯台地隆起区发现了 Scarborough 气田，水深约 900m，天然气地质储量约 $8\times10^{12}\text{ft}^3$（Felton et al.，1993）。

同时，富烃凹陷中"满凹含油"，澳大利亚西北陆架被动陆缘深水盆地的油气富集与"从构造高点走向全盆"的理论吻合。烃源岩层内和层间砂岩尖灭体会"近水楼台先得月"，烃源岩生成的油气在其自身层内过剩压力作用下进入邻近的砂岩尖灭体成藏，形成"连续性"油藏。在北卡那封盆地的埃克斯茅斯次盆，Dingo 组泥岩烃源岩中发育超压，其生成的油气在自身过剩压力作用下进入常压的 Dingo 组 Briggada 段的深水浊积扇砂岩和相邻上覆巴罗群浊积砂岩，上覆厚层泥岩盖层，跟地层圈闭构成良好的成藏组合（Bussell et al.，2001）。

第十章　澳大利亚西北陆架深水油气田

澳大利亚西北陆架是现今世界深水油气勘探的热点地区之一，近二十年来，澳大利亚西北陆架有 100 多个规模不等的油气田发现。

北卡那封盆地的油气田发现约 60 个，大部分集中在巴罗—丹皮尔次盆、埃克斯茅斯次盆和埃克斯茅斯台地，其中埃克斯茅斯台地区域的 Jansz 气田以 $20×10^{12}ft^3$ 的油气地质储量闻名遐迩。

波拿巴盆地油气发现集中在武尔坎次盆、玛丽塔地堑和萨胡隆起区及皮特尔次盆凹陷及其西南部斜坡带。武尔坎次盆的油气发现数量有十多个，油和气大约各占一半。最大油田为 Laminaria 油田，可采储量约 $1.7×10^8bbl$，最大气田为 Crux 气田，储量 $1.37×10^{12}ft^3$。

布劳斯盆地以天然气和凝析油为主，有超大型—大型的 Torosa 气田、Brecknock 气田和 Brewster-Gorgonichthys 油（凝析油）气田等。

下面以部分重点油气藏为例，解剖澳大利亚西北陆架油气勘探进展与潜力。

第一节　Jansz 气田

Jansz 气田位于北卡那封盆地深水区埃克斯茅斯台地，Jansz 气田在 WA-268-P 区块，距 Gorgon 气田西北 78km，如图 10-1 所示（Hefti et al.，2006）。Jansz 气田区域上面积大约 $2000km^2$，天然气储层厚约 400m，天然气储量达到 $20×10^{12}ft^3$，它占卡那封盆地已探明的深水天然气储量的 40%。

Jansz 气田在 2000 年由于 Jansz 1 钻井而被发现，Jansz 1 探井于 2000 年 4 月开钻，并且勘探到了牛津期浅海砂岩储层中的 29m 厚的网状油气层。Io 1 井于 2001 年 1 月在与 Jansz-1 毗邻的 WA-267-P 可开采区开钻（距 Jansz 1 约 18km），并且同样在 Jansz 1 井钻入的牛津期浅海砂岩储层中发现了 44m 厚的网状油气层。提塘阶和晚三叠系的 Brigadier 组砂岩天然气储层在 WA-267-P 可开采区的 Geryon 1（1999）和 Callirhoe 1（2001）井中与牛津期天然气储层的 Jansz 1 井和 Io 1 井有密切联系的，这 3 个不同的天然气储层构成了一个具有共同的油水界面的天然气储集区域。Jansz 气田的边界是通过这 4 口井和二维地震测深圈定的。2004 年之前仅有 2D 地震，2004 年 4—9 月共采集三维地震 $2900km^2$（Williamson et al.，2007）。

Jansz 气田成藏组合为：烃源岩为上三叠统—中侏罗统的海相泥岩、泥灰岩、粉砂岩，包括 Brigadier 组、Athol 组和下 Dingo 组泥岩。储层为上侏罗统牛津阶浅海相砂岩（Helby et al., 1987），储层上边界为白垩系不整合面，下边界为牛津阶不整合面。区域性盖层为Barrow 群三角洲相泥岩和 Muderong 组页岩夹滨海泥岩，Athol 组和 Dingo 组泥岩是该气藏底部封闭层。圈闭以构造圈闭为主，如图 10-2 所示（据 Hefti et al.，2006）。

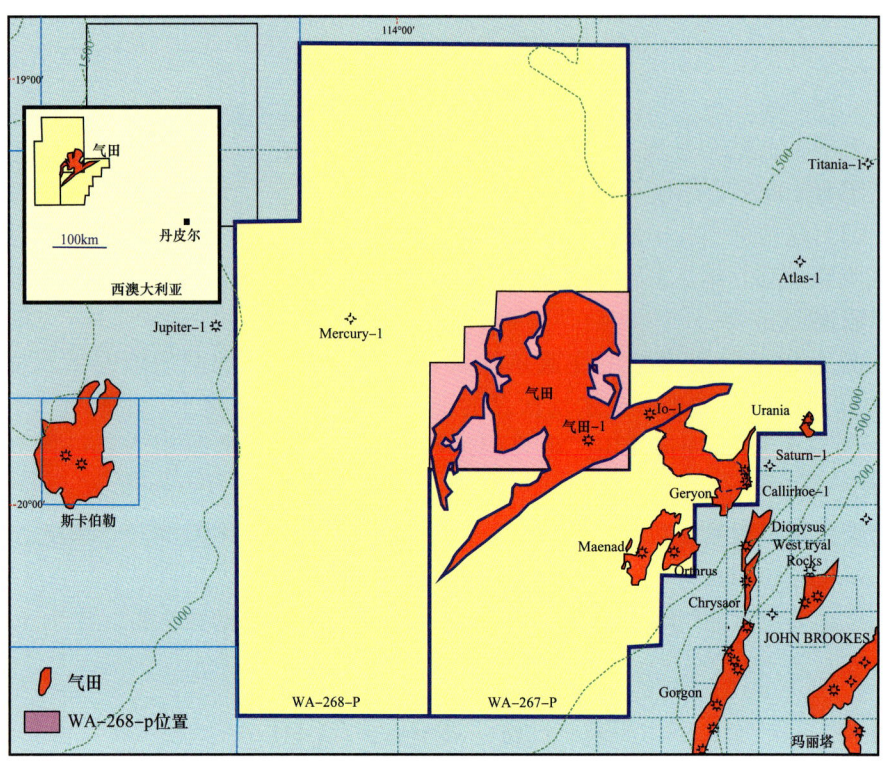

图 10-1　卡那封盆地深水区的 Jansz 气田和毗邻的油气田位置图（据 Hefti et al.，2006）

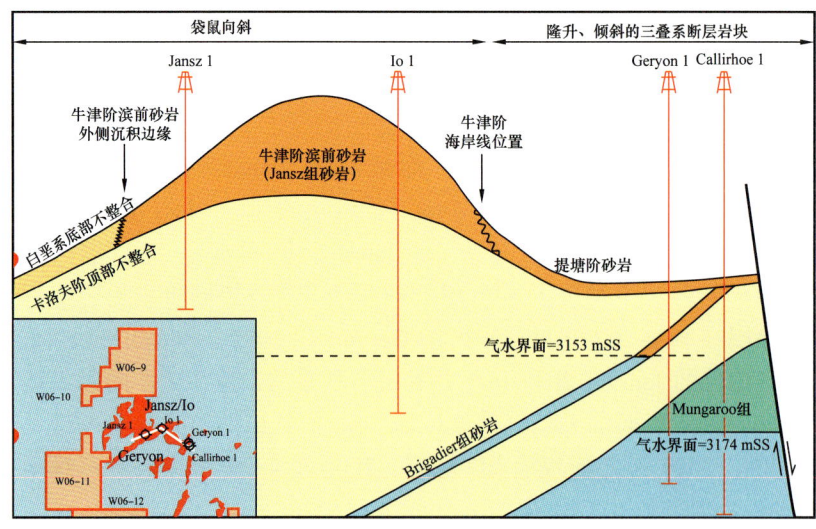

图 10-2　北卡那封盆地 Jansz 气田过 Jansz 1 井、Io 1 井、Geryon 1 井和 Callirhoe 1 井的气藏剖面图
（据 Korn et al.，2003；Jenkins et al.，2003；Williamson et al.，2007）

第二节 Torosa 油气田

Torosa（斯科特礁）油气田位于布劳斯盆地 WA-33-P 区块的斯科特礁环状珊瑚岛上，距离大陆 289km，水深约 500m（Willis，1988；Williamson et al.，2007）。Torosa 为天然气和凝析油田，油气地质储量为 $11.5×10^{12}ft^3$、凝析油 $1.21×10^8m^3$（张建球等，2008），是由作业者 B.O.C. 澳大利亚有限责任公司在 1971 年钻探 Scott Reef 1 井发现的，Scott Reef 1 井大地位置为南纬：14°04′33″，东经：121°49′28″，井深为 4730m（Lavering et al.，1991；Willis，1988）。

Torosa 油气田圈闭总面积 $900km^2$，有 3 套成藏组合：

（1）中侏罗统成藏组合：烃源岩为 Plover 组，河流—三角洲相泥岩。储层为 Troughton 群 Plover 组，为河流—三角洲相砂岩，孔隙度达 19%。储层深度 4299.2~4305.3m，圈闭为断背斜圈闭（Lavering et al.，1991；Willis，1988）。

（2）中—上侏罗统成藏组合：烃源岩为 Malita 组泥岩，储层为 Malita 组砂岩，孔隙度达 17%。储层深度 4351.3~4354m 和 4340~4346.4m，圈闭为断背斜圈闭（Lavering et al.，1991）。

（3）上三叠统成藏组合：烃源岩为 Sahul 群泥岩，储层为 Sahul 群砂岩，孔隙度达 17%。储层深度 4361.6~4367.7m 和 4379.7~4387.8m，圈闭为断背斜圈闭，如图 10-3 所示（Lavering et al.，1991）。

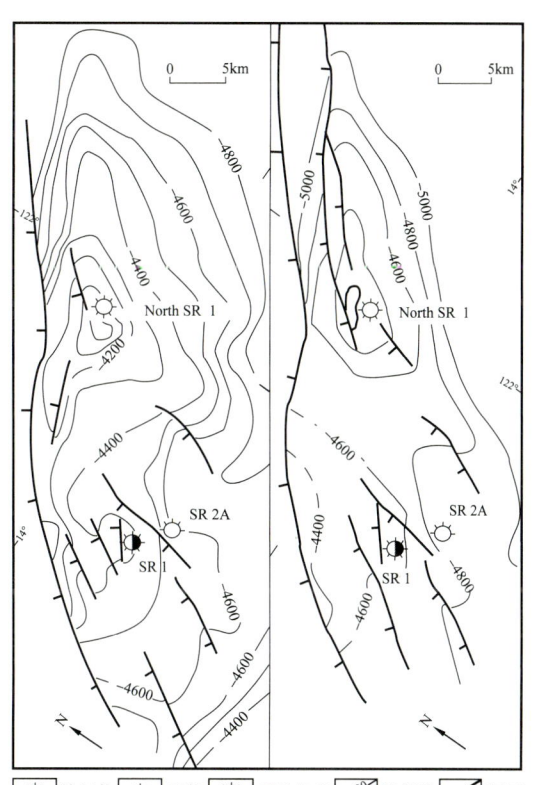

图 10-3 布劳斯盆地 Torosa 油气田中侏罗统（左）和三叠系顶部（右）顶面构造图
（据 Lavering et al.，1991）

第三节 Brecknock 油气田

Brecknock 油气田位于布劳斯盆地 WA-33-P 区块，在 Torosa 油气田南边，距离 Torosa 油气田 40km，水深 500~750m（Lavering et al.，1991）。Brecknock 气田地质储量为天然气 $5.3×10^{12}ft^3$、凝析油 $1.03×10^8bbl$（Willis，1988）。是由作业者 Woodside 公

司于 1980 年由于 Brecknock 1 井而发现的，Brecknock 1 井位于南纬 14°26′13″，东经 121°40′21″，为天然气和凝析油发现井，井深 4300m（Lavering et al.，1991）。

Brecknock 油气田仅发育中侏罗统一套成藏组合，烃源岩为 Plover 组泥岩，为河流—三角洲相。储层为 Troughton 群 Plover 组，为河流—三角洲相砂岩，孔隙度最高达 20%（Lavering et al.，1991）。储层深度 3852~3890m，气层厚度最大 68m。圈闭为断背斜圈闭，圈闭面积 331km²（图 10-4）（Willis，1988）。

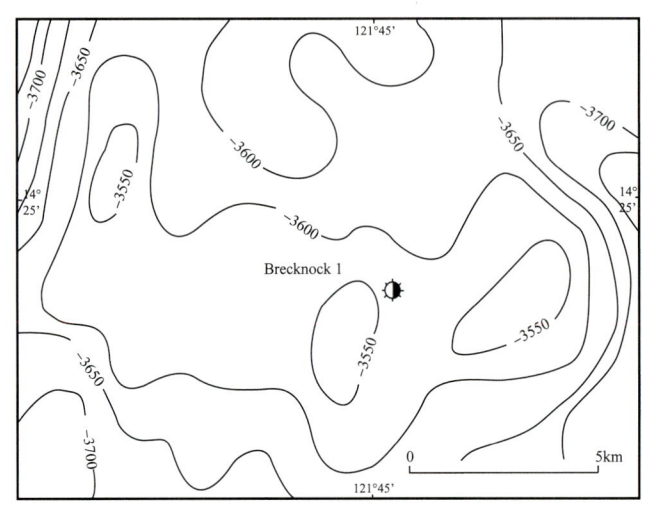

图 10-4 布劳斯盆地 Brecknock 油气田上白垩统顶面构造图（据 Lavering et al.，1991）

第四节 Sunrise-Troubadour 油气田

Sunrise-Troubadour 油气田位于波拿巴盆地，距达尔文西北 450km，距 2500m 深的帝汶海沟 50km（图 10-5），水深 75~700m。Sunrise-Troubadour 油气田长 75km，宽 50km。油气地质储量为天然气 12~24×10^{12}ft³，凝析油为 500~1000bbl；其可采储量（P50）天然气为 9.2×10^{12}ft³，凝析油为 321×10^{12}bbl（Seggie et al.，2000）。

1974 年钻探 Troubadour 1 井发现 Troubadour 油气田，当年随后钻探了 Sunrise 1 井，发现 Sunrise 油气田。1995 年钻探的第三口井——Loxton Shoals 1 井，证实两个油气田为一巨型的复合气田，其延伸范围大大超过了过去的解释结果并具有较高的凝析油气比。

Sunrise-Troubadour 油气田位于 Sunrise 高地—萨胡台地东部的一个主要区域构造上，气田由一些东西向的大断块构成（面积 75km×50km），构造幅度为 180m。一条大型断层（垂直断距为 1km）在 Sunrise 形成圈闭的西北边界（渗漏点），另一条偏东走向的断层（垂直断距为 150m）为 Sunrise 气田南部边界，并将 Sunrise 油气田和 Troubadour 油气田分开。在气田区，垂直断距小于 80m 的北东向和东西向小断层十分常见（Seggie et al.，2000；Michel et al.，2007）。

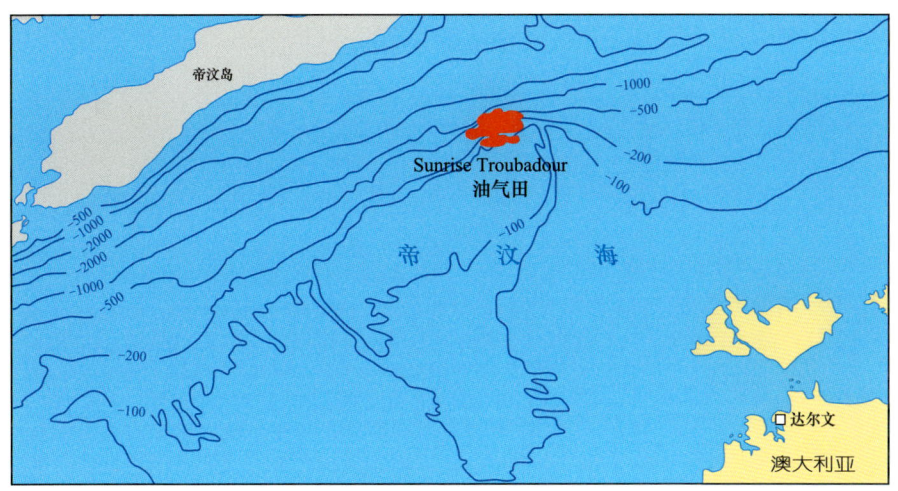

图 10-5　Sunrise-Troubadour 油气田位置图（据 Seggie et al., 2000; Michel et al., 2007）

Sunrise-Troubadour 油气田发育侏罗系成藏组合，烃源岩为上侏罗统下 Vulcan 组泥岩和下—中侏罗统 Plover 组泥页岩。储层为中侏罗统巴通阶 Plover 组上段，为厚约 80m 的边缘海相石英砂岩。储层平均孔隙度 14%，平均含气饱和度为 65%。盖层为侏罗系卡洛夫阶—牛津阶的 Flamingo 组海侵泥岩。圈闭类型为断背斜，圈闭面积 $1000\sim1300km^2$，圈闭幅度 180m，油柱高度 180m（Michel et al., 2007）。

Sunrise-Troubadour 油气田的天然气具有含硫量低和含石蜡的特征，其凝析油气比（CGR）变化在 30～50bbl/mmscf，凝析油重度为 60～65°API。根据碳同位素组分（-5‰，白垩系皮狄组中美洲拟箭石化石）分析，二氧化碳含量低（4～5mol），属岩浆成因（Michel et al., 2007）。

根据碳同位素分析结果，天然气生成和排出时烃源岩的成熟度 R_o 为 1.3%～1.5%。天然气比来自西北大陆架中的大部分石油伴生气和凝析油更成熟，但没有靠近或位于玛丽塔地堑的那些井产出的石油伴生气和凝析油成熟度高。这说明 Sunrise 气田的大部分天然气是早期从玛丽塔地堑的气灶排出的，是从靠近圈闭的埋藏较浅的沉积物中发生短距离的垂直或横向运移的结果（Seggie et al., 2000; Michel et al., 2007）。

第三篇
孟加拉湾深水盆地群油气地质

孟加拉湾—阿拉伯海域深水盆地群分布在印度东、西陆缘，印度东部陆缘典型深水盆地主要为克里希纳—戈达瓦里盆地、高韦里盆地和孟加拉盆地，其中克里希纳—戈达瓦里盆地和高韦里盆地为被动大陆边缘盆地，孟加拉盆地为前陆盆地。

孟加拉湾深水油气勘探程度处于低—极低状态，勘探潜力巨大。克里希纳—戈达瓦里盆地海上探井最早是 1980 年钻探的 G-1 井。高韦里盆地海上探井最早是 1980 年钻探的 PY-1 井。孟加拉盆地海上探井最早是 1977 年钻探的 Kutubdia 1 井。目前该区域油气发现以天然气为主，主要分布在 K-G 盆地，分布呈现出极不均衡性。孟买盆地位于阿拉伯海印度西部大陆边缘，总面积约 $16×10^4 km^2$，盆地几乎全部位于海上，其中 30% 位于深水区。

孟加拉湾深水含油气盆地群具有较好的油气生成、储集、封闭、圈闭及运移的条件，发育四套主力烃源岩、五套储层和三套盖层。以构造圈闭（张性）为主，次为地层圈闭。克里希纳—戈达瓦里盆地海上深水区域新近系 Vadaparru–Ravva/Godavari 成藏组合具有较高的勘探潜力。高韦里盆地白垩系碳酸盐岩建造与古近系—新近系浊积扇体系成藏组合具有重要的勘探潜力。孟加拉盆地渐新统—古新统的浊积岩系统中，低水位期楔形体和外陆架沉积具有较好的勘探潜力。

第十一章 孟加拉湾概况

第一节 自然地理概况

孟加拉湾（Bay of Bengal）位于印度洋北部，是世界第一大海湾，西临印度半岛，东临安达曼群岛、尼科巴群岛，北临缅甸和孟加拉国，南在斯里兰卡至苏门答腊岛一线与印度洋水体相连，东南经马六甲海峡与暹罗湾和中国南海相连（图11-1）。南部宽约1600km，总面积为$217.2×10^4 km^2$，总容积为$561.6×10^4 km^3$，平均水深为2586m，最大深度5258m。北部有恒河和布拉马普特拉河流入，形成巨型三角洲。流入该湾的其他河流还有印度的默哈纳迪河、戈达瓦里河和克里希纳河。沿岸的重要港口有加尔各答、马德拉斯、吉大港等，是太平洋与印度洋之间的重要通道。

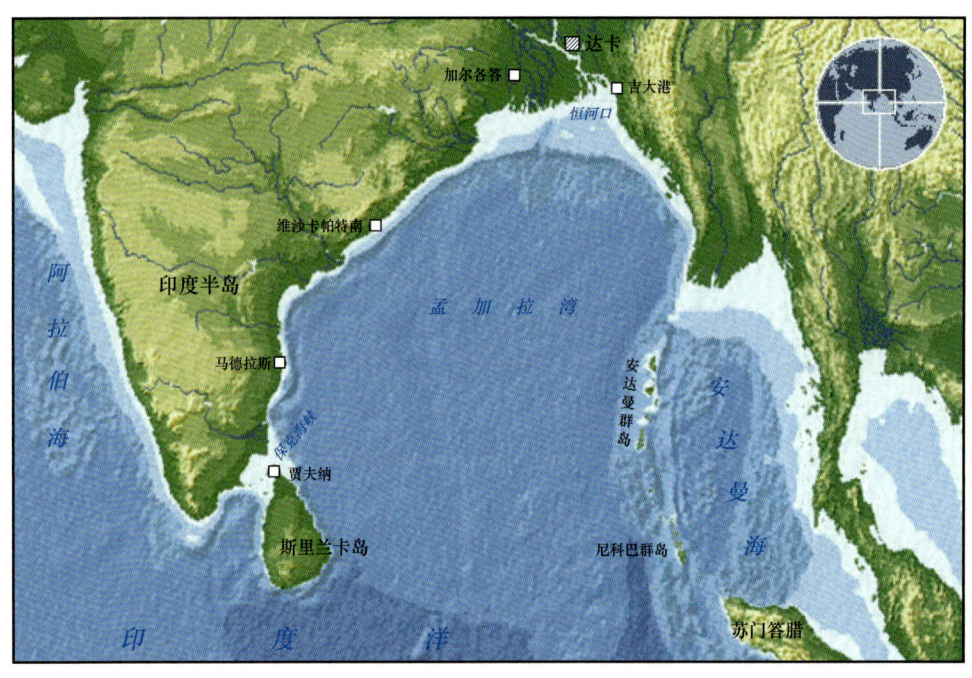

图11-1 孟加拉湾地理位置示意图

孟加拉湾的陆架，平均宽约161km，以北部和东部的恒河三角洲、安达曼群岛和尼科巴群岛附近较宽，向海一侧陆架的平均深度为183m。陆架沉积大部分由砂组成，向海一侧多为黏土和软泥，有多处被一些海底峡谷切割。其中有恒河峡谷，位于恒河—布拉马普特拉河三角洲前缘，深达732m；安得拉、克里希纳和马哈德范等峡谷分布于该湾的西缘。

孟加拉湾的深海盆大致呈倒"U"字形,深度达 4500m(图 11-1)。盆底有两个特征:东部有很直、长达 5000km 的东经 90° 海脊,以及由陆架沉积物冲积而成的恒河三角洲。东经 90° 海脊的顶峰,水深约为 2134m,其北端覆盖着恒河三角洲的沉积物。三角洲分布着树枝状的沟渠(扇谷)。借此,沉积物可以被搬运到较远的深海盆。孟加拉湾的表层环流,受季风的强烈影响。春、夏两季,潮湿的西南风引起顺时针方向的环流,秋季和冬季,受东北风的作用,转变为逆时针方向环流。由于孟加拉湾的地形效应,导致了各种作用力的聚焦,因而,潮差、静振和内波等现象均较显著。尼科巴—苏门答腊岛附近南—北走向的印尼海沟是孟加拉湾主要海底特征之一,最深近 4510km。其他有安德拉(Andhra)峡谷、克里希纳(Krishna)峡谷、马德拉斯峡谷、本内尔(Pennar)峡谷等。

印度洋气候具有明显的热带海洋性和季风性特征。印度洋大部分位于热带、亚热带范围内,南纬 40° 以北的广大海域,全年平均气温为 15～28℃。印度洋的降水量以赤道带最丰富,年降水量 2000～3000mm,降水季节分配比较均匀,印度洋北部,一般年降水量在 2000mm 左右,2/3 的降水集中在西南风盛行的夏季,而东北风盛行的冬季,降水量较少,是热带季风分布区。热带风暴在孟加拉湾很发育,一般认为,这种风暴大多发生在南、北纬 5°～25° 的热带海域。产生在西太平洋,常常袭击菲律宾、中国、日本等国的叫台风;产生在大西洋,常常袭击美国、墨西哥等国的叫飓风。每年 4～10 月,即当地夏季和夏秋之交,孟加拉湾形成猛烈的风暴和龙卷风,袭击孟加拉国及印度东部海岸,造成巨大的灾害。

第二节　孟加拉湾油气资源概况

孟加拉湾油气资源丰富,主要涉及印度、孟加拉国及缅甸三个国家。孟加拉湾周边主要的含油气盆地为克里希纳—戈达瓦里盆地、孟加拉盆地和高韦里盆地,孟加拉湾陆地及海域总体油气勘探概况见表 11-1、表 11-2。

表 11-1　孟加拉湾深水盆地群海域油气勘探概况(据朱伟林等,2012;张功成等,2015;冯杨伟等,2016a,汇编)

盆地	第一口井	发现年代	储量/10^{12}bbl	最大油田	发现年代	储量/10^{12}bbl	最大气田	发现年代	储量/10^9ft^3
K-G 盆地	G-1	1980	33	拉瓦	1987	259	Dhirubhai 1	2002	7000
高韦里盆地	PY-1	1980	53	PY-3	1988	43	CY-III-D5-A1	2007	1000
孟加拉盆地	Kutubdia 1	1977	8	—	—	—	Sangu	1996	583

表 11-2 孟加拉湾深水区 2012—2016 年油气勘探发现（据李俊，2015；张功成等，2017，汇编）

国家	盆地/区块	井名/油气田名称	发现时间	水深/m	勘探情况
印度	K-G 盆地	R1 气田	2012 年	海上	估计天然气储量为 $453\times10^8m^3$
印度	高韦里盆地 CY-DWN-2001/2	CYIIID5-S1 井	2013 年	1743	累计钻遇含油、气地层厚度为 143m
印度	K-G 盆地 KG-OSN-2001/1	KG-OSN-04/1NASG-1 井	2015 年	深水	纯产层厚度达 25m
印度	K-G 盆地	KG-DWN-98/2-M-1 井	2015 年	深水	纯产层厚度达 78m
缅甸	若开盆地 A-6 区块	Shwe Yee Htun-1 气田	2016 年	海上	天然气柱高度为 129m，产层厚度至少为 15m
缅甸	若开盆地 AD-7 区块	Thalin-1A 气田	2016 年	836	钻遇约 64m 高的气柱

一、克里希纳—戈达瓦里盆地

克里希纳—戈达瓦里盆地油气最早发现于 1979 年，最早海上探井是 1980 年钻探的 G-1 井。

1981 和 1982 年在盆地范围内开发了两个油气田：纳尔萨普尔 -1 气田和 G-1-1 油田。油藏位于古近系（马建华，2001）。

到 1986 年之前，陆上发现了许多小气田。

1987 年主要有两个发现：海上拉瓦（Ravva）区的中新统油田、Pasarlapudi 陆区发现的始新统气田。陆续发现的油气田：陆上有 Mandapeta、Endamuru、Kesanapalli west、mori 等油气田；海上有 GS-29、GS-15、GS-23、G-4、G-1-12、Dhirubhai 等油气田，如图 11-2 所示（Gupta，2006）。

2004—2005 年在该盆地中发现了 $3400\times10^8 \sim 4250\times10^8m^3$ 天然气和将近 4×10^8t 石油。油气田发现于西孟加拉湾陆坡上，并与具有极佳孔隙度和渗透率的上新世—更新世砂质储层的陆坡沉积层有关。在个别油气田（迪鲁勃哈依 -1），生产层的厚度为 340m。油藏以地层圈闭和岩性圈闭型为主（马建华，2001）。印度石油天然气公司（ONGC）在孟加拉湾获得该国第一个深水发现——G-1AA 井，该井位于克里希纳—戈达瓦里盆地，日产油 3600bbl 和日产气 $1.4\times10^6ft^3$。截止到 2005 年，在 160 个构造中打了 350 口探井，探明了 42 个含油气构造（朱佛宏，2005）。

2000 年以来海域大发现连续不断，2002 年在海域上白垩统上部地层中发现了印度最大的迪卢拜（Dhirubhai）气田，探明天然气可采储量 $6062\times10^8m^3$。

2005 年发现迪达亚（Deen Dayal）白垩系大气田，其发现井 KG8 井钻探深度 5061m，是盆地最深的探井。该气田的发现进一步揭示海域纵向上存在多套有利成藏组合，深层勘探潜力很大。

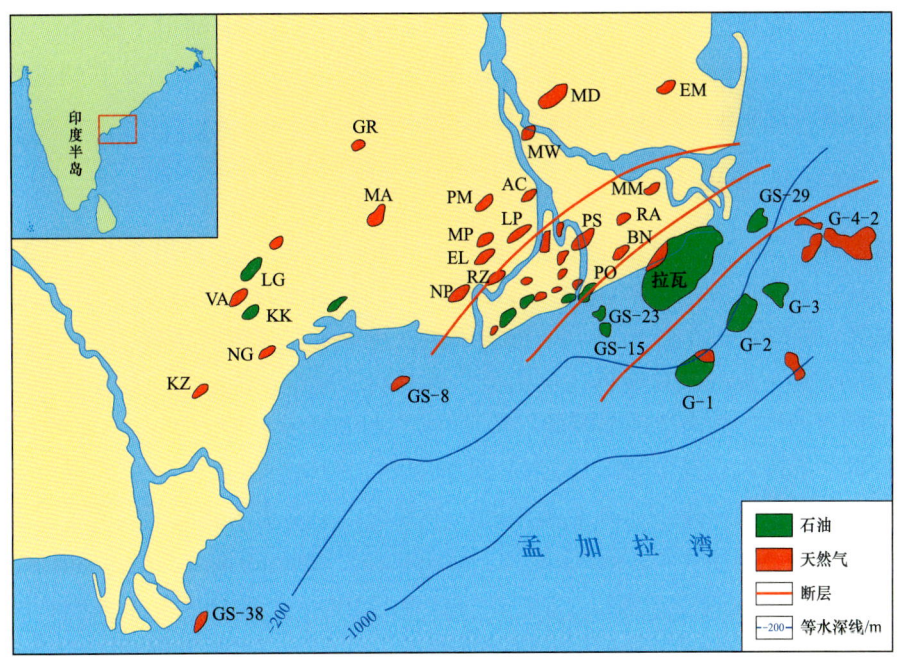

图 11-2 克里希纳—戈达瓦里盆地位置及油气田分布图（据 Gupta，2006）

二、孟加拉盆地

孟加拉盆地于 1923 年钻探第一口勘探井 Patharia-1，有油气显示。之后因多种因素影响，直到 20 世纪 60 年代没有进行开拓性的工作与生产。

1960 年 Chhatak（Tengratila）地区成为第一个产油区，1968 年开始投产。

1962 年发现孟加拉盆地迄今为止陆上最大的气田 Titas 气田。

Kailas Tila 油气田最先于 1983 年 6 月 29 日投产，产量在 1984 年达到顶峰至 $48×10^6 ft^3/d$ 以上。在 1987 年，评价井 Sylhet-7 在 Sylhet 油气田发现了石油，是孟加拉国到目前为止唯一的一口产油井。

孟加拉盆地共获得了 120100km 的地震数据，共钻 113 口探井，其中有 75 口是陆上的，38 口井在水深 103m 之下。在 34 个发现中，24 个在孟加拉国，10 个在印度。在孟加拉盆地的印度部分还未有意义的开发活动。印度瑞来斯实业公司在 NEC-OSN-97/2 浅海区块发现的迪卢拜气田是印度石油工业到目前为止最具商业价值的发现。

孟加拉国是孟加拉盆地石油天然气勘探的主要国家之一，是世界上勘探程度最低的国家之一，这些井大多数钻在孟加拉盆地东部。Shamsuddin 等（1997）和 Shamsuddin 等（2001），讨论了孟加拉国勘探程度较低的西部地区和海上地区一些有远景的成藏组合。在孟加拉国发现了 22 个气田，1 个油田，勘探成功率为 37%。在 22 个气田中，有 21 个气田估计天然气原始地质储量为 $16×10^{12}ft^3$ 以上（包括古近系砂岩产层），还有一个是储量未知的凝析气田（Khan et al.，1999）。美国优尼科公司估算应用新技术可以新增储

量 $12.8\times10^{12}\text{ft}^3$。发现的油气田有在桑格牛地区（Sangu）的海上油田（1996）、比比亚娜（Bibiyana）地区（1998）和 Moulavi Bazax 地区的陆上油田（1999）。这些储量的大多数存在于包括缅甸盆地在内的东吉大港—特里普拉邦褶皱带。

三、高韦里盆地

在高韦里（Cauvery）盆地主要进行勘探的国家为印度，次为斯里兰卡（图 2-5）。

印度石油天然气公司（ONGC）于 20 世纪 50 年代首次开始在高韦里盆地石油勘探。

勘探第一阶段：20 世纪 50 年代—80 年代初。主要在陆上地区实施了地球物理与地质调查，1964 年在 Karaikal 高地第一次钻探，该时期的成果仅限于 Karaikal 较少的石油和 Madanam 的天然气，未产生商业收益。

勘探第二阶段：20 世纪 80 年代初—20 世纪末。1984 年获得了常见深度的地震资料和钻孔结果，在地层中发现了 8 个油田和一个气田，主要为 Narimanam、Kovilkalappal、Bhuvanagiri、Tirukkalar 1、Nannilam、Kamalapuram、Vengidengal、Adiyakkamangalam，而气仅在 Tiruvarur 发现。在海区，PY-3、PH-9 与 PY-1-1 远景区有重大的石油和天然气发现，PY-1-1 油气田有 $190\times10^9\text{ft}^3$ 天然气储量。

勘探第三阶段：21 世纪以来，印度石油天然气公司对该盆地进行了广泛勘探。在 2000 年，共打了 3 口干井。2001 年 7 个油气预探井有两个发现：第一个是 Kanjirangudi 1 在古近系陆上储层中发现了 $39\times10^9\text{ft}^3$ 的天然气；第二个发现是陆上 PBS-1-1 发现了白垩系的天然气 $9\times10^9\text{ft}^3$。2002 年—2005 年，共打了 29 口井，其中近海有两口井，但均为干井，无任何收获。2006 年，共有七口油气田预探井，其中五口油井有油气发现。2007 年 5 月共打了 5 口油气田预探井，仅 Hardy 公司在 CY-OS-2（A）近岸区域取得了成功，在 Fan A-1 井有了新发现，如发现白垩系中 $65\times10^9\text{ft}^3$ 天然气。

2007 年 7 月，高韦里盆地获得第一个深水油气发现，由印度瑞来斯实业公司钻探的 CY-III-D5-A1 井，水深 1185m。Jubilant Oil 和 Gas Pvt Ltd 在 2008 年 2 月打了一口新的油气田预探井 CY-1，位于陆上 CY-ONN-2002/1 区块，发现了石油和天然气。2009 年 4 月打了 5 口新的石油天然气预探井，结果一无所获。目前在盆地北部的 Ariyalur-Pondicherry 次盆中已有约 3800km 的二维（平面）地震资料，30 口钻井数据，其中仅有 1 口油井。

斯里兰卡在高韦里盆地的勘探始于 1964 年，包括重力调查和大地测量调查。陆上，锡兰石油公司在 1967—1968 年和 1972—1973 年实施了地震测量，钻探的 3 口井中，Pesalai 1 有油气显示，Pesalai 2 和 Pesalai 3 为干井。斯里兰卡本国的公司与国外公司（马拉松油气公司）在 1975—1982 年间联合进行了部分地震勘探，此期间在近海区域打的 4 口井均为干井。自 1982 年以来，斯里兰卡在该区域未进行过石油勘探。

第十二章 孟加拉湾构造

第一节 大地构造

孟加拉湾地处印度板块东缘,其东为印度板块向欧亚板块俯冲的碰撞消减带,孟加拉湾大陆边缘深水区经历了多期构造运动(Rabi Bastia et al., 2010)。现今印度板块仍以平均5~6cm/a的速度沿北东方向向欧亚板块运动(图12-1)。印度板块东部边缘为巽他弧,弧前为爪哇、苏门答腊海沟和已被充填的安达曼—尼科巴海沟,板块边缘向北通过印—缅山系进入东喜马拉雅山脉束,向西转折为沿喜马拉雅山缝合线延伸(Currey et al., 1974)。

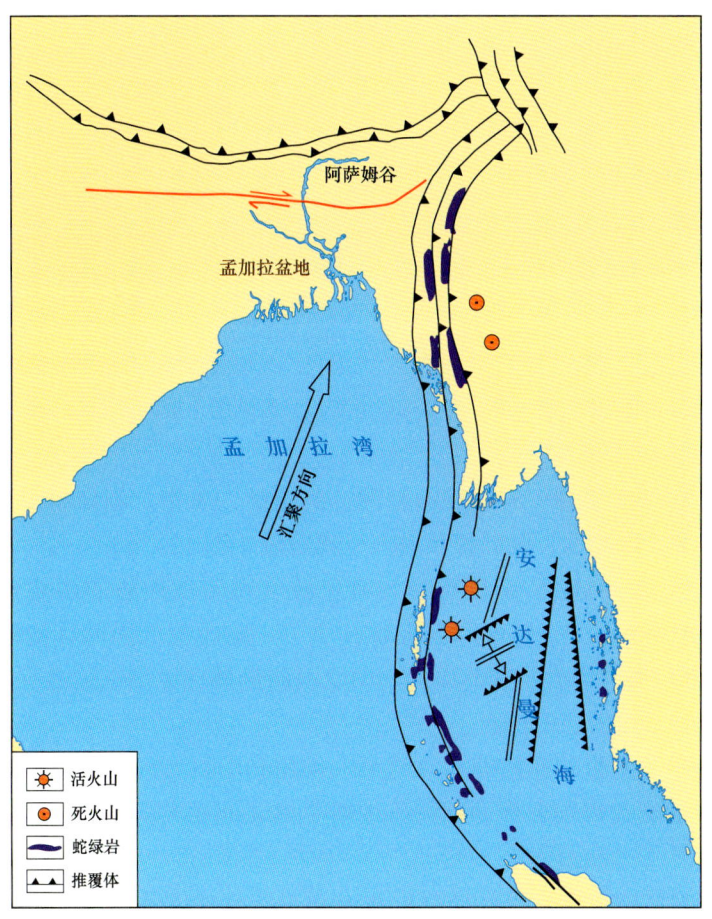

图 12-1 孟加拉湾构造简图(据 Currey et al., 1974)

孟加拉湾从被动大陆边缘（前渐新世）演化为残留洋盆地（中新世），残留的孟加拉湾盆地有三个构造区（图12-2）：

Ⅰ——西部被动—伸展克拉通边缘—稳定陆架区；

Ⅱ——中央深盆区或残留洋区；

Ⅲ——东部与俯冲相关的吉大港—特里普拉邦褶皱带。

这些构造区与板块构造相关联，每个区有其明显不同的构造、地层格架及沉积充填史（Mahmood，2003）。

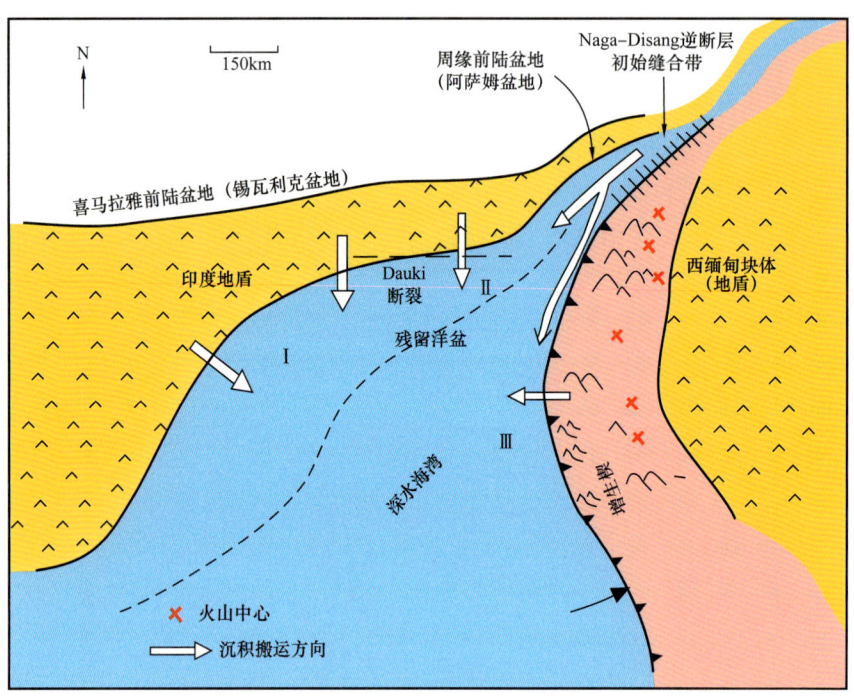

图12-2　孟加拉盆地及邻区早中新世构造分区略图（据Mahmood，2003）
Ⅰ.稳定陆架；Ⅱ.中央深盆；Ⅲ.吉大港—特里普拉邦褶皱带

早白垩世，在印度从澳大利亚和南极洲分离之前，藏南、缅甸和缅马地块已经离开向北并拼贴在亚洲大陆边缘，随后板块进入分离阶段（图12-3a）。

中古新世（大约59Ma），印度板块与欧亚板块在印度地盾的西北角和藏南之间发生软碰撞（图12-3b），60～55Ma印度板块经历了一定程度的逆时针旋转（Klotwijk等，1992），至此缝合带完全闭合。在此以后，印度斜向俯冲到亚洲大陆之下，印度的楔入导致印支、东南亚和华南板块的挤出。

中古新世—早始新世软碰撞期间（约59～44Ma）（图12-3b），印度继续向北或北北东方向运动，可能通过以前亚洲南部的其他增生体之间相对欠挤压缝合带的进一步挤压使得碰撞速度减慢（Chen et al.，1993）。

大约44Ma的早始新世，与喜马拉雅造山有关的硬碰撞开始发生（图12-3c），这时较老的缝合带被充分挤压，这也是东印度洋中主要板块重组时期，印度和澳大利亚板块连接在一起，成为一个统一的板块，澳大利亚—南极洲的分离开始加速。大致在缅甸和缅马地块与印支的构造挤出开始时，扩张方向也发生一些改变。由于印度板块向东南方向持续俯冲于缅甸地块之下，孟加拉湾地区在中新世成为一个残留盆地，如图12-3c所示（Ingersoll et al., 1995）。

在22Ma的早中新世，印度与西藏南部及印度与东部缅甸发生碰撞（图12-3d），喜马拉雅和西藏出现了快速的隆升。

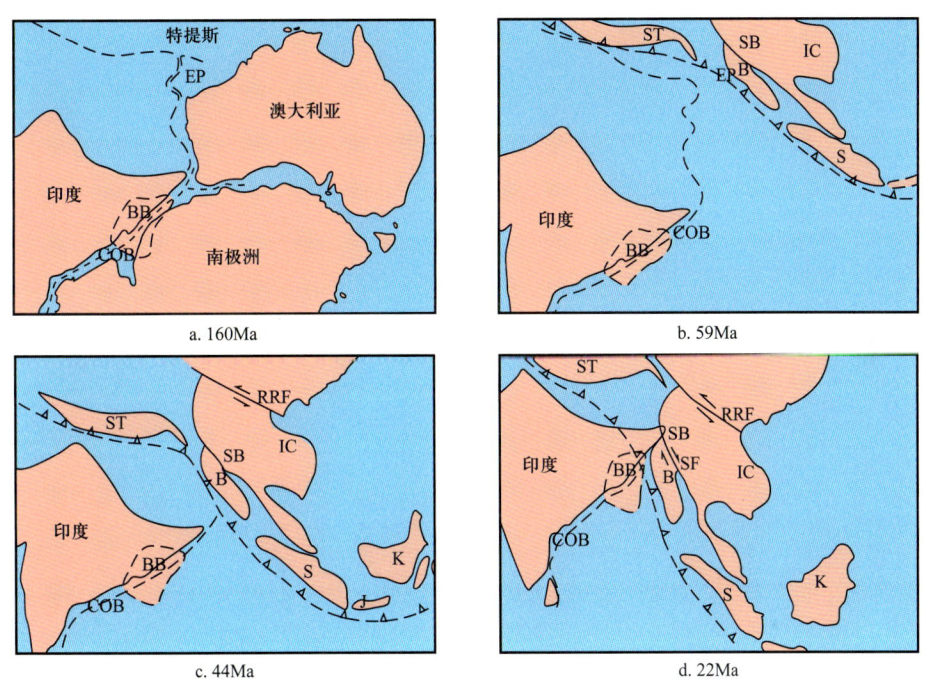

图12-3 印度洋区域板块重建图（据Mahmood，2003；Nagendra et al., 2010）
EP：埃克斯茅斯台地；COB：陆洋边界；ST：藏南；B：缅甸块体或印缅安达曼块体；SB：中缅马苏；IC：印支；S：苏门答腊；BB：孟加拉盆地；K：加里曼丹；J：爪哇；RRF：红河断裂；SF：实皆断裂

第二节 构造演化与沉积充填

一、孟加拉湾地区构造演化

孟加拉湾深水区处于被动大陆边缘，经历了多期构造运动，本次重点介绍孟加拉湾周边三大主要含油气盆地：克里希纳—戈达瓦里盆地、孟加拉盆地和高韦里盆地的构造演化。

1. 克里希纳—戈达瓦里盆地构造演化

该盆地经过裂谷阶段、被动大陆边缘阶段两个大的演化阶段，进一步将其划分为八个次级阶段，如表12-1所示（Gupta，2006）。

表 12-1 孟加拉湾含油气盆地构造演化及事件表（据 Gupta，2006；Roymoulik，2007；Frielingsdorf et al.，2008，汇编）

时代			代号	底界年龄/Ma	克里希纳—戈达瓦里		孟加拉盆地		高韦里盆地	
					构造演化	构造事件	构造演化	构造事件	构造演化	构造事件
新生界	第四纪		Q	1.806	热沉降/漂移阶段	重力塌陷	前渊坳陷-Ⅱ	印度板块与亚洲板块碰撞	热沉降/漂移阶段	
	新近纪	上新世	N_2	5.332						
		中新世	N_1^3	11.608						
			N_1^2	15.97						断块运动
			N_1^1	23.03			前渊坳陷-Ⅰ			
	古近纪	渐新统	E_3^2	28.4	后裂谷-Ⅱ		后裂谷阶段		后裂谷阶段	
			E_3^1	33.9		热、重力沉降		印度板块向北漂移		
		始新统	E_2^3	37.2						
			E_2^2	48.6		德干火山活动				
			E_2^1	55.8	后裂谷-Ⅰ	热、重力沉降		冈瓦纳大陆裂离	同裂谷阶段	
		古新统	E_1	65.5			同生裂谷-Ⅱ			
中生界	白垩纪	上	K_2	99.6	同生裂谷-Ⅱ	北西—南东向扩张				
		下	K_1	145.5						
	侏罗纪	上	J_3	161.2			同生裂谷-Ⅰ	冈瓦纳大陆下陷		
		中	J_2	175.6	同生裂谷-Ⅰ	北东—南西向扩张				
		下	J_1	199.6						
	三叠纪	上	T_3	228.7						
		中	T_2	245.9						
		下	T_1	251		前裂谷坳陷或扩张				
古生界	二叠纪	上	P_3	260.4						
		中	P_2	270.6						
		下	P_1	299						
前二叠系					基底		基底		基底	

1)裂谷阶段(上石炭统—侏罗纪晚期)

裂谷阶段Ⅰ:在联合大陆地堑区域,上石炭统—侏罗系仅沉积了早二叠世 Kommugudem 组、晚二叠世 Mandapeta 组砂岩,三叠纪的沉积间断可能与冈瓦纳大陆在侏罗纪的破裂与解体有关,而二叠纪与三叠纪的沉积取决于热流的上涌,最终在印度东海岸的冈瓦纳地堑中三叠系受到严重的侵蚀。Bhimadolu、马恩达佩塔(Mandapeta)及卡基纳达(Kakinada)地堑都是冈瓦纳盆地的一部分,在印度大陆分裂期,北东—南西向的侏罗纪裂谷盆地形成,以厚层晚侏罗世沉积为主。新出现的侏罗纪裂谷盆地,正交切断了克里希纳—戈达瓦里冈瓦纳地堑,名为戈达瓦里地堑(TransGodavari Graben),出现一系列集中且平行—近平行的薄弱面(weak planes)。侏罗纪盆地,以克里希纳地堑和古迪瓦达(Gudivada)地堑为代表,在同生裂谷阶段沉积了厚层河流相和湖泊相(Bapatla 组砂岩)。

裂谷阶段Ⅱ:侏罗纪晚期发生了强烈的构造活动,戈达瓦里地堑由于盆地西缘大量断层叠加形成了半地堑结构,这些断层最终转变成为克里希纳—戈达瓦里盆地的边缘断层。同时,戈达瓦里地堑东缘受到断裂的影响,形成长线状戈达瓦里地垒,地垒的大量形成取决于基底抬升及两翼的塌陷。在此期间,作为戈达瓦里地垒东南部相关的凹陷,也形成了 Bantumilli 地堑。

2)被动大陆边缘阶段(白垩纪—新近纪)

被动大陆边缘阶段早期Ⅰ:印度与南极洲在早白垩世早期开始漂移分离,形成孟加拉湾洋底。戈达瓦里地堑南部最初形成湖相页岩沉积(Gajulapadu 组页岩),之后海平面上升,Kanukollu 组砂岩(阿普特阶、阿尔布阶)在边缘海环境中沉积。戈达瓦里地堑的东北部以现在的 Bhimadolu、马恩达佩塔和卡基纳达盆地为代表,由于靠近盆地边缘而沉积了厚层的粗砾碎屑物(Golapalli 组砂岩),沉降发生在边缘海环境下。同时,暴露在开阔海南部的 Bantumilli 地堑沉积海相页岩(Nandigama 组)。所有岩性单元,时代相当(阿普特阶、阿尔布阶),但沉积模式不同。在此期间,戈达瓦里地堑沉积充填且发生准平原化作用(peneplanation),沉积物补给大多来自地垒和盆地北部露头区(图 12-4)。

被动大陆边缘阶段早期Ⅱ:戈达瓦里地垒地堑系统与古生代冈瓦纳大陆北西—南东向近于垂直,戈达瓦里地堑与地垒受力减轻,之后沿北西—南东向的构造方向发生错动。此期间形成了一系列小型雁行状地堑与地垒体系(图 12-5)。

被动大陆边缘阶段晚期Ⅰ:早白垩世顶部沉积经受了广泛侵蚀和准平原作用。随后白垩纪海侵,整个盆地区域接受沉积。在此期间,形成了显著的区域不整合,盆地向东南方的倾斜,粗粒碎屑物(Tirupati 组砂岩)沉积在盆地北部,形成克里希纳—戈达瓦里盆地现今的轮廓。

被动大陆边缘阶段晚期Ⅱ:在古新世,印度板块在西藏板块之下的俯冲越来越强,俯冲引起了克里希纳—戈达瓦里盆地火山喷发(Razole 组)。后火山时期(postvolcanic period)克里希纳与戈达瓦里盆地发生海退。始新世同生断层大量形成,近似平行于盆地边缘，称为 Matsyapuri–Palakollu 断层。

被动大陆边缘阶段晚期Ⅲ：渐新世海平面下降，沉积物在沿海地区沉积较少，并遭受侵蚀，由于盆地倾斜北部的沉积物来源不断增多。因此，戈达瓦里河开始向盆地延伸，形成中新世的三角洲。沉积物的快速沉降导致同生断层的良好发育，外形为拱形，近似平行于 Matsyapuri–Palakollu 断层，称为中新世生长断层。

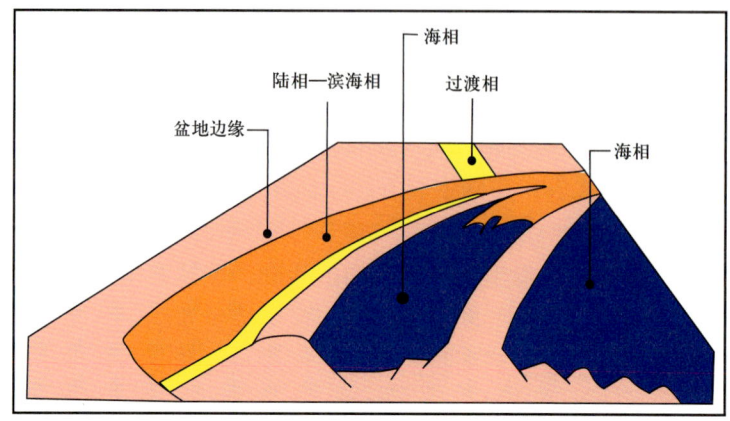

图 12-4　被动大陆边缘阶段早期Ⅰ阶段白垩纪沉积模型图（据 Gupta，2006）

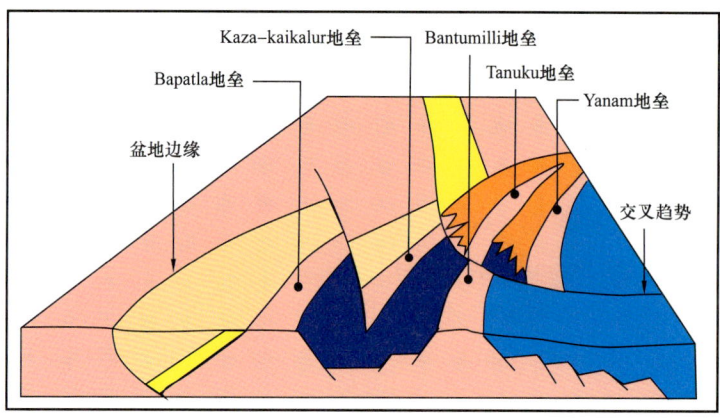

图 12-5　被动大陆边缘阶段早期Ⅱ阶段沉积模型图（据 Gupta，2006）

被动大陆边缘阶段晚期Ⅳ：在上新世，碎屑岩的输入导致生长断层较发育。之后 Vadaparru 组页岩广泛沉积，大量的背斜构造与断层不再形成。以上描述的三个主要同生断层均平行于晚侏罗盆地边缘断裂。上新统界线以上新统—更新统间逆断层为标志。次级逆断层与上层沉积物受孟加拉盆地冲积扇体系的控制（图 12-6）。

2. 孟加拉盆地构造演化

孟加拉盆地位于印度板块的东北角，处于大陆—衰减大陆—洋壳单元的交汇处，是一个通过陆—陆碰撞形成的典型前陆边缘盆地（Abhijit et al.，2009），主要受到印度板块、西藏（欧亚板块）和西缅甸（缅甸板块）共同作用（Khandakerm et al.，2005）。

孟加拉盆地构造演化始于晚中生代（约126Ma前）冈瓦纳大陆的裂解（Lindsay et al.，1991）。印度板块沿着北东—南西山系从南极洲板块分裂出来（Sclater et al.，1974）。在板块重组后（90Ma），印度板块开始快速向北漂移，导致了始新世（55～40Ma）开始与亚洲的碰撞（Curray et al.，1982；molnar，1984；Rowley，1996）。喜马拉雅山脉的上升直到中新世才开始（Gansser，1964；Uddin et al.，2004）。

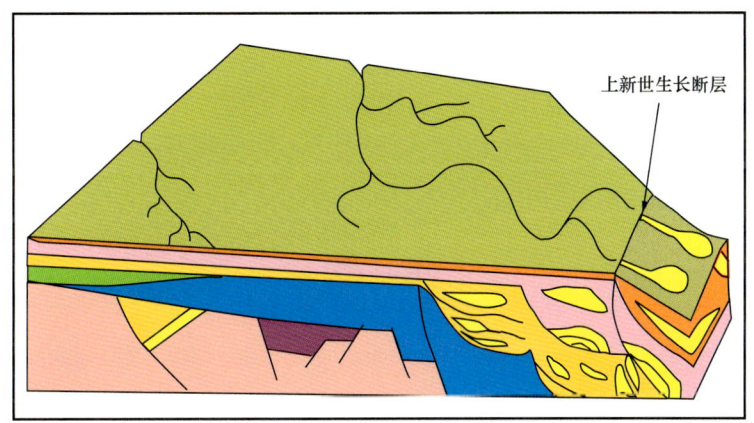

图12-6 古近纪沉积模型图（据Gupta，2006）

晚白垩世，孟加拉大陆架缓慢下沉，使东南部原始盆地海侵受到限制。盆地的西部（主要在西部孟加拉地区）记录了潟湖的泥质沉积和砂质沉积，而阿萨姆邦（Assam）在东部和东北部前缘被一个开放的浅海海域占据（SenGupta，1966）。

始新世，盆地边缘断层运动使盆地开始下陷，并引起了大范围的海侵，导致了孟加拉盆地石灰岩沉积（SenGupta，1966），此时盆地东西部开始分离。之后，海水开始从孟加拉盆地退去。大约49.5Ma，碎屑碳酸盐岩沉积序列被碎屑岩沉积所替代（Lindsay et al.，1991）。大规模的三角洲沉积导致地貌发生快速转换，这可能是印度、欧亚板块碰撞的结果，并使喜马拉雅山脉隆起（SenGupta，1966）。盆地东、西部的下沉速度、构造运动和海平面升降的改变，使得其沉积史发生差异，如图12-7所示（Mahmood，2003）。

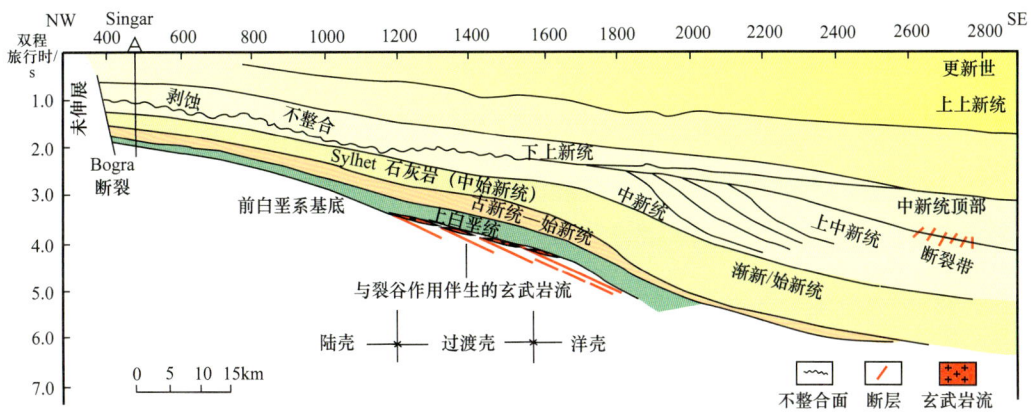

图12-7 穿过孟加拉盆地稳定陆架区和中央深盆区南部地质剖面（据Mahmood，2003）

中—晚中新世，强烈的构造运动仅在 Dauki 断裂带和 Naga 逆断层出现（Lindsay et al.，1991）。这一运动在上新世变得更加强烈（SenGupta，1966），伴随海平面的下降及盆地广泛海退。此后，盆地沉积相由海洋河口环境向以河流—潮汐环境为主的转变，一直持续到现代，最终形成了现今的三角洲盆地沉积，如图 12-8 所示（Mahmood，2003；Abhijitmukherjee et al.，2009）。

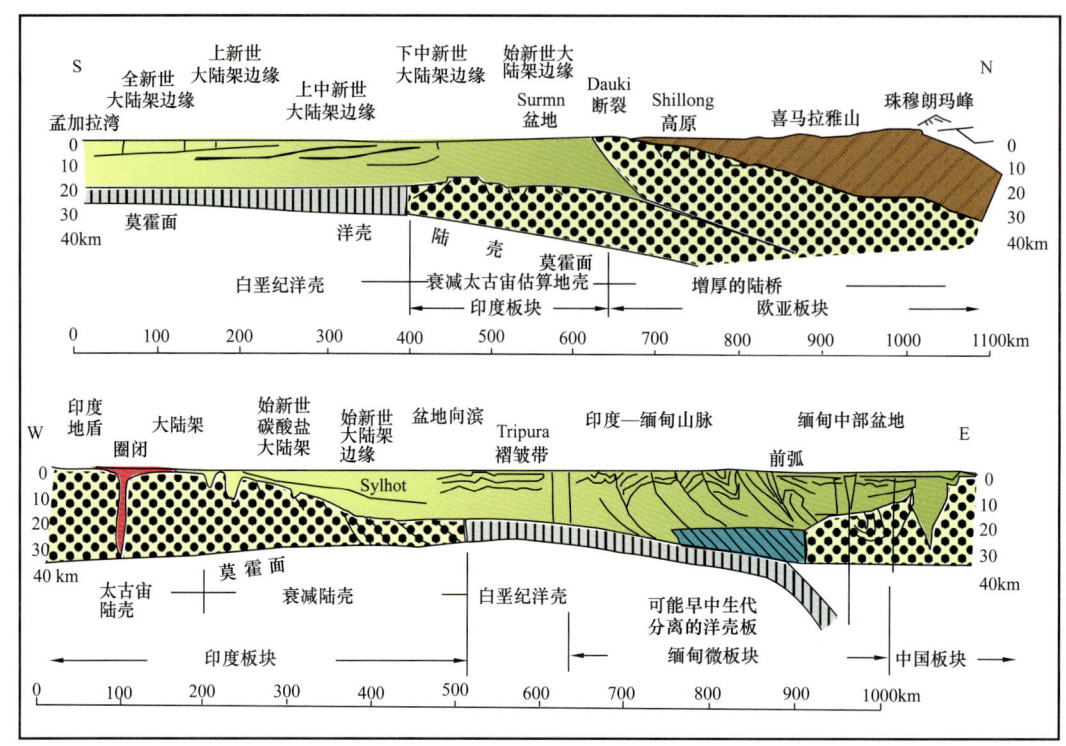

图 12-8　穿过孟加拉湾的近 SN 向、近 EW 向构造格架剖面简图（据 Mahmood，2003）

晚上新世，孟加拉湾吉大港—特里普拉邦（Chitaggong-Trapura）褶皱带Ⅲ区在东部边缘发育，Ⅱ区开始演化为前陆盆地，而当Ⅰ区前缘沉积物向西北逆冲时，可看作未来前陆盆地的中心。Ⅲ区的构造演化多受控于增生楔和主体向东倾的逆断层（图 12-9），其发育是大洋沉积物由于印度板块在弧沟背景下斜向俯冲到缅甸板块下面产生刮削的结果（Mahmood，2003）。吉大港—特里普拉邦褶皱带Ⅲ区位于孟加拉盆地东部，含有南北走向的转换挤压背斜，有些为高产构造（背斜）。这些雁列式背斜从特里普拉邦褶皱带区向萨尔马盆地延伸约 500km。在孟加拉国东北部，萨尔马盆地限定了褶皱带的最北部范围，由盆地向西，背斜的高度和强度逐渐降低。背斜高度降低反映了印度板块与缅甸微板块的相互作用（图 12-9）。

3. 高韦里盆地构造演化

据 Bhowmick（2005）研究，高韦里盆地是一个被动陆缘盆地，其演化与印度东海岸其他同时期的演化有一定的联系。在高韦里盆地重点识别出上侏罗统及阿普特阶、阿尔布阶、塞诺曼阶、土伦阶、康尼亚克阶、坎潘阶、马斯特里赫特阶、古新统及之上相应的年轻地层（图12-10）。盆地演化阶段如下（Roymoulik et al., 2007）。

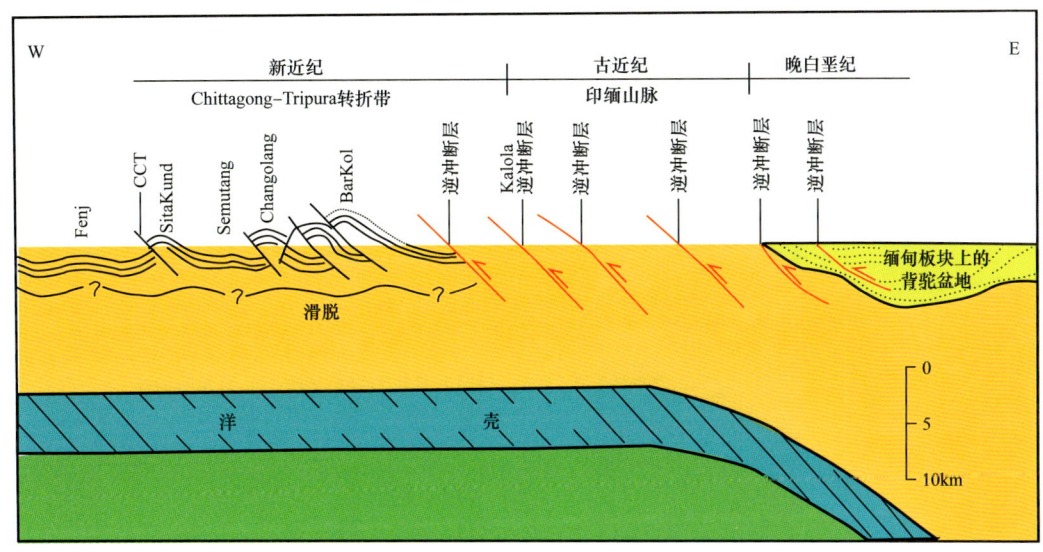

图 12-9　穿过吉大港—特里普拉邦褶皱带的构造地质剖面（据 Mahmood，2003）

裂谷阶段（晚侏罗世末—阿普特期）：东冈瓦纳裂谷时期，前寒武系结晶基底上同生裂谷序列发展阶段。高韦里盆地是在印度前寒武系结晶基底之上，许多北西—南东向延伸的盆地在印度、澳大利亚和印度、南极洲之间的断陷区形成。裂谷作用一直持续到阿普特期，盆地完全拉张裂陷。

裂后热沉降阶段（阿尔布期—土伦阶末期）：早白垩世晚期，盆地裂谷拉开引发热沉降，盆地发生海侵，发育一套下白垩统细粒碎屑沉积。

被动大陆边缘阶段（晚白垩世—现今）：该阶段盆地发生倾斜，略北东向倾斜，在此期间，海侵沉积充填、盆地侵蚀等许多事件发生，（Watkinson et al., 2007）。上覆白垩系上部及新生界沉积。

二、孟加拉湾地区沉积充填

孟加拉湾沉积充填史变化较大，主要受控于孟加拉湾的构造演化（Mahmood，2003），且每个沉积阶段均受构造旋回的控制。

前寒武纪变质沉积和石炭纪—二叠纪岩石仅在稳定陆架区钻遇。印度地盾前寒武纪准平原化之后，孟加拉湾盆地的沉积作用开始在孤立基底之上的地堑内发育。随着冈瓦纳大陆在侏罗纪—白垩纪破裂，印度板块向北运动，盆地在白垩纪开始向下挠曲在稳定陆架和深盆内发育沉积作用（图12-3）。盆地的沉降是由于地壳的差异调整、与南亚不同块体的碰撞、东喜马拉雅和印缅山脉的隆升引起。

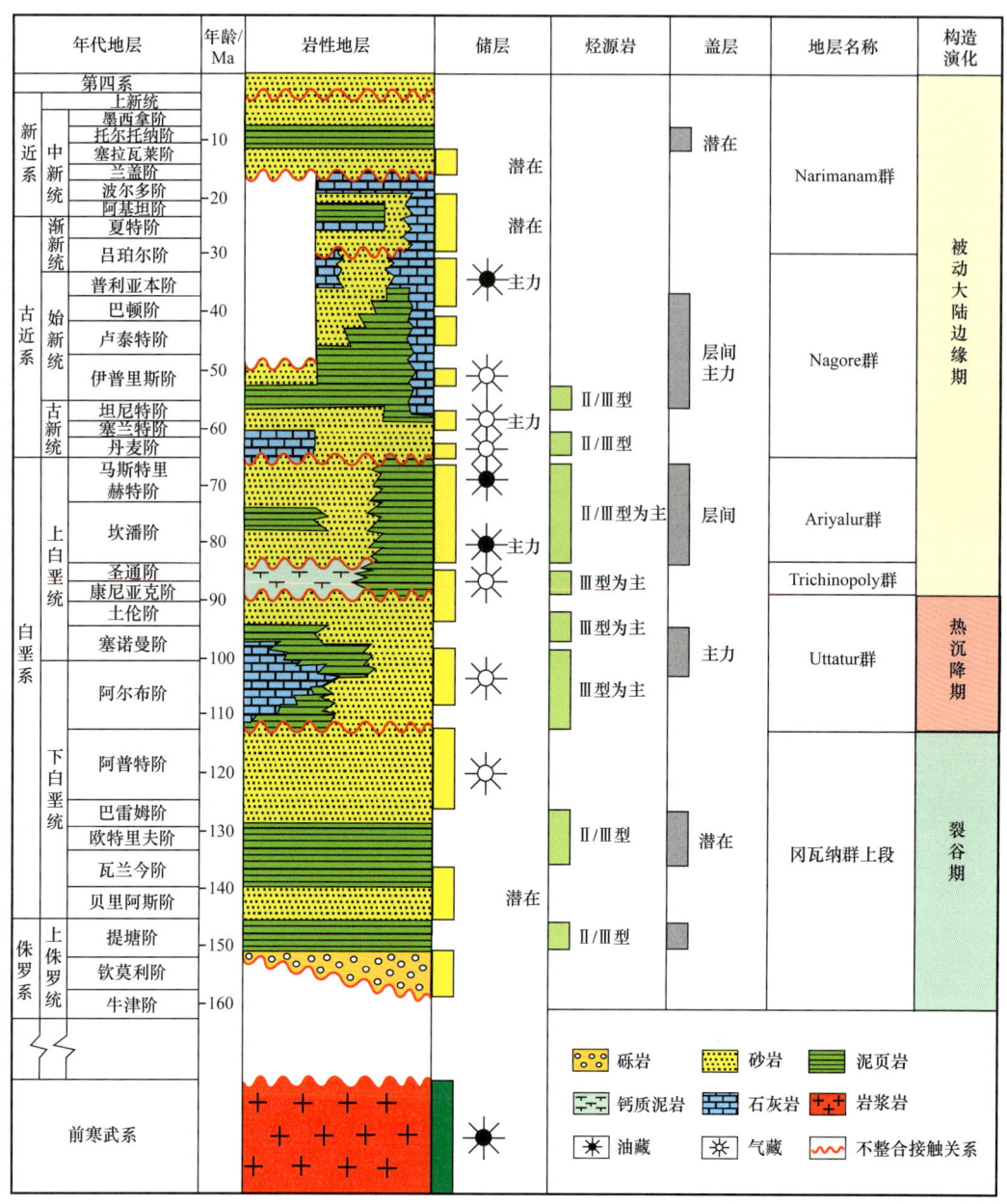

图 12-10 高韦里盆地构造演化及地层综合柱状图（据朱伟林等，2012；张功成等，2015，修编）

始新世，由于重要的海侵，稳定陆架区处于碳酸盐岩环境，而深盆区受深水沉积作用控制。

中始新世到早中新世，孟加拉湾盆地沉积作用类型发生重要转变，是印度、缅甸与西藏块体碰撞的结果。碎屑流从北部的喜马拉雅和东部的印缅山脉迅速增加，盆地沉降速率加大。在此阶段，深海沉积作用控制了深盆区，而盆地东部广泛出现深—浅海沉积环境。

中中新世，随着板块之间持续的碰撞、喜马拉雅山脉和印缅山脉的隆升，大量的碎屑物流从东北部和东部进入盆地。整个中新世，沉积环境继续变化，从盆地内的深海棚到盆地边缘的浅海相和海岸相。上新世以来，大量的沉积物从西部和西北部充填在孟加拉湾盆地，三角洲沉积继续发育，形成现在的三角洲地貌。

现今的盆地具有的北部恒河—布拉马普特拉河三角洲体系和南部孟加拉深海扇这一格局，形成于上新世—更新世后期，在那以后的三角洲进积受到东喜马拉雅造山作用的强烈影响（Mahmood，2003）。

第三节 主 要 断 裂

一、克里希纳—戈达瓦里盆地断裂系统

克里希纳—戈达瓦里盆地西侧边缘具有该区最广泛的断裂系统，多发育北东—南西向走滑断层及止断层。除了盆地边缘的断裂，三条主要的区域性断裂是：陆上的Matsyapuri–Palakollu断裂、近岸浅水区的中新统构造断裂、深水区的上新统构造断裂（图12-11）。断裂均呈弧形，且与弧形的地垒走向大致平行（Gupta，2006）。

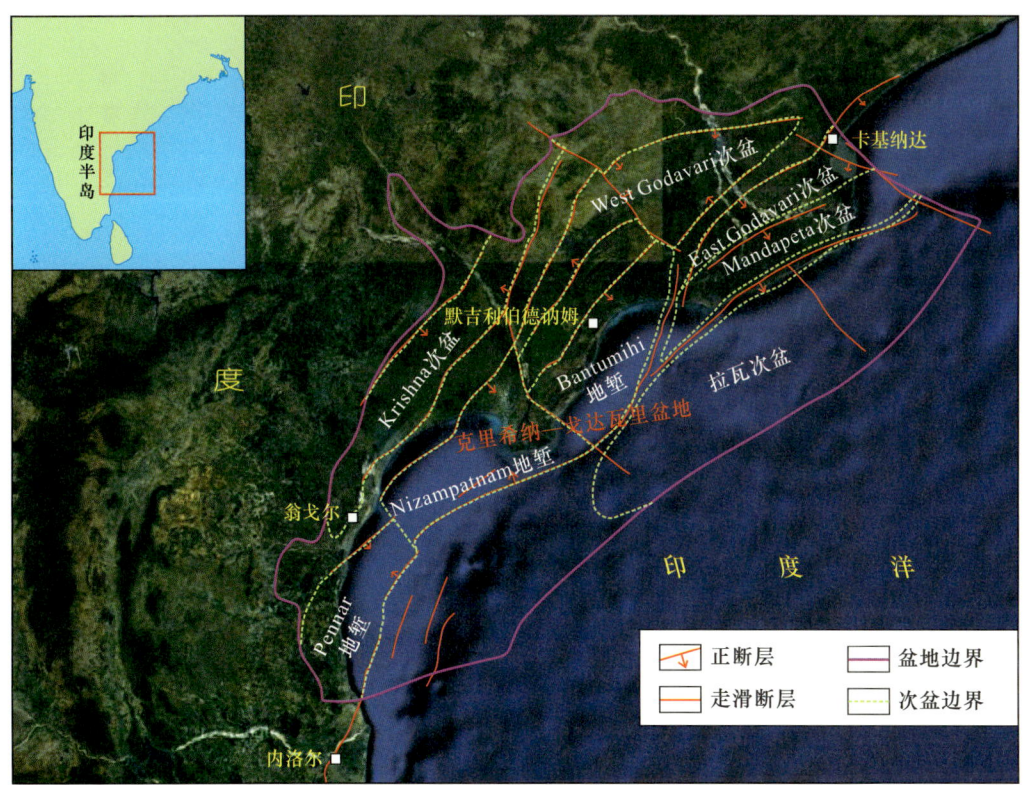

图12-11 克里希纳—戈达瓦里盆地断裂系统图（据Srivastava et al.，2006）

二、孟加拉盆地断裂系统

孟加拉盆地西部为基底断裂控制的宽阔斜坡（图 12-12），东部与吉大港山前褶皱带断层接触。北部苏尔玛凹陷与西隆地块呈断裂接触，局部构造在北部呈东西向，在东南部近南北向，为孟加拉盆地主要产油气区。

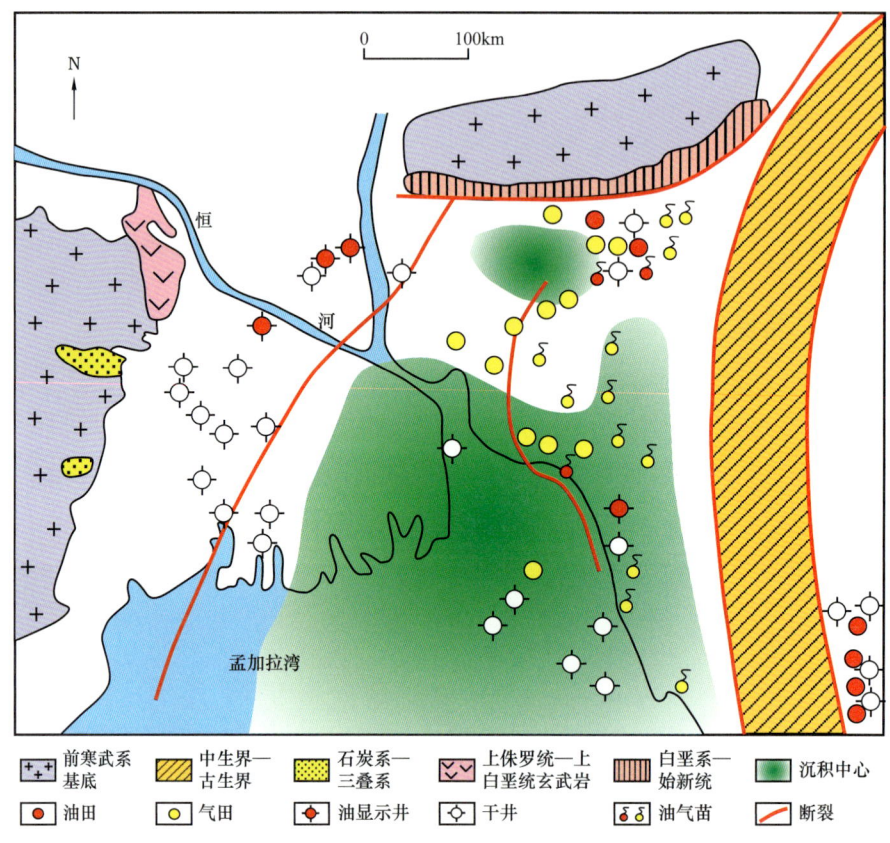

图 12-12　孟加拉盆地油气分布与断裂系统示意图（据 Uddin et al., 1998）

孟加拉盆地的西部边缘具有一个复杂的北西—南东向的断裂体系，且被 Rangapur 背斜的基底隆起截断。盆地北部边缘靠着西隆地块的结晶基底被西—东向 Dauki 断裂切断。在东部，特里普拉邦—Cachar 与若开盆地之间为吉大港—库克巴萨断裂。盆地南部，孟加拉盆地延向了孟加拉深海扇区域，两者之间的界限被定为接近 2000m 的深水线。孟加拉盆地的板块构造形态由西北地区被动边缘断块（Dauki 断裂）及白垩纪出现的盆地中东部压扭性造山带组成（Frielingsdorf et al., 2008）。

三、高韦里盆地断裂系统

高韦里盆地位于印度半岛西北部和斯里兰卡断层东南部的对称滑动断层之间，其构造方向平行于相邻的东部前寒武系山脉构造方向（Chari Narasimha et al., 1995）。该盆地西侧边缘断裂走向北西—南东向，与盆地轴线方向平行（Roymoulik et al., 2007）。

Ariyalur–Pondicherry 次盆有厚约 6000m 的早白垩纪至今的沉积物，该地堑有几个主要的构造单元（Roymoulik et al.，2007）：

（1）北东—南西向的狭窄海槽，Vridhachalam 和 Chidambaram 低地，分别位于西侧和东侧；

（2）Andimadam 地垒和 Neyveli 高地，它们被一个交叉的平行于西部边缘的 Vridhachalam 低地分隔；

（3）主地堑带中心部分的 Bhuvanagiri 鼻状构造；

（4）北东—南西向伸展断层；

（5）北西—南东向交叉断层。

第四节　构造单元划分

一、克里希纳—戈达瓦里盆地构造单元

区域上的基底式地垒巴帕拉（Bapatla）、坦努库（Tanuku）、卡扎（Kaza-Kaikalur）、Kavali、Nellore 和 Nayudupeta 将克里希纳—戈达瓦里盆地划分为几个小次盆和地堑，例如：Pennar 地堑、克里希纳地堑、戈达瓦里地堑和东戈达瓦里次盆等，如图 12-13 所示（Ravi Bastia et al.，2006）。

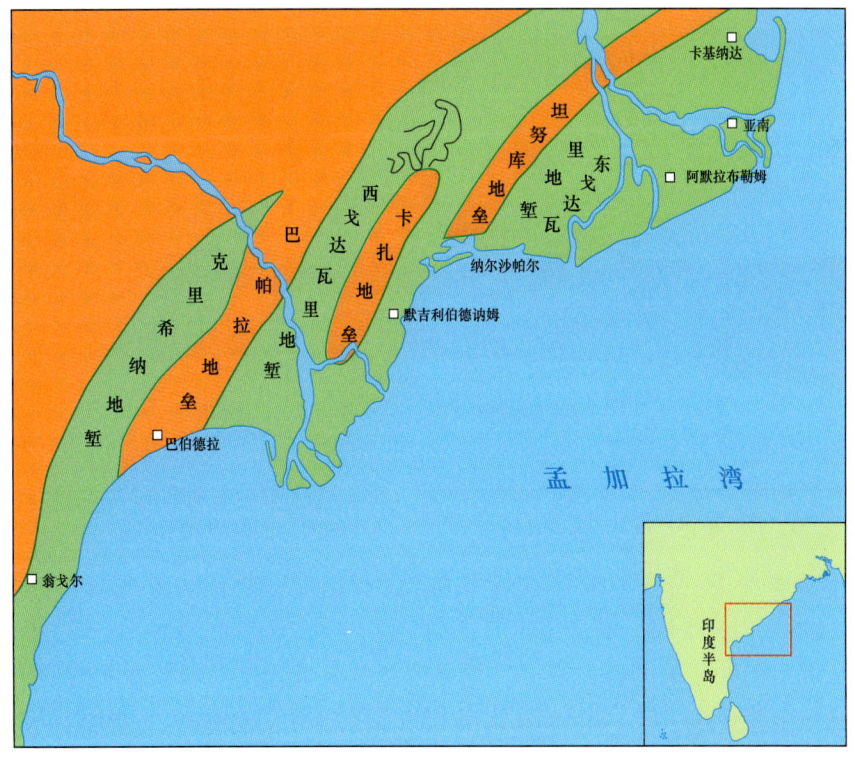

图 12-13　克里希纳—戈达瓦里盆地构造单元划分图（据 Gupta，2006）

地堑、地垒被直立或陡倾的断层分隔，盆地构造单元主要由三垒五堑构成，地垒主要有：巴帕拉、坦努库、卡扎，地堑主要有克里希纳、戈达瓦里、Banturnill、Bhimadolu、Mandapeta 五个地堑。

二、孟加拉盆地构造单元

孟加拉盆地划分为三个构造区。

（1）西部被动—伸展克拉通边缘稳定陆架区：也称印度地台区，位于西侧的西孟加拉陆架，它以显著的伸展构造为特征。该地区沉积地层上覆于印度西北部克拉通岩石之上。西孟加拉陆架的特征是有两个主要的伸展时期：晚石炭世—早侏罗世地壳裂陷，被动裂谷作用导致了北西—南东向至东—西向的断裂系统及前寒武系结晶基底单元之上的半地堑带的发展；早白垩世晚期—中白垩世，活动裂谷造成了北东—南西向至北北东—南南西向的断裂系统，其叠加在古生代体系之上（图 12-14）。

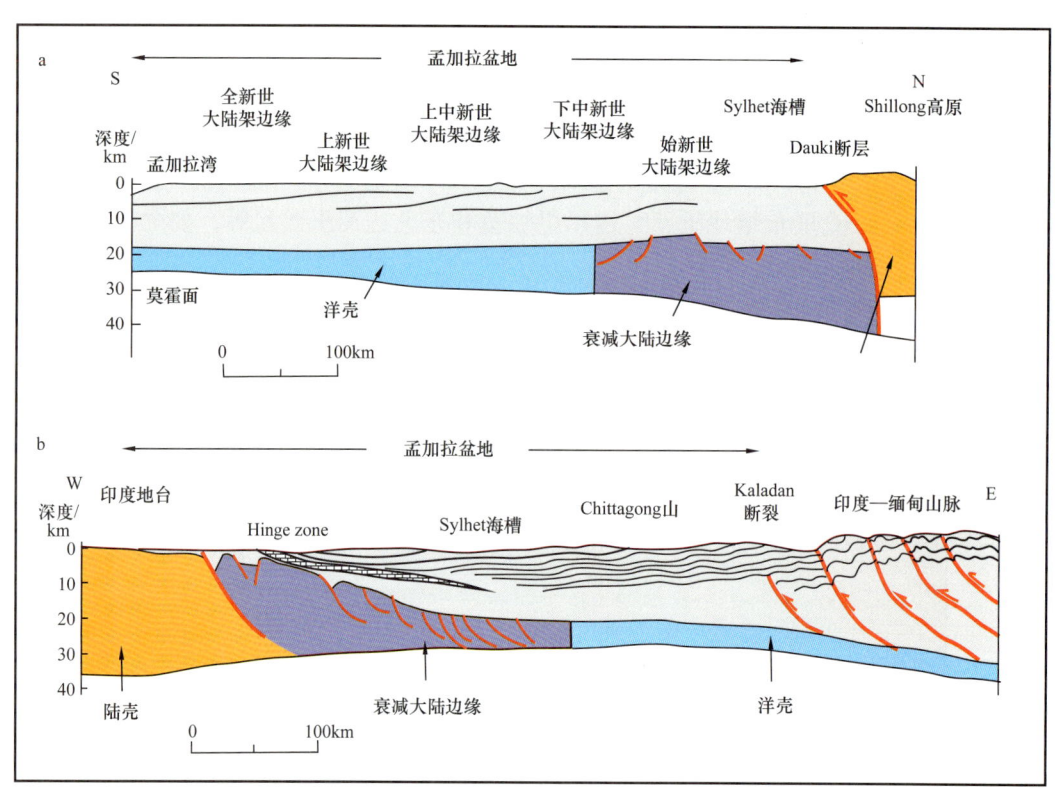

图 12-14　孟加拉盆地剖面示意图（据 Ashraf Uddina et al., 2004）

（2）中央深盆区或残留洋区：较厚的沉积充填上覆于深部沉降海岸盆地之上（Bakhtine, 1966; Khandoker, 1989）。

（3）东部与俯冲相关的吉大港—特里普拉邦褶皱带区：以东缘逐渐增强的挤压构造为特征。盆地东部是苏尔玛（Surma）次盆和哈蒂亚海槽（Hatiya），以新近纪碰撞阶段的挤压结构为特征。

三、高韦里盆地构造单元

高韦里盆地包括一系列被北东—南西向断裂控制的地垒和地堑。根据前人有关该盆地的重力资料，高韦里盆地被分为三个坳陷：Ariyalur–Pondicherry 坳陷、Tanjore–Tranquebar 坳陷和 Ramnad–Palk Bay 坳陷，分别被位于其间的隆起分开。Ariyalur–Pondicherry 坳陷位于最北部，包含 Ariyalur、Vridhachalam 和 Pondicherry 三个重要露头。

第十三章　孟加拉湾地层与沉积相

根据资料情况，孟加拉湾地区主要分析上述重点讲述的三个深水含油气盆地：克里希纳—戈达瓦里盆地、孟加拉盆地和高韦里盆地。

第一节　地　层

一、克里希纳—戈达瓦里盆地地层

克里希纳—戈达瓦里盆地最老的地层为早二叠世 Kommugudem 组页岩、煤层和砂岩夹层，煤层通常 1~6m 厚，沉积在太古宇基底之上。部分地区可见下部硅质黏土岩（Draksharama 组），主要沉积环境是河流—潟湖相（Gupta, 2006）（图 13-1）。

晚二叠世 Mandapeta 组砂岩是沉积于河流环境中的厚层长石砂岩。中间相对较厚的页岩为泛滥平原沉积。

晚侏罗世 Bapatla 组砂岩是非海相的砂岩、黏土岩、页岩，直接沉积在太古宇基底之上。上覆岩层主要为砂岩夹薄层状页岩、黏土岩。

在古迪瓦达地堑、Gajulapadu 组页岩和上覆的 Kanukollu 组砂岩（阿普特阶、阿尔布阶）不整合覆盖在晚侏罗世 Bapatla 组砂岩之上。

Gajulapadu 组页岩沉积于湖泊环境中，有机质含量较高，含砂岩夹层。

上覆 Kanukollu 组滨海相砂岩。Nandigama 组（阿普特阶—阿尔布阶）主要是海相页岩夹薄砂岩层，底部以粗碎屑岩为主。Golapalli 组砂岩（阿普特阶—阿尔布阶）为红色的黏土岩，浅海相砂岩覆盖于其上，作为填充沉积物不整合于晚二叠世 Mandapeta 组砂岩之上。Raghavapuram 组页岩（塞诺曼阶—下马斯特里赫特阶）被再分成下层和上层单元。稳定性较高的下部单元含有丰富的有机质；上部单元含有浅海相透镜状砂岩和薄页岩夹层。Tirupati 组砂岩（下—中马斯特里赫特阶）不整合于 Raghavapuram 组页岩之上，沉积于白垩纪海退时期。

早古新世 Razole 组由广阔的熔岩流组成，覆盖在 Tirupati 组砂岩之上组成。

中—晚古新世 Palakollu 组页岩沉积于浅海—半深海环境，向盆内方向岩石厚度增加。

早始新世 Pasarlapudi 组覆盖在 Palakollu 组页岩之上，由浅海—半深海砂质、页岩及石灰岩交替组成。

中始新世 Bhimanapalli 组以藻灰岩为主，常见砂岩夹层。沉积环境是外部浅海—半深海。

渐新世—中新世 Matsyapuri 浅海—半深海相砂岩，有黏土岩夹层。

中新世 Ravva 组由沉积于中新世生长断层南部，由大陆架厚层、粗碎屑组成。

上新世—更新世，戈达瓦里组以大陆架泥质沉积为主。

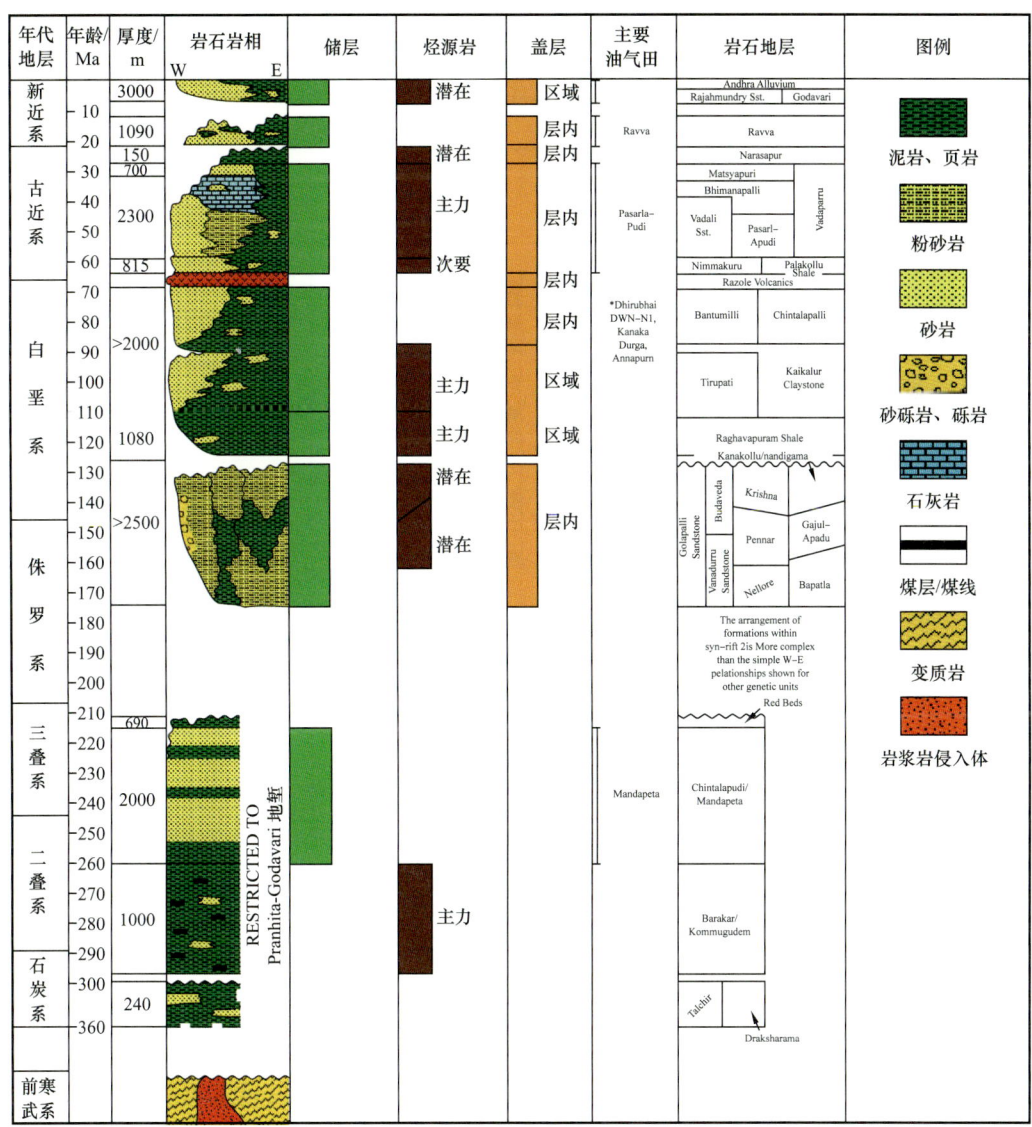

图 13-1 克里希纳—戈达瓦里盆地综合地层柱状图（据 Gupta，2006）

二、孟加拉盆地地层

由于盆地的位置位于三个板块的接合处，即印度、缅甸和泰国（欧亚大陆）板块间，这些构造单元的沉积充填史变化较大。

前寒武纪变质沉积岩和石炭纪—二叠纪的岩石仅位于稳定大陆架。在前寒武纪印度地盾准平原化后,从孤立的位于基底受地垒控制的盆地开始孟加拉湾的沉积(morley,2002)。

由于较厚的三角洲覆盖和化石的相对缺少,对孟加拉(Bengal)盆地地层了解的不全,盆地地层的命名和分类基于阿萨姆邦(Assam)盆地(印度北东部)(Khan andmuminullah,1980;Ashraf Uddina et al.,2004)。

孟加拉盆地西北 Bogra 陆架区的地层如图 13-2,前寒武系基底发育在冈瓦纳盆地内(Islam et al.,2009;Frielingsdorf J et al.,2008)。

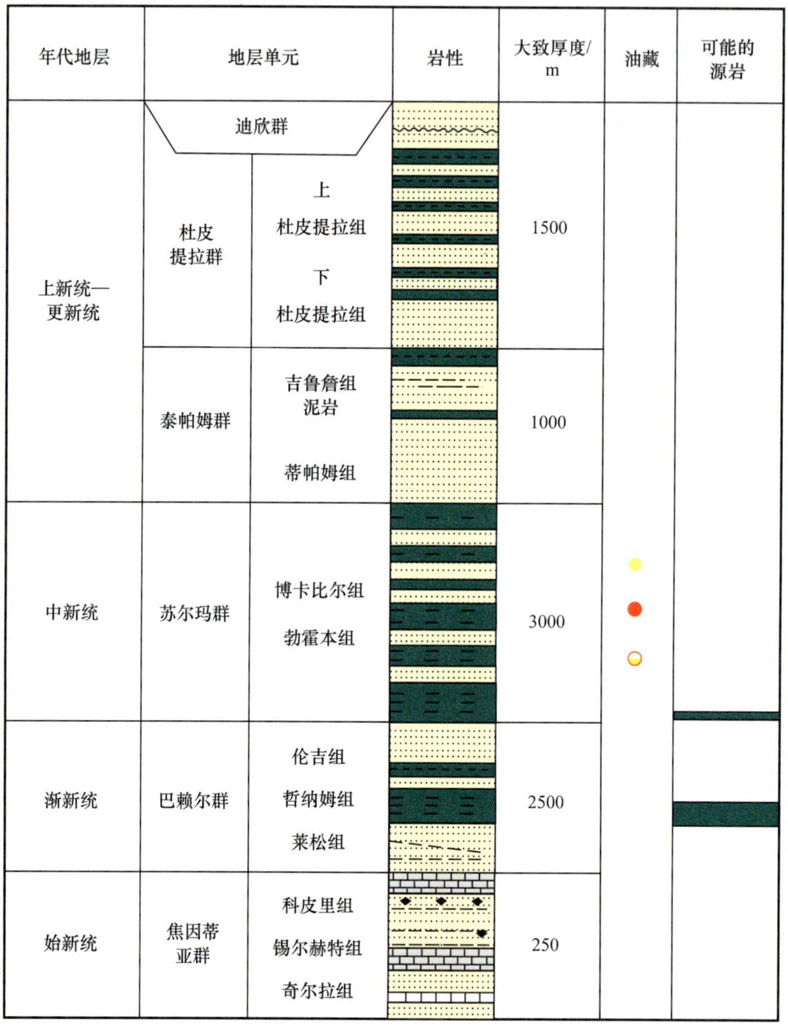

年代地层	地层单元		岩性	大致厚度/m	油藏	可能的源岩
上新统—更新统	杜皮提拉群	迪欣群				
		上杜皮提拉组		1500		
		下杜皮提拉组				
	泰帕姆群	吉鲁詹组泥岩		1000		
		蒂帕姆组				
中新统	苏尔玛群	博卡比尔组		3000	○●○	
		勃霍本组				
渐新统	巴赖尔群	伦吉组		2500		
		哲纳姆组				
		莱松组				
始新统	焦因蒂亚群	科皮里组		250		
		锡尔赫特组				
		奇尔拉组				

图 13-2 孟加拉盆地新生界综合柱状图(据 Ashraf Uddina et al.,2004;Rabbani et al.,2000)

最初盆地面积较大,在内陆地垒沉积了下冈瓦纳组的晚石炭世和二叠纪陆生有机物(煤系)地层,冈瓦纳沉积物在凉爽的气候条件形成于河漫滩和沼泽平原的低弯度的辫状河流中(Uddin et al.,1998)。

随后有大量三叠纪到早侏罗世碎屑沉积（Chakrabarti et al.，1997）。晚侏罗世和早白垩世沉积地层在大区域的缺失，显示在冈瓦纳大陆的分离阶段地层受到剥蚀和间断。

之上的 Rajmahal 组灰质层，代表上白垩统的一次火山活动史。

中生界沉积了河流—浅海斜坡和三角洲相，主要由页岩—富泥的砂岩组层，是良好的储层。

晚白垩世—中始新世盆地在浅水的大陆架发育砂岩、碳质泥岩和灰岩地层。中始新世锡尔赫特组石灰岩在高水位体系中沉积，在地震剖面中可见良好的反射面。在古陆架边缘的石灰岩层中可能存在有孔虫。在孟加拉国北部常见锡尔赫特石灰岩露头，中新世之后海相环境逐渐向南转变为三角洲沉积系统。

三、高韦里盆地地层

高韦里（Cauvery）盆地发育上侏罗统—更新统滨海相地层，局部为沼泽、湖泊和河流相充填（图 12-10）。沉积盖层的厚度将近 4.5km（朱佛宏，2005）。盆地露头不连续，已被发现的五个主要的不整合分别为晚阿尔布阶、土伦阶、坎潘阶、马斯特里赫特阶和中新统。除了坎潘阶不整合，其他不整合在地表都有记录（Bhowmick，2005）。

盆地早白垩世—马斯特里赫特期沉积层序可以进一步细分为两个巨层序——同生裂谷巨层序、后裂谷巨层序，这两个巨层序具有明显不同的特征。同生裂谷巨层序从巴雷姆阶—上部的土伦阶，与冈瓦纳群 Dalmiapuram 组、Karai 组泥岩一致。后裂谷巨层序是相对变薄的沉积序列，包括 Garudamangalam 组砂岩，上土伦阶—马斯特里赫特阶包含主要沉积纪录的 Ariyalur 组。

白垩纪总的沉积序列显示了退积层序，高韦里盆地最北部的 Ariyalur-Pondicherry 坳陷中的 Ariyalur 地区出露了阿尔布阶—马斯特里赫特阶的沉积地层，共分为三个群：Uttatur、Trichinopoly 和 Ariyalur，由七个组组成：即 Dalmiapuram、Karai、Garudamangalam、Sillakkudi、Kallankurichchi、Ottakkovil、Kalla-medu（Watkinson et al.，2007）。

Uttatur 群：包含 Dalmiapuram 组和 Karai 组。Dalmiapuram 组包括珊瑚藻灰岩、层状石灰岩、泥灰岩。Karai 组包括杂色页岩、石灰岩，含丰富箭石印模。Dalmiapuram 组与下伏阿尔布阶、上覆土伦阶为不整合关系。

Trichinopoly 群：包括 Garudamangalam 组，不整合于 Karai 组页岩之上，分为三段：Kulakkalnattam 砂岩、Calcarenite 砂屑灰岩段和 Saturbhagam 段。含有丰富的生物化石及大规模的交错层理（3m 厚）代表河道充填沉积，上部为不整合界面。

Ariyalur 群：包含 Sillakkudi 组砂岩、Kallankurichchi 海相碳酸盐岩、Ottakkovil 组和 Kallamedu 组。Kallankurichchi 组不整合于 Sillakkudi 组之上。Gryphaea 组石灰岩覆于下部砂质灰岩之上，为红棕色中粒结构。上部含有丰富的陆源沉积，直接覆于 Gryphaea 组石灰岩之上。Kallamedu 组上部的交错层理代表滞留河道沉积，标志着 Ariyalur 地区白垩纪沉积结束（Nagendra et al.，2010）。

第二节 沉 积 相

一、克里希纳—戈达瓦里盆地沉积相

克里希纳—戈达瓦里盆地含有巨厚的沉积层序,包括从晚白垩世到全新世的沉积旋回。自从晚白垩世以来,发育了一个不断向海进积的面积广阔的巨厚泥质相三角洲,往海区方向逐渐增厚,沉积物是由陆相和浅海相过渡为海相。该三角洲是油气勘探的靶区。

盆地被断层控制的山岭分成了若干个次盆,次盆中堆积的沉积物厚度超过5km。在基底山岭上发现了薄层沉积物。侏罗纪之前,沉积物一直填在裂谷和地形低地中,该沉积层序完全被下白垩统海侵沉积楔所覆盖。后来,盆地呈现出三角洲持续进积的沉积特征(朱佛宏,2005)。

克里希纳—戈达瓦里盆地的前寒武系变质岩基底包括片麻岩、石英岩、霞长岩和榴英硅线变质岩,二叠系、白垩系、古新统、中新统—上新统岩石露头主要在盆地边缘可见(Gupt,2006)。

早二叠世主要是 Draksharama/Kommugudem 组。三叠纪沉积地层明显缺失。早侏罗世 Golapalli 组砂岩不整合于 Mandapeta 组砂岩之上。Golapalli 组砂岩之上为广泛分布的不整合面,上覆厚层晚侏罗系和薄层新生界沉积物。戈达瓦里地堑和克里希纳地堑组成了侏罗纪裂陷盆地,其主要的沉积充填物为侏罗纪和早白垩世的沉积地层。上覆新生界和现代沉积物相对较薄,沉积大体一致。Bantumilli 地堑和 Nizampatnam 地堑在白垩纪形成,因此命名为白垩沉积盆地。冈瓦纳之上的白垩纪沉积物主要是在阿普特阶—阿尔布阶之间。这些沉积物在 Mandapeta 地堑和 Bhimadolu 地堑被称为 Golapalli 组砂岩,在 Bantumilli 地堑称为 Nandigama 组,在古迪瓦达地堑和克里希纳地堑被称为 Gajulapadu 组页岩、Kanukollu 组砂岩。上覆晚白垩世 Raghavapuram 组页岩和 Triupati 组砂岩,随后沉积新生界薄层沉积物,分布较广泛。

自白垩纪,盆地发育成为一个克拉通边缘裂谷盆地。在初始裂陷—漂移期形成了河流相—湖相。沉积物搬运距离较短,因此,碎屑岩分选较差,主要生成泥质长石砂岩。第一次海侵发生在阿尔布期。在盆地的大部分区域裂谷阶段到土伦期结束,随后,后裂谷阶段沉积序列进积到盆地东部大陆斜坡处。浅海区域沉积了碎屑岩和碳酸盐岩,斜坡主要为深水扇沉积。在新生界中进积占主导。

古新世和始新世,部分认为主要在低水位时沉积,形成了扇状综合体。

从渐新世开始,海平面开始上升,深水区域沉积受到许多生长断层控制。

海平面的下降和主要侵蚀面的出现标志着上新世的开始,这种低位体系域持续到更新世(Bastia,2006)。

综上分析,克里希纳—戈达瓦里盆地是由冈瓦纳盆地、侏罗系盆地和白垩系盆地组成的复合盆地，直到晚白垩世仍处于复合盆地。戈达瓦里地堑及始新世生长断层南部区域是新生代主要沉积中心。往盆地内部，新近系主要受中新世和上新世生长断层影响，生长断层同时也控制了其沉积模式（Gupta，2006）。

克里希纳—戈达瓦里盆地的区域地震剖面显示了巨厚的中生界和新生代沉积序列。早白垩纪层序代表地貌的抬升，而新生界则代表大量垂向弯曲的深水河道—堤坝复合体（Bastia，2006）。初始漂移阶段在盆地全区形成了大量的河流—湖泊沉积，沉积物主要是短距离搬运，碎屑岩分选较差，以黏土岩和长石砂岩为主，沉积速度较快并伴随较活跃的地堑下沉。

二、孟加拉盆地沉积相

该区有厚达20km的沉积盖层，基底埋藏深度超过10km的地区面积达到60%。盆地被由中生代和新生代岩石组成的巨厚沉积物盖层充填，孟加拉湾海底以下整个沉积物剖面可划分为三个组合，而盆地则有条件的分为南、北两部分。基于岩石的地震速度特征，每个组合可进一步细分（图13-2）。

第一组合包括晚中新世—第四纪碳酸盐岩—陆源沉积层，第二组合为中始新世—中中新世陆源—碳酸盐岩沉积层，第三组合为早白垩世—晚古新世北部碳酸盐岩—陆源沉积层及南部陆源—碳酸盐岩沉积层。

在前缘坳陷，盆地被厚达10km的渐新世—新近纪磨拉石型组合充填，其下为古新世—始新世的陆源—碳酸盐岩沉积层和相对较薄的、主要是古生代—中生代陆相含煤冈瓦纳沉积物，后者主要赋存于基底的地堑式盆地中。在盆地的中部和西部地区，剖面的大部分是海洋和浅海的沉积物。盆地的北部位于由印度地台向新生代阿拉干山岭褶皱带的过渡地区。在构造上，盆地是印度地台前阿拉干前缘坳陷和与其共轭的西孟加拉超克拉通坳陷。在前缘坳陷的地台一侧，据区域性地质—地球物理资料可划分出两个巨大的基底隆起——波利萨尔和莫杜普尔，它们分割地台一侧的其他部分为三个盆地，其特征是基底沉降幅度相对较大。

三、高韦里盆地沉积相

盆地沉积序列包括裂谷与后裂谷沉积序列（图12-10）。晚侏罗世—早白垩世为早期裂谷浅海相。在露头处，可见河床滞留沉积，其上为含沙砾的河湖碎屑沉积和黏土植物化石丰富的河床沉积。在下部，以砂、页岩及藻灰岩为主的晚白垩的后生裂谷沉积。上部地层包括阿尔布阶—圣通阶的白垩系碳质页岩和砂岩沉积，塞诺曼阶—土伦阶为砂岩沉积，康尼亚克阶—圣通阶为厚层页岩。后裂谷期的晚白垩世沉积以砂、页岩及藻灰岩为主，上马斯特里赫特阶以陆相沉积物为主。

古新统以浅海相绿泥石沉积为主，含鲕粒。

始新统以砂岩和泥岩为主，含浮游有孔虫集合体。

中始新统序列以含砾砂岩为主，上始新统沉积主要为砂岩和石灰岩。

渐新统以薄层海相钙质和含黏土质的砂岩，存在于滑坡和碎屑流之中，其上为正常海退沉积，部分地区底部含页岩。

在露头处，中新统沉积主要为非海相砂岩，上部的以砂泥岩与钙质砂岩互层为主。

上新统的海侵导致了盆地的加深，盆地主要为海相沉积（Bhowmick，2005）。

第十四章　克里希纳—戈达瓦里盆地深水油气地质

第一节　烃源岩

克里希纳—戈达瓦里盆地有三套主力烃源岩（图 13-1）。

（1）已证实的最老的烃源岩为上石炭统—下二叠统 Barakar 组（相当于 Kommugudem 组）含煤页岩，厚度可达 200m，以生气为主。侏罗纪早期开始生烃，在白垩纪中期开始生气，在古近纪早期处于过成熟阶段。

（2）早白垩世 Raghavapuram 组页岩为厚达 800m 的烃源岩，以产气为主，产少量油。海上油气生烃开始于马斯特里赫特阶，从晚始新世开始生气，在渐新世—中中新世达到生气高峰。海上烃源岩在晚渐新世被认为处于过成熟阶段。近海和陆上区域的烃源岩到渐新世才开始成熟，仍未达到生气阶段。

（3）早古新世—渐新世 Vadaparru 组是主要的生气源岩，有机质干酪根类型为Ⅲ型。海区烃源岩在晚渐新世—早中新世成熟，仅在盆地最深处达到生油高峰。近海和陆上区域，Vadaparru 组烃源岩未成熟。下伏的 Palakollu 组页岩，在盆地边缘较有潜力，但盆地内部有机质主要是Ⅱ型，在盆地东南部烃源岩处于成熟阶段。

古近系和新近系为潜在烃源岩。薄层渐新统 Narasapui 组生气，但品质较差，可能在下上新统—更新统、埋深 2200m 的区域才能达到成熟。下中新统—上新统 Rajahmundry 砂岩及横向等同于戈达瓦里组的泥岩，为潜在烃源岩，易生油气，品质相对较好，但埋深只有超过 2000m 时才能达到早期成熟阶段。

第二节　储　层

克里希纳—戈达瓦里盆地被证实的储集岩地层从二叠系到上新统—更新统均存在（图 13-1）。

（1）二叠系—三叠系 Chintalapudi 组三角洲砂岩储层已被证实，在裂谷—Ⅰ期初抬升阶段沉积，受限于 Pranhita-Godavari 地堑，最终延伸至现今的克里希纳—戈达瓦里盆地底部。在裂谷—Ⅱ期主要沉积了湖泊和三角洲相砂岩，使中侏罗统—下白垩统河流相的几套储集岩得以发育（如 Golapalli 组、Kanukollu 组砂岩）。

（2）白垩系三角洲和浅海相砂岩储层，包括 Tirupati 组、Kaikalur 组页岩和 Bantumilli 组，为裂陷停止后盆地内相对稳定海洋环境的产物。白垩纪末海底火山活动（Razole 火山形成），对少数储层有破坏作用。

（3）晚始新世—早渐新世在陆架边缘是石灰岩沉积的阶段，该阶段重要的储集沉积层包括 Parsalapudi 组、Vadali 组砂岩、Bhimannpalli 组和 Matsyapuri 组。

（4）新近纪以三角洲、浅海相和深海浊积沉积为主，在 Ravva 组和戈达瓦里组大量砂岩储层形成。

潜在储层主要在初始抬升期沉积，赋存在上石炭统—下二叠统 Barakar 组和 Kommugudem 组孤立的河流相砂体中。对于 Chintalapudi 组潜在储层，受限于南东向延伸的 Pranhita-Godavari 地堑，最终延续至现今的克里希纳—戈达瓦里盆地底部。

第三节 盖 层

克里希纳—戈达瓦里盆地被证实的区域性盖层为白垩系 Raghavapuram 组页岩，同时发育若干中侏罗统—更新统页岩层间盖层（图 13-1）。

阿普特阶 Raghavapuram 组页岩，提供了盆地内主要区域性盖层。Kaikalur 组泥岩覆于 Raghavapuram 组页岩之上，为白垩系成藏组合提供了区域性盖层。中—上侏罗统的 Bapatla 组，为下伏的二叠系—三叠系 Chintalapudi 组河流相砂岩提供了盖层。同样，上新统—更新统戈达瓦里组大陆架和深水泥岩不整合于 Ravva 组之上，形成其盖层，但在晚中新世遭受大量的剥蚀。

层间盖层包含河流相、湖相、三角洲相、浅海相和深海陆架—深水相，分布广泛。最好的例子就是，古近系 Parsalapudi 组是与其互层的 Vadal 组砂岩的盖层。这些层间盖层由页岩和泥岩组成，Bhimanapalli 组泥质灰岩和 Razole 组火山岩中的暗色沉积物也形成了盖层。火山岩在一些区域受到断裂作用影响也能成为潜力盖层。

第四节 圈 闭

克里希纳—戈达瓦里盆地以构造圈闭（张性）为主，次为地层圈闭。该盆地构造圈闭普遍多样，然而，大的油气藏的构造圈闭均与地层有重要联系（图 14-1）。

在二叠系—三叠系的成藏组合中，在裂谷初始期发育张性构造如地垒断块和旋转断块，这些构造在 Pranhita-Godavari 地堑的东南位置，走向为北西—南东向。在三叠系成藏组合中背斜较发育，其中一些或被覆盖或被抬升，多数被相关重力作用破坏。盆地边缘的超载和不稳定性引起了构造破坏及大的铲状断层及伴生的反转构造的发育，也因此形成了逆冲断层、逆冲背斜和页岩刺穿褶皱。

在中侏罗统—下白垩统成藏组合中，圈闭类型包含拉张特征和披覆背斜的构造圈闭及与沉积相尖灭及浊积河道、浊积扇相关的地层圈闭类型。构造在中侏罗世—晚白垩世同裂陷期大量发育，均具有拉张特点如地垒、断块，走向为北东—南西向。披覆背斜在构造高部位也较发育，一直延续到白垩纪。在白垩系成藏组合中形成大量圈闭。尽管该期裂陷活动停止，但断裂和背斜仍较发育，盆地受到西向掀斜作用，遭受抬升和构造活化。

古近系成藏组合中，与断层、背斜、重力塌陷构造相关的构造特征较常见，同时还包含河道和扇的尖灭。

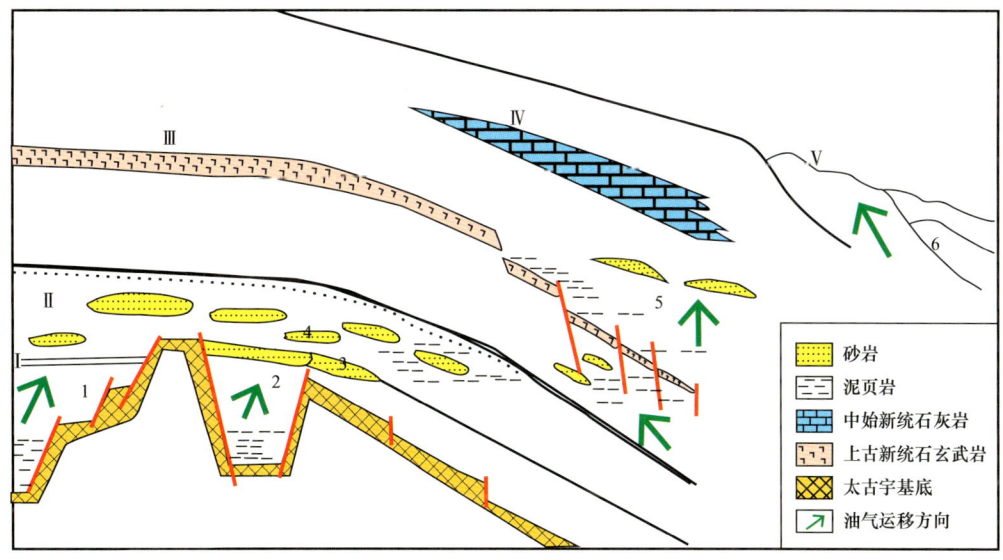

图 14-1 克里希纳—戈达瓦里盆地主要圈闭类型（据 Gupta，2006）

圈闭类型：（1）渗透性阻挡层；（2）上二叠统储层中的断层圈闭；（3）上侏罗统河流沉积物（Gollapalli 组砂岩）中的碎屑楔形体和相关的不整合圈闭；（4）白垩系和古新统泥质岩相中的砂岩透镜体；（5）下始新统近海碎屑岩储层中的岩性圈闭；（6）盆地浅海区中新统—上新统碎屑岩中的生长断层、剥蚀切割和滚动背斜。区域性盖层：Ⅰ.红层；Ⅱ.Raghavapuram 组页岩；Ⅲ.上白垩统德干玄武岩；Ⅳ.中始新统碳酸盐岩；Ⅴ.上新统黏土岩

第五节 油气运移

盆地油气运移经过了初次和二次运移，还没有证据证实发生第三次运移。二次运移是最基本的运移方式，主要是通过上倾的砂岩传输层，横穿或沿着断层进行运移（图 14-1）。在地层相对独立的单元进行相对直接的油气运移。

第六节 成藏组合

盆地油气主要赋存在五个成藏组合中，它们均与构造—地层圈闭有关，其中 Kommugudem-Mandapeta、Palakollu-Pasarlapudi、Vadaparru-Ravva 为已证实的成藏组合，其他未证实，如图 14-2 所示（Gupta，2006；Gupta et al.，2000）。

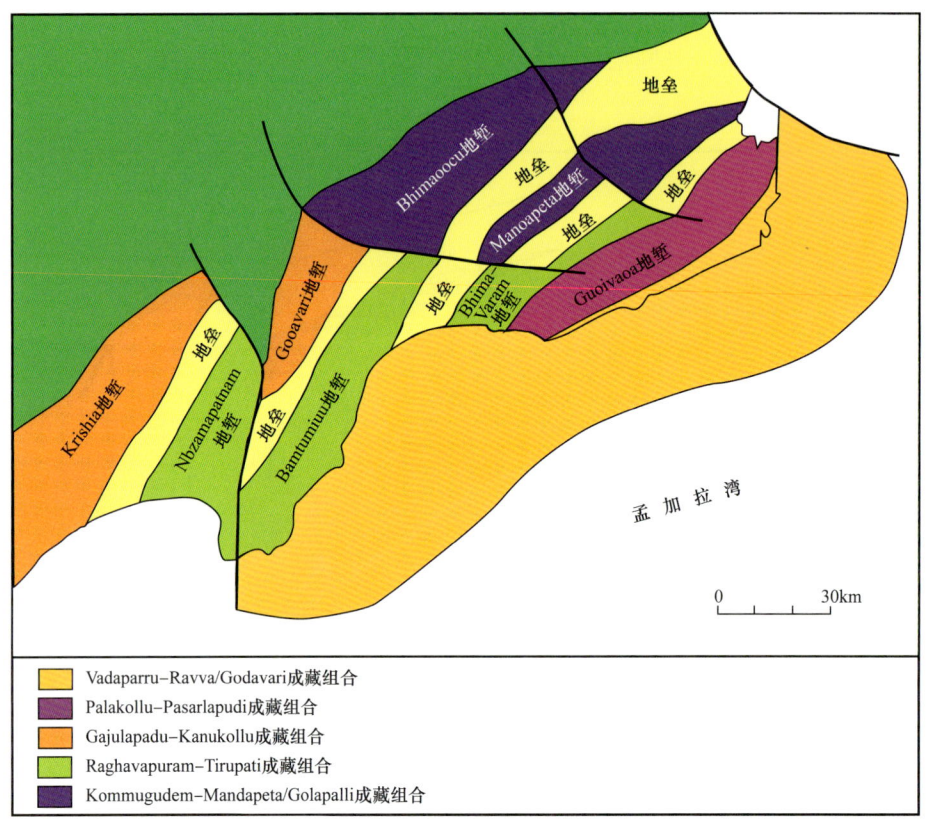

图 14-2　克里希纳—戈达瓦里盆地成藏组合分布图（据 Gupta，2006）

一、Vadaparru-Ravva/Godavari 成藏组合

Vadaparru-Ravva/Godavari 成藏组合是最年轻的新近系成藏组合，主要分布在海上深水区域。中新统、上新统是其主要的储层，Vadaparru 是主要的烃源岩，中新统储集岩的区域盖层是广泛分布的上新统海相页岩，上新统储集岩的区域盖层为上覆更新统页岩。圈闭以大的地层—构造圈闭和构造圈闭为主，构造圈闭主要是同期生长断层形成的背斜构造，也有许多旋转断块构造高部位和与不整合相关的圈闭。拉瓦油田、GS-15、GS-23 和 GS-29 的储集岩为中新统碎屑岩。G-1、G-4 和 Dhirubhai 的储集岩也有一部分为上新统碎屑岩，圈闭类型为构造和构造—地层圈闭。

二、Palakollu–Pasarlapudi 成藏组合

Palakollu–Pasarlapudi 成藏组合包括上古新统—下始新统的 Palakollu 组和 Pasarlapudi 组，是古近系最老的成藏组合，也是最主要的成藏组合（图 14-2）。重要的发现是 Pasarlapudi 油气田、Tatipaka 油气田、Rangapuram 油气田和 Ellamanchilli 油气田。Palakollu 组海相页岩是主要烃源岩，上覆 Pasarlapudi 组是有效的区域性盖层（图 14-3）。同时页岩夹层也充当了储层的原地盖层。该成藏组合中页岩构造层中一系列平行—近平行的北东—南西向的弧形断层形成了背斜构造，提供了一个良好的圈闭条件。

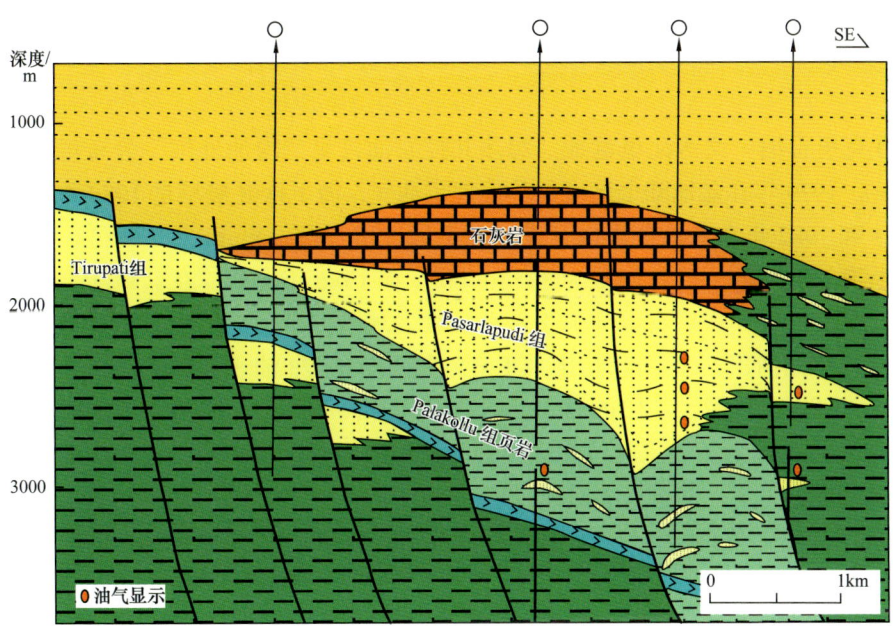

图 14-3 Palakollu–Pasarlapudi 成藏组合地质剖面（据 Gupta，2006）

三、Raghavapuram–Tirupati 成藏组合

Raghavapuram–Tirupati 成藏组合是克里希纳—戈达瓦里盆地西岸的主要成藏组合（图 14-2）。在古迪瓦达地垒和 Bantumilli 地垒中的勘探钻井证实了 Kaikalur、Lingala、Bantumilli、Nandigama、mahadevapatnam、Gokarnapuram 等的油气远景区。广泛分布的上白垩统 Raghavapuram 组页岩是该含油气盆地的主要烃源岩，Raghavapuram 组中互层的砂岩、粉砂岩是主要储集岩，也是主要的盖层。上覆的 Razole 组是 Tirupati 组砂岩储层的盖层。圈闭主要位于地垒的外侧，受限于生烃层的透镜状砂岩，呈楔状，断层圈闭较普遍。

四、Gajulapadu–Kanukollu 成藏组合

下白垩统 Gajulapadu 组湖相页岩是主要烃源岩，盆地边缘上覆的 Kanukollu 组海相砂岩是主要的储集岩，Raghavapuram 组页岩为下伏的 Kanukollu 组砂岩储层提供有效的盖层，以地层构造圈闭为主，局限分布在古迪瓦达地垒。

五、Kommugudem–Mandapeta/Golapalli 成藏组合

Kommugudem–Mandapeta/Golapalli 成藏组合是克里希纳—戈达瓦里盆地最老的成藏组合（图14-2）。重要的气田是 Mandapeta、mandapeta West 和 Endamuru。已证实的烃源岩为广泛分布的 Kommugudem 组煤系地层和页岩。下伏的 Golapalli 组、Mandapeta 组砂岩是主要的储层。Raghavapuram 组页岩是主要的盖层。圈闭主要是断层圈闭和背斜构造，气主要聚集在上侏罗统—下白垩统储层的构造圈闭中（Gupta et al.，2000）。

第七节 油气分布特征

印度克里希纳—戈达瓦里盆地"源热共控"油气呈"内油外气"分布规律（冯杨伟等，2016）。1979年在盆地陆上区域最早发现了油气，海上探井最早是1980年钻探的G-1井。1981和1982年在盆地范围内开发了两个油气田：Narasapur-1气田和G-1油田，前者储量小于 1×10^{12} bbl，后者储量为 33×10^{12} bbl。在1986年之前，在盆地陆上部分发现许多小的气田。1987年以后在盆地海上部分陆续发现了一系列油气田，主要为分布在靠近浅水一侧的拉瓦油田、GS-29油田、GS-15油田、GS-23油田、G-4油田、G-2油田和G-3油田，和分布在深水一侧的 Dhirubhai 巨型气田、R气田、G-4-2气田及N气田等。其中1987年在盆地海域浅水区拉瓦区发现的拉瓦油田是盆地迄今为止最大海上油田，储量为 259×10^{12} bbl，储层主要为中新统砂岩。2002年在克里希纳—戈达瓦里盆地深水地段（2000~3000m）发现了巨型天然气田——Dhirubhai 气田，气田储量达 7000×10^{9} ft^3，使东印度与有巨大发现的巴西和西非处于同一行列（Gupta，2006）。

第八节 油气勘探潜力分析

克里希纳—戈达瓦里盆地深水油气勘探潜力大，勘探的侧重点在于生气区。克里希纳—戈达瓦里盆地主力烃源岩的热演化受控于地热场，Vadaparru 组生气源岩仅在深水区成熟且生气，Raghavapuram 组页岩在深水区达生气高峰而在近海区则刚成熟生油不生气，上石炭统—下二叠统 Barakar 组（相当于 Kommugudem 组）含煤页岩亦生气且在古近纪早期已经处于过成熟阶段。

印度克里希纳—戈达瓦里盆地地热场分布平面呈热流值从浅水区向深水区逐渐增高的特征，从近岸浅水区到远岸深水区大地热流值从 $30mW/m^2$ 逐渐增加到 $102mW/m^2$，且在垂直于海岸线的剖面上大地热流值总体呈随着水体加深热流值增高，局部地区存在热流异常区，水体加深热流值反而下降。在平行于海岸线的剖面上大地热流值总体呈平稳态势，从地形高部位到地势较低地区大地热流值逐渐缓慢增高，局部地区在地形低部位热流值存在异常高值，如图14-4所示（Dewangan et al.，2013）。

第十四章 克里希纳—戈达瓦里盆地深水油气地质

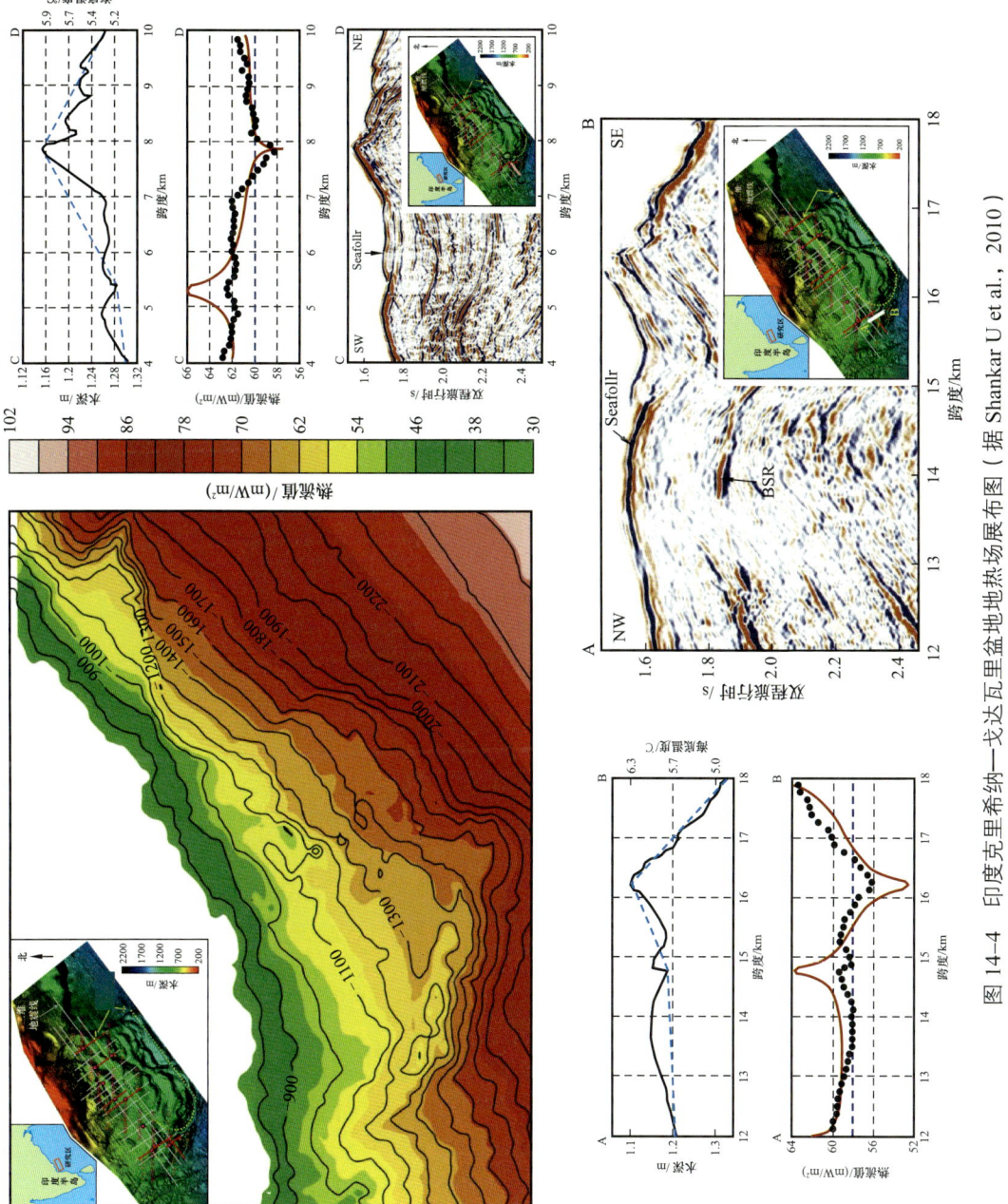

图 14-4 印度克里希纳—戈达瓦里盆地地热场展布图（据 Shankar U et al., 2010）

盆地发育上二叠统—三叠系、白垩系、古近系和新近系多套砂岩储集体且储集性能良好，从上侏罗统—古近系和新近系发育若干区域性及层内泥、页岩盖层，由断层控制发育的众多地垒及其他相关圈闭是油气的聚集区，成藏要素匹配性好。同时盆地深水区2002年的巨型Dhirubhai天然气田发现使得最近勘探侧重于生气区，生气区的分布受到地热场的控制。在西戈达瓦里次盆和克里希纳次盆地垒和断块较发育，二叠系—三叠系成藏组合最具有潜力。分布在海上区域的拉瓦次盆是盆地目前最重要的油气分布区，受地热场的控制，在靠近海岸线附近的低热流值区发育大型油田，以拉瓦油田为代表，另有一些小型油田；在靠近深水一侧高热流值区发育以Dhirubhai代表的巨型天然气田，另有若干富气为主的远景圈闭。近年发现KG-OS/6深水区块具有较好的勘探潜力，在远景圈闭中发现潜在天然气储量达$3×10^{12}ft^3$，折合$500×10^6bbl$油当量。N区域潜在储量与边际储量总和约$760×10^9ft^3$，区内亦是靠近浅水一侧产油靠近深水一侧富气，另有诸多富气的前景圈闭。盆地西南部勘探不足，侏罗系、白垩系构造和地层成藏组合及附近的地垒均为远景区（图14-5）。

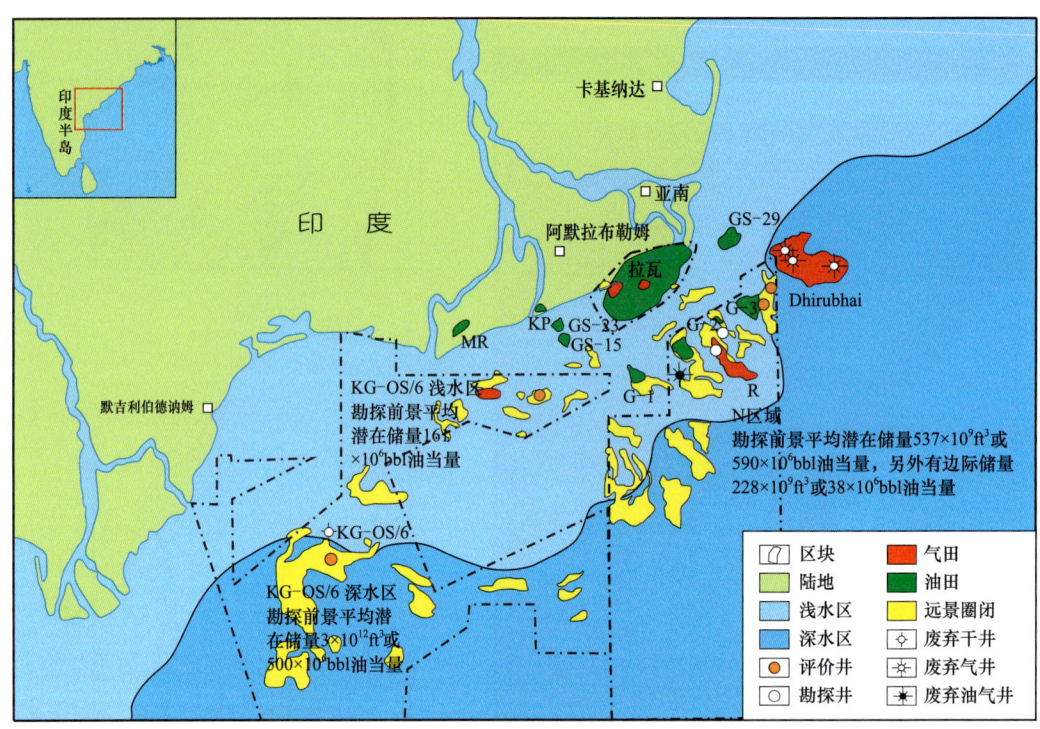

图14-5　克里希纳—戈达瓦里盆地海域油气田及远景勘探分布图（据Gupta，2006修编）

第十五章　孟加拉盆地深水油气地质

第一节　烃源岩

一、主力烃源岩

孟加拉盆地烃源岩主要为古生界煤系地层、上古新统—下始新统的焦因蒂亚（Jalangi）群页岩、中渐新统下部的勃霍本组（苏尔玛群）和中渐新统巴莱尔（Barail）组浅海页岩（图 15-1）。

（1）印度冈瓦纳古陆群和孟加拉国冈瓦纳古陆群下部二叠系的煤是已证实的煤层气的来源。这些河湖—三角洲单元内丰富的煤层被认为是更多煤层气的潜在来源，并且如果气体被释放出来也可能供给更多常规的碎屑岩储层。

（2）上古新统—下始新统的焦因蒂亚群页岩是印度福里德布尔次盆主要的烃源岩，在早中新世达到生油窗、晚中新世达到生气窗，同时在更西的浅海枢纽带，在晚中新世后期达到生油窗。

（3）中渐新统早期的勃霍本组（苏尔玛群）被认为是苏尔玛次级盆地南部及孟加拉国的福里德布尔和哈蒂亚次盆的主要烃源岩，为三角洲—河口、浅海和深海相页岩，地层埋藏在 7km 以下。

（4）中渐新统巴莱尔组浅海页岩，在苏尔马次级盆地常见，生油和气。

二、潜在烃源岩

其他烃源岩包括上始新统到上新统印度枢纽带、盆地区域的海相页岩，和上古新统的地台碳酸盐岩到位于印度的西孟加拉大陆架上的上始新统，以及上覆大陆架和上始新统的深海页岩。在孟加拉国的苏尔玛次盆，上始新统科皮里组的大陆架和深海页岩被认为在晚渐新世到中中新世的苏尔玛次级盆地生烃，它们可能已经由于缺失圈闭而散失，但目前烃类可能正在枢纽带生成。较老的下始新统奇尔拉组性质十分理想使之成为孟加拉盆地最高产的烃源岩。这些在中中新世的下斜坡区开始产生，并且目前可能正在枢纽带生成。

第二节　储　层

孟加拉盆地内已证实的常规储层在从上渐新统到中新统的砂岩体中均有发现，主力

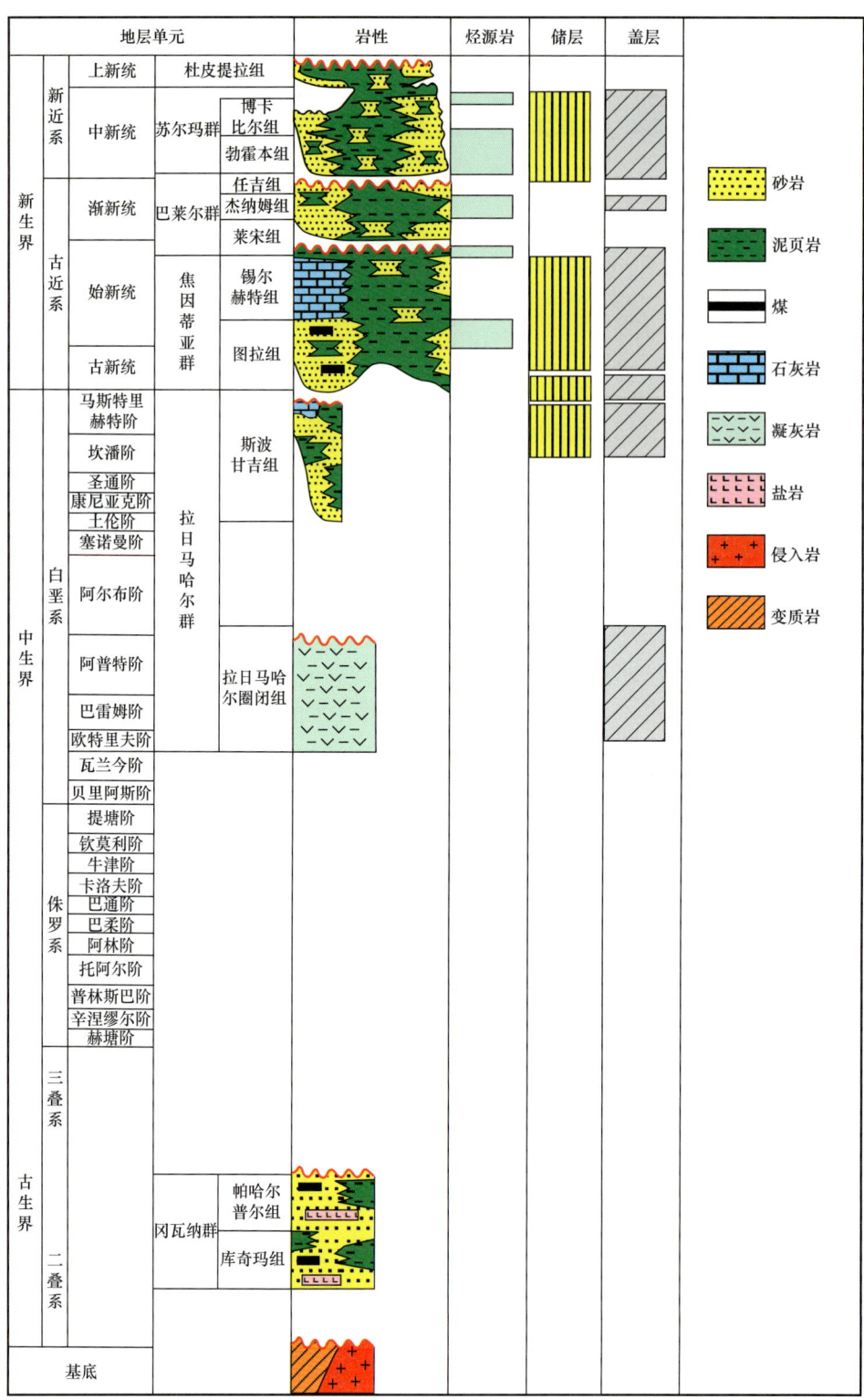

图15-1 孟加拉盆地生储盖组合图（据朱伟林等，2012）

的储层为古近系苏尔玛群的勃霍本组和博卡比尔（Boka bill）组，潜在的储层为二叠系、上新统—更新统砂岩和碳酸盐岩（图15-1）。

盆地的主要储层是孟加拉国中新统苏尔玛群的勃霍本组和博卡比尔，主要分布在苏尔玛次级盆地，Tangail-Tripura隆起和福里德布尔—哈蒂亚海槽。这些单元由受潮汐影响的三角洲和浅海沉积物相互作用而组成，其中物性良好的储层出现在大型的河流、分流河道和海侵的障壁沙坝地带，及薄层潮汐—三角洲单元。连同印度的Matla组一起，这些单元内同期的深水地层包含了在盆地西南部被证明了的存在于在浊积岩内的储层。在西孟加拉大陆架边缘和西福里德布尔海槽区的边缘，上渐新统到下中新统Diamond Harbour组的海岸沉积物也是被证实的储层。

潜在储层为从二叠系到三叠系不同地层内的砂岩，分布在河流、三角洲、浅海和深海等不同沉积相。西孟加拉大陆架边缘的始新统生物礁碳酸盐岩储层也被认为是潜在的储层。由于构造破裂和白云岩化产生的次生孔隙，致密的生物泥晶灰岩成为有效的储层。

第三节　盖　　层

孟加拉盆地内区域性盖层主要为上古近系和下新近系层内页岩和泥岩，层间盖层主要为中新统。

中新世勃霍本组为重要的区域盖层。印度第三纪Matla组和苏尔玛群海底水道和冲积扇体系内的页岩是已被证实的盖层。此外，二叠系到上新统河流—三角洲—深海相页岩分布范围较广，也是有效的盖层。始新统致密的碳酸盐岩也是孟加拉盆地有效的层间盖层。

在位于二叠系煤层内的非常规煤层气储层中，由占据煤层内裂缝和大量孔隙的原生水和夹有煤层的细粒硅质碎屑沉积岩提供封闭。

孟加拉中新统勃霍本组和博卡比尔组（苏尔玛群）的三角洲相—海相页岩是潜在的盖层。

第四节　圈　　闭

孟加拉盆地主要为构造（断块及背斜）圈闭及构造—地层圈闭。西孟加拉陆架构造圈闭主要与拉伸作用相关，晚石炭世—早侏罗世多发育北西—南东向至西—东向的断裂系统；早白垩世晚期—晚白垩世，多发育北西—南东向至北北东—南南西向断裂系统，最终造成了主要半地堑带和旋转断块的发展，古近系发育铲状断层及反转背斜，形成主要的构造圈闭带。孟加拉盆地东缘构造圈闭主要与古近纪挤压构造相关，发育大型断层、反转背斜及旋转断块。构造—地层圈闭常发育在构造高部位，与地层尖灭相关。

第五节 油气运移

主要发育两类油气运移方式：垂向运移、不整合面侧向运移。盆地的构造演化过程中断裂系统发育，且断层往往具有继承性和穿时性，贯穿不同时代的地层。区域性断裂走向为北东—南西，同时在裂谷期发育一些次级断裂；在区域性的抬升事件的影响下，本区发育两大不整合面，局部地区同样发育局限的不整合面。这些断层和不整合面都为油气运移提供了良好通道。

第六节 成藏组合

孟加拉盆地发育五个成藏组合，其中包括三个已被证实的常规油气成藏组合和一个已证实的非常规煤层气成藏组合，一个推测的成藏组合。

一、哲纳姆组—苏尔玛组成藏组合

哲纳姆组—苏尔玛组成藏组合是盆地内已证实的成藏组合，以生气、凝析油为主并有少量的石油，位于孟加拉国苏尔玛次盆，Tangail-Tripura 隆起和北部福里德布尔—哈蒂亚海槽区。主要烃源岩是中渐新统哲纳姆组泥岩，而储层系统主要是由中新统构造圈闭内苏尔玛组的碎屑物组成。

二、勃霍本组—苏尔玛组成藏组合

勃霍本组—苏尔玛组成藏组合是盆地内已证实的成藏组合，这个系统位于苏尔玛次盆南部，并且向南穿过 Tangail-Tripura 隆起，进入福里德布尔和哈蒂亚海槽。它是一个主要生气的油气系统，凝析油较为次要，其主要烃源岩位于下到中中新统勃霍本组泥岩，储层系统主要是由中新统构造圈闭内苏尔马群的碎屑物组成。

三、奇尔拉组—拉日马哈尔群/锡尔赫特成藏组合

这是一个已证实的成藏组合，仅在孟加拉盆地的少数地区有所发现。然而，考虑到它位于这个盆地正在勘探的西孟加拉大陆架，枢纽带和西福里德布尔海槽区，以及高质量烃源岩和储层的存在，它被认为有成为高产的油气系统的潜能。该盆地主要的烃源岩位于古新统到下始新统的奇尔拉组，其储集系统包括几个白垩系到上新统的储层，它们处于不同的构造和地层圈闭内。

四、冈瓦纳组—冈瓦纳组煤层气成藏组合

冈瓦纳组—冈瓦纳组油气系统是一个位于西孟加拉大陆架上的已知油气系统，它横

跨印度和孟加拉国两国。该系统主要是煤层气系统，它不同于在孟加拉盆地其他位置常见的常规油气系统。这个系统内的煤田产于印度二叠系下冈瓦纳组，以及孟加拉国相同时代的冈瓦纳组。

五、马特拉组—马特拉组成藏组合

这是一个推测的成藏组合，位于印度近海盆地区域的西南孟加拉盆地内，这个推测系统的烃源岩是上始新统到中新统马特拉组的页岩。储层主要是位于构造和地层圈闭内的马特拉组的浊积砂岩。

第七节　油气分布特征

孟加拉盆地油气勘探程度相对较低，盆地大部分地区只做过很少或没有进行过勘探活动，盆地富气少油，目前主要在东部近岸发现一些天然气田（图 15-2）。

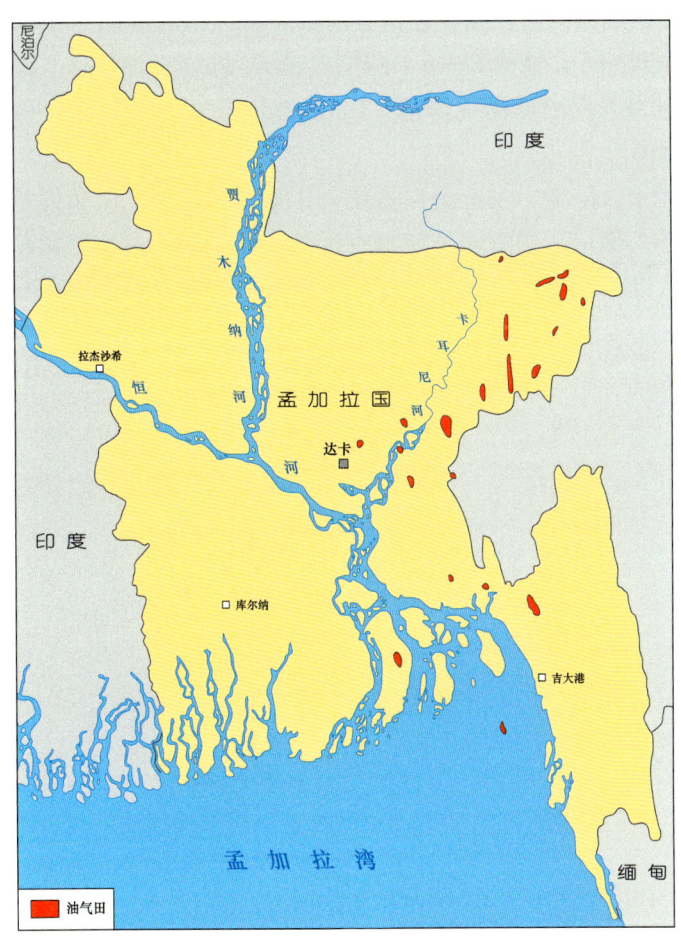

图 15-2　孟加拉盆地油气分布图（据朱伟林等，2012）

第八节　油气勘探潜力分析

盆地内油气勘探潜力大，在探明的东孟加拉大陆架地区需要加大勘探力度。在没有进行过勘探的西孟加拉大陆架和深水地区需要开展油气调查以探明潜力。

沿着东部褶皱带已经发现了许多天然气田，尽管盆地已进行了大量的勘探工作，在东孟加拉大陆架的孟加拉国海域地区仍没有发现油气。从印度东北部和孟加拉国西北部的露头中，发现了克拉通盆地内冈瓦纳沉积层中的煤层，可作为该区域潜在生气烃源岩，具有重要的勘探潜力（Frielingsdorf et al.，2008）。

苏尔玛次盆和盆地的东部边缘已经探明，中新世的褶皱构造十分高产。该区以构造圈闭为主，主要与背斜、与花状构造有关的挤压型构造相关。渐新统储层在构造圈闭中具有产油潜力。地层、地层—构造及构造—不整合圈闭在该地区也有一定的勘探远景。

在海域，渐新统—古新统的浊积岩系统中，低水位期楔形体（lowstand wedges）和外陆架沉积具有较好的勘探潜力，尤其是在盆地西南部的 Dhirubhai 和 B-1/B-2 油气区，及缅甸近海毗邻的 Rakhine 盆地的 Shwe 1 ST1 和 Shwe Phyu 2 油气区。勘探潜力存在于福里德布尔海槽大陆坡及沿着哈蒂亚海槽（Hatia Troug）的东部边缘，圈闭类型主要为地层、构造和复合圈闭。

在西部的西孟加拉陆架，发育上白垩统—中新统河流相、三角洲相和浅海相碎屑岩和碳酸盐岩（礁体）储层，构造圈闭最具有远景，尤其是与盆地铲状断层伴生的逆牵引背斜。西孟加拉大陆架的非常规储层，在二叠系煤层中被证实的煤层气具有良好的勘探潜力。

第十六章 高韦里盆地深水油气地质

第一节 烃源岩

高韦里盆地发育三套主力烃源岩,主要为:上侏罗统—下白垩统 Therani 组的湖相页岩、下白垩统阿尔布阶—塞诺曼阶的 Dalmiapuram 和 Paravay 组的海相页岩、新近系 Nagore 群富有机质页岩与藻灰岩为代表。烃源岩类型以Ⅱ型和Ⅲ型干酪根为主,如图 12-10 所示(Bhowmick,2005)。

第二节 储层

高韦里盆地的储层包括非海相与海相碎屑沉积序列,从上侏罗统—上新统(Therani 组、Paravay 组、Trichinipoly 群、Ariyalur 群、Nagore 群、Narimanam 群)均可见(Bhowmick,2005)。主力储层为白垩系海相碎屑岩、阿尔布阶的 Dalmiapuram 组珊瑚灰岩及风化破碎的前寒武系花岗岩与片麻岩常为有效的储层(图 12-10)。

第三节 盖层

高韦里盆地内盖层主要为夹有砂岩的页岩,同时部分泥灰岩也是重要盖层。页岩盖层封闭了前寒武系的地垒与断裂区块,古近系和新近系成藏组合中页岩与砂岩互层往往构成岩性封闭。例如,在 Kamalapuram 区域,始新统下部 Pondicherry 组的页岩封闭了下部同组的砂岩储层。

第四节 圈闭

盆地内圈闭类型以断层圈闭、背斜构造圈闭和构造—地层复合圈闭为主,同时发育一些基底古潜山构造圈闭。

第五节 油气运移

盆地的构造演化过程中断裂系统发育，尤其是在裂谷期发育一些张性断裂，主要发育断层沟通的垂向运移。同时，油气也可以沿着构造不整合面和连通砂体侧向运移，局部地区同样发育局限的不整合面。这些断层和不整合面都为油气运移提供了良好通道。

第六节 成藏组合

高韦里盆地发育三种不同类型的成藏组合。

一、基底成藏组合

高韦里盆地内花岗岩基底成藏组合已被证实。在盆地经历裂谷拉张快速沉降过程中，早期暴露的基底断块、地垒与裂谷期泥页岩就会形成有效的成藏组合。裂谷期发育有机质丰富的泥页岩作为主力烃源岩，因花岗岩、花岗片麻岩被风化具有多孔性，是优质的储层。基底风化后局部残留，形成古潜山。临近的裂谷期泥页岩优质烃源岩生成的油气充注到其中，同时该泥页岩也是良好的盖层，构成有利的古潜山型油气藏。

二、白垩系成藏组合

白垩系成藏组合烃类来自白垩系泥页岩烃源岩，圈闭类型主要是构造—地层圈闭。基底隆升高部位及边部发育褶皱构造与地层尖灭，油气往往在这里成藏。高韦里盆地中大量的油气在这个成藏组合中发现。

三、古近系成藏组合

古近系成藏组合以发育深海浊积岩储层为特征，地层性质主要为深海浊积砂岩透镜体及靠近盆地边缘的断块和地垒的尖灭体。同时，浊积水道砂形成地层圈闭。高韦里盆地中在包括Arimanam地区的一些区域发育古近系储层，它是盆地中最大的储层，主要为渐新统和古新统。

第七节 油气分布特征

盆地油气勘探程度较低，已发现油气分布很不均衡，目前主要有一些油田发现，主要集中在盆地的东北部地区。盆地的西南地区目前没有油气发现,是下一步勘探的重点区域(秦雁群等,2017)。

第八节 油气勘探潜力分析

高韦里盆地部分地区油气勘探潜力较大,尤其要重视深水勘探。最近一项深水发现(CY-Ⅲ-D5-A1)进一步证实了高韦里深水区勘探潜力。在盆地的深水部分,白垩系与古近系成藏组合具有重要的勘探潜力。古近系浊积扇体系具有地层圈闭勘探远景,Thanjavur 坳陷与 Tranquebar 坳陷的陆域及 Ariyalur-Pondicherry 坳陷、Palk Bay 坳陷、Mannar 坳陷的海域部分具有构造圈闭勘探远景。Chandra(1991)指出 Palk Bay 坳陷北部地区具有良好的生储条件。盆地未来主要的勘探方向为碳酸盐岩建造,目前在阿尔布阶 Dalmiapuram 组的 Perungalam-1 中已有油气发现。

第十七章 孟加拉湾深水油气田

第一节 拉瓦油田

拉瓦（Ravva）油田是克里希纳—戈达瓦里盆地最大的海上油田，位于 Amalapuram 沿岸 PKGM-1 区块，面积 331km²（图 14-5）。

于 1987 年由印度石油天然气公司发现，1993 年开始投产。1993 年钻探第一口井 R-3，钻遇中中新统储层，但未进行分析测试，1994 年发现的 R-25，日产油 2000bbl（Ajit，2007）。

截至 2002 年，拉瓦地区共钻探了 59 口井。在 1996—2002 年共钻探了 29 口井，包括两口斜井，其中 13 口油井和 5 口气井投产。在 2000—2001 年获得 219km² 的 3D 地震数据，通过 12 个远景区预测得知，中中新统和拉瓦未勘探区块具有较好的油气远景。RX-7 在区块的北东部位（M30）钻探，钻遇更深的早中新统砂岩。

拉瓦地区的地层序列是通过 50 口钻井的地震数据获取的，最老的地层是厚层状稳定沉积的白垩系，顶部为白垩系和古近系的构造不整合面，发育区域性的构造滑脱面，以及铲状生长断层，和同时代的叠状逆冲断层。之上推测为厚层的古新统和始新统，到目前为止未钻遇。下中新统主要为页岩、薄层砂岩及石灰岩地层。中中新统不整合于下中新统之上，由厚度超过 100m 的粗粒砂岩组成，是最主要的产油气层段。上中新统岩性下部主要为页岩、少量砂层，上部主要为砂页岩互层。在一些地区，中—上中新统被上新统主要以不整合接触关系所覆盖。不整合之上，上新统—更新统为厚层深水页岩沉积，上覆更新统—现今砂页岩互层（图 17-1）。

生油层：中新统及之上海相地层，Ⅲ 型干酪根，成熟度为 0.7%～0.8%。

储层：中中新统粗粒砂岩，渐新统—更新统三角洲—河流相砂岩储层，常与薄层状页岩互层。最好的储层位于河道砂体、滩脊、障壁岛和沿岸环境。

盖层：下中新统下部的高水位期厚层页岩和渐新统—更新统沉积层。

圈闭与运移：圈闭类型主要为构造圈闭、地层—构造圈闭，圈闭类型多与低角度铲状断层相关，如图 17-1 所示（Ajit，2007）。

中中新统储层油气的运移主要在中新世晚期发生，圈闭多为新近纪构造—地层圈闭；早上新世之后运移与滚动背斜、拉瓦断块相关，多为构造圈闭。

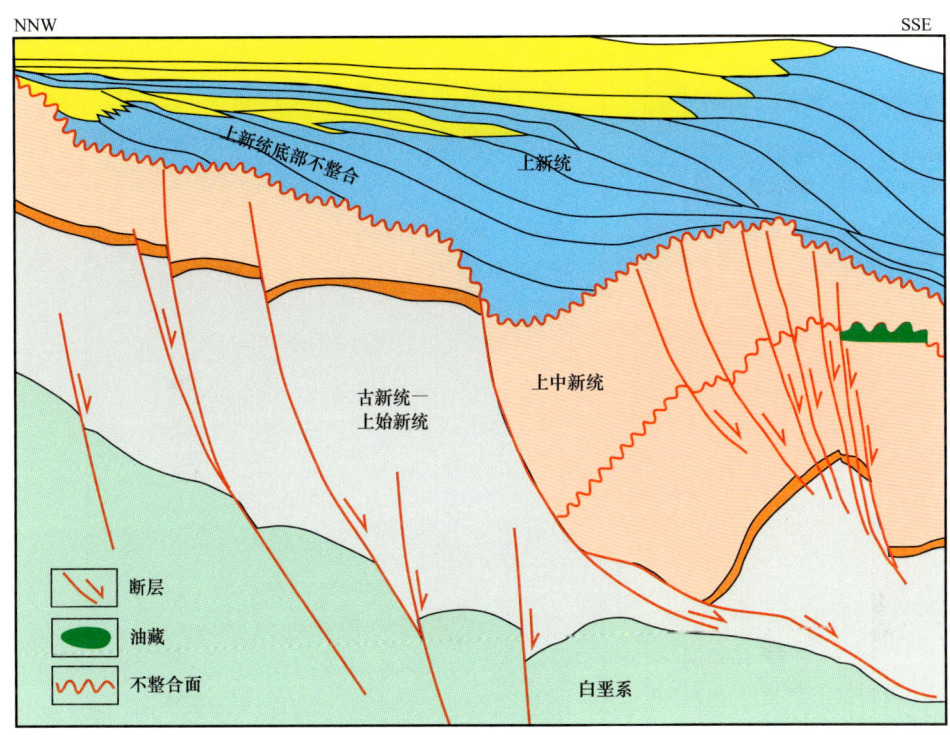

图 17-1 穿过拉瓦油气田的局部地质横剖面图（据 Ajit，2007）

第二节 PY-1 气田

PY-1 气田是印度东南高韦里盆地海域第一个发现的气田，水深 75m，在泰米尔纳德邦远离海岸线 18km 处，位于 CY-OS-2 区块（图 17-2），油田面积 75km^2，印度拥有 PY-1 气田 100% 的探勘权。PY-1 气田于 1980 年发现，2009 年下半年投产。气田地质储量为 416×10^{9}ft^3 气和 6×10^{6}bbl 油。湿气赋存于前寒武系受风化的裂缝花岗岩储层中，只有少量的油气位于始新统浅海砂岩和石灰岩储层。前寒武系基底高披覆背斜圈闭中储层的地质储量为 306×10^{9}ft^3，可采储量 120×10^{9}ft^3，采收率可达 39%，气柱高度 211m。基底隆起在晚侏罗世—早白垩世出露地表并遭受剥蚀和断裂，裂缝发育。高孔隙花岗岩储层厚度 40~160m，大部分被风化溶蚀和角砾岩化，并且孔隙度随着不整合面埋深而降低。埋藏后的断裂作用造成圈闭复杂的流体系统，在裂缝最发育带的渗透率最高。该气藏到 2016 年 3 月累计产气 30.34×10^{9}ft^3，产凝析油 0.13×10^{6}bbl 凝析油。

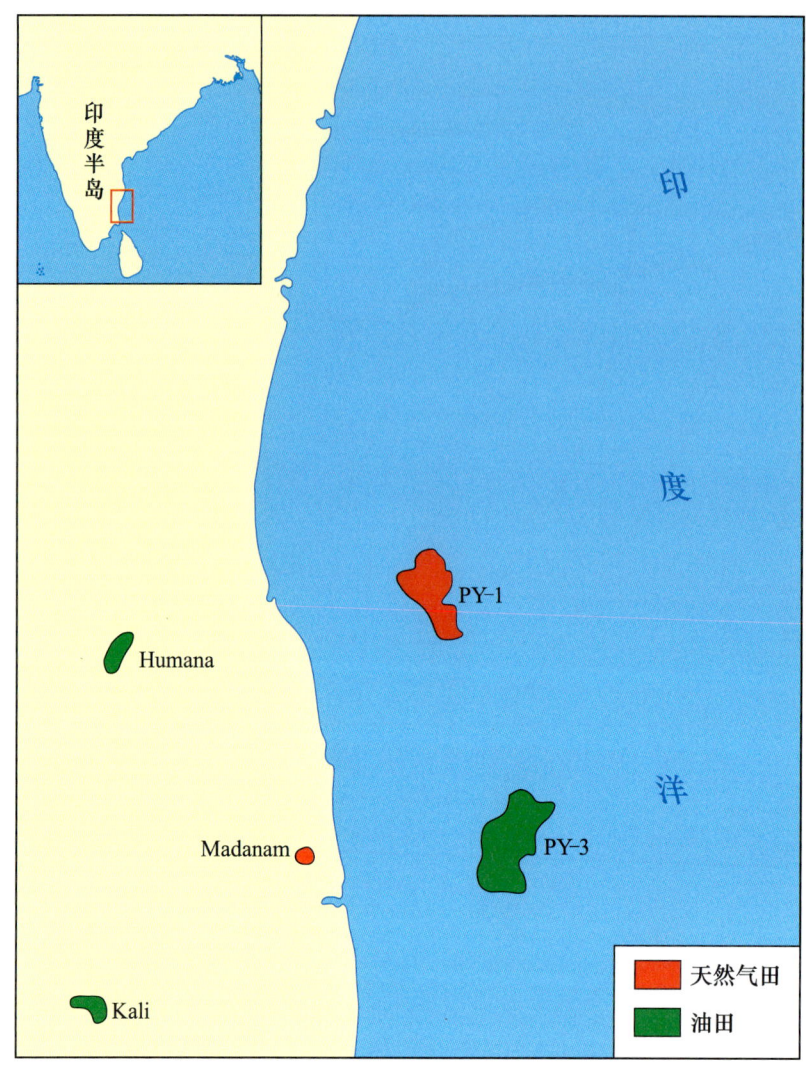

图 17-2　高韦里盆地 PY-1 气田位置图（据李国玉等，2005）

第三节　CY-Ⅲ-D5 油气田

CY-Ⅲ-D5 油气田是高韦里盆地近年重要的深水油气发现。2007 年 7 月，CY-Ⅱ-D5（CY-DWN-2001/2）区块钻探的首个探井 CY-Ⅲ-D5-A1，开启了该区块油气勘探，该井水深 1185m，钻探深度 4081m。钻遇白垩系储层，通过模拟动态测试（MDT）和钻杆测试（DST）技术预测，主勘探区试采 $3100×10^4 ft^3/d$ 天然气和 1200bbl/d 凝析油，另一深水区生产 550bbl/d 石油和 $100×10^4 ft^3/d$ 天然气。

第四节　D3、D9 区块

克里希纳—戈达瓦里盆地东岸深水区 D3、D9 区块具有重要油气勘探潜力（图 17-3）。

D3 区块（KG-DWN-2003/1），位于该盆地东岸 45km 处，面积 3228km², 水深 400～2100m。

2005 年 8 月获得勘探许可，在第一阶段主要采集了地震资料，2007 年获得三维地震资料 1930km²。共钻探了 6 口井，其中 Hhirunhai 39 井、Hhirunhai 41 井发现了天然气。主要油气显示在上新统—更新统中。

D9 深水勘探区块，面积 11605km², 水深 2300～3100m。

2002 年获得深水区块 D9 的油气勘探许可，采集了 4188km² 的三维地震资料。钻探目的层主要在中新统、渐新统和上新统，白垩系具有较高的生油潜力。

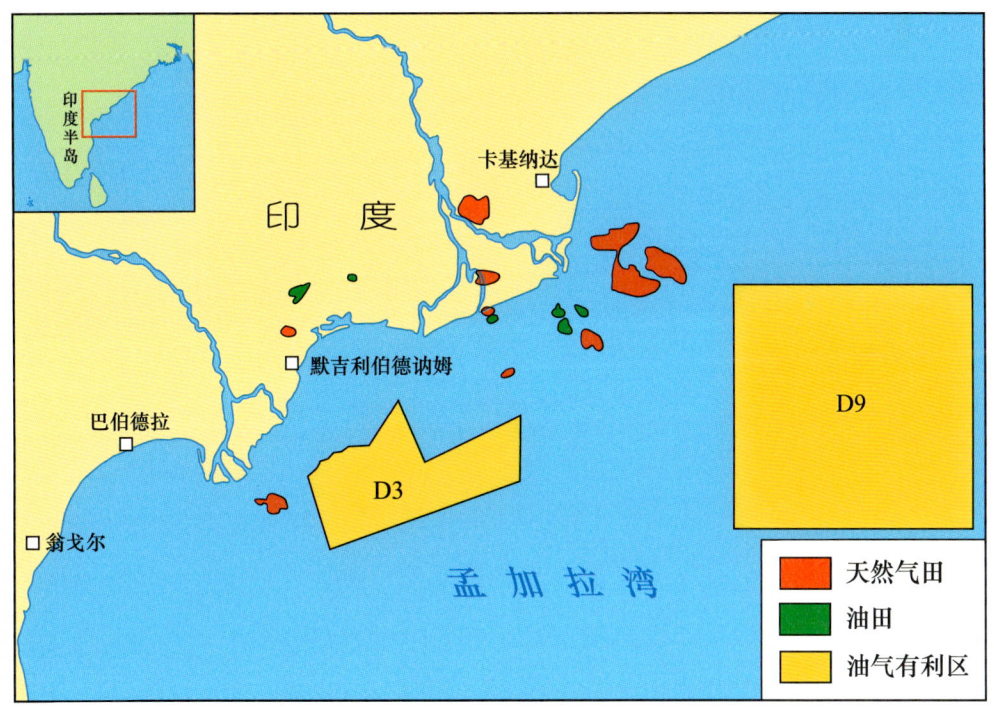

图 17-3　克里希纳—戈达瓦里盆地油气田和 D3、D9 区块分布图（据 Gupta, 2006；张功成等, 2015；冯杨伟等, 2016）

第四篇
地中海深水盆地群油气地质

地中海处于北非、西亚和东南欧的交会地带，是世界最大的陆间海，为新特提斯洋的残留海盆，深水含油气盆地主要分布在滨地中海一带，包括南岸滨岸地带盆地群和北岸滨岸地带盆地群。目前有深水油气发现的主要是地中海南岸滨岸地带东部地区的尼罗河三角洲盆地（Nile Delta Basin）和黎凡特盆地（Levant Basin）。黎凡特盆地面积 $6.8×10^4 km^2$，其中85%位于深水区，2015年发现 Zohr 世界级生物成因大气田。

地中海深水油气发现主要集中在东部海域，东地中海沿岸的勘探活动始于1968年，目前其勘探程度仍较低，主要富集天然气，前景广阔。尼罗河三角洲盆地油气呈现"富气贫油""远岸气、近岸油"的分布特征。伴随着生物成因气田成藏认识的突破，东地中海深水区获得了 Tamar、Leviathan、Aphrodite 等一系列天然气重大发现。

地中海海域具有良好的天然气地质条件，优质海相烃源岩奠定了优越的物质基础，古尼罗河水系和古台地控制了两类优质储层的发育，构造反转期区域挤压作用控制了大型构造圈闭的形成，稳定的、广泛分布的、厚层墨西拿阶区域性盐岩盖层是东地中海大型气田保存和富集的关键。

第十八章　地中海地区概况

第一节　自然地理概况

地中海（Mediterranean Sea）是世界最大的陆间海，被北面的欧洲大陆、南面的非洲大陆和东面的亚洲大陆包围，东西长约4000km，南、北最宽处大约为1800km，面积约为2512000km^2。以亚平宁半岛、西西里岛和突尼斯之间的突尼斯海峡为界，分东、西两部分。海水平均深度1450m，最深处5092m。海水温度较高，蒸发作用非常旺盛，盐度较高，最高达39.5‰。地中海有记录的最深点是希腊南面的爱奥尼亚海盆，为海平面以下5121m。

地中海西部通过直布罗陀（Gibraltar）海峡与大西洋相接，直布罗陀海峡最窄处仅13km，航道相对较浅。地中海东部通过土耳其海峡（达达尼尔海峡和博斯普鲁斯海峡、马尔马拉海）和黑海相连。东南部经19世纪开通的苏伊士运河与红海沟通。

地中海的沿岸夏天炎热干燥，冬天温暖湿润，被称作地中海性气候。地中海气候的特点是：冬季受西风带控制，锋面气旋活动频繁，气候温和，最冷月均温在4～10℃，降水量丰沛。夏季在副热带高压控制下，气流下沉，气候炎热干燥，云量稀少，阳光充足。全年降水量300～1000mm，冬半年约占60%～70%，夏半年只有30%～40%。

第二节　地中海油气资源概况

地中海海域共有78个盆地、一级构造带，目前已经在地中海海域的19个盆地中找到了约44.7×10^{8}t油当量的油气可采储量，待发现油气近122.8×10^{8}t油当量，发现466个油气田，见表18-1（康洪全等，2016）。受勘探程度的影响，目前已发现油气资源分布不均匀，存在"东西分区，上下分层"的特征。整体上以东地中海最为富集，中地中海次之，西地中海勘探程度相对较低，地中海的深层和新区均有很大的勘探潜力。

一、地中海南岸滨岸地带油气资源概况

地中海南岸滨岸地带含油气盆地主要集中在东部地区，主要包括尼罗河三角洲盆地和黎凡特盆地等。

（1）尼罗河三角洲盆地是地中海唯一一个储量大于100×10^{8}bbl的盆地（Dolson et al.，2002）。尼罗河三角洲盆地总体富气少油，油气资源主要集中在新生界。2015年发现的

Zohr 气田是全世界规模最大的天然气田之一，气田面积约 100km², 潜在天然气蕴藏量为 $8500 \times 10^8 m^3$。

尼罗河三角洲的油气勘探始于 20 世纪 50 年代，而海域的勘探始于 60 年代中期，至 80 年代中期海上地震 $2.7 \times 10^4 km^2$，探井 55 口，目前尼罗河三角洲近海区已进行了全面的地震勘探，海上钻探各类探井 300 余口。

1967 年发现了埃及的第一个气田——阿布马迪气田，1969 年发现了阿布奈尔气田，后又发现了 NAF 气田（1978 年）、喀拉 a 气田、卡拉拉气田（1985 年）、西阿布奈尔气田、北阿布奈尔气田（1989 年）、东巴尔蒂姆气田（1993 年）。在东三角洲近海区，发现了渐新世—中新世的凝析气田：蒂姆萨（1977 年）、帮及赫 -1（有油，1981 年）、福德港（1982 年）、瓦卡尔 -1（1983 年）、喀什 -1（1984 年）、阿布扎肯（1986 年）。

近年来，尼罗河三角洲盆地近海区勘探活动增加，在亚历山大以北的深水区发现了探明储量 $570 \times 10^8 m^3$ 的气田，在三角洲西部水深 530~1300m 区域也发现了气田，探明储量超过 $1100 \times 10^8 m^3$，三角洲东北部尚未有重大发现。现已发现的油气藏大多位于深水区，且气藏占多数（表 18-2）。

表 18-1 地中海海域中—新生代主要含油气盆地概况（据康洪全等，2016）

盆地名称	海域面积 /km²	盆地类型	探井数 / 口	主要勘探层系
卡塔拉诺—巴利阿里	38895.0	被动陆缘	140	新近系碳酸盐岩、砂岩
西里西亚—阿达纳	20595.0	弧后盆地	2	新近系砂岩
德弗拉	21213.7	被动陆缘	25	上白垩统—古近系碳酸盐岩
爱奥尼亚	12828.4	碰撞褶皱带	11	上白垩统—古近系碳酸盐岩
加布艾赫代尔高	39540.9	前陆盆地	6	上白垩统碳酸盐岩
黎凡特盆地	64915.0	前陆盆地	61	渐新统—中新统砂岩
尼罗河三角洲	80512.0	被动陆缘	275	新近系砂岩
北爱琴海盆地区	7284.0	裂谷盆地	4	中新统砂岩
西北环亚平宁前渊	49704.0	前陆盆地	635	新近系砂岩
外迪纳拉	9515.6	前陆盆地		侏罗系石灰岩
佩拉杰盆地	202196.0	被动陆缘	348	上白垩统碳酸盐岩，古近系砂岩
萨洛尼卡	5929.2	弧后盆地	4	侏罗系—白垩系石灰岩，始新统石灰岩
东南环亚平宁	55342.0	前陆盆地	32	上白垩统石灰岩，上新统石灰岩
锡巴里斯—克罗托内	9641.0	克拉通裂谷	52	上新统砂岩
锡尔特	68283.0	裂谷盆地	26	上白垩统—古新统砂岩、石灰岩

续表

盆地名称	海域面积 /km²	盆地类型	探井数 / 口	主要勘探层系
南亚得里亚海—都拉斯	49151.0	前陆盆地	40	新近系砂岩
南亚平宁	48745.0	前陆盆地	7	上新统砂岩
南特拉昂—阿特拉斯	46296.0	前陆盆地	81	渐新统—中新统砂岩
特拉昂阿特拉斯	81823.0	碰撞褶皱带	8	

表18-2 2010—2016年尼罗河三角洲盆地发现的主要气田（据张功成等，2019）

国家	气田名称	发现时间	预测储量 /$10^{12}ft^3$
埃及	Kafr AJ Shailkh	2010	2
埃及	West Sama-1	2012	$4\times10^{-3}\sim6\times10^{-3}$
埃及	Salamat	2013	1.2
埃及	Atoll-1	2015	5
埃及	Zohr	2015	30
埃及	Baltim SouthWest	2016	2.5~2.8

在亚历山大以北的深水区发现了探明储量 $570\times10^8m^3$ 的气田，在三角洲西部水深 530～1300m 区域也发现了气田，探明储量超过 $1100\times10^8m^3$，三角洲东北部尚未有重大发现。尼罗河三角洲地区已有钻井270多个，现已发现的油气藏大多位于深水区，且气藏占多数。

尼罗河三角洲盆地是埃及的一个重要的含油气盆地，美国地质勘探局数据显示，尼罗河三角洲盆地赋存 18×10^8bbl 未被发现、技术上可采的石油储量，$223\times10^{12}ft^3$ 天然气储量及 60×10^8bbl 液化天然气。在尼罗河三角洲盆地的深水区，地震手段已经发现许多构造，可能存在包括滚动背斜和底辟构造（主要在东深海扇）等多种构造，勘探潜力较大。

（2）地中海东部地区黎凡特盆地也具有很大的油气潜力。黎凡特盆地整体勘探程度低，已有的油气发现主要集中于盆地南部的以色列海域，盆地北部的黎巴嫩海域区块几乎未进行勘探。商业钻井始于2008年，迄今已有19口钻井，钻井成功率超过80%；诺贝尔能源公司为主要作业者，先后共发现了7个商业性气田，累计探明和控制可采储量 $9100\times10^8m^3$。

二、地中海北岸滨岸地带油气资源概况

地中海北岸地区分布了一些小盆地，油气资源有限，如亚得里亚海盆地、卡斯蒂利

亚盆地等，几乎没有大型油气田（李国玉，2005）。原因可能是亚得里亚海盆地、卡斯蒂利亚盆地、罗讷盆地等由于受阿尔卑斯造山带的影响，许多盆地遭受了不同程度的破坏，即在造山带向大陆方向推覆时，可能将原来的被动陆缘沉积掩覆到了山体之下。如晚始新统，阿尔卑斯山向欧洲大陆推覆并形成磨拉石前陆盆地时，至少使欧洲中生界—新近系被动陆缘宽50km的沉积物遭受剥蚀，这些磨拉石堆积的盆地破坏了下伏的绝大部分较好的含油气岩系。

第十九章　地中海区域构造

第一节　大地构造背景

地中海地区及非洲北部的构造演化主要受控于古特提斯洋及新特提斯洋的演化，同时也受到全球泛古陆的解体及大西洋裂开的影响。

地中海地区属于特提斯构造域的西段，此段中生代以来的构造碰撞强度相对于东段而言是较弱的。对地中海区域而言，整个古近纪和新近纪，在Alboran地区西部的板块消减量大约为150km（Langone，2006），向东逐渐增大，在突尼斯地区达到250km（Campan，2006）或300km（Dewey，1989）。直布罗陀地区早渐新世至今的消减量少于150km（Langone，2006；Campan，2006；Dewey，1989；Gueguen，1998）。从23Ma到现今，亚平宁地区的非洲板块与欧洲板块的相对运动速度为4~7mm/a，板块消减量为250km，Ligurides地区的消减量为350km（Gueguen，1998）。由此可见，地中海地区古近纪—新近纪以来的板构造作用强度小于特提斯构造域的其他段，被视为残留的特提斯洋，目前仍处在消亡阶段，地中海盆地没有完全关闭。

第二节　构造演化与沉积充填

下面以地中海富含油气的东部地区为例介绍该地区的构造演化和沉积充填特征，重要的深水含油气盆地包括尼罗河三角洲盆地和黎凡特盆地等。

一、地中海东部地区构造演化

地中海东部地区的构造演化可以划分为五大演化阶段：前裂谷陆内断陷阶段、裂谷阶段、被动陆缘阶段、前陆盆地阶段及走滑盆地阶段。前裂谷陆内断陷阶段主要发育在石炭纪—二叠纪；裂谷阶段从三叠纪开始，持续到侏罗纪末期；被动陆缘阶段开始于早白垩世，一直持续到晚白垩世；前陆盆地阶段从晚白垩世圣通期开始持续到晚中新世；走滑盆地阶段从上新世开始一直持续至今（图19-1）。

1. 前裂谷陆内断陷阶段

晚石炭世开始，潘基亚（Pangea）超大陆逐渐形成，其南部称为冈瓦纳大陆。由于冈瓦纳大陆的裂谷作用在整个显生宙持续发生，受古特提斯洋打开的影响，冈瓦纳大陆北缘发育伸展构造。地中海区域位于冈瓦纳大陆北缘，为大陆边缘断陷沉积，以砂岩沉积为主。

2. 裂谷阶段

二叠纪到三叠纪，非洲北部边缘从古特提斯的汇聚边缘转化为新特提斯裂开的被动大陆边缘（Wilson et al., 1998）。断裂从东北部阿拉伯边缘向西部的摩洛哥扩展（Guiraud，1998）。正断层和断裂沿着现今的非洲地中海海岸边缘发育，断裂一直持续到早侏罗世（Guiraud，1998）。

自三叠纪开始，地中海区域为一个连续沉积的地区发育伸展断层等代表裂谷的构造。晚三叠世—早侏罗世，受斯梅里运动第一幕的影响，地壳沿着现今北非海岸开始扩张，开始发育伸展断层，到达新特提斯洋的边缘，以碳酸盐岩沉积为主（图19-1）。

东地中海是阿普利亚—土耳其陆块与非洲—阿拉伯大陆分裂的结果，侏罗纪晚期受斯梅里运动第二幕的影响，地中海西侧的阿普利亚块体旋转而逐渐脱离非洲板块，形成了埃及、以色列和黎巴嫩的侏罗系槽地，以浅海相碳酸盐岩和浅海—半深海相泥页岩沉积为主。

3. 被动陆缘阶段

早白垩世，东地中海洋盆宽达300~400km，成为一个具有中央扩张脊的小洋盆。早白垩世中晚期，海平面上升，在中东和北非的大部分地区，碳酸盐岩沉积在古老的泥页岩上，为碳酸盐岩台地。晚白垩世早期，地中海沿岸的埃及、以色列、黎巴嫩和约旦等地区沉积了石灰岩和富有机质的泥质灰岩。晚白垩世晚期，挤压作用导致地中海地区形成北东—南西向叙利亚弧型褶皱带（Syrian Arc Fold Belt）。

4. 前陆盆地阶段

从晚白垩世圣通期开始，新特提斯洋开始闭合，形成了一个由土耳其至阿曼的造山带，总体处于挤压构造背景，该阶段从晚白垩世开始一直持续到晚中新世（Loncke，2006；Aal，2000）。

晚白垩世开始，尼罗河三角洲盆地发育北东—南西向的Qattara-Eratosthenes（Rosetta）断裂体系，断裂发育到晚中新世停止。中新世末期，阿拉伯板块与北侧的土耳其块体进一步碰撞拼合，地中海与中大西洋隔断，大范围沉积了墨西拿阶盐岩。上中新统的碳酸盐岩以环状珊瑚岛的形式产出，岩层厚度可以达到2km，主控的断层活动发生在盐前，在盐后发生了沿着Erasthestenes走向的断裂活化作用（Loncke，2006；Aal，2000）。

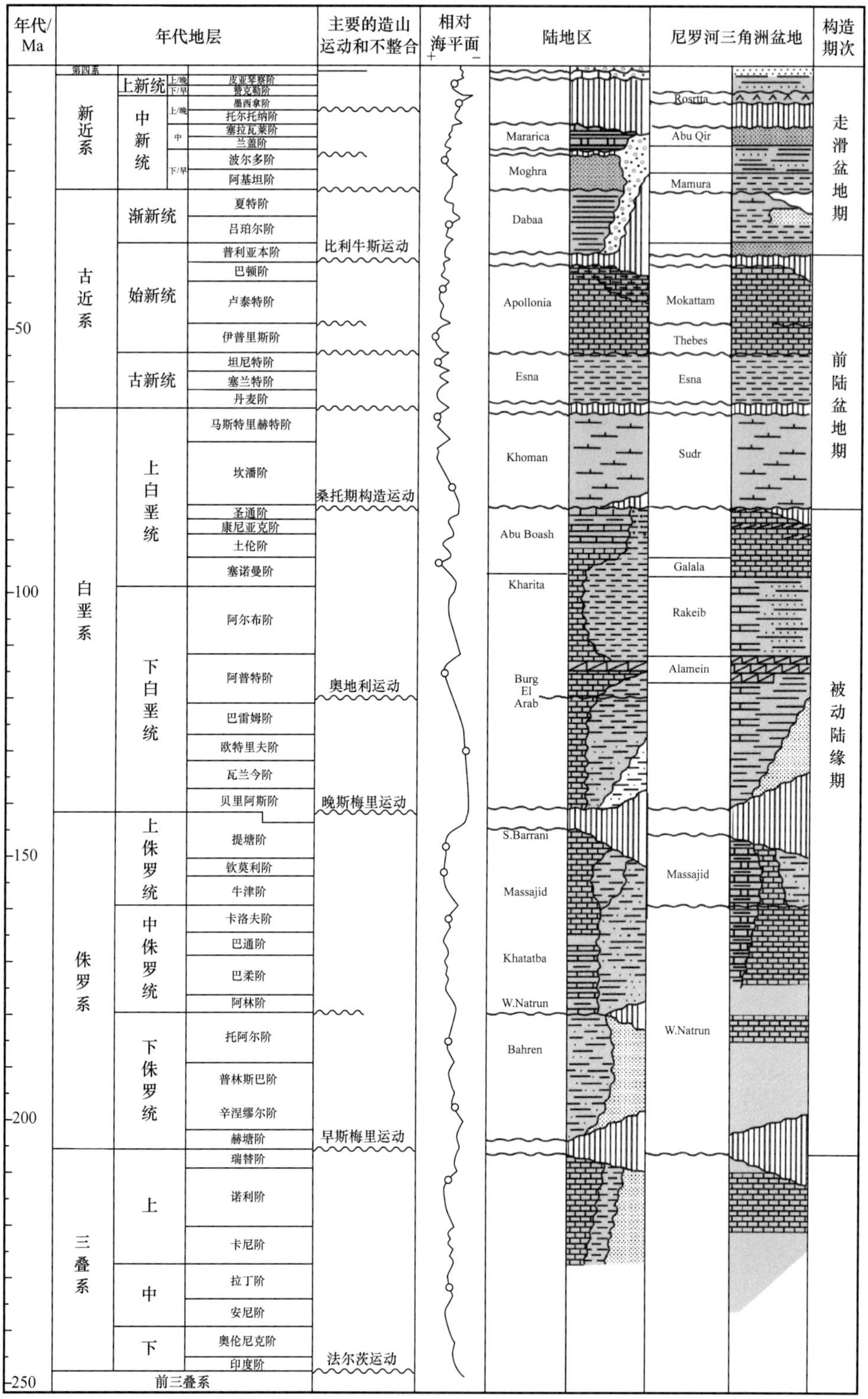

图 19-1 地中海东部地区岩石地层与构造演化图（据 Gradstein et al., 1996; Schandelmeier et al., 1997; Guiraud et al., 1999）

5. 走滑盆地阶段

尼罗河三角洲盆地走滑盆地阶段从上新世一直持续至今。北西—南东向（Temsah）断裂带显示了上新世走滑断层活动。这一构造运动与非洲板块沿塞浦路斯的俯冲时间相同，并且引发了整个上新世的盐枕构造及盐底辟构造。北东—南西向与北西—南东向的两组主要断裂系统的相互作用使盆地深水区发育了多种构造样式，主要包括与断裂相关的变形、上新世和更新世盐构造变形，具体包括底辟构造、盐墙及沉积物在盐丘之间的堆积（Aal，2000；Loncke，2004）。

二、地中海东部地区盆地沉积充填

地中海东部地区盆地沉积充填序列主要包括被动陆缘期沉积充填序列、前陆盆地期沉积充填序列及走滑盆地期沉积充填序列。

1. 被动陆缘期沉积充填序列

地中海东部地区盆地被动陆缘沉积充填序列包括三叠系、侏罗系、下白垩统及上白垩统底部。

三叠纪开始，联合古陆逐渐解体，伴随着全球泛大陆的解体，非洲北部边缘在这一时期从古特提斯的汇聚边缘转化为新特提斯裂开的被动大陆边缘。三叠纪尼罗河三角洲盆地主要为石灰岩沉积，局部地区发育砂岩和泥岩沉积地层（Claudius，2007；Guiraud，1999）。

三叠纪晚期至侏罗纪发生了早基梅里构造运动，这使侏罗系与三叠系不整合接触（Guiraud，1999）。整个侏罗纪尼罗河三角洲盆地沉积充填了在侏罗系碳酸盐岩台地环境下沉积的地层，包括下侏罗统 Natrun 组石灰岩沉积、中侏罗统 Khatatba 组石灰岩夹薄层砂岩沉积及泥岩沉积及上侏罗统 Massajid 组石灰岩沉积，下侏罗统与中侏罗统局部地区为不整合接触（Claudius，2007；Guiraud，1999）。

侏罗纪末期至白垩纪早期发生了晚基梅里构造运动，该运动导致了白垩系与侏罗系之间地层的缺失（Guiraud，1999）。早白垩世贝里阿斯期—巴雷姆期，非洲板块与阿拉伯板块之间的断裂活动十分活跃（Guiraud et al.，1992）。埃及北部及利比亚发育东西向的断裂（Bayoumi et al.，1989；Moustafa et al.，1998），这些断裂中填充了厚层的河流、湖泊相，并且浅海环境依然盛行。早白垩世，尼罗河三角洲盆地沉积充填了 Alamein 组白云质灰岩、Kharita 组石灰岩夹泥岩及砂岩；晚白垩世早期沉积了 Abu Roash 组石灰岩地层，如图 19-1 所示（Claudius，2007；Guiraud，1999）。

2. 前陆盆地期沉积充填序列

地中海东部地区盆地前陆盆地期充填序列包括上白垩统上部、古新统、始新统、渐新统及中新统。

晚白垩世圣通期，非洲北部边缘经历了挤压构造运动，尼罗河三角洲盆地发育北东—南西向的 Qattara-Eratosthenes（Rosetta）断裂体系，该时期的构造运动导致了上白垩统与下伏地层不整合接触。晚白垩世盆地中充填了 Khoman 组白垩岩沉积（Claudius，2007；Guiraud，1999）。

古新世，尼罗河三角洲盆地地区发生强烈的海侵，在非洲东北部地区广泛发育浅海台地沉积。该时期盆地中沉积充填了 Esna 组海相泥页岩和石灰岩沉积，与下伏白垩统为假整合接触（Claudius，2007；Guiraud，1999）。

始新世，尼罗河三角洲盆地沉积充填了厚层的石灰岩地层及晚始新统沉积的砂岩地层。始新统与下伏古新统不整合接触，上始新统与中始新统之间也有明显的地层缺失（图19-1）（Claudius，2007；Guiraud，1999）。

晚渐新世，尼罗河三角洲盆地开始形成。渐新世至中新世共有2个海进海退旋回，第一个旋回由渐新统页岩和下中新统粗砂岩和砾岩组成，第二个旋回为中中新统深海相页岩和上中新统砂砾岩互层，上部为三角洲砂岩，晚中新世墨西拿期，尼罗河三角洲盆地沉积了 Rosetta 组盐岩层。渐新统 Qhazalat 组和 Abu zeabal 组海相泥页岩及中新统 Sidi Salem 组泥页岩地层是尼罗河三角洲盆地中主要的烃源岩，中新统 Abu Madi 组三角洲砂岩沉积是尼罗河三角洲盆地主要的储层（Elsayed，2009；Claudius，2007；Guiraud，1999；童晓光，2002）。

3. 走滑盆地期沉积充填序列

走滑盆地期沉积充填序列包括上新统及更新统，在地中海东部地区盆地的大陆坡位置，上新统和更新统充填厚度可以达到2500m。

早上新世地中海发生海侵，沉积了上新统海进泥岩、粉砂岩和砂岩。海侵在中上新世达到顶峰，晚上新世海退，尼罗河三角洲盆地开始向北进积。尼罗河三角洲盆地进积主要发生在更新世，沉积充填的更新统与下伏上新统不整合接触，岩性主要是浅海粗砂岩和砂质泥岩，最上部为海退型中—粗粒席状砂岩（Elsayed，2009；Claudius，2007；Guiraud，1999；童晓光，2002）。

第三节 主 要 断 裂

地中海东部地区发育的主要的断裂系统，包括北西—南东向的 Misfaq-Bardawil（Temsah）断裂体系、北东—南西向的 Qattara-Eratosthenes（Rosetta）断裂体系。其中北东—南西向的 Qattara-Eratosthenes（Rosetta）断裂体系于前陆盆地阶段发育，而北西—南东向的 Misfaq-Bardawil（Temsah）断裂体系是在走滑盆地阶段形成（图19-2）。

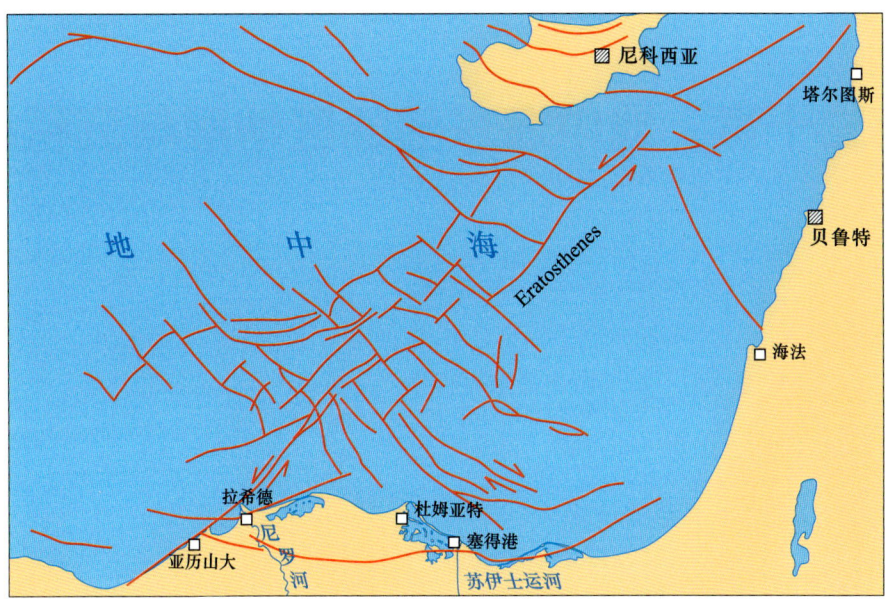

图 19-2 地中海海域东部地区断裂分布图（据 Aal, 2000, 修编）

第二十章　地中海东部地区地层与沉积相

第一节　地　层

盆地基底为前寒武系，盆地内主要发育古生界石炭系—新生界沉积地层。

一、基底

盆地基底为前寒武系结晶岩系。

二、古生界

地中海东部地区盆地古生界沉积地层资料很少，地中海东部地区盆地古生界岩性比较单一，主要为砂岩沉积，厚度可以达到560m（童晓光，2002）。

三、中生界

地中海东部地区盆地三叠系主要为石灰岩沉积，局部地区发育砂岩和泥岩沉积地层（Claudius，2007；Guiraud et al.，2001）。

侏罗系与下部地层不整合接触，自下而上依次沉积了Natrun组、Khatatba组和Massajid组，如图20-1所示（Claudius，2007；Guiraud et al.，2001）。

下侏罗统为Natrun组沉积地层，岩性为石灰岩；中侏罗统Khatatba组石灰岩沉积，夹薄层砂岩沉积及泥岩沉积，该套地层是尼罗河三角洲地区西沙漠地区的潜在烃源岩；上侏罗统为Massajid组沉积地层，岩性为石灰岩，夹薄层的砂岩和泥岩沉积（Claudius，2007；Guiraud et al.，2001）。

白垩系与下伏侏罗系不整合接触，自下而上依次沉积了Alamein组、Kharita组、Abu Roash组和Khoman/Sudr组沉积地层（Claudius，2007；Guiraud et al.，2001）。

白垩系现存的为巴雷姆期和阿普特期沉积的下白垩统Alamein组主要为白云质灰岩地层，阿尔布期沉积的下白垩统Kharita组为一套石灰岩地层，夹泥岩和砂岩沉积，主要发育于西沙漠地区；晚白垩世塞诺曼期和土伦期沉积上白垩统Abu Roash组石灰岩地层，夹白云质灰岩及砂岩、泥岩沉积，Abu Roash组石灰岩可能是西沙漠地区的潜力烃源岩；晚白垩世塞诺曼期沉积的Khoman/Sudr组与下伏的Abu Roash组石灰岩不整合接触，为白垩岩沉积，该套地层可能是西沙漠地区的潜力烃源岩（Claudius，2007；Guiraud et al.，2001）。

四、新生界

地中海东部地区盆地开始形成于晚渐新世—早中新世，三角洲进积开始于晚上新世，主要发育于更新世，盆地新生界较厚。

古新统通常与下伏白垩系为假整合接触，古新世沉积的 Esna 组为浅海台地环境中沉积的海相泥页岩和石灰岩沉积（Claudius，2007；Guiraud et al.，2001）。

尼罗河三角洲盆地始新统自下而上依次为 Apollonia 组、Mokattam 组、Qasr El Sagha 组和 Qhazalat 组（图 20-1）。

下始新统为 Apollonia 组沉积地层，岩性为石灰岩，该组地层与下伏的古新统不整合接触；中始新统为 Mokattam 组沉积地层，岩性为石灰岩，局部地区发育黏土质石灰岩沉积；上始新统与中始新统之间有明显的地层缺失，因此上始新统与下伏的中始新统不整合接触。上始新统为 Qasr El Sagha 组沉积地层，岩性为砂岩，向上为 Qhazalat 组沉积地层，岩性为页岩（Claudius，2007；Guiraud et al.，2001）。

渐新统包括 Qhazalat 组和 Abu zeabal 组，主要为海相泥页岩夹砂岩沉积（Claudius，2007；Guiraud et al.，2001）。

中新统与下伏地层不整合接触，早中新世阿基坦期、波尔多期及兰盖期沉积了 Qantara 组，该组地层由粗砂岩和砾岩组成；中中新世塞拉瓦莱期沉积了 Sidi Salem 组，该套地层厚度可以达到 1000m，主要为泥页岩夹白云质灰岩，局部地区发育薄层砂岩；晚中新世托尔托纳期和墨西拿期沉积了 Qawasim 组、Rosetta 组和 Abu Madi 组沉积，Qawasim 组为砂砾岩互层沉积，Rosetta 组为蒸发环境下沉积的硬石膏层，Abu Madi 组厚度约为 250m，是一套三角洲砂岩沉积，也是尼罗河三角洲盆地主要的储层（Elsayed，2009；Claudius，2007；Guiraud et al.，2001；童晓光，2002）。

上新统为 Kafr El Sheikh 组和 El Wastani 组沉积，

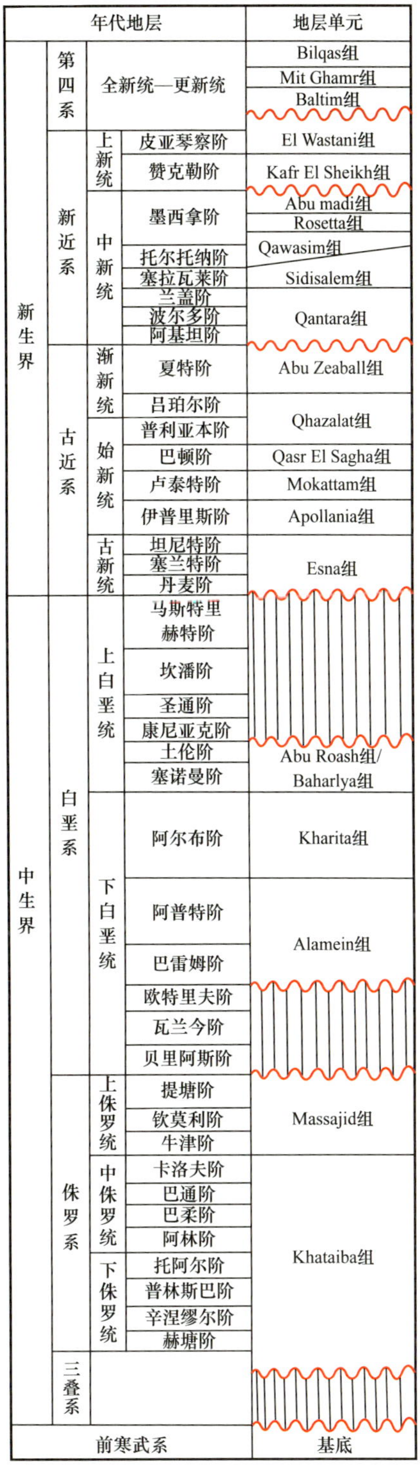

年代地层				地层单元
新生界	第四系	全新统—更新统		Bilqas 组
				Mit Ghamr 组
				Baltim 组
	新近系	上新统	皮亚琴察阶	El Wastani 组
			赞克勒阶	Kafr El Sheikh 组
		中新统	墨西拿阶	Abu madi 组
				Rosetta 组
			托尔托纳阶	Qawasim 组
			塞拉瓦莱阶	Sidisalem 组
			兰盖阶	
			波尔多阶	Qantara 组
			阿基坦阶	
	古近系	渐新统	夏特阶	Abu Zeaball 组
			吕珀尔阶	Qhazalat 组
		始新统	普利亚本阶	
			巴顿阶	Qasr El Sagha 组
			卢泰特阶	Mokattam 组
			伊普里斯阶	Apollania 组
		古新统	坦尼特阶	
			塞兰特阶	Esna 组
			丹麦阶	
中生界	白垩系	上白垩统	马斯特里赫特阶	
			坎潘阶	
			圣通阶	
			康尼亚克阶	
			土伦阶	Abu Roash 组/
			塞诺曼阶	Baharlya 组
		下白垩统	阿尔布阶	Kharita 组
			阿普特阶	
			巴雷姆阶	Alamein 组
			欧特里夫阶	
			瓦兰今阶	
			贝里阿斯阶	
	侏罗系	上侏罗统	提塘阶	
			钦莫利阶	Massajid 组
			牛津阶	
		中侏罗统	卡洛夫阶	
			巴通阶	
			巴柔阶	
			阿林阶	Khataiba 组
		下侏罗统	托阿尔阶	
			普林斯巴阶	
			辛涅缪尔阶	
			赫塘阶	
	三叠系			
前寒武系				基底

图 20-1　地中海东部被动大陆边缘深水区地层柱状图（据 Guiraud et al.，2001；Claudius，2007；高华华等，2020 资料）

Kafr El Sheikh 组厚度为 1200m，岩性为红色—棕红色泥岩、粉砂质泥岩和细粒砂岩沉积；El Wastani 组厚度为 300m，岩性为含砾石英砂岩和页岩，在尼罗河三角洲的西北部发育碳酸盐岩（Elsayed，2009；Claudius，2007；Guiraud et al.，2001；童晓光，2002）。

更新统与下伏地层不整合接触，更新统自下而上为 Baltim 组、Mit Ghamr 组和 Bilqas 组。Baltim 组岩性为浅海粗砂岩和砂质泥岩；Mit Ghamr 组厚度为 700m，岩性为河成含砾砂岩，夹薄层泥岩，是尼罗河三角洲盆地主要的含水层；Bilqas 组厚度为 50m，岩性为粉砂质、砂质泥岩（Elsayed，2009；Claudius，2007；Guiraud et al.，2001；童晓光，2002）。

第二节 沉 积 相

一、三叠纪岩相古地理

东地中海中三叠世发育狭窄的海相碳酸盐岩台地相，岩浆活动发生在埃及的南部和苏丹的北部，基本沿着新特提斯的边缘，向南为早—中三叠世非造山期的碱性岩浆岩侵入体（图 20-2a）。晚三叠世古地理与中三叠世相似，但在碳酸盐岩台地和海岸线之间发育蒸发盐台地，反映了平缓的海侵运动（图 20-2b）。

二、侏罗纪岩相古地理

早侏罗世，埃及地区海平面较低，缺乏古环境记录。在尼罗河三角洲地区仅发育狭窄的碳酸盐岩台地，向北过渡为深海相（图 20-3）。晚侏罗世，海相碳酸盐岩台地发育，并且覆盖了埃及东北部地区和以色列西部地区，向南逐渐变为边缘海混合台地相和蒸发岩台地相，如图 20-3b 所示（Guiraud et al.，2001）。

三、白垩纪岩相古地理

早白垩世贝里阿斯期—巴雷姆期，非洲板块与阿拉伯板块之间的断裂活动十分活跃（Guiraud et al.，1992）。埃及北部及利比亚发育东西向的断裂（Bayoumi et al.，1989；Moustafa et al.，1998），这些断裂中填充了厚层的河流—湖泊相，并且浅海环境依然盛行，地中海东部地区盆地在这一时期北部为深海环境，向南发育碳酸盐岩台地和碳酸盐岩及硅质碎屑混合台地相（图 20-4a）。阿普特期，沿非洲北部边缘发生海侵，埃及南部发育陆源碎屑沉积台地，向北尼罗河三角洲盆地发育碳酸盐岩及硅质碎屑沉积台地（图 20-4b）。

晚白垩世塞诺曼期到古近纪，广阔的海水覆盖着非洲北部，有时可以通过尼日尔盆地到达大西洋（Dercourt，1993）。这样的古地理格局与全球海平面上升及温暖的气候密切相关（Guiraud，1992；Guiraud et al.，1995），该时期尼罗河三角洲盆地为陆源沉积台地相，如图 20-5a 所示（Lang et al.，1989）。早坎潘期，海水迅速侵入非洲板块北部地

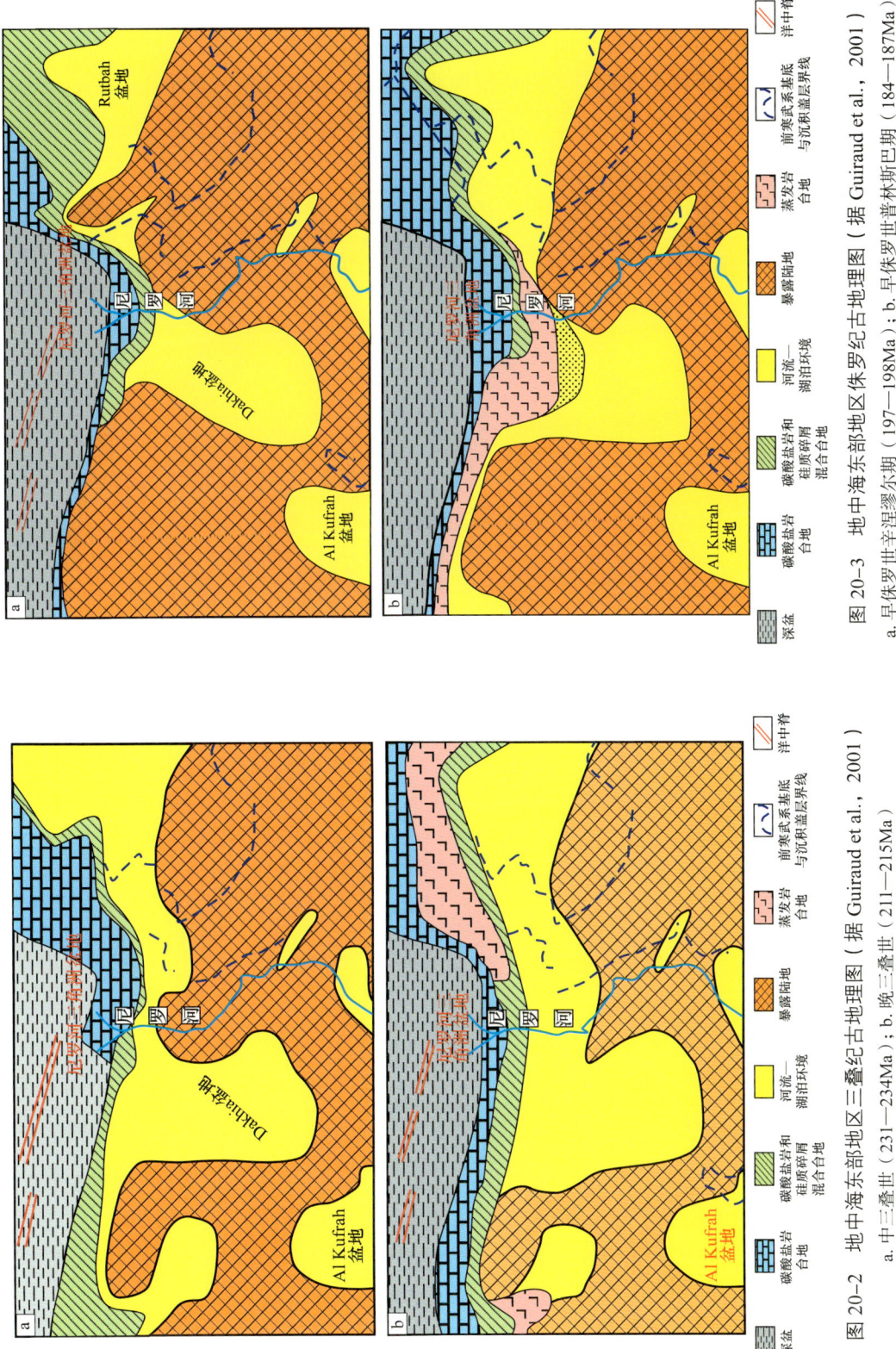

图 20-3 地中海东部地区侏罗纪古地理图（据 Guiraud et al., 2001）
a. 早侏罗世辛涅缪尔期（197—198Ma）；b. 早侏罗世普林斯巴期（184—187Ma）

图 20-2 地中海东部地区三叠纪古地理图（据 Guiraud et al., 2001）
a. 中三叠世（231—234Ma）；b. 晚三叠世（211—215Ma）

区。埃及及其周围地区发育大规模的碳酸盐岩台地，向南过渡为混合台地相，包括磷酸盐和燧石相，如图20-5b所示。晚马斯特里赫特期发生海退，但是，广阔的碳酸盐岩台地仍然存在于非洲板块东北部及阿拉伯板块北部边缘，如图20-5c所示（Guiraud et al.，2001）。

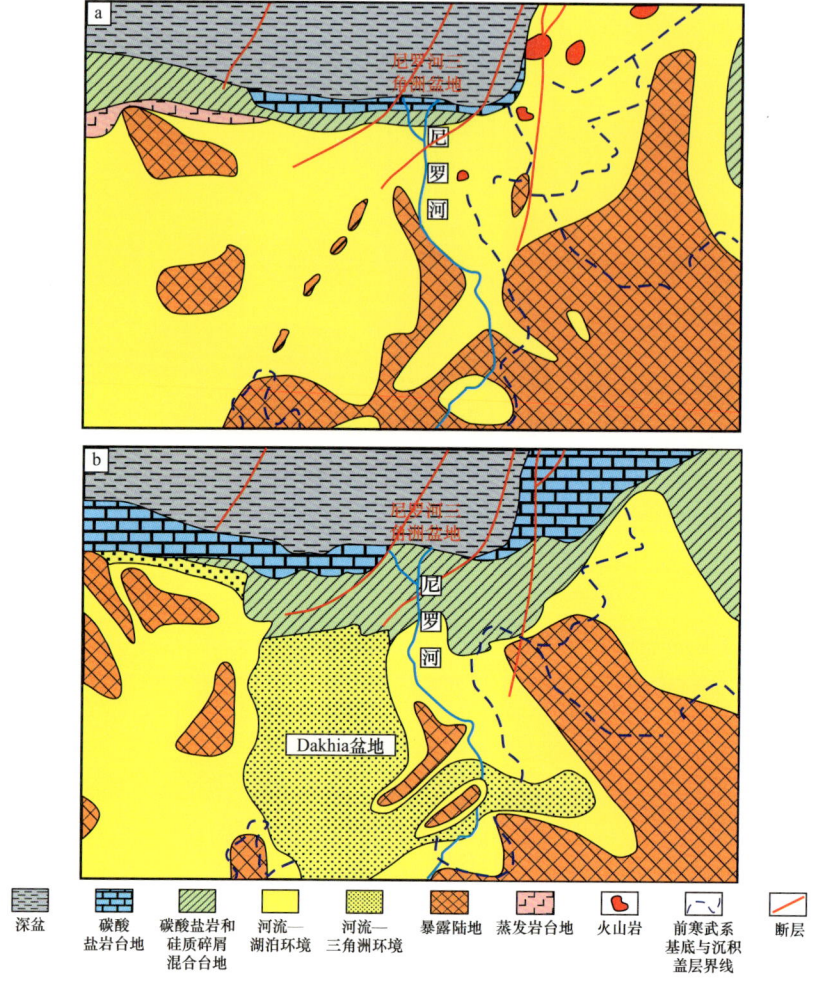

图20-4 地中海东部地区早白垩世古地理图（据Guiraud et al., 2001）

a. 欧特里夫期（130—132Ma）；b. 中阿普特期（115Ma）

四、新生代岩相古地理

古新统通常不整合上覆于白垩系，这一时期发生了强烈的海侵，在非洲板块东北部发育浅海台地相（Basahel et al., 1982；Jado, 1989；Hughes et al., 1994）。尼罗河三角洲地区北部依然为深海环境，向南逐渐变为碳酸盐岩及硅质碎屑混合台地，这一时期主要沉积泥页岩和碳酸盐岩，如图20-6a所示（Guiraud et al., 2001）。

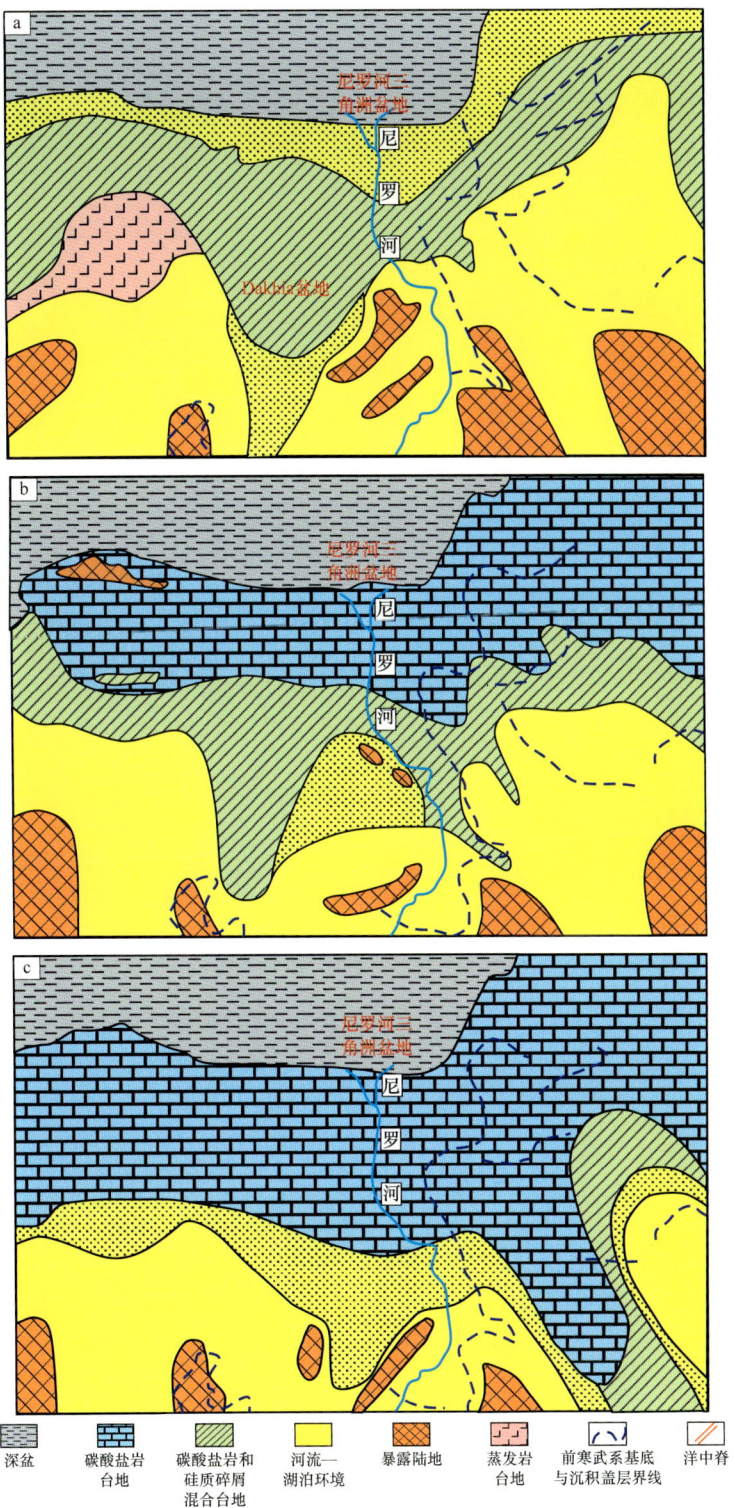

图 20-5 地中海东部地区晚白垩世古地理图（据 Guiraud et al., 2001）

a. 晚塞诺曼期（94Ma）；b. 坎潘期（81—83Ma）；c. 马斯特里赫特期（67—68Ma）

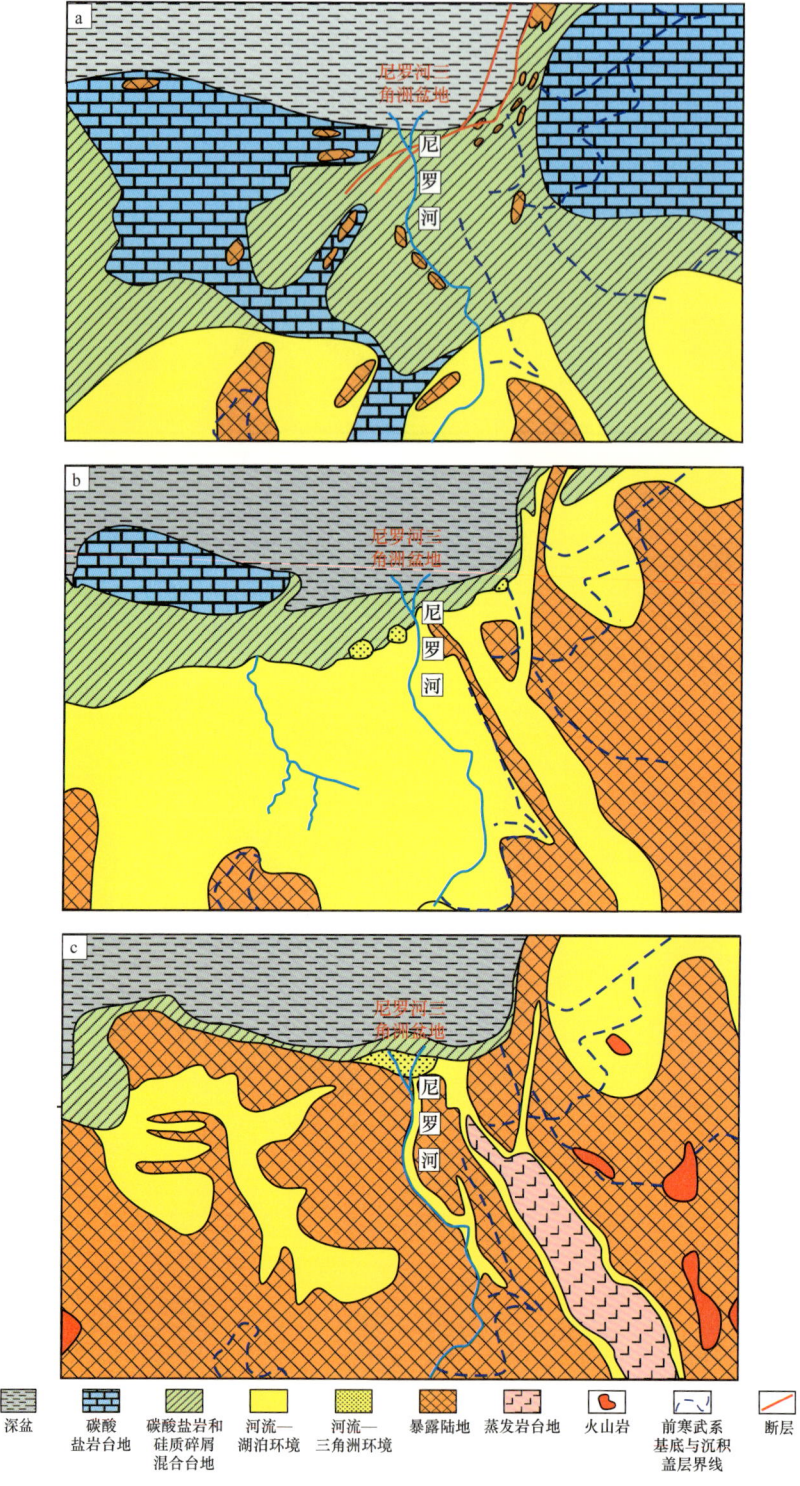

图 20-6 地中海东部地区古新世至上新世古地理图（据 Guiraud et al., 2001）
a. 晚古新世（56—58Ma）；b. 渐新世吕珀尔期（28—29Ma）；c. 中新世晚托尔托纳期（8Ma）

早始新世，海侵导致海岸线向陆地方向有一定的迁移，地中海东部地区被广阔的碳酸盐岩台地所覆盖，而这一时期利比亚北部发育蒸发盐台地，在锡尔特盆地南部和西部沉积了蒸发盐地层（Wennekers et al., 1996）。始新世卢泰特期发生海侵，直到卢泰特晚期，碳酸盐岩台地仍然覆盖了大部分的不稳定陆架地区。

晚始新世至早渐新世再次发生海侵，尼罗河三角洲盆地北部大部分地区处于深海环境，向南部过渡为混合台地相（图20-6b）。该时期一些三角洲开始发育，主要是由于部分地区的抬升。晚渐新世至早中新世，埃及东沙漠地区普遍抬升，这导致了大型河流的发育，河流泛滥向西淹没西沙漠地区（Issawi et al., 1992；Guiraud et al., 2001）。

早中新世，地中海陆架的发育记录了昔兰尼加碳酸盐岩台地的发展，这一时期的断裂影响了锡尔特盆地北部和尼罗河三角洲盆地东部地区，该时期尼罗河三角洲地区主要发育混合台地相。晚中新世托尔托纳期，非洲板块内部发育了两大河流——埃及西沙漠地区和昔兰尼加南部的Gilf-Sahabi河和尼罗河，尼罗河建造了巨大的尼罗河三角洲盆地（Issawi et al., 1992）。该时期尼罗河三角洲盆地地区北部为深海环境，向南过渡为混合台地环境和三角洲环境（图20-6c）。晚中新世墨西拿期，伴随着海退的发生，地中海海平面强烈下降，该地区处于蒸发环境（Hsu et al., 1973）。

早上新世，直布罗陀海峡打开，北大西洋海水再次充满地中海，海侵在上新世中期达到顶峰，海水侵袭了尼罗河三角洲海湾地区，迅速的沉降及断块的倾斜影响了尼罗河三角洲盆地陆上和海上地区（Carmignani et al., 1990；Chumakov, 1967；Barber, 1981）。

第二十一章 尼罗河三角洲盆地深水油气地质

尼罗河三角洲盆地位于地中海东南部海域,是世界级的深水富油气区。盆地总面积约为 $11.2×10^4km^2$,其中海上面积占总面积70%,最深处水深达2800m。

尼罗河三角洲的油气勘探始于20世纪50年代,海上钻探各类探井约300口,最深7200m。尼罗河三角洲的油气发现以气为主,发现储量基本集中在海上,尼罗河三角洲盆地已获得天然气地质储量 $98.4×10^{12}ft^3$,其中海上 $91.5×10^{12}ft^3$,占93%;发现原油和凝析油储量 $1096×10^{12}bbl$,其中海上 $958×10^{12}bbl$,占87%。尼罗河三角洲盆地海域获得油气发现超过100个,其中2015年埃尼公司在尼罗河三角超深水区获得地质储量 $30×10^{12}ft^3$ 的Zohr巨型生物礁气藏大发现(图21-1)。

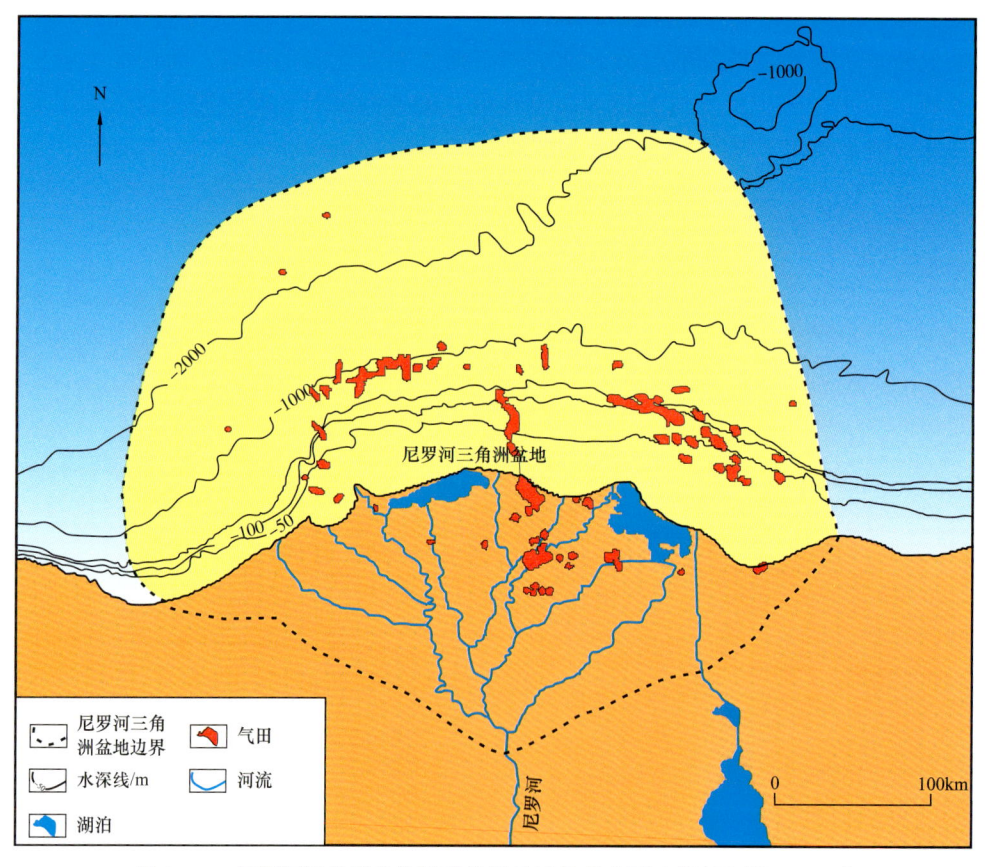

图21-1 尼罗河三角洲盆地地理位置及油气分布图(据赵阳等,2018)

第一节 烃 源 岩

一、主力烃源岩

尼罗河三角洲盆地主要烃源岩为上白垩统泥岩、渐新统—下中新统的海相泥页岩（图21-2）。

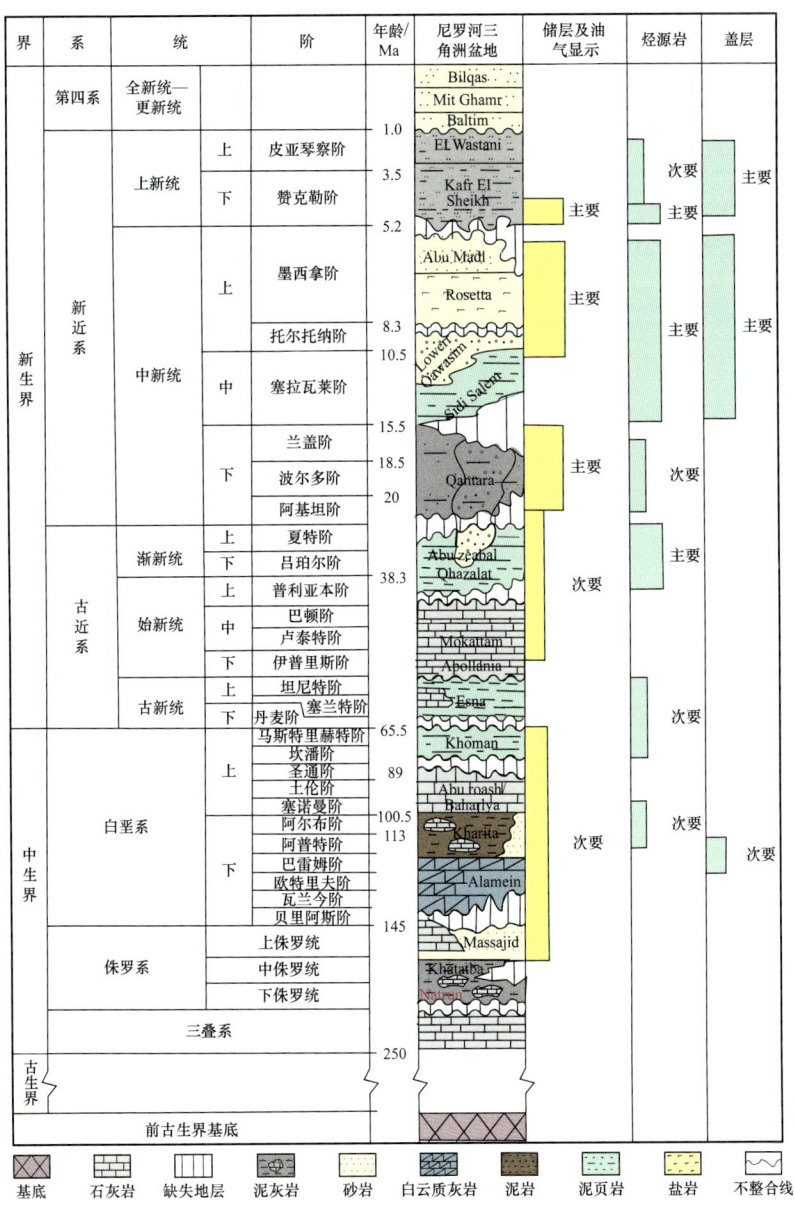

图21-2 尼罗河三角洲盆地地层及生储盖组合柱状图（据童晓光，2002；杜美迎等，2017，修编）

尼罗河三角洲盆地东部地区主要烃源岩为渐新统至下中新统的海相泥页岩沉积（Kamel et al.，1998；Sharaf，2003）。

尼罗河三角洲盆地北部地区主要烃源岩为渐新统和中新统沉积的海相页岩和泥灰岩，平均有机碳为0.7%～2%，干酪根以Ⅲ型为主，该套烃源岩有机质丰富（童晓光，2002）。

北三角洲盆地 Kafr EI Sheikh 组厚度达 1800m，埋深在1300～3090m。干酪根以Ⅲ型为主，总有机碳含量（TOC）为0.37%～1.47%，烃源岩热解烃潜量 S_2 为 0.4～3.54mg/g，氢指数（HI）为 51～116，氧指数（OI）为 55～222，烃源岩热解最高峰温度（T_{max}）为 368～434℃依据 Peters 的分类标准，有机质的 $T_{max}<435℃$ 视为非成熟有机质，$T_{max}>470℃$ 视为生气阶段（Peters，1986）。Kafr EI Sheikh 组烃源岩还未达到成熟阶段，生气能力差。

Sidi Salem 厚度为 450m 左右，埋深在 3340～3940m，总有机碳含量（TOC）为 0.41%～1.56%，烃源岩热解烃潜量 S_2 为 0.64～5.3mg/g，氢指数（HI）为 119～466，氧指数（OI）为 49～183，烃源岩热解最高峰温度 T_{max} 为 421～443℃，干酪根类型主要为Ⅱ型。总的来说 Sidi Salem 组烃源岩向北成熟度越高，生油气能力增强，有利于形成大型油气藏。

中新统底部的 Qantara 组厚度大概在 300m 左右，主要为海相页岩和砂岩沉积，干酪根类型主要为Ⅲ型，总有机碳含量（TOC）为 0.9%～2.05%，烃源岩热解最高峰温度 T_{max} 为 440～448℃，有机质已达到成熟阶段，以生气为主。

尼罗河三角洲盆地南部地区主要烃源岩为上白垩统和渐新统海相页岩和泥灰岩沉积。上白垩统黑色页岩为品质较好的烃源岩，有机碳含量很高（Hegazy，1992；Younes，2002；Abu，1990；童晓光，2002）。

二、次要烃源岩

尼罗河三角洲盆地西部地区中侏罗统含煤的 Khatatba 组和上白垩统 Abu Roash 组和 Khoman 组石灰岩及页岩可能是烃源岩，中侏罗统 Khatatba 组为含煤的碳质页岩，上白垩统为 Abu Roash 组和 Khoman 组黏土质灰岩及页岩，也是潜在烃源岩（Hegazy，1992；Keeley et al.，1990；Younes，2002；Abu，1990）。

第二节 储 层

尼罗河三角洲盆地深水区主力储层主要为中新统三角洲砂岩、上新统深水浊积砂岩（图21-2、图21-3）。

一、上新统深水浊积砂岩储层

上新世，东地中海为深水沉积环境，存在陆架边缘的斜坡，发育多期三角洲进积作用。上新统通过地震相可以分为六个主要沉积旋回,共同组成尼罗河三角洲体系。这些旋回包含了陆架到斜坡的进积体系和盆底沉积,主要是薄层的砂岩沉积。

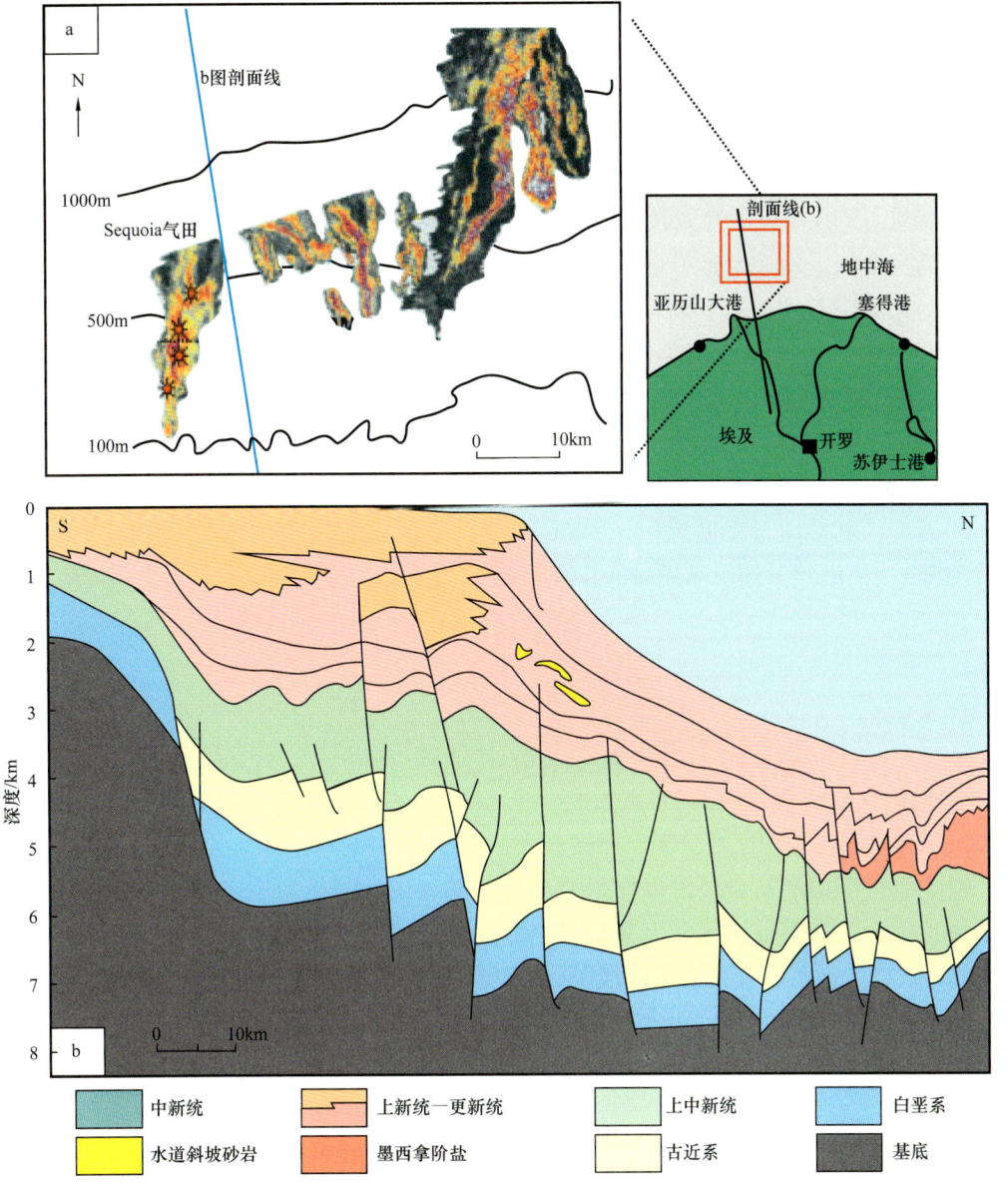

图 21-3 上新世深水区沿三角洲锥体分布的沉积体系图(据 Aal,2000;童晓光,2002,修编)

整个上新世,南部为南北向的线性浊积水道沉积,水道沉积从地震相及压实特征上显示其总的储层厚度超过 100m,向两侧减小至 30~40m。上新统砂岩为松散的沉积,储层性质极好,孔隙度为 24%~36%,净砂层孔隙度可以达到 30%~90%。

在尼罗河三角洲盆地东部深水地区,前期断层的活化及盐的底辟运动限制了水道的沉积,而在盆地西部水道沉积并没有受到限制。地震资料显示,水道沉积识别比较简单,但是薄层砂的预测比较困难。斜坡底部或盆地平原突然出现的超覆沉积为重力流沉积。尼罗河三角洲西部深海扇中的 Sequoia 油田的储层为一广阔的南北向展布的上新世水道体系，该体系在南部宽近 5km，但是到了北部宽度增加到 20km。该水道全长 30km，深度超过 200m。

二、上中新统三角洲及浅海砂岩储层

上中新统储层主要是墨西拿阶（Abu Madi 组及与之相当的地层），这一套地层沉积环境比较复杂，是在主要的河成峡谷前部的三角洲及浅海相。

上墨西拿阶上覆于盆地膏盐层之上，其间为不整合接触。上中新统 Qawasim 组是由海平面变化后引起的快速下切作用形成的，侧部的峡谷外部地区，上 Qawasim 组变为平行的薄层砂岩，是 Abu Qir 油田的储层。上中新统 Rosetta 组膏盐层在尼罗河三角洲盆地中广泛分布，但是在河流到浅海相的上墨西拿阶上中新统 Abu Madi 组沉积体系中缺失。在这一沉积体系中，峡谷淤积混杂，以砂岩为主，厚度超过 300m。台地边界断层标志着峡谷沉积和深海沉积的转换，在东地中海地区，中新统为迅速超覆在盐脊之上的薄层浊积砂岩。储层质量根据沉积相的变化而变化，峡谷充填物储层品质较差，孔隙度为 20%~28%，而席状砂储层品质较好，孔隙度可以达到 32%。

第三节 盖 层

尼罗河三角洲盆地区域性盖层为上新统 Kafr El Sheikh 组海相泥页岩沉积，该套地层在尼罗河三角洲盆地中广泛分布，厚度较大。

晚中新世沉积的盐岩层可以作为局部地区的盖层，但是盐构造使岩层变薄，因此在尼罗河三角洲的大部分地区，该套盐岩不能成为很好的盖层，这也使盐下烃源岩所产生的油气可以向上运移，在盐上中新统及上新统储层中富集成藏。

盐下盖层主要是膏盐层和中新统海相泥页岩，膏盐层具有良好的封盖性能，是优质盖层。中新统海相泥页岩盖层封盖其自身及其下部储层，使油气富集成藏。

第四节 圈 闭

尼罗河三角洲盆地发育构造圈闭、地层圈闭及构造—地层复合圈闭等多种圈闭类型，但是以构造圈闭为主，其次为地层圈闭。

尼罗河三角洲从晚白垩世开始处于挤压背景，在挤压构造应力作用下所产生的逆冲背斜可以形成很好的背斜圈闭，在断层发育的地区，断层对油气有效遮挡形成断层圈闭。除此之外，尼罗河三角洲盆地东部深海扇在晚中新世沉积厚层的盐岩，后期盐岩的变形产生了大量的盐背斜构造及断裂构造，在这些背斜及断层的基础上形成盐背斜圈闭及断背斜圈闭（图21-4）。尼罗河三角盆地中新世及上新世发育水道沉积，此类浊积砂岩往往超覆于下伏地层之上形成地层圈闭。

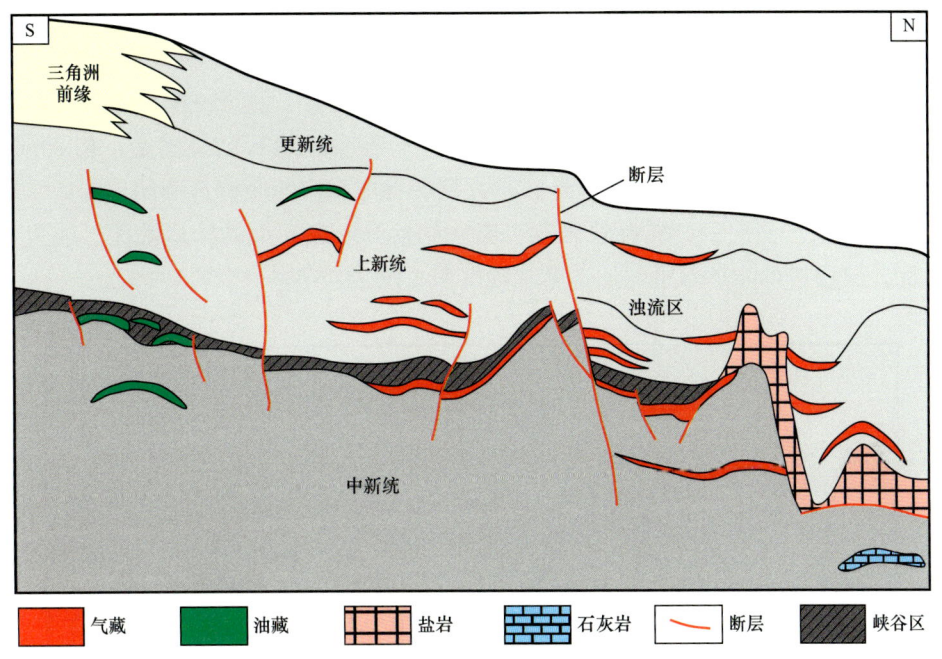

图21-4 尼罗河三角洲盆地盐背斜圈闭及断背斜圈闭图（据Aal，2000，修编）

第五节 油气运移

盆地深层晚白垩世至中新世前陆盆地阶段及渐新世走滑盆地阶段形成的断裂系统是油气运移的良好通道（Aal，2000）。油气运移以垂向运移为主。在盆地浅层上中新统—上新统油气一方面来自下部渐新统，一方面来自浅层生物成因气，油气运移具有垂向和横向两种方式。

第六节 成藏组合

尼罗河三角洲盆地深水区深海扇地区成藏组合主要分为盐上成藏组合及盐下成藏组合。

一、盐上成藏组合

该套组合烃源岩为中新统海相页岩及泥灰岩沉积，储层为上中新统Abu Madi组三角洲砂岩和上新统深水斜坡水道砂岩，盖层为上新统 Kafrel sheikh 组页岩沉积（图 21-2）。上新统包括了斜坡—盆地平原的浊流沉积体系，具体包括水道、水道形成的天然堤及席状砂。构造主要是台地上的微构造、大规模的断块、盐引起的背斜构造及底辟构造。圈闭主要是构造圈闭。

中新统沉积环境多样，可能包括河流相、浅海相及深海浊积砂岩储层。晚中新世，深大峡谷沿盐盆边缘切割，峡谷为北西向延伸，沉积充填了河流—海相沉积，但是，下切到盐盆地中转换为浊流沉积。上中新统成藏组合在台地地区已经确定，如 Abu Madi、El Qara 和 Baltim 气田。中新统的远景区是大型峡谷体系中的微构造圈闭。墨西拿阶盐盆南部主要受到东—西向的旋转断块限制，断块的抬升形成大型的构造圈闭，成为主要的勘探目标，储层很可能是薄层的远端席状砂沉积（图 21-5）。

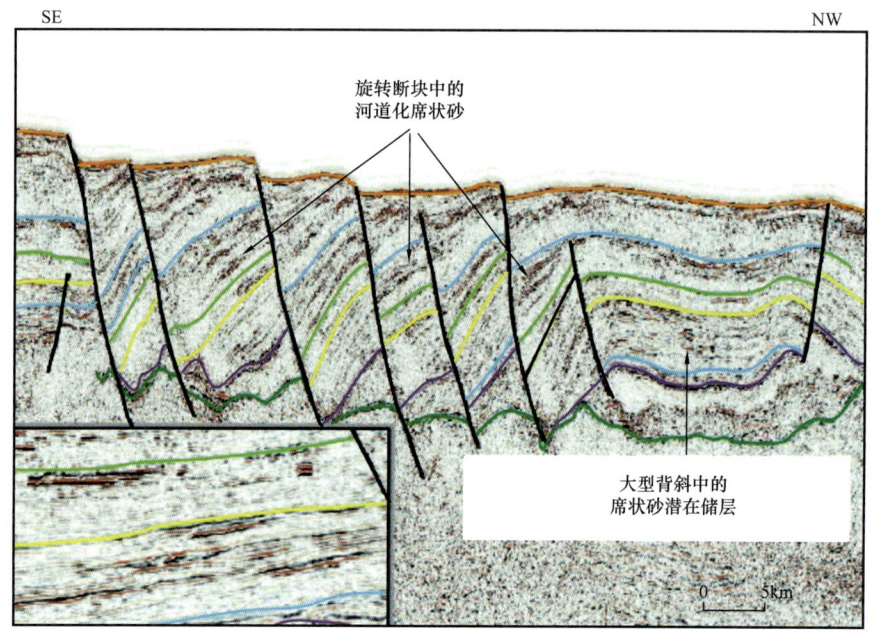

图 21-5 尼罗河三角洲盆地北西—南东向地震剖面图（据 Aal，2000）

盆地内盐上以走滑断裂带为特征，油气的充注沿着走滑断裂带通过盐窗向上部储层中运移，储层包括席状砂和水道形成的天然堤。盐背斜上的浊积砂岩是最具有吸引力的勘探目标。

二、盐下成藏组合

尼罗河三角洲北部深水区的盐下研究较少，通过地震数据显示，有超过 10km 的盐下地层，可能包括中新统、渐新统、白垩系及侏罗系的沉积。在三角洲的东部，烃源岩为中新统有机质丰富的海相页岩和泥灰岩，中中新统砂岩（Tortonnian–Sertavallian）及渐新统为主要的储层，包括 Temsah、Abu Zakn、Wakar、Kersh、Port Fouad Marine 及 Tineh

油气田。另外，中新世的地质背景适合浅海碳酸盐岩在盆地内的隆起处生长（图21-6），如在 Erastothenes 海山附近。

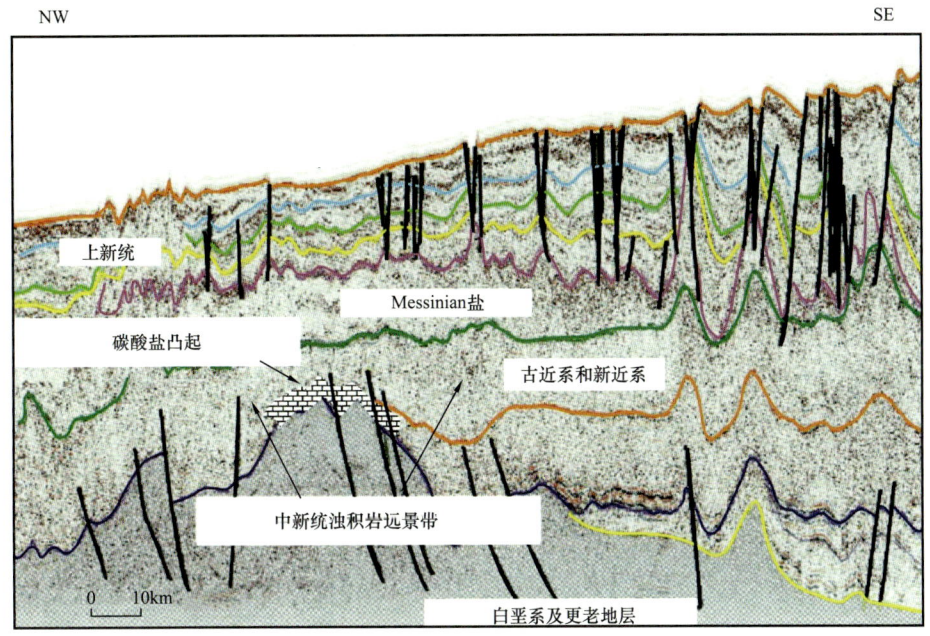

图 21-6　尼罗河三角洲盆地北西—南东向地震剖面图（据 Aal，2000）

岩下成藏组合的勘探具有很大的挑战性，主要因为其上部覆盖了厚层的盐岩沉积，盐下油气藏勘探潜力巨大，但是由于其勘探风险较高，因此，盐下的勘探活动并不像盐上浅层勘探那样活跃。

第七节　油气分布特征

尼罗河三角洲盆地"富气少油"，大体上呈"东油西气"分布。气田主要位于远岸带深水区，油田位于近岸带浅水区。

第八节　油气勘探潜力分析

尼罗河三角洲盆地丰富的天然气资源已被近年的勘探实践证明，虽历经60年的勘探，但盆地在深水远岸地带勘探程度较低，地震已经发现许多构造，可能存在包括滚动背斜和底辟构造（主要在东深海扇）等多种成藏组合，深水区勘探潜力较大。主要体现在以下两个方面：

一、中深水—深水区盐下深层

中深水—深水区盐下深层渐新统、白垩系具有重大勘探潜力。该区域目前勘探程度低，近年勘探活动主要集中在中新统和上新统，仅有少量钻井钻至渐新统、白垩系。但盐下深层已有多口钻井证实该区渐新统浊积水道发育，并连续获得了 Salamat、Atoll 等多个储量可观的渐新统气藏，揭开了尼罗河三角洲深水区渐新统浊积水道这一勘探新领域。白垩系烃源岩发育良好，深大断裂可作为深部白垩系烃源岩生成油气向浅部地层运移的通道，目前仍未有大规模的油气发现。因此，白垩系的深大断裂附近的有效储集砂体也是今后勘探的有利目标。

二、超深水区中新统—上新统大型生物气藏

超深水区中新统和上新统大型生物气藏勘探前景广阔。尼罗河三角洲超深水区勘探程度极低，目前仅有的少量钻井已经揭示：超深水区发现了 Zohr 特大生物礁型生物气藏，储层类型为生物礁，储层厚度可达数百米，目前证实约有 $22.5×10^{12}ft^3$ 的可采储量（赵阳等，2018）；同时上新统和中新统海底扇中聚集有一定的生物成因气；尼罗河三角洲超深水区存在大型生物气藏的巨大勘探潜力，有望获得工业气藏发现。

结 束 语

深水油气是当今世界勘探的三大热点之一，是当前及未来常规油气发现最主要的领域，前景十分广阔。近东西走向的新特提斯构造域陆缘深水盆地带是全球海洋深水油气"三竖两横"5个巨型带之一。

新特提斯构造域为复杂的俯冲碰撞带，地中海洋壳向欧洲板块下俯冲、阿拉伯板块向欧洲板块下俯冲碰撞、印度板块向亚洲板块下俯冲造山及澳大利亚板块向巽他板块西段俯冲、东段软碰撞。在欧亚板块与地中海—阿拉伯、澳大利亚之间深水区域形成盆地带，主要包括地中海区域深水盆地、波斯湾深水盆地、孟加拉湾深水盆地、缅甸湾深水盆地和澳大利亚西北陆架深水盆地等。

该带深水盆地数量较多且类型较复杂，目前深水油气勘探程度差异较大，深水油气发现主要集中在澳大利亚西北陆架、孟加拉湾西部、波斯湾东部和地中海东部尼罗河三角洲盆地与黎凡特盆地，主要发现的是天然气。

澳大利亚西北陆架被动陆缘深水区是目前全球油气勘探开发的热点地区之一，面积约 $110×10^4km^2$，具有"远岸气、近岸油；下气上油；富气少油"的油气分布特征。靠近大陆的近岸浅水区以产油为主，靠近大洋一侧的深水远岸带以产气为主；大型、超大型气田主要分布在深水区，如 Jansz 气田，水深为 1321m，气层厚度约 400m，天然气地质储量达 $5663.4×10^8m^3$；近岸带主要为中小型油田，如巴罗岛油田，是北卡那封盆地最大油田，面积为 $82km^2$，石油可采储量 $0.665×10^8m^3$。天然气主要在三叠系和中—下侏罗系储层中；石油主要在白垩系、上侏罗统储层中。天然气（油当量）和石油地质储量比近于 4:1。

孟加拉湾深水区主要由克里希纳—戈达瓦里、高韦里盆地和孟加拉盆地组成，面积达 $40×10^4km^2$。其中克里希纳—戈达瓦里盆地海上 $4.2×10^4km^2$，油气呈"内油外气"分布特征，近岸带低热流值区发育油田，以拉瓦油田为代表，另有一些小型油田；远岸深水区一侧高热流值区发育以 Dhirubhai 代表的巨型天然气田，另有若干富气为主的远景圈闭。

波斯湾东部印度西部陆缘孟买盆地是迄今为止南亚地区发现的最富石油的盆地，总面积约为 $16×10^4km^2$，几乎全部位于海上，其中 30% 位于深海。已探明石油储量约为 $9×10^8m^3$，已探明天然气储量约为 $0.6×10^{12}m^3$，以孟买高巨型碳酸盐岩油气田为代表。

东地中海黎凡特盆地、尼罗河三角洲盆地深水区发现的主要是天然气，约 $5×10^{12}m^3$ 天然气。生物气成烃认识的大突破带动了东地中海黎凡特盆地和尼罗河三角洲盆地的深水油气大发现，由浅水区向深水区扩展，获得了 Tamar、Leviathan、Aphrodite、Zohr 等一系列天然气重大发现。

新特提斯陆缘巨型深水盆地带油气地质条件较好。深水油气勘探程度差异较大，烃源岩以煤系地层为主，次为海相地层，烃类产物油气兼生，以气为主。如澳大利亚西北陆架深水区主要是上三叠统—中侏罗统海陆过渡相碳质泥岩和煤系，Ⅱ—Ⅲ型干酪根，生气为主，成熟—过成熟；孟加拉湾东若开盆地主要为中新统陆源海相烃源岩；孟加拉湾西印度东部陆缘K—G盆地主要为中新统海相页岩，Ⅲ型干酪根，产气为主，过成熟；波斯湾西印度西部陆缘主要为古新统—始新统三角洲平原煤、前三角洲泥岩和浅海相的页岩，总有机碳含量（TOC）为1%~2%，Ⅰ—Ⅱ型干酪根，生油为主，成熟—过成熟；地中海东部主要为中新统—上新统海相页岩及泥灰岩，Ⅱ型干酪根，总有机碳含量（TOC）为0.41%~1.56%，氢指数（HI）为119~466，生气，低成熟—成熟。

该深水盆地带储层有多套，澳大利亚西北陆架深水区主要是下—中侏罗统三角洲砂岩、下白垩统浊积砂岩；孟加拉湾东若开盆地主要为中新统浊积扇；孟加拉湾西K-G盆地主要为上渐新统—中新统三角洲及滨浅海砂岩；波斯湾西印度西部陆缘主要为中新统石灰岩与砂岩、中始新统石灰岩与砂岩；地中海东部为中新统三角洲、海底扇砂岩及上新统深海浊积砂岩。该深水盆地带盖层主要是下白垩统海相泥页岩、中新统—上新统海相泥岩。深水区圈闭构造圈闭为主，其次为地层—构造复合圈闭。主要包括断背斜、断块、压实披覆背斜、地堑、地垒、倾斜断块构造圈闭与地层—构造圈闭。西段东地中海区域主要为裂谷期生—漂移期储成藏组合，东段澳大利亚西北陆架主要为裂谷期成藏组合，中段印度东西陆缘两种类型兼而有之。

新特提斯构造域深水油气勘探战略，根据目前勘探进展、战略拓展、战略突破、战略发现和战略准备四大区域。

战略拓展区指在深水区的富含油气盆地内，针对已证实油气成藏组合的周缘勘探，是目前新特提斯构造域深水区获得储量增长的主要领域，仍然有重大发现的潜力且勘探风险较小。研究区内成熟勘探区主要包括澳大利亚西北陆架北卡那封盆地深水区兰金台地与埃克斯茅斯高地中南部中生界和西段东地中海域渐新统—中新统。北卡那封盆地兰金台地与埃克斯茅斯高地中南部毗邻浅水区巴罗次盆、丹皮尔次盆等富烃凹陷，发育Mungarcoo组河流—三角洲粗砂岩储层和三叠系Mungaroo组层间盖层与下白垩统Muderong组海相泥页岩区域性盖层，油气在超压的驱动下运移到高地中的断块圈闭富集成藏。成藏具有"近源、优相、高部位和优盖"的特点，该区已发现Jansz气田、Gorgon气田等巨型气田，是目前北卡那封盆地深水油气勘探的主战场，近期有油气发现的成功率较大。

新特提斯构造域深水油气勘探程度较浅，战略突破区较多。东段主要为澳大利亚西北陆架北卡那封盆地埃克斯茅斯高地的北部地区，该地区勘探程度较低，水体较深且基本没有钻井，发育于高地的大型Mungaroo组浅水辫状河三角洲为该区提供了优质的烃源岩和储集砂体，油气成藏组合以三叠系Locker组和Mungaroo组泥页岩为烃源岩，储层为Mungaroo组粗砂岩、Barrow群砂岩，Mungaroo组泥页岩为层间盖层，白垩系

Muderong 组泥岩为重要区域性盖层。深水区烃源岩在晚三叠世开始生油气，且目前仍处于生油窗。地垒和掀斜断块是深水区埃克斯茅斯高地的主要勘探目标，影响该区勘探成功率的主要因素有 2 个，一是断层的封闭性，如果断层的封闭性很好，油气就不能运移到圈闭中，如 Leyden 地垒；另一个因素是油气运移的输导层（砂岩）。埃克斯茅斯高地北部构造带存在大量的断块圈闭，且 Mungaroo 组远端三角洲平原有利勘探沉积相带在北部展布较广，同时发现存在表示油气逸散的海底麻坑，是埃克斯茅斯高地北部构造带为下一步有利勘探区带的有力证明。东段澳大利亚西北陆架布劳斯盆地发育卡斯威尔富烃凹陷，在该凹陷周缘的鼻状构造、断阶、凹中隆等构造中可能存在至少 4 个富气构造带，目前已有 Torosa、Brecknock、Ichthys、Crux 等气田发现，是近期勘探的重点与热点。

中段战略突破区主要是印度东部大陆边缘 K—G 盆地深水区三角洲前缘浊积扇和陆架坡折带低位扇，深水区高地热流值控制烃源岩成熟且生气（冯杨伟等，2016），发育上二叠统—三叠系、白垩系、古近系和新近系多套砂岩储集体，上侏罗统—新生界发育若干区域性层内泥页岩盖层，由断层控制发育的众多地垒及其他相关圈闭是油气的聚集区，成藏要素匹配性好。该区域已有 Dhirubhai 为代表的巨型天然气田重要发现，侏罗纪、白垩纪构造和地层成藏组合及附近的地垒均为远景区，是近年深水油气勘探的突破点和主攻方向。

西段的战略突破区主要是东地中海深水区发育的中新统浊积砂岩与盐岩储盖组合，目前已有 Leviathan 气田和 Tamar 大气田等巨型气田发现。主力烃源岩为渐新统—中新统半深海相泥岩，主力储层为下中新统厚层浊积砂岩，上中新统墨西拿阶盐岩为良好的盖层，发育大型背斜、断背斜构造圈闭，油气以短距离运移为主，成藏具有"厚层浊积砂体与大型背斜圈闭配置、膏盐岩层高效封堵"的特征。

新特提斯构造域内战略发现区分布广泛，其陆缘深水区是近岸成藏条件优越的浅水区的延伸，只是表面水深加大，圈闭类型和储盖组合跟浅水富油气区类似，有重大油气发现的潜力巨大，但深水区烃源岩是否达到排烃门限增大了勘探的风险。西段东地中海尼罗河三角洲盆地丰富的天然气资源已被近年的勘探实践证明。地震数据解释已经发现许多构造，可能存在滚动背斜和底辟构造（主要在东部深海扇）等多种构造圈闭。其次，盐下深层油气藏勘探潜力巨大，但勘探风险较高。地震数据显示，有超过 10km 的盐下地层，可能包括中新统、渐新统、白垩系及侏罗系的沉积。浅水和陆地证实的中生界烃源岩在黎凡特盆地深水区地层埋深大于 4km，表明中生界烃源岩现今已经成熟。晚中新世沉积的厚层盐岩后期变形产生大量的盐背斜构造及断裂构造，在这些背斜及断层的基础上形成了盐背斜圈闭及断背斜圈闭。盐下深层已有多口钻井证实该区渐新统浊积水道发育，并连续获得了 Salamat、Atoll 等多个储量可观的渐新统气藏，揭开了尼罗河三角洲深水区渐新统浊积水道这一勘探新领域。另外，中新世的地质背景适合浅海碳酸盐岩在盆地内的隆起处生长，如在 Erastothenes 海山附近。白垩系烃源岩发育良好，深大断裂可作为深部白垩系烃源岩生成油气向浅部地层运移的通道。目前未有大规模的油气发现，白垩系的深大断裂附近的有效储集砂体也是今后勘探的有利目标。东段澳大利亚西北陆架波拿巴盆地武尔坎凹陷毗邻布劳斯盆地卡斯威尔富烃凹陷，盆地深层浅水区已证实发育石炭系—二叠系油气成藏组合，推测该凹陷油气潜力巨大。

新特提斯构造域战略准备区主要位于深水油气勘探程度浅、尚未发现油气的地区，具有重要的油气资源前景。重点地区之一为澳大利亚西北陆架东段柔布克盆地与波拿巴盆地深层上古生界。柔布克盆地勘探程度极低，该盆地毗邻世界级富气区北卡那封盆地（Feng et al., 2020），推测具有较好的油气地质条件，勘探潜力巨大。波拿巴盆地是上古生界和中新生界叠合的盆地，深层石炭系—二叠系是油气勘探关注的方向之一，在浅水区皮特尔次盆已证实上古生界成藏组合，推测在盆地深水区该组合具有良好的前景。

中段孟加拉深海扇为现今仍在发展壮大的世界第一大深水扇，主力烃源岩为中新统Bhuban组深海相页岩；渐新统和始新统海相页岩为次要烃源岩。储层为巨厚的深水浊积砂岩，发育上新统储盖组合和渐新统—中新统储盖组合。发育大型—超大型滚动背斜、生长断层等一系列优良的油气圈闭，与世界级富油的墨西哥湾深水扇的石油地质条件可类比。目前在孟加拉湾深海扇东北部的若开盆地深水区已有Shwe大气田发现，储层为上新统浊积水道砂岩，揭示出孟加拉湾深水扇具有重大潜力（吴义平等，2013）。

西段东地中海海域埃拉托色尼台地勘探程度较低，处于深水—超深水区，2018年和2019年在中新统生物礁灰岩储层中发现了储量客观的天然气，水深2070m左右，表明该台地区具有可观的待发现油气资源和良好的油气勘探前景。

参考文献

白国平,殷进垠,2007.澳大利亚北卡那封盆地油气地质特征及勘探潜力分析[J].石油实验地质,29(3):251-258.

常象春,王明镇,郭海花,2006.鄂尔多斯盆地多种能源矿产共存特征及其相关性[J].石油实验地质,28(6):507-510.

邓运华,2010.论河流与油气的共生关系[J].石油学报,31(1):12-17.

杜美迎,屈红军,张功成,2017.尼罗河三角洲盆地油气地质特征及勘探潜力[J].海洋地质前沿,33(11):36-42.

杜远生,G.SHI,龚一鸣,等,2007.东澳大利亚南悉尼盆地二叠系与地震沉积有关的软沉积变形构造[J].地质学报,81(4):511-518.

方念乔,陈萍,吴琳,等,2002.孟加拉湾深海记录中的等深流活动特征及其环境意义初探[J].中国地质大学学报,27(5):571-577.

冯杨伟,米立军,屈红军,等,2010.澳大利亚西北陆架油气地质特征[C]//中国南海深水盆地油气成藏与勘探学术研讨会论文集.中国石油学会海洋石油分会,海口,438-449.

冯杨伟,屈红军,杨晨艺,2012.澳大利亚西北陆架油气成藏主控因素与勘探方向[J].中南大学学报(自然科学版),43(6):2259-2268.

冯杨伟,屈红军,张功成,等,2010a.澳大利亚西北陆架中生界生储盖组合特征[J].海洋地质动态,26(6):16-23.

冯杨伟,屈红军,张功成,等,2010b.西非被动大陆边缘构造—沉积演化及其对生储盖的控制作用[J].海相油气地质,15(3):45-51.

冯杨伟,屈红军,张功成,等,2011.澳大利亚西北陆架深水盆地油气地质特征[J].海洋地质与第四纪地质,31(4):131-140.

冯杨伟,屈红军,张瑾爱,等,2016a.印度东部大陆边缘克里希纳—戈达瓦里盆地油气分布规律[J].西北大学学报(自然科学版),46(3):408-414.

冯杨伟,张功成,2017.被动大陆边缘构造演化对深水区烃源岩形成的控制[J].海相油气地质,22(1):14-24.

冯杨伟,张功成,屈红军,2016b.南海新生代生物礁发育规律与油气勘探潜力[J].中国石油勘探,21(6):18-25.

甘克文,李国玉,1982.世界含油气盆地图集[M].北京:石油工业出版社.

高华华,童晓光,温志新,等,2020.东地中海原型盆地演化[J].地学前缘,27(4):255-271.

龚承林,2010.北波拿巴盆地及典型被动大陆边缘深水盆地构造演化及层序地层学研究[D].厦门:厦门大学.

龚承林,王英民,崔刚,等,2010.北波拿巴盆地构造演化与层序地层学[J].海洋地质与第四纪地质,30(2):103-109.

龚再升,杨甲明,杨祖序,等,1997.中国近海大油气田[M].北京:石油工业出版社.

赫鹏飞,曹华,2018.北非地区特提斯洋演化特征及对油气成藏的控制[J].内蒙古石油化工,44(5):120-124.

赫鹏飞,周航辉,2018.北非特提斯域油气地质特征及勘探方向[J].石油化工应用,37(8):73-77.

洪菲,胡天跃,2002.深海油气地震勘探进展和展望[J].地球物理学进展,17(2):230-236.

胡朝元，1982. 生油区控制油气田分布—中国东部陆相盆地进行区域勘探的有效理论［J］. 石油学报，3（2）：9-13.

胡见义，2002. 石油地质学前缘［M］. 北京：石油工业出版社.

胡孝林，梅廉夫，徐思煌，等，2020. 东南亚及澳大利亚油气地质与勘探［M］. 北京：科学出版社.

花志兰，2005. 澳大利亚西部油气勘探投资前景分析［J］. 江苏地质，29（1）：18-23.

黄汲清，陈炳蔚，1987. 中国及邻区特提斯海的演化［M］. 北京：地质出版社.

黄佳音，2011a. 外国石油公司动态［J］. 国际石油经济，19（3）：91-93.

黄佳音，2011b. 外国石油公司动态［J］. 国际石油经济，19（4）：97-99.

黄佳音，2011c. 外国石油公司动态［J］. 国际石油经济，19（5）：103-105.

黄佳音，2011d. 外国石油公司动态［J］. 国际石油经济，19（6）：96-99.

黄佳音，2011e. 外国石油公司动态［J］. 国际石油经济，19（11）：102-104.

黄佳音，2012a. 外国石油公司动态［J］. 国际石油经济，20（10）：99-103.

黄佳音，2012b. 外国石油公司动态［J］. 国际石油经济，20（11）：98-102.

贾怀存，康洪全，王春修，等，2018. 大型生物气田形成与富集条件研究——以东地中海黎凡特盆地为例［J］. 石油实验地质，40（5）：699-704.

姜生玲，李博，张金川，2015. 费尔干纳盆地油气资源潜力再认识［J］. 石油地质与工程，29（4）：47-50.

姜雄鹰，傅志飞，2010. 澳大利亚布劳斯盆地构造地质特征及勘探潜力［J］. 石油天然气学报，32（2）：54-57.

金莉，骆宗强，李萍，2013. 澳大利亚布劳斯盆地深水区 Jamieson 组 AVO 异常成因分析［J］. 岩性油气藏，25（2）：70-75.

金莉，杨松岭，骆宗强，2015."源热共控"澳大利亚西北大陆边缘油气田有序分布［J］. 天然气工业，35（9）：16-23.

康洪全，贾怀存，李明刚，等，2016. 地中海油气富集规律与未来勘探方向［J］. 科技导报，34（23）：120-126.

康洪全，逄林安，贾怀存，等，2018. 澳大利亚西北陆架北卡那封盆地资源潜力评价［J］. 石油实验地质，40（6）：808-817.

李大伟，李德生，陈长民，等，2007. 深海扇油气勘探综述［J］. 中国海上油气，19（1）：18-24.

李国玉，金之钧，2005. 世界含油气盆地图集［M］. 北京：石油工业出版社.

李江海，程海艳，赵星，等，2009. 残余洋盆的大地构造演化及其油气意义［J］. 地学前缘，16（4）：42-50.

李江海，姜洪福，2013. 全球古板块再造、岩相古地理及古环境图集［M］. 北京：地质出版社.

李培培，杨松岭，刘志国，等，2018. 澳大利亚海上坎宁盆地油气地质特征及勘探潜力［J］. 海洋地质前沿，34（2）：46-52.

梁杰，杨艳秋，龚建明，等，2009. 墨西哥湾深水油气勘探对我国的启示［J］. 海洋地质动态，25（1）：17-19.

刘红，于恩礼，2014. 外国石油公司动态［J］. 国际石油经济，22（8）：101-104.

刘剑平，潘校华，马君，等，2008. 西部非洲地区油气地质特征及资源概况［J］. 石油勘探与开发，35（3）：378-384.

刘增乾，徐宪，潘桂棠，1990. 青藏高原大地构造与形成演化［M］. 北京：地质出版社.

马贵明，马宏霞，邵大力，等，2016.孟加拉湾若开盆地深水沉积体系结构单元类型及演化模式[J].海相油气地质，21（1）：41-51.

马建华，2001.印度东部沿岸克里希纳—戈达瓦里盆地的沉积地层和油气前景[J].海洋地质动态，17(11)：26.

马文辉，2013.外国石油公司动态[J].国际石油经济，21（增刊1）：200-205.

牛嘉玉，侯启军，等，2007.岩性和地层油气藏地质与勘探[M].北京：石油工业出版社.

潘楠，2016.东地中海地区天然气开发现状与前景[J].国际石油经济.24（11）：81-96.

逄林安，康洪全，许晓，等，2017.澳大利亚西北陆架波拿巴盆地油气资源潜力评价[J].中国海上油气，29（6）：43-52.

裴振洪，2004.非洲区域油气地质特征及勘探前景[J].天然气工业，24（1）：29-33.

谯汉生，于兴河，2004.裂谷盆地石油地质[M].北京：石油工业出版社.

秦雁群，张光亚，计智峰，等，2017.印度东部盆地群地质特征、油气成藏与深水区勘探潜力[J].石油勘探与开发，44（5）：691-703.

邱楠生，胡圣标，何丽娟，2005.沉积盆地热体制研究的理论与应用[M].北京：石油工业出版社：10-77.

屈红军，张功成，2017.全球深水富油气盆地分布格局及成藏主控因素[J].天然气地球科学，28（10）：1478-1487.

史丹妮，王骏，张艳秋，等，2002.论新形势下海外油气勘探开发方向[J].石油实验地质，24（5）：474-479.

宋国奇，2002.含油气盆地成藏组合体理论初步探讨[J].油气地质与采收率（5）：4-7.

田琨，殷进垠，王大鹏，等，2020.黎凡特盆地油气地质特征与勘探方向[J].石油实验地质，42（1）：95-102.

童晓光，关增森，2001.世界石油勘探开发图集（亚洲太平洋地区分册）[M].北京：石油工业出版社.

童晓光，关增森，2002.世界石油勘探开发图册（非洲地区分册）[M].北京：石油工业出版社.

童晓光，李浩武，肖坤叶，等，2009.成藏组合快速分析技术在海外低勘探程度盆地的应用[J].石油学报，30（3）：317-323.

童晓光，牛嘉玉，1989.区域盖层在油气聚集中的作用[J].石油勘探与开发，16（4）：1-8.

王二七，2004.山盆耦合的一种重要形式：造山带及其侧陆盆地[J].科学通报，49（4）：370-375.

王鸿祯，杨森南，刘本培，1990. 中国及邻区构造古地理和生物古地理[M]. 武汉：中国地质大学出版社.

王茜，辛仁臣，董瑞杰，等，2018.喜马拉雅前渊和孟加拉湾盆地形成演化[J].海洋地质前沿，34（11）：10-19.

王小敏，胡忠亚，李伟强，2018.东地中海黎凡特盆地白垩纪阿尔布期白云岩成因研究[J].高校地质学报，24（5）：681-691.

吴义平，张艳敏，田作基，等，2013.孟加拉湾深海扇石油地质特征及其勘探潜力[J].石油实验地质，35（1）：48-52.

熊利平，刘延莉，霍红，2010.西非海岸南、北两段主要含油气盆地油气成藏特征对比[J].石油与天然气地质，31（4）：410-419.

许晓明，于水，骆宗强，等，2010.澳大利亚西北大陆架与尼日尔三角洲、坎波斯盆地油气地质条件的对比研究[J].石油实验地质，32（1）：28-34.

杨木壮，1996. 成藏组合法及其在南海油气勘探中的应用［J］. 海洋地质，16（2）：19-26.

于恩礼，2013a. 外国石油公司动态［J］. 国际石油经济，21（5）：101-104.

于恩礼，2013b. 外国石油公司动态［J］. 国际石油经济，21（7）：100-104.

于恩礼，2014. 外国石油公司动态［J］. 国际石油经济，22（9）：101-104.

于恩礼，2015. 外国石油公司动态［J］. 国际石油经济，23（5）：102-105.

张功成，2012. 源热共控论［J］. 石油学报，33（5）：723-738.

张功成，冯杨伟，屈红军，2022. 全球5个深水盆地带油气地质特征［J］. 中国石油勘探，27（2）：11-26.

张功成，米立军，吴时国，等，2007. 深水区—南海北部大陆边缘盆地油气勘探新领域［J］. 石油学报，28（2）：15-21.

张功成，屈红军，冯杨伟，2015. 深水油气地质学概论［M］. 北京：科学出版社.

张功成，屈红军，张凤廉，等，2019. 全球深水油气重大新发现及启示［J］. 石油学报，40（1）：1-34+55.

张功成，屈红军，赵冲，等，2017. 全球深水油气勘探40年大发现及未来勘探前景［J］. 天然气地球科学，28（10）：1447-1477.

张功成，朱伟林，米立军，等，2010. "源热共控"南海海域油气田"外油内气"环带有序分布［C］// 中国南海深水盆地油气成藏与勘探学术研讨会论文集. 中国石油学会海洋石油分会，海口，20-38.

张建军，康永尚，姚永坚，等，2018. 南亚地区含油气盆地类型及资源潜力分析［J］. 海洋学报，40（9）：54-64.

张建球，钱桂华，郭念发，2008. 澳大利亚大型沉积盆地与油气成藏［M］. 北京：石油工业出版社.

张抗，2009. 中国和世界地缘油气［M］. 北京：地质出版社.

赵宏图，2006. 全球能源安全对话与合作—能源相互依赖时代的战略选择［J］. 现代国际关系，(5)：38-44.

赵锡奎，雍自权，李国蓉，等，2007. 残留被动大陆边缘盆地［J］. 石油与天然气地质，28（1）：122-129.

周川，王英民，黄志超，等，2009a. 澳大利亚北波拿巴盆地北部地区中生界层序地层及地震相研究［J］. 海洋地质动态，25（5）：19-24.

周川，王英民，黄志超，等，2009b. 澳大利亚北波拿巴盆地北部侏罗纪古地貌特征与演化［J］. 海洋地质动态，25（10）：14-19.

周蒂，孙珍，陈汉宗，2007. 世界著名深水油气盆地的构造特征及对我国南海北部深水油气勘探的启示［J］. 地球科学进展，22（6）：561-572.

周立宏，孙志华，汤戈，等，2020. 孟加拉湾若开盆地D区块上新统异重流特征与沉积模式［J］. 石油勘探与开发，47（2）：297-308.

周守为，孙福街，汪志勇，等，2009. 中国近海典型油田开发实践［M］. 北京：石油工业出版社.

朱伟林，2009. 南海北部深水区油气勘探关键地质问题［J］. 地质学报，83（8）：1059-1064.

朱伟林，崔旱云，吴培康，等，2017. 被动大陆边缘盆地油气勘探新进展与展望［J］. 石油学报，38（10）：1009-1109.

朱伟林，胡平，季洪泉，2013. 澳大利亚含油气盆地［M］. 北京：科学出版社.

朱伟林，胡平，江文荣，2012. 南亚—东南亚含油气盆地［M］. 北京：科学出版社.

朱伟林，张功成，高乐，2008. 南海北部大陆边缘盆地油气地质特征与勘探方向［J］. 石油学报，29（1）：1-9.

邹才能，陶士振，袁选俊，等，2009."连续型"油气藏及其在全球的重要性：成藏、分布与评价［J］. 石油勘探与开发，36（6）：669-682.

邹才能，张光亚，陶士振，等，2010. 全球油气勘探领域地质特征、重大发现及非常规石油地质［J］. 石油勘探与开发，37（2）：129-145.

3аоаНоарk A，2006. 孟加拉湾含油气盆地——南亚潜在的烃类储藏区［J］. 朱佛宏，译. 海洋石油，26（1）：7-10.

Aal A A, El Barkooky A, Gerrits M, et al., 2000. Tectonic evolution of the Eastern Mediterranean Basin and its significance for hydrocarbon prospectivity in the ultradeepwater of the Nile Delta［J］. Geophysics, 19（10）: 1086.

Abd E M, Jin S, 2019. Hydrological mass variations in the Nile River Basin from GRACE and hydrological models［J］. Geodesy and Geodynamic, 10（6）: 430-438.

Abhijit M, AlanEFryar, William A, 2009. Geologic, geomorphic and hydrologic framework and evolution of the Bengal basin, India and Bangladesh［J］. Journal of Asian Earth Sciences, 34: 227-244.

Abhijit M, Prosun B, Fei S B, et al., 2009. Chemical evolution in the high arsenic groundwater of the Huhhot basin（Inner Mongolia, PR China）and its difference from the western Bengal basin（India）［J］. Applied Geochemistry, 24（10）: 1835-1851.

Abiraman G, 2004. Miocene deep water agglutinated foraminifera from offshore Krishna-Godavari Basin, India［J］. Micropaleontology, 50（3）: 213-252.

Abu E R, 1990. The Neogene-Quaternary section in the Nile delta, Egypt: geology and hydrocarbon potential［J］. Journal of Petroleum Geology,（13）: 329-340.

Adnan A W, Nadia R, 2004. Exploration activities in Bangladesh gas［J］. BRAC University Journal, 1（1）: 33-44.

Agso north west shelf study group, 1994. Deep Reflections on the North West Shelf: Changing Perceptions of Basin Formation［C］//Purcell P G, Purcell R R. The Sedimentary Basins of Western Australia: Proceedings of the Petroleum Exploration Society of Australia, Perth, 63-76.

Ahlbrandt T S, Carpentier R R, Klett T R. et al., 2005. Global resources estimates from total petroleum systems, AAPG Memoir 86［M］. Tulsa, Oklahoma: AAPG. 1-323.

Ajit J, 2007. Ravva Field-discovery to production &future prospectivity［J］. Quarterly Journal of the directorate general of hydrocarbons, 22-28.

Alexander B, Kagi R, Woodhouse G, 1980. Origin of the Windalia oil, Barrow Island, Western Australia［J］. Australia Petroleum Exploration Association Journal, 20（1）: 250-256.

Allen G A, Pearce L G G, Gardner W E, 1979. Browse basin-regional interpretation［J］. Oil and Gas Journal, 77（10）: 200-219.

Allen G A, Pearce L G, 1978. A regional interpretation of the Browse basin［J］. Australia Petroleum Exploration Association Journal, 18（1）: 23-33.

Ambrose G J, 2004. Jurassic sedimentation in the Bonaparte and northern Browse Basins: new models for reservoir-source rock development, hydrocarbon charge and entrapment［C］//Timor Sea petroleum geosciences: proceedings of the Timor Sea symposium, Northern Territory Geological Survey.

Ameed K, Ghori R, Mory A J, et al., 2005. Modeling petroleum generation in the Paleozoic of the Carnarvon Basin, Western Australia: Implications for prospectivity［J］. AAPG Bulletin, 89（1）:

27-40.

AminulIslam M, 2009. Diagenesis and reservoir quality of Bhuban sandstones (Neogene), Titas Gas Field, Bengal Basin, Bangladesh [J]. Journal of Asian Earth Sciences, 35: 89-100.

Andrewm G, Jr, William G, et al., 1995. The tectonic evolution of western India and its impact on hydrocarbon occurrences-an overview [J]. Sedimentary Geology, 96: 119-129.

Anthony G, Bailey Wayne R, Brincat M, 2006. A new model for assessing trap integrity and oil preservation risks associated with postrift fault reactivation in the Timor Sea [J]. AAPG Bulletin, 90 (12): 1921-1944.

Apache Energy Ltd, 2002. Recent discoveries in the Barrow Sub-basin: Linda, Gipsy, North Gipsy, Rose, Lee, Gibson, Simpson, South Plato, Double Island, Victoria, Little Sandy, Pedirka and Hoover [C] //Keep M, Moss SJ. The Sedimentary Basins of Western Australia: proceedings of petroleum exploration society of Australia symposium, Perth: WA, (3): 477-490.

Apthorpe M C, 1979. Depositional history of the Upper Cretaceous of the Northwest Shelf, based upon foraminifera [J]. Australian Petroleum Exploration Association Journal, 19 (1): 74-89.

Ashraf U, Neil L, 2004. Miocene sedimentation and subsidence during continent-continent collision, Bengal basin, Bangladesh [J]. Sedimentary Geology, 164: 131-146.

Bailey W R, Underschultz J, Dewhurst D N, et al., 2006. Multi-disciplinary approach to fault and top seal appraisal; Pyrenees-Macedon oil and gas fields, Exmouth Sub-basin, Australian Northwest Shelf [J]. Marine and Petroleum Geology, 23, 241-259.

Baillie P W, Powell C, Li, et al., 1994. The tectonic framework of Western Australia's Neoproterozoic to Recent Sedimentary Basins [C] //Purcell P G, Purcell R R. The Sedimentary Basins of Western Australia: Proceedings of the Petroleum Exploration Society of Australia, Perth, 45-62.

Bakhtine M I, 1966. Major tectonic feature of Pakistan. Part-II [J]. Eastern Province: Science and Industry, 4: 89-100.

Barber P M, 1988. The Exmouth Plateau deep water frontier: a case history. The North West Shelf, Australia [C] //Purcell P G, Purcell R R, The North West Shelf, Australia: Proceedings of the Petroleum Exploration Society of Australia, Perth, 173-187.

Barber P M, 1981. Messinian subaerial erosion of the Proto Nile delta [J]. Mar. Geol., (44): 252-272.

Barber P M, 1994. Sequence stratigraphy and petroleum potential of Upper Jurassic-Lower Cretaceous depositional systems in the Dampier Sub-basin, North West Shelf, Australia [C] //Purcell P G, Purcell R R, The sedimentary basins of Western Australia, proceedings of petroleum exploration society of Australia symposium, Perth: WA, 525-582.

Barbex P, 1982. Paleotectonic evolution and hydrocarbon genesis of the central Exmonth Plateau [J]. Australian Petroleum Exploration Association Journal, 22 (1): 131-144.

Barrett A G, Hinde A L, Kennard J M, 2004. Undiscovered resource assessment methodologies and application to the Bonaparte Basin [C] //Ellis G K, Baillie P W, Munson T J, Timor Sea Petroleum Geoscience, Proceedings of the Timor Sea Symposium. Northern Territory Geological Survey, Special Publication 1: 353-372.

Barter T P, Maron P, Wilis I, 1982. Results of exploration, Browse basin. Northwest Shelf, Western Australia: 3rd Circum-Pacific Energy and Mineral Resource Conference Transaction [C] //Transactions of the Third Circum-Pacific Energy and Mineral Resources Conference: 105-115.

Basahel A N,Bahafzallaha J U,Omara S,1982. Age and structural setting of a Proto-Red Sea embayment [J]. Neu. J. Geol. Palaontol. Monatsh,(8):456-468.

Basir A, 2007. New Energy Technologies and Integrative Capability: A Case Study of India [J]. International Marketing Conference Onmarketing and Society, 148-157.

Bastia R, Nayak P, Singh P, 2006. Shelf Delta to Deepwater Basin: A Depositional Model for Krishna-Godavari Basin [C] //AAPG International Conference, Perth, West Australia, November 5-8.

Bastow T P, Van A B G K, Alexander Robert, et al., 2002. Hydrocarbon accumulation processes in the Dampier Sub-basin as revealed by polar compounds [C] //Sedimentary Basins of Western Australia: Proceedings of Petroleum Exploration Society of Australia Symposium. (3): 271-275.

Baxter K, 1998. The role of small-scale extensional faulting in the evolution of basin geometries. An example from the late Palaeozoic Petrel Sub-basin, northwest Australia [J]. Tectonophysics, 287: 21-41.

Bayoumi A I, Lotfy H I, 1989. Modes of structural evolutionof Abu Gharadig Basin, Western Desert of Egypt, as deduced from seismic data [J]. J. Afr. Earth Sci, (9): 273-287.

Beardsmore1 G R, Altmann M J, 2002. A heat flow map of the Dampier Sub-Basin [C] //Keep M & Moss S J. The Sedimentary Basins of Western Australia: proceedings of petroleum exploration society of Australia symposium. Perth: WA, (3): 641-659.

Bekele E B, Johnson M D, Higgs W G, 2001. Numerical modeling of overpressure generation in the Barrow sub-basin, Northwest Australia [J]. The APPEA journal, 41: 595-608.

Belmonte Y, Hirtz P, Wenger R, 1965. The salt basins of the Gabon and the Congo (Brazzaville), in salt basins around Africa [M]. London: Institute of Petroleum.

Bennett K J, Bussell M R, 2006. Demeter high resolution 3D seismic survey-revitalised development and exploration on the Northwest shelf, Australia [J]. The APPEA journal, 46: 101-126.

Benson R F, Webb P A, Green J L, et al., 2004. Magnetospheric electron densities inferred from upper-hybrid band emissions [J]. Geophysical Research Letters, 31 (20).

Beston N B, 1986. Reservoir geological modeling of the North Rankin field, Northwest Australia [J]. Australian Petroleum Exploration Association Journal, 26 (1), 426-480.

Bfikke I, 1982. Geochemical interpretation of some oils and condensates from the Dampier subbasin of Western Australia [J]. Australian Petroleum Exploration Association Journal, 22 (1): 179-187.

Bishop D J, O'brien G W, 1998. A multi-disciplinary approach to definition and characterisation of carbonate shoals, shallow gas accumulations and related complex near-surface sedimentary structures in the Timor Sea [J]. The APPEA Journal, 38 (1), 93-114.

Biswas S K, 2003. Regional tectonic framework of the Pranhita-Godavari basin, India [J]. Journal of Asian Earth Sciences, 21: 543-551.

Blevin J E, Boreham C J, Summons R E, et al., 1998a. An effective Lower Cretaceous petroleum system on the North West Shelf; evidence from the Browse Basin [C] //Sedimentary Basins of Western Australia: Proceedings of Petroleum Exploration Society of Australia Symposium, (2): 397-420.

Blevin J E, Heike Struckmeyer I M, Cathro Donna L, et al., 1998b. Tectonostratigraphic framework and petroleum systems of the Browse Basin, North West Shelf [C] //Sedimentary Basins of Western Australia: Proceedings of Petroleum Exploration Society of Australia Symposium, (2): 369-395.

BMR palaeogegraphic group, 1990. Australia: evolution of a continent [M]. Bureau of Mineral Resources, Australia.

Bond A J, Mader N, Burns F E, et al., 2002. Tidally influenced deposition on the delta plain: Lower Cretaceous Barrow Group sandstones, Barrow Sub-basin, Northern Carnarvon Basin [C] //Keep M, Moss SJ. The Sedimentary Basins of Western Australia: proceedings of petroleum exploration society of Australia symposium, Perth: WA, (3): 945-966.

Boreham C J, Hope J M, Hartung K B, 2001. Understanding source, distribution and preservation of Australian natural gas: a geochemical perspective [J]. APPEA Journal (1): 523-547.

Bowman S A, 2011. Regional seismic interpretation of the hydrocarbon prospectivity of offshore Syria [J]. GeoArabia, 16 (3): 95-124.

Boyd R, Williamson P, Haq B, 1992. Seismic stratigraphy and passive margin evolution of the Southern Exmouth plateau [C] //von Rad U, Haq B U, et al., Proceedings of the Ocean Drilling Program, Scientific Results, 122: 39-59.

Bradshaiv M T, Bradshaw J, Murray A P, et al., 1994. Petroleum Systems in West Australian Basins [C] // Purcell P G, Purcell R R. The sedimentary basins of Western Australia: proceedings of petroleum exploration society of Australia symposium. Perth: WA, 93-118.

Bradshaw J, Symonds P, Winn S, et al., 1994. Browse Basin petroleum system and regional structure [J]. The APEA Journal, 34 (1): 909-910.

Bradshaw M T, Yeates A N, Beynon R M, et al., 1988. Palaeogeographic evolution of the North West Shelf region [C] //Purcell P G, Purcell R R. The North West Shelf, Australia. proceedings petroleum exploration society Australia symposium, Perth: WA, 29-54.

Bradshaw M, 2008. Review of the 2008 offshore petroleum exploration release areas [J]. The APPEA Journal, 48 (1): 359-370.

Bransden P J E, Mattews S J, 1992. Structural and Stratigraphic Evolution of the East Java Sea [C] // Indonesia, Proceedings of the Indonesian Petroleum Association Annual Convention, 21 (1), 417-453.

Brincat M, Gartrell A, Lisk M, et al., 2006. An integrated evaluation of hydrocarbon charge and retention at the Griffin, Chinook, and Scindian oil and gas fields, Barrow Subbasin, North West Shelf, Australia [J]. AAPG Bulletin, 90 (9): 1359-1380.

Brincat Mark P, Lisk M, Kennard John M, et al., 2006. Evaluating the oil potential of the Caswell Sub-basin: Insights from fluid inclusion studies [J]. PESA journal, 437-455.

Brown S A, Boserio I M, Jackson K S, et al., 1984. The geological evolution of the Canning Basin Implications for petroleum exploration [C] //Purcell P G. The Canning Basin, W. A. Geological Society of Australia. Perth: WA, 85-96.

Brun J P, Nalpas T, 1996. Graben inversion in nature and experiment [J]. Tectonics, 15: 677-687.

Bryansr A, Fellerm D, Harries P G, et al., 1998. The PY-3 field: India's first permanent floating production system withmulti-well subsea tiebacks [C]. SPE India oil and gas conference.

Bussell M R, Jablonski D, Enman T, et al., 2001. Deepwater exploration: North Western Australia compared with Gulf of Mexico and Mauritania [J]. The APPEA Journal, 41 (1): 289-320.

Cadman S J, Pain L V V, 1994. Australian Petroleum Accumulations Report 10 Perth Basin, Western Australia [M]. Canberra: Geoscience Australia.

Cadman S J, Temple P R, 2003. Bonaparte Basin, NT, WA, AC & JPDA, Australian Petroleum Accumulations Report 5, 2nd Edition [M]. Canberra: Geoscience Australia.

Campbell I R, Talt A M, Reiser R F, 1984. Barrow Island oilfield, revisited [J]. Australian Petroleum Exploration Association Journal, 24 (1): 289-298.

Carmignani L, Giammarino S, Giglia G, et al., 1990. The Qasr As Sahabi succession and the Neogene evolution of the Sirte Basin (Libya) [J]. J. Afr. Earth Sci, (10): 753-769.

Cathro D L, Karner G D, 2006. Cretaceous-Tertiary inversion history of the Dampier Sub-basin, northwest Australia: Insights from quantitative basin modeling [J]. Marine and Petroleum Geology, 23: 503-526.

Cawood P A, Nemchin A A, 2000. Provenance record of a rift basin: U/Pb ages of detrital zircons from the Perth Basin, Western Australia [J]. Sedimentary Geology, 134: 9-34.

Cawood Song P A, 2000. Structural styles in the Perth Basin associated with the esozoic break-up of Greater India and Australia [J]. ectonophysics, 17: 55-72.

Cesar Jaime, Grice Kliti, 2019. Molecular fingerprint from plant biomarkers in Triassic-Jurassic petroleum source rocks from the Dampier sub-Basin, Northwest Shelf of Australia [J]. Marine and Petroleum Geology, 110, 189-197.

Chakrabarti S K, Kriebel D, Berek E P, 1997. Forces on a single pile caisson in breaking waves and current [J]. Applied Ocean Research, 19 (2): 113-140.

Chandra K, Philip P C, Sridharan P, Chopra V S, 1991. Petroletm a source—rock potentials of the Cretaceous transgressive—regressive sedimentary sequences of the Cauvery Basin [J]. Journal of Southeast Asian Earth Sciences, 5: 367-371.

Chari N, Sahu J N, Banerjee B, et al., 1995. Evolution of the Cauvery basin, India from subsidence modelling [J]. Marine and Petroleum Geology, 12 (6): 667-675.

Charlton Tim R, 2004. The petroleum potential of inversion anticlines in the Banda Arc [J]. AAPG Bulletin, 88 (5): 565-585.

Chen C Y, 1993. High-magnesium primary magmas from Haleakala Volcano, east Maui, Hawaii: petrography, nickel, and major-element constraints [J]. Journal of Volcanology and Geothermal Research, 55 (1): 143-153.

Chumakov I S, 1967. Pliocene and Pleistocene deposits of the Nile Valley in Nubia and Upper Egypt [J]. Acad. Sci. USSR, (170): 1-116.

Claudius Vandre, Bernhard Cramer, Peter Gerling, et al., 2007. Natural gas formation in the western Nile delta (Eastern Mediterranean): Thermogenic versus microbial [J]. Organic Geochemistry, (38): 523-539.

Condie S A, Andrewartha J R, 2008. Circulation and connectivity on the Australian North West Shelf [J]. Continental Shelf Research, 28: 1724-1739.

Cook A C, Kantsler A J, 1980. The maturation history of epicontinental basins of Western Australia: United Nations Economic and Social Commission of Asia and the Pacific [C]. Committtee for Coordination of Joint Prospecting for Mineral Resources in South Pacific Offshore Areas, 3: 171-195.

Cook A C, Smyth M, Vos R G, 1985. Source potential of Upper Triassic fluvio-deltaic systems of the Exmouth Plateau [J]. Australian Petroleum Exploration Association Journal, 25 (1): 204-215.

Cowell J B, Stagg H M J, 1994. Structure of the offshore Canning Basin: first impressions from a new regional deep-seismic data set [C] //Purcell P G, Purcell R R. The Sedimentary Basins of Western Australia: Proceedings of the Petroleum Exploration Society of Australia, Perth, 757-768.

Cowley R, O'brien G W, 2000. Identification and interpretation of leaking hydrocarbons using seismic data: a comparative montage of examples from the major fields of Australia's north west shelf and Gippsland Basin [J]. The APPEA Journal, 40 (1), 121-150.

Crostella A, 1976. Browse basin [C] //Leslie R B, Evans H J, Knight C L, et al. Economic geology of Australia and Papua New Guinea: Petroleum Australasian Institute of Mining and Metallurgy Monograph, (7): 194-199.

Crostella A, 2000. Geology and petroleum potential of the Abrolhos Sub-basin [R]. Western Australia. GSWA, Report 75.

Crostella A, Barter T, 1980. Triassic/Jurassic depositional history of the Dampier and Beagle subbasins, Northwest Shelf of Australia [J]. Australian Petroleum Exploration Association Journal, 20 (1): 25-33.

Crostella A, Chaney M A, 1978. The petroleum geology of the outer Dampier subbasin [J]. Australian Petroleum Exploration Association Journal, 18 (1): 74-89.

Crostella Barter T P, 1980. Triassic-Jurassic depositional history of the Dampier and Beagle sub-basins, Northwest shelf of Australia [J]. Australian Petroleum Exploration Association Journal, 20 (1): 25-33.

Cull J P, Conley D, 1983. Geothermal gradients and heat flow in Australian sedimentary basins, BMR [J]. Journal of Australian Geology and Geophysics, 8: 29-37.

Curiale J A, et al., 2002. 孟加拉国烃类成因 [J]. 李志明, 张长江, 译. 国外油气地质信息, 86: 653-670.

Curray J R, 1991. Possible Greenschist Metamorphism at the Base of a 22 km Sedimentary Section, Bay of Bengal. Geology, 19 (11): 1097-1100.

Curray J R, Moore D G, 1974. Sedimentary and tectonic processes in the Bengal deep-sea fan and geosyncline [J] // Burk C A, Drake C L. The geology of continental margins. Springer Berlin Heidelberg: 617-627.

Dahroug A M, Sharafeldin S M, Mabrouk W M, et al., 2018. Contribution of integrating seismic coherency and AVO attributes in delineating sand bars reservoirs, Offshore Nile Delta, Egypt, A case study [J]. Egyptian Journal of Petroleum, 27 (4): 595-603.

Daly M C, et al., 1991. Cenozoic plate tectonics and basin evolution in Indonesia [J]. Marine and Petroleum Geology, 8: 2-21.

Daniel D, Kliti G, Robert A, et al., 2007. The effect of source and maturity on the stable isotopic compositions of individual hydrocarbons in sediments and crude oils from the Vulcan Sub-basin, Timor Sea, Northern Australia [J]. Organic Geochemistry, (38): 1015-1038.

David A, White, 1986. Selection and evaluation of oil and gas play [J]. AAPG bulletin, 70 (6).

De R, Trupp M, Bishop D J, et al., 2000. Fault architecture and the mechanics of fault reactivation in the Nancar Trough/Laminaria area of the Timor Sea [J]. The APPEA Journal, 40 (1), 174-193.

Dewangan P, Ramprasad T, Ramana M V, et al., 2013. Seabed morphology and gas venting features in the continental slope region of Krishna-Godavari basin, bay of Bengal-implications in gas-hydrate exploration [J]. Marine and Petroleum Geology, 27 (7): 1628-1641.

Dewangan P, Ramprasad T, Ramana M V, 2010. Seabedmorphology and gas venting features in the continental slope region of Krishna-Godavari basin, bay of Bengal-implications in gas-hydrate exploration [J]. Marine and Petroleum Geology, 1-14.

Dewey J F, Helman M L, Turco E, et al., 1989. Kinematics of t he western Mediterranean [C] //Coward M P, Diet rich D, Park R G, Alpine Tectonics. Geological Society, London, 265-283.

Dewhurst David N, Hennig Allison L, 2003. Geomechanical properties related to top seal leakage in the Carnarvon Basin, Northwest Shelf, Australia [J]. Petroleum Geoscience, 9: 255-263.

Dickinson J A, Wallace M W, Holdgate G R, et al., 2001. Neogene Tectonics in SE Australia: implications for petroleum systems [J]. The APPEA Journal, 41 (1), 7-52.

Dodds K, Fletcher A, Bekele E, et al., 2001. An overpressure case history using anovel risk analysis process [J]. The APPEA journal, 41: 559-571.

Dolby J H, Balme B E, 1976. Triassic palynology of the Carnarvon basin, Western Australia [J]. Review of Palaeobotany and Palynology, (22): 195-198.

Dolson J C, Boucher P J, Dodd T, et al., 2002. Petroleum potential of an emerging giant gas province, Nile delta and Mediterranean sea off Egypt [J]. Oil and gas journal, 32-37.

Doré A G, Stewart I C, 2002. Similarities and differences in the tectonics of two passive margins: the Northeast Atlantic Margin and the Australian North West Shelf [C] //Sedimentary Basins of Western Australia: proceedings of petroleum exploration society of Australia symposium. Perth: WA (3): 89-117.

Doré A G, Stewart I C, 2002. Similarities and differences in the tectonics of two passive margins: the Northeast Atlantic Margin and the Australian North West Shelf [C] //Sedimentary Basins of Western Australia: proceedings of petroleum exploration society of Australia symposium. WA: Perth, (3): 89-117.

Edgerley D W, Crist R P, 1974. Salt and diapiric anomalies in the southeast bonaparte gulf basin [J]. The APPEA Journal, 14 (1), 85-94.

Edwards D S, Kennard J M, Preston J C, et al., 2000. Bonaparte Basin Geochemical characteristics of hydrocarbon families and petroleum systems [J/OL]. AGSO research newsletter, 33: 14-19.

Edwards Dianne S, Preston James C, Kennard John M, et al., 2004. Geochemical characteristics of hydrocarbons from the Vulcan Sub-basin, western Bonaparte Basin, Australia [C] //Ellis G K, Baillie P W, Munson T J Timor Sea Petroleum Geoscience, Proceedings of the Timor Sea Symposium, Darwin, 19-20 June 2003. Northern Territory Geological Survey, Special Publication 1, 169-201.

Edwards J D, Santogrossi P A, 2000. 离散或被动大陆边缘盆地, [M]. 梁绍红, 梁红, 译. 北京: 石油工业出版社: 73-241.

Elsayed A, 2009. Fergany. Microtremor Measurements in the Nile Delta Basin, Egypt: Response of the Topmost Sedimentary Layer [J]. Seismological Research Letters, 80 (4): 591-598.

Ercole C D, Gibbons L, Ghori K A R, 2003. Prospects and Leads Central Canning Basin Western Australia [R].

Exon N F, Haq B U, von Rad U, 1992. Exmouth plateau revisited scientific drilling and geological framework [C] //von Rad U, Haq B U, et al., Proceedings of the Ocean Drilling Program, Scientific Results, 122: 3-20.

Eyles Carolyn H, Mory Arthur J, Eyles N, 2003. Carboniferous-Permian facies and tectono-stratigraphic successions of the glacially influenced and rifted Carnarvon Basin, western Australia [J]. Sedimentary

Geology, 155: 63-86.

Eyles Nicholas, Mory Arthur J, Backhouse John, 2002. Rboniferous Permian palynostratigraphy of west Australian rine rift basins: resolving tectonic and eustatic controls uring Gondwanan glaciations [J]. Palaeogeography, Palaeoclimatology, Palaeoecology, 184: 305-19.

Falvey D A, 1974. The development of continental margins in plate tectonic theory [J]. Australian Petroleum Exploration Association Journal, 14 (1): 95-106.

Felton E A, Miyazaki S, Dowling L, et al., 1993. Carnarvon Basin, W. A., Bureau of Resource Sciences, Australian Petroleum Accumulations Report 8 [M]. Canberra: Geoscience Australia.

Feng Y W, Ren Y, Zhang G C, et al., 2020. Petroleum geology and exploration direction of gas province in deepwater area of North Carnarvon Basin, Australia [J]. China geology, 3 (4): 623-632.

Feng Y W, Qu H, Zhang G C, et al., 2017. Seismic interpretation and exploration direction of Miocene Meishan formation reef in Southern Qiongdongnan Basin, Northern South China Sea [J]. Journal of Palaeogeography, 6 (3): 206-218.

Feng Y W, Ren Y, Li Z X, et al., 2021. Geological Interpretation and Hydrocarbon Exploration Potential of Three Types of Mound-shaped Reflectors in the Meishan Formation, Southern Qiongdongnan Basin [J]. Acta Geologica Sinica (English edition), 95 (1): 167-176.

Feng Y W, Ren Y, Liu C F, et al., 2021. Seismic Recognition and Origin of Miocene Meishan Formation Contourite Deposits in the Southern Qiongdongnan Basin, Northern South China Sea [J]. Acta Geologica Sinica (English edition), 95 (1): 131-141.

Feng Y W, Ren Y, Zhang G C, et al., 2020. Petroleum geology and exploration direction of gas province in deepwater area of North Carnarvon Basin, Australia [J]. China geology, 3 (4): 623-632.

Fergany Elsayed, Omar Khaled, 2017. Liquefaction potential of Nile delta, Egypt [J]. NRIAG Journal of Astronomy and Geophysics, 6 (1): 60-67.

Forman D J, Ales D W, 2000. Geological Evolution of the Canning Basin [M]. Western Australia.

Frielingsdorf J, AminulIslam S K, MartinBlock, et al., 2008. Tectonic subsidence modelling and Gondwana source rock hydrocarbonpotential, Northwest Bangladesh modelling of Kuchma, Singra and Hazipur wells [J]. Marine and Petroleum Geology, 25: 553-564.

Frielingsdorf J, Islam S A, Block M, et al., 2008. Tectonic subsidencemodelling and Gondwana source rock hydrocarbon potential, Northwest Bangladeshmodelling of Kuchma, Singra and Hazipur wells [J]. Marine and Petroleum Geology, 25 (6): 553-564.

Fujii T, O'Brien G W, Tingate P, et al., 2004. Using 2D and 3D modeling to investigate controls on hydrocarbon migration in the Vulcan sub-basin, Timor sea, Northwestern Australia [J]. The APPEA Journal, 44 (1): 93-122.

Gardosh M A, Druckman Y, 2006. Seismic stratigraphy, structure and tectonic evolution of the Levantine Basin, offshore Israel [C] //Robertson A H F, Mountrakis D. Tectonic development of the eastern Mediterranean Region. London: Special Publications: 201-227.

Gartrell A P, 2000. Rheological controls on extensional styles and the structural evolution of the Northern Carnarvon Basin, North West Shelf, Australia [J]. Australian Journal of Earth Sciences, 47: 231-244.

Gartrell A, Balley W, Brincat M, 2005. Strain localization and trap geometry as key controls on hydrocarbon preservation in the Laminaria high area [J]. The APPEA journal, 45 (1): 477–492.

Gautam K, 2003. DebDeformation pattern and evolution of the structures in the Penganga Group, the Pranhita-Godavari Valley, India: probable effects of Grenvillianmovement on amesoproterozoic basin [J]. Journal of Asian Earth Sciences, 21: 567–577.

Gemma S, Dianne S E, Emmanuelle G, et al., 2002. Identifying multiple sources of petroleum fluids in Browse Basin accumulations using diamondoids and semi-volatile aromatic compounds [J]. 113, Issue C.

Genrich J F, BOCK Y, Caffrey R, et al., 1996, Accretion of the southern Banda arc to the Australian plate margin determined by Global Positioning System measurements [J], Tectonics, 15, 288–295.

George S C, Volk H, Ruble T E, et al., 2002. Evidence for a new oil family in the Nancar Trough area, Timor Sea [J]. The APPEA Journal, 42 (1), 387–404.

George S C, Lisk M, Eadington P J, 2004. Fluid inclusion evidence for an early, marine-sourced oil charge prior to gas-condensate migration, Bayu 21, Timor Sea, Australia [J]. Marine and Petroleum Geology, 21: 1107–1128.

Geoscience Australia, 2006. Oil and gas resources of Australia 2004 [M]. Canberra: Geoscience Australia. 1–233.

Gilvery Mc T A, Polomka M S, Galloway W E, 1997. Tectonically controlled paleogeographic evolution of the Barrow Group (Early Cretaceous), Barrow Sub-basin, North West Shelf, Australia [J]. American Association of Petroleum Geologists, 6–80.

Goncharov A, 2004. Basement and crustal structure of the Bonaparte and Browse basins, Australian northwest margin [C] //Ellis G K, Baillie P W, Munson T J, Timor Sea Petroleum Geoscience. Proceedings of the Timor Sea Symposium, Darwin, Northern Territory. Northern Territory Geological Survey, Special Publication, 551–566.

Gorter J D, Hearty D J, Rexilius J P, et al., 2002. Basal Oligocene channelling, Barrow Sub-basin, Carnarvon Basin, Western Australia [C] //Keep M, Moss SJ. The Sedimentary Basins of Western Australia: proceedings of petroleum exploration society of Australia symposium, Perth: WA (3): 511–529.

Gorter J D, Jones P J, Nicoll R S, et al., 2005. A reappraisal of the carboniferous stratigraphy and the petroleum potential of the Southeastern Bonaparte basin (Petrel sub-basin), Northwestern Australia [J]. The APPEA journal, 45 (1): 275–296.

Gorter J D, Rexilius J P, Powell S L, et al., 2002. Late Early to Mid Miocene patch reefs, Ashmore Platform, Timor Sea-Evidence from 2D and 3D seismic surveys and petroleum exploration wells [C] //Sedimentary Basins of Western Australia: Proceedings of Petroleum Exploration Society of Australia Symposium, (3): 355–376.

Gradstein F M, Ogg J, 1996. A Phanerozoic time scale [J]. Episodes, (19): 3–4.

Gueguen E, Doglioni C, Fernandez M, 1998. On the post 225Ma geodynamic evolution of the western Mediterranean [J]. Tectonophysics, (298): 259–269.

Guiraud R, 1998. Mesozoic rifting and basin inversion along the northern African Tethyan margin: an overview [C] //MacGregor D S, Moody R T J, Clark-Lowes D D. Petroleum Geology of North Africa. The Geological Society, London. Special Publication, (132): 217–229.

Guiraud R, Bosworth W, 1997. Senonian basin inversionand rejuvenation of rifting in Africa and Arabia—Synthesis andimplication to plate-scale tectonics [J]. Tectonophysics, (282): 39–82.

Guiraud R, Issawi B, Bosworth W, 2001. Phanerozoic history of Egypt and its surroundings [C]//Ziegler PA, CavazzaW, RobertsonA H F. PeriTethys Memoir6: PeriTethyan Rift/Wrench, Basins and Passive Margins. Mem. Mus. Natl. Hist. Nat.

Guiraud R, Maurin J C, 1992. Early Cretaceous rifts of Western and Central Africa: an overview [J]. Tectonophysics (213): 153–168.

Gunn P J, 1988. Bonaparte rift basin: effects of axial doming and crustal spreading [J]. Exploration Geophysics, 19 (1/2): 83–87.

Gupta R P, Husain R, Maurya S N, et al., 2001. Gondwana Sediments in Godavari Offshore-Implications for Tectonostratigraphic Evolution and Hydrocarbon Prospectivity of East Coast of India [J]. Rodinia, Gondwana and Asia, 624.

Gupta S K, 2006. Basin architecture and petroleum system of Krishna Godavari Basin, east coast of India [J]. The Leading Edge, 830–837.

Gupta S K, Mazumdar S K, Basu B, 2000. Genesis of petroleum systems in Krishna-Godavari Basin, India [C]. AAPG Bulletin, 84: 1432.

Haggas S, Marshall E, Rheinberg P, et al., 2006. Offshore exploration and development of the Browse and Bonaparte Basins [J]. APPEA Journal, 46 (1): 666–667.

Halbouty Michel T, 2007. 世界巨型油气田 [M]. 夏义平, 黄忠范, 袁秉衡, 等译. 北京: 石油工业出版社.

Hall R, 1996. Reconstructing Cenozoic SE Asia [J] // Hall R, Blundell D J. Tectonic evolution of Southeast Asia. Geological Society of London. Special Publication, 106: 153–184.

Halse J W, 1973. Beagle subbasin [C]//Leslie R B, Evans H J, Knight C L. Economic geology of Australia and Papua New Guinea: Petroleum Australian Institute of Mining and Metallurgy Monograph 7, 188–199.

Halse J W, Hayes J D, 1971. The geological and structural framework of the offshore Kimberley Block (Browse basin) area, Western Australia [J]. Australian Petroleum Exploration Association Journal, 12 (1): 64–70.

Haq E U, Youliang J, Ullah H, et al., 2023. Architectural complexities and morphological variations of the indus fan and its elements: Understanding of the turbidite system through seismic characterization [J]. Marine and Petroleum Geology, 150: 103–106.

He S. Middleton M, 2002. Heat flow and thermal maturity modelling in the Northern Carnarvon Basin, North West Shelf, Australia [J]. Marine and Petroleum Geology (19): 1073–1088.

Hearty D J, Ellis G K, Webster K A, 2002. Geological history of the western Barrow Sub-basin: Implications for hydrocarbon entrapment a Woollybutt and surrounding oil and gas fields [C]//Keep M, Moss S J. The Sedimentary Basins of Western Australia: proceedings of petroleum exploration society of Australia symposium, Perth: WA (3): 577–598.

Heath R S, Apthorpe M C, 1984. Late Cretaceous and Tertiary stratigraphy, southern Northwest Shelf [C]// Hocking R M, Moors H T, Vander W J E, et al. The geology of the Camarvon basin, Western Australia: Western Australian Geological Survey Bulletin. Perth, 133.

Hefti J, Dewing S, Jenkins C, et al., 2006. Maximising value from petroleum assets--Innovative approaches and technologies-Improvements in seismic imaging, Io Jansz gas field North West Shelf, Australia [J]. The APPEA Journal, 46(1): 135–160.

Heine C, Müller R D, Norvick M, 2002. Revised Tectonic Evolution of the Northwest Shelf of Australia and adjacent abyssal plains [C] //Keep M & Moss S J. The Sedimentary Basins of Western Australia: proceedings of petroleum exploration society of Australia symposium, Perth: WA (3): 956–967.

Helby R J, Morgan R, Partridge A D, 1987. palynological zonation of the Australian Mesozoic: Association of Australasian Paleontologists Memoir 4 [M]. 1–94.

Hill K C, Hoffman N, 2002. Restoration of a deepwater profile from the Browse Basin: implications for structural–stratigraphic evolution and hydrocarbon prospectivity [C] //Keep M, Moss S J. The Sedimentary Basins of Western Australia: proceedings of petroleum exploration society of Australia symposium. Perth: WA (3): 936–959.

Hill K C, Raza A. 1999. Arc-continent collision in Papua Guinea: Constraints from fission track thermochronology [J]. Tectonics, 18 (6): 950–966.

Hills R R, Mildren S D, Pigram C J, et al., 1997. Rotation of horizontal stresses in the Australian North West Shelf continental shelf due to the collision of the Indo–Australian and Eurasian Plates [J]. Tectonics, 16, 323–335.

Hocking R M, 1988. Regional geology of the northern Carnarvon Basin [C] //The North West Shelf, Australia: Proc. Petrol Explor. Soc. Aust. Symposium: 97–144.

Hovland M, Crockwer P F, Martin M, 1994. Faults-associated seabed mounds off western Ireland and north-west Australia [J]. Marine and Petroleum Geology, 11, 232–246.

Howell E A, 1988. The Harriet oilfield [C] //Purcell P G, R R. The Northwest Shelf, Australia. Proceedings of the Petroleum Exploration Society of Australia Symposium, Perth WA, 391–401.

Hsu K J, Ryan W B F, Cita M B, 1973. Late Miocene desiccation of the Mediterranean [J]. Nature, (242): 239–243.

Huang J Y, 2011. Recent developments at foreign oil companies [J]. International Petroleum Economics, 19 (3): 91–93.

Huang J Y, 2011. Recent developments at foreign oil companies [J]. International Petroleum Economics, 19 (4): 97–99.

Huang J Y, 2011. Recent developments at foreign oil companies [J]. International Petroleum Economics, 19 (5): 103–105.

Huang J Y, 2011. Recent developments at foreign oil companies [J]. International Petroleum Economics, 19 (6): 96–99.

Huang J Y, 2011. Recent developments at foreign oil companies [J]. International Petroleum Economics, 19 (11): 102–104.

Huang J Y, 2012. Recent developments at foreign oil companies [J]. International Petroleum Economics, 20 (10): 99–103.

Hull J N F, Griffiths C M, 2002. Sequence stratigraphic evolution of the Albian to Recent section of the Dampier Sub-basin, North West Shelf Australia [C] //Keep M, Moss SJ. The Sedimentary Basins of Western Australia: proceedings of petroleum exploration society of Australia symposium, Perth: WA (3): 617–639.

Iasky R P, 2002. Prospectivity of the Peedamullah Shelf and Onslow Terrace revisited [C] //Keep M, Moss S J. The Sedimentary Basins of Western Australia: proceedings of petroleum exploration society of Australia symposium, Perth: WA (3): 741-759.

Iasky R P, 2002. Prospectivity of the Peedamullah Shelf and Onslow Terrace revisited [C] //Keep M, Moss S J. The Sedimentary Basins of Western Australia: proceedings of petroleum exploration society of Australia symposium. WA: Perth: 741-759.

Ingersoll R V, 1995. Tectonics of sedimentary basins [J]. Geological Society of America Bulletin, 100 (11): 1704-1719.

Jablonski D, 1997. Recent advances in the sequence stratigraphy of the Triassic to Lower Cretaceous succession in the northern Carnarvon Basin, Australia [J]. The APPEA Journal, 37 (1): 429-454.

Jablonski D, Saltta A J, 2004. Permian to lower cretaceous plate tectonics and its impact on the tectono-stratigraphic development of the western Australian magin [J]. APPEA Journal, (1): 287-328.

Jado A R, Hotzl H, Roscher B, 1989. Development of sedimentation along the Saudi Arabian Red Sea coast [J]. King Abdulaziz Univ., Earth Sci, (3): 47-62.

Jenkins C C, Maughan D M, Acton J H, et al., 2003. The Jansz gas field, Carnarvon basin, Australia [J]. The APPEA Journal, 43 (1): 303-324.

Jonasson K E, Reiser R F, 2002. Blina Oil Field, Canning Basin [C] //Keep M, Moss S J. The Sedimentary Basins of Western Australia: proceedings of petroleum exploration society of Australia symposium. Perth: WA, 2002 (3): 817-835.

Jones N T, Hall A D, 2002. The Cliff Head Oil Discovery-Offshore Perth Basin [A] //Keep M, Moss S J. The Sedimentary Basins of Western Australia: proceedings of petroleum exploration society of Australia symposium [C]. Perth: WA (3): 901-909.

Kalko A R, Talt A M, 2001. Post-rift tectonic subsidence and palaeo-water depths in the Northern Carnarvon basin, West Australia [J]. The APPEA journal, 41: 367-379.

Keall J M, Smith P M, 2000. The impact of late tilting on hydrocarbon migration, eastern Browse Basin, Western Australia [J]. AAPG Bulletin, 84 (9): 1445-1446.

Keep M, Clough M, Langhi L, et al., 2002. Neogene tectonic and structural evolution of the Timor Sea region, NW Australia [J] //The Sedimentary Basins of Western Australia 3, Proceedings of the Petroleum Exploration Society of Australia Symposium, Perth. 341-353.

Keller G, Adatte T, Gardin S, et al., 2008. Main Deccan volcanism phase ends near the K-T boundary: Evidence from the Krishna-Godavari Basin, SE India [J]. Earth and Planetary Science Letters, 268: 293-311.

Kennard J M, Deighton I, Ryan D, et al., 2004. Subsidence and Thermal history modelling: New insights into hydrocarbon expulsion from multiple petroleum systems in the Browse Basin [C] // Ellis G K, Baillie P W, Munson T J, Timor Sea Petroleum Geoscience. Proceedings of the Timor Sea Symposium, Darwin, Northern Territory, 19-20 June 2003. Northern Territory Geological Survey, Special Publication 1, 411-435.

Kennard J M, Deighton I, Edwards D S, 2002. Subsidence and thermal history modelling: New insights into hydrocarbon expulsion from multiple petroleum systems in the Petrel Sub-basin, Bonaparte Basin [C] // Keep M, Moss S J. The Sedimentary Basins of Western Australia: proceedings of petroleum exploration society of Australia symposium. Perth: WA (3): 409-437.

Kennard J M, Deighton I, Edwards D S, et al., 1999. Thermal History Modelling and Transient Heat Pulses: New insights into hydrocarbon expulsion and 'hot flushes' in the Vulcan Sub-Basin, Timor Sea[J]. The APPEA journal, 39 (1): 1-42.

Khandakerm Z, Ashraf U, 2005. Influence of overpressure on formation velocity evaluation of Neogene strata from the eastern Bengal Basin, Bangladesh [J]. Journal of Asian Earth Sciences, 25: 419-429.

King R C, Neubauer M, Hillis R R, et al., 2009. Variation of vertical stress in the Carnarvon Basin, NW Shelf, Australia [J]. Tectonophysics, 1-9.

Kirk R B, 1984. Seismic stratigraphic cycles in the eastern Barrow subbasin, Northwest Shelf, Australia [C] // Australian Society of Exploration Geophysicists, 2nd Australian Petroleum Geophysics Symposium. 437-479.

Kirk R B, 1985. A seismic stratigraphic history in the esatern Barrow subbasin. Northwest Shelf, Australia[A]// Berg O R, Woolverton D G. Seismic stratigraphy Ⅱ -an integrated approach to hydrocarbon exploration: American Association of Petroleum Geologists Memoir 39 [C]. 276.

Kivior T, Kaldi J G, Lang S C, 2002. Seal potential in Cretaceous and late Jurassic rocks of the Vulcan sub-basin, Northwest shelf Australia [J]. The APPEA journal, 42 (1): 203-224.

Kivior T, Kaldi J, Jones R M, 2000. Late Jurassic and Cretaceous seals of the Vulcan Sub-basin [J]. AAPG Bulletin, 84 (9): 1449.

Klemme H D, Ulmishek G F, 1991. Effective Petroleum Source Rocks of the World: Stratigraphic Distribution and Controlling Depositional Factors [J]. AAPG Bulletin, 75: 1809-1851.

Kocherla M, Mazumdar A, Karisiddaiah S M, et al., 2006. Evidences of methane-derived uthigenic carbonates from the sediments of the Krishna-Godavari Basin, eastern continentalmargin of India [C]. Current Science, 91 (3): 327-338.

Kopsen E, 2002. Historical perspective of hydrocarbon volumes in the Westralian Superbasin-Where are the next billion barrels [C] //Keep M, Moss S J. The Sedimentary Basins of Western Australia: proceedings of petroleum exploration society of Australia symposium, Perth: WA (3): 3-13.

Kopsen E, Mc G G, 1985. A review of the hydrocarbon habitat of the eastern and central Barrow/Dmnpier subbasin, Western Australia [J]. Australian Petroleum Exploration Association Journal, 25 (1): 154-176.

Korn B E, Teakle R P, Maughan D M, et al., 2003. The Geryon, Orthrus, Maenad and Urania gas fields, Carnarvon basin, Western Australia [J]. The APPEA journal, 43 (1): 285-301.

Kraishan G M, Lemon N M, 2000. Fault-related calcite cementation: implications for timing of hydrocarbon generation and migration and secondary porosity development, Barrow sun-basin, North West shelf [J]. The APPEA Journal, 48 (1): 215-229.

Krassay A A, Blevin J E, Cathro D L, 2008. Exploration highlights for 2007 [J]. The APPEA Journal, 48: 395-412.

Labutis V R, 1994. Sequence stratigraphy and the North West Shelf of Australia [C] //Purcell P G, Purcell R R. The sedimentary basins of Western Australia: proceedings of petroleum exploration society of Australia symposium. Perth: WA. 159-180.

Lal N K, Siawal A, Anil K, 2009. Evolution of East Coast of India—A Plate Tectonic Reconstruction [J].

Journal Geological Society of India, 73: 249-260.

Langgut D, 2018. Late Quaternary Nile flows as recorded in the Levantine Basin: The palynological evidence [J]. Quaternary International, 464: 273-284.

Langhi L, Borel G D, 2005. Influence of the Neotethys rifting on the development of the Dampier Sub-basin (North West Shelf of Australia), highlighted by subsidence modeling [J]. Tectonophysics, 397: 93-111.

Langone A, Gueguen E, Prosser G, et al., 2006. The Curinga Girifalco fault zone (northern Serre, Calabria) and its significance within the Alpine tectonic evolution of the western Mediterranean [J]. Jounal of Geodynamics, (42): 140-158.

Lavering I H, Pain L, 1991. Browse Basin, Australian Petroleum Accumulations Report 7 [M]. Canberra: Geoscience Australia.

Law Ben E, 2002. Basin-centered gas systems [J]. AAPG Bulletin, 86 (11): 1891-1919.

Leila M, Andrea M, 2018. Depositional and petrophysical controls on the volumes of hydrocarbons trapped in the Messinian reservoirs, onshore Nile Delta, Egypt [J]. Petroleum, 4 (3): 250-267.

Li X M, Christine W C, 2010. Application of an enhanced decision tree learning approach for prediction of petroleum production [J]. Engineering Applications of Artificial Intelligence, 23: 102-109.

Li Z X, Powell C M, 2001. An outline of palaeogeographic evolution of the Australasian region since the beginning of the neoproterozoic [J]. earth science reviews, 53: 237-277.

Lindsay J F, Holliday D W, Hulber A G, 1991. Sequence stratigraphy and evolution of the Ganges-Brahmaputra delta complex [J]. American Association of Petroleum Geologists Bulletin, 75: 1233-1254.

Lipskip, 1993. Tectonic setting, stratigraphy and hydrocarbon potential of the Bedout Sub-basin, North West Shelf [J]. APPEA Journal, 33 (1): 38-50.

Lisk M, O'Brien G W, Eadington P J, 2002. Quantitative evaluation of the oil-leg potential in the Oliver gas field, Timor Sea, Australia [J]. AAPG Bulletin, 86 (9): 1531-1542.

Lisk M, Ostby J, Russell N J, et al., 2000. Oil migration history of the offshore Canning basin [J], The APPEA Journal, 40 (2): 133-151.

Liu K, Fenton S, Bostow T, et al, 2005. Geochemical evidence of multiple hydrocarbon charges and long distance oil migration in the Vulcan sub-basin, Timor sea [J]. The APPEA journal, 45 (1): 493-510.

Loncke L, Mascle J, Parties F S, 2004. Mud volcanoes, gas chimneys, pockmarks and mounds in the Nile deep-sea fan (Eastern Mediterranean): geophysical evidences [J]. Marine and Petroleum Geology, 21 (6): 669-689.

Loncke L, Gaullier V, Mascle J, et al., 2006. The Nile deep-sea fan: An example of interacting sedimentation, salt tectonics, and inherited subsalt paleotopographic features [J]. Marine and Petroleum Geology, (23): 297-315.

Longley I M, Buessenschuett C, Clydsdale L, et al., 2002. The North West Shelf of Australia—a Woodside perspective [C] //Keep M, Moss S J. The Sedimentary Basins of Western Australia: proceedings of petroleum exploration society of Australia symposium. Perth: WA, (3): 27-88.

Ma Wenhui, 2013. Recent developments at foreign oil companies [J]. International Petroleum Economics, 21 (Supplement1): 200-205.

Madhavaraju J, Kolosov I, Buhlak D, et al., 2004. Carbon and Oxygen Isotopic Signatures in Albian-Danian Limestones of Cauvery Basin, Southeastern India [J]. Gondwana Research, 7 (2): 519-529.

Madhavaraju J, Lee Y I, 2009. Geochemistry of the Dalmiapuram Formation of the Uttatur Group (Early Cretaceous), Cauvery basin, southeastern India : Implications on provenance and paleo-redox conditions [J]. Revista Mexicana de Ciencias Geológicas, 26 (2): 380-394.

Madhavarajua J, Ramasamya S, Alastair R, et al., 2002. Claymineralogy of the Late Cretaceous and early Tertiary successions of the Cauvery Basin (southeastern India): implications for sediment source and palaeoclimates at the K/T boundary [J]. Cretaceous Research, 23: 153-163.

Mahmood A, Mustafa A M, Joseph R C, et al., 2003. An overview of the sedimentary geology of the Bengal Basin in relation to the regional tectonic framework and basin-fill IHStory [J]. Sedimentary Geology, 155: 179-208.

Mahmoud L, Moscariello A, 2019. Seismic stratigraphy and sedimentary facies analysis of the pre- and syn- Messinain salinity crisis sequences, onshore Nile Delta, Egypt : Implications for reservoir quality prediction [J]. Marine and Petroleum Geology, 101: 303-321.

Makled W A, Mandur M M M, 2016. Nannoplankton calendar : Applications of nannoplankton biochronology in sequence stratigraphy and basin analysis in the subsurface offshore Nile Delta, Egypt [J]. Marine and Petroleum Geology, 72: 374-392.

Makled Walid A, Mandur M M M, Langer M R, 2017. Neogene sequence stratigraphic architecture of the Nile Delta, Egypt : A micropaleontological perspective [J]. Marine and Petroleum Geology, 85, 117-135.

Mann P, Gahagan L, Gordon M B, 2003. Tectonic setting of the world's giant oil and gas fields [C] // Halbouty M T, ed. Giant oil and gas fields of the decade 1990-1999, AAPG Memoir 78. Tulsa, Oklahoma : AAPG, 15-105.

Martens K, 2003. Flattened time slices-stratigraphic approach to 3D secsmic in terpretation on the Northwest shelf of Australia [J]. The APPEA Journal, 43 (1): 255-272.

Matthew P W, Malcolm B H, Archana J, 2007. Cretaceous tectonostratigraphy and the development of the Cauvery Basin, southeast India [J]. Petroleum Geoscience, 13: 181-191.

Maung T U, Cadman S, West B, 1994. A review of the petroleum potential of the Browse Basin [C] //The sedimentary basins of Western Australia : proceedings of the West Australian basins symposium, Perth, West. Aust., Australia, 333-346.

Maung T U, Steve C, Jane B, et al., 1992. Passmore. Regional geophysical study of the Browse Basin, offshore northwestern Australia [J]. AAPG Bulletin, 76 (7): 11-16.

McCaffrey L P, Harris C. 1996. Hydrological impact of the Pretoria Saltpan crater, South Africa [J]. Journal of African Earth Sciences, 23 (2): 205-212.

McClure V M, Smith D N, Williams A F, et al., 1988. Oil and gas fields in the Barrow Sub-basin [C] // Purcell P G and R R. The Northwest Shelf, Australia. Proceedings of the Petroleum Exploration Society of Australia Symposium, Perth WA, 371-390.

Meilijson A, Finkelman-Torgeman E, Bialik M, et al., 2020. Significance to hydrocarbon exploration of terrestrial organic matter introduced into deep marine systems : Insights from the Lower Cretaceous in the Levant Basin [J]. Marine and Petroleum Geology.

Metcalfe I. Palaeozoic and Mesozoic tectonic evolution and palaeogeography of East Asian crustal fragments : The korean peninsulain context. Gondwana research, 2006, 9 (1-2): 24-26.

Metcalfe I, 1999. Late Palaeozoic-Early Mesozoic evolution and palaeogeography of eastern Tethys [C] // Proceedings of the International Conference on Pangea and the Paleozoic-Mesozoic Transition (in Chinese). Wuhan: China Univ. Geosci. Press: 131-133.

Metcalfe I, 1999. Late Palaeozoic-Early Mesozoic evolution and palaeogeography of eastern Tethys [C] // Proceedings of the International Conference on Pangea and the Paleozoic-Mesozoic Transition (in Chinese). Wuhan, 131-133.

Miller John Mc L, Nelson E P, Hitzman M, et al., 2007. Orthorhombic faultefracture patterns and non-plane strain in asynthetic transfer zone during rifting: Lennard shelf, Canning basin, Western Australia [J]. Journal of Structural Geology, 29: 1002-1021.

Mishra D C, Arora K, Tiwari V M, 2004. Gravity anomalies and associated tectonic features over the Indian Peninsular Shield and adjoining ocean basin [J]. Tectonophysics, 379: 61-76.

Mohammad A S, Mona G S, 2019. 2D seismic interpretation and hydrocarbon prospects for the Neogene-Quaternary succession in the Temsah Field, offshore Nile Delta Basin, Egypt [J]. Journal of African Earth Sciences, 155: 1-12.

Mohan S G K, Santanu De, DasAK, et al., 2004. Miocene Sequence Stratigraphy the Coastal Tract of East Godavari Sub Basin, Krishna-Godavari Basin, India [J]. Petroleum Geophysics, 463-467.

Mollan R G, Craig R W, Lofting M J W, 1969. Geological framework of the continental shelf off northwest Australia [J]. Australian Petroleum Exploration Association Journal, 9 (ll): 49-59.

Molnar P, 1984. Structure and tectonics of the Himalaya: Constraints and implications of geophysical data[J]. Annual Review of Earth and Planetary Sciences, 12: 489-518.

Morley C K, 2002. A tectonic model for the Tertiary evolution of strike-slip faults and rift basins in SE Asia[J]. Tectonophysics, 347 (4): 189-215.

Mory A J, 1988. Regional geology of the offshore Bonaparte Basin [C] //Purcell P G, Purcell R R. The North West Shelf, Australia: Proceedings of the Petroleum Exploration Society of Australia, Perth, 287-309.

Mory A J, 1990. Geology of the offshore Bonaparte Basin northwestern Australia [R]. GSWA Report 29.

Moss S J, Finc Em, 1997. Geological implications of new biostratigraphic data from East and West Kalimantan, Indonesia [J]. Journal of Asian Earth Sciences, 15: 489-506.

Moss S, Barr D, Kneale R, et al., 2003. Mid to late Jurassic shallow marine sequences of the eastern Barrow sub-basin: the role of low-stand deposition new exploration concepts [J]. The APPEA Journal, 43: 231-253.

Mu R, Stuben D, Berner Z, 2010. Barremian-Danian chemostratigraphic sequences of the Cauvery Basin, India: Implications on scales of stratigraphic correlation [J]. Gondwana Research, 19 (1): 291-309.

Mukherjee B K, Goswami P S, Raj D, 2009. Evalution of pressure system in the fields of deep offshore-KG basin [J]. 11-15.

Muller R D, Goncharov A, Kritski A, 2005. Geophysical evoluation of the enigmatic Bedout basement high, offshore northwestern Australia [J]. Earth and Planetary Science Letters, 237: 264-284.

Murthy K S R, Subrahmanyam AS, Lakshminarayana S, et al., 1995. Some geodynamic aspects of the Krishna-Godavari basin, east coast of India [J]. Continental Shelf Research, 15 (7): 779-788.

Nagendra R, KamalakKannan B V, GargiSen, et al., 2010. Sequence surfaces and paleobathymetric trends in Albian tomaastrichtian sediments of Ariyalur area, Cauvery Basin, India [J]. Marine and Petroleum Geology, 1-11.

Nasipuri P, Majumdar T J, Mitra D S, 2006. Study of high-resolution thermal inertia over western India oil fields using ASTER data [J]. Acta Astronautica, 58: 270-278.

Nawrin Samrina, 2003. Energy Security for Bangladesh-Prospects and Strategic Implications of Natural Gas [J].

Nicholas E, Carolyn H. Eyles S. Neil Apak, et al., 2001. Permian-Carboniferous tectono- stratigraphic evolution and petroleum potential of the northern Canning basin, Western Australia [J]. AAPG Bulletin, 85 (6): 989-1006.

Norvick M S, Smith M A, 2001. Mapping the plate tectonic reconstruction of southern and south eastern Australia and implications for petroleum systems [J]. The APPEA Journal, 41 (1), 15-36.

O'Brien G W, Lisk M, Duddy I R, et al., 1999. Plate convergence, foreland development and fault reactivation: primary controls on brine migration, thermal histories and trap breach in the Timor Sea, Australia [J]. Marine and Petroleum Geology, 16: 533-560.

O'brien G W, Woods E P, 1995, Hydrocarbonrelated Diagenetic Zones in the Vulcan Subbasin, Timor Sea: Recognition and Exploration Implications [J]. The APPEA Journal, 35 (1), 200-251.

O'Briena G W, Lawrenceb G M, Williams A K, et al., 2005. Yampi Shelf, Browse Basin, North-West Shelf, Australia: a test-bed for constraining hydrocarbon migration and seepage rates using combinations of 2D and 3D seismic data and multiple, independent remote sensing technologies [J]. Marine and Petroleum Geology, 22: 517-549.

Oreiro S G, Cupertino J A, Szatmari P, et al., 2008. Influence of pre-salt alignments in post-Aptian magmatism in the Cabo Frio High and its surroundings, Santos and Campos basins, SE Brazil: An example of non-plume-related magmatism [J]. Journal of South American Earth Sciences, 25: 116-131.

Othman A A A., Bakr A, Maher A, 2017. An-integrated seismic approach to de-risk hydrocarbon accumulation for Pliocene deep marine slope channels, offshore West Nile Delta, Egypt [J]. Journal of Applied Geophysics, 147, 42-51.

Ozimic S, Passmore V L, Pain L, et al., 1986. Australian Petroleum Accumulations Report 1-Amadeus Basin, central Australia [J]. Perth.

Palmer N, theologou P, Korn B E, et al., 2005. The wheatstone gas discovery: A case study of Tithonian and late Trissic fluvial reservoirs [J]. The APPEA journal, 45 (1): 333-348.

Pandey, Agrawal P K, 2000. Thermal regime, hydrocarbon maturation and geodynamic events along the westernmargin of India since late Cretaceous [J]. Journal of Geodynamics, 30: 439-459.

Partington M, Aurisch K, Clark W, et al., 2003. The hydrocarbon potential of exploration permits WA-299-P and WA-3-P, Carnarvon basin: cast study [J]. The APPEA journal, 43: 339-361.

Perumal S, Gour C D, Ram R S, 2008. Aromatic biomarkers as indicators of source, depositional environment, maturity and secondarymigration in the oils of Cambay Basin, India [J]. Organic Geochemistry, 39: 1620-1630.

Peters K E, 1986. Guidelines for evaluating petroleum source rocks using programmed pyrolysis [J]. AAPG Bull, 70: 318-209.

Petkovic P, Collins C D N, Finlayson D M, 2000. A crustal transect between Precambrian Australia and the Timor Trough across the Vulcan Sub-basin [J]. Tectonophysics, 329: 23-38.

Pettingill H S, Weimer P, 2001. World-wide deepwater exploration and production: past, present and future [C]. GCSSEPM Foundation 21st Annual Research Conference-Petroleum Systems of Deepwater Basins. 2-5.

Pettingill H, YPF Repsol, Madrid, et al., 2002. Worldwide deepwater exploration and production: Past, present, and future [J]. The Leading Edge: 371-376.

Playford P E, 2002. Palaeokarst, pseudokarst, and sequence stratigraphy in Devonian reef complexes of the Canning Basin, Western Australia [C] //Keep M, Moss S J. The Sedimentary Basins of Western Australia: proceedings of petroleum exploration society of Australia symposium. Perth: WA (3): 763-793.

Pockalny R A, 1997. Evidence of transpression along the Clipperton Transform: Implications for processes of plate boundary reorganization [J]. Earth and Planetary Science Letters, 146 (3): 449-464.

Powell D E, 1976. Dampier Sub-basin, Carnarvon Basin [J]. Australasian Institute of Mining and Metallurgy, (7): 155-168.

Powell D E, 1976. The geological evolution of the continental margin off northwest Australia [J]. Australian Petroleum Exploration Association Journal, 16 (1): 13-23.

Power M R, 2008. Miocene carbonate reef complexes in the Browse Basin and the implication for drilling operations [J]. The APPEA journal, 48 (1): 115-132.

Power M R, Hill K C, Hoffman N, et al., 2001. The structural and tectonic evolution of the Gippsland Basin: results from 2D section balancing and 3D structural modeling [C] //Hill K C, Bernecker T, Eastern Australasian Basins Symposium, A refocused energy perspective for the future. Petroleum Exploration Society of Australia, Special Publication, 373-384.

Preston J C, Edwards D S, 2000. The petroleum geochemistry of oils and source rocks from the Northern Bonaparte basin, offshore Northern Australia [J]. The APPEA journal, 40 (1): 257-282.

Pryer L L, Romine K K, Loutit T S, et al., 2002. Carnarvon basin architecture and structure defined by the integration of mineral and petroleum exploration tools and technigues [J]. The APPEA journal, 42 (1): 287-309.

Quilty P G, 1977. Cenozoic sedimentation cycles in Western Australia [J]. Geology, (5): 336-340.

Rabi Bastiaa, Radhakrishnab M, Srinivasa T, et al., 2010. Structural and Tectonic Interpretation of Geophysical data along the Eastern Continentalmargin of India with special reference to the Deep Water Petroliferous basins [J]. Journal of Asian Earth Sciences, 1-40.

Radha K M, Shyam C, Subrahmanyam C, 2000. Gravity anomalies, sediment loading and lithospheric flexure associated with the Krishna-Godavari basin, eastern continentalmargin of India [C]. Earth and Planetary Science Letters, 175: 223-232.

Radllnski A R, Kennard J M, Edwards D S, et al., 2004. Hydrocarbon generation and expulsion from early Cretaceous source rocks in the Browese basin, North West shelf, Auatralia: A small angel neutron scattering study [J]. The APPEA journal, 44 (1): 151-180.

Rajaram M, Anand S P, Erram V C, 2000. Crustalmagnetic Studies over Krishna-Godavari Basin in Eastern Continentalmargin of India [J]. Gondwana Research, 3 (3): 385-393.

Rakotonravoavy J, 2016. 澳大利亚北波拿巴盆地油气成藏动力学研究［D］. 武汉: 中国地质大学.

Ramana L V, Swamy K V, Visweswara Rao C, 2005. Deep Crustal Structure across Krishna–Godavari Basinfrom Gravity Data［J］. 9（4）: 249–254.

Ramsden C R T, 1984. The application of high resolution seismic processing to low relief structures–Harriet oil accumulation: Australian Society of Exploration Geophysicists［M］. 2nd Australia Petroleum Geophysics Symposium, 12–58.

Rao G N, 2001. Sedimentation, stratigraphy, and petroleum potential of Krishna–Godavari basin, East Coast of India［J］. AAPG Bulletin, 85（9）: 1623–1643.

Ravi B, 2006a. Prasanta K Nayak. Tectonostratigraphy and depositional patternsin Krishna Offshore Basin, Bay of Bengal［J］. The Leading Edge, 6: 839–846.

Ravi B, 2006b. Prasanta Nayakand Pankaj Singh. Shelf Delta to Deepwater Basin: A Depositionalmodel for Krishna–Godavari Basin［J］. Search and Discover Article: 1–11.

Ravnas R, Steel R J, 1998. Contrasting styles of late Jurassic syn–rift turbidite sedimentation: a comparative study of the Magnus and Oseberg areas, northern North Sea［J］. Oceanographic Literature Review, 45（2）: 267–268.

Raza K M S, Sharma A K, Sahota S K, et al., 2000. Generation and hydrocarbon entrapment within Gondwanan sediments of themandapeta area, Krishna–Godavari Basin, India［J］. Organic Geochemistry, 31: 1495–1507.

Reddy P R, Venkateswarlu N, Srss Prasad A S, et al., 2002. Basement Structure Below the Coastal Belt of Krishna–Godavari Basin: Correlation Between Seismic Structure and Well Information［J］. Gondwana Research, 5（2）: 513–518.

Reimold W U, Koeberl C, 2000. Critical comment on: A. J. Mory et al. `Woodleigh, Carnarvon Basin, Western Australia: a new 120 km diameter impact structure［J］. Earth and Planetary Science Letters, 184: 353–357.

Rima C, 2008. Effect of normal faulting on in–situ stress: A case study frommandapeta Field, Krishna–Godavari basin, India［C］. Earth and Planetary Science Letters, 269: 458–467.

Rollet N, Logan G A, Kennard J M, et al., 2006. Characterisation and correlation of active hydrocarbon seepage using geophysical data sets: An example from the tropical, carbonate Yampi Shelf, Northwest Australia［J］. Marine and Petroleum Geology, 23: 145–164.

Rowley D B, 1996. Age of initiation of collision between India and Asia: A review of stratigraphic data［J］. Earth and Planetary Science Letters, 145: 1–13.

Roymoulik S K, Prasad G K, 2007. Seismic Expression of the Canyon Fill Facies and Its Geological Significance: A Case Study from Ariyalur–Pondicherry Subbasin, Cauvery Basin, India［J］. AAPG, 1–13.

Ruth P V, Hillis R, Tingate P, 2004. The origin of overpressure in the Carnarvon Basin, Western Australia: implications for pore pressure prediction［J］. Petroleum Geoscience（10）: 247–257.

Sai bal Basu, 1990. Claymineralogy and pressure analysis from seismic information in krishna–godavari basin, india［J］. Geophysics, 55（1）: 1447–1454.

Sarhan M A, 2015. High resolution sequence stratigraphic analysis of the Late Miocene Abu Madi Formation, Northern Nile Delta Basin［J］. NRIAG Journal of Astronomy and Geophysics, 4（2）: 298–306.

Sarma K, Ramana M V, Ramprasad T, et al., 2002. Magnetic basement in the central Bay of Bengal [J]. Marine Geophysical Researches, 23: 97-108.

Sastri V V, Venkatachala B S, Narayanan V, 1982. The evolution of the east coast of India [J]. Palaeogeography, Palaeoclimatology, Palaeoecology, 36: 23-54.

Schandelmeier H, Reynolds P O, 1997. Palaeogeographic-Palaeotectonic Atlas of North-Eastern Africa, Arabia, and Adjacent Areas [M]. Leiden: Balkema.

Schwenk T, Spieß V, Breitzke M, et al., 2005. The architecture and evolution of the middle Bengal Fan in vicinity of the active channel-levee system imaged by high-resolution seismic data [J]. Marine and Petroleum Geology, 22: 637-656.

Scibiorski J P, Micenko M, Lockhart D, 2005. Recent discoveries in the Pyrenees member, Exmouth sub-basin: a new oil play fairway [J]. The APPEA journal, 45: 233-251.

Sclater J G, Fisher R L, 1974. The evolution of the east central Indian Ocean, with emphasis on the tectonic setting of the Ninetyeast Ridge [J]. Geological Society of America Bulletin, 85: 683-702.

Scotese C R, Boucot A J, Mckerrow W S, 1998. Gondwanan palaeogeography and palaeoclimatology [J]. Journal of African Earth Sciences, 28 (1): 99-114.

Segev A, Sass E, Schattner U, 2018. Age and structure of the Levant basin, Eastern Mediterranean [J]. Earth-Science Reviews, 182, 233-250.

Seggie R J, Ainsworth R B, Johnson D A, et al., 2000. Awakening of a sleeping giant: Sunrise-Troubadour gas-condensate field [J]. The APPEA journal, 40 (1): 417-436.

Seggle R J, Ainsworth R B, Johnson D A, et al., 2003. The Sunrise-Troubadour gas-sondensate fields, Timor Sea, Australasia [C] //Giant oil and gas fields of the decade 1990-1999: AAPG Memoir 78. Tulsa: AAPG, 189-209.

Seggle R J, Lang S C, Marshall N M, et al., 2007. Integrated muti-disciplinary analysis of the Rankin trend gas reservoirs North West shelf, Australia [J]. The APPEA journal, 47 (1): 55-69.

Seggle R, Jamal F, Jones A, et al., 2003. Sub-surface uncertain in oil fields: learnings from early production of Legendre oil fields [J]. The APPEA journal, 43 (1): 401-413.

Seng Ör A M C, 1984. The Cimmeride Orogenic System and the tectonics of Eurasia [M]. Geol Soc Am Spec Pap.

Sengupta S, 1966. Geological and geophysical studies in western part of Bengal basin, India [J]. American Association of Petroleum Geologists Bulletin, 50: 1001-1017.

Shamsuddin A H M, Abdullah S K M, 1997. Geologic evolution of the Bengal Basin and its implication in hydrocarbon exploration in Bangladesh [J]. Indian Journal of Geology, 69: 93-121.

Shamsuddin A H M, Brown T A, Lee S, et al., 2001. Petroleum systems of Bangladesh [C]. Proceedings of the 13th SEAPEX Exploration Conference. April, Singapore.

Shanmugam G, Shrivastava S K, Bhagaban D, 2009. Sandy Debrites and Tidalites of Pliocene Reservoir Sands in Upper-Slope Canyon Environments, Offshore Krishna-Godavari Basin (India): Implications [J]. Journal of Sedimentary Research, 79: 736-756.

Sharaf L M, 2003. Source rock evaluation and geochemistry of condensates and natural gases, offshore Nile delta, Egypt [J]. Journal of Petroleum Geology, (26): 189-209.

Sherlock D, Welr G, Dodds K, 2005. Analog reservoir modeling of channel sands [J]. The APPEA journal, 45: 439-448.

Sit K H, Hillock P M, Miller N W D, 1994. The Maitland gas discovery-a geophysical/ petrophysical case history [C] //Purcell P G, Purcell R R. The Sedimentary Basins of Western Australia 1. Proceedings of the Petroleum Exploration Society of Australia, Perth, 597-613.

Smith S A, Tingate P R, Griffiths C M, et al., 1999. The structural development and petroleum potential of the Roebuck Basin [J]. The APPEA Journal, 39 (1): 364-385.

Srivastava K, Singh V, Tiwary DN, et al., 2006. Impact of phase variations on quantitative AVO analysis : An example from Krishna Godavari Basin [C]. The Leading Edge, India, 1344-1358.

Steinberg J, Roberts A M, Kusznir N J, et al., 2018. Crustal structure and post-rift evolution of the Levant Basin [J]. Marine and Petroleum Geology.

Stephenson A E, Blevin J E, West B G, 1998. The paleogeography of theBeagle subbasin, Northern Carnarvon basin, Australia [J]. Journal of sedmentary researth, 68 (6): 1131-1145.

Struckmeyer H I M, Loutit T S, 1998. An effective Lower Cretaceous Petroleum System on the North West Shelf : Evidence from the Browse Basin [C]. Purcell P G, Purcell R R. The Sedimentary Basins of Western Australia 2: Proceedings of the Petroleum Exploration Society of Australia, Perth, 397-420.

Struckmeyer H I, Blevin J E, Sayers J, et al., 1998. Structural evolution of the Browse Basin, North West Shelf : new concepts from deep-seismic data [C] //The Sedimentary Basins of Western Australia 2: Proceedings of the Petroleum Exploration Society of Australia Symposium. WA: Perth, 345-367.

Subrahmanyam C, Chand S, 2006. Evolution of the passive continentalmargins of India—a geophysical appraisal [C]. Gondwana Research, 10: 167-178.

Summons R E, Bradshaw M, Crowley, et al., 1994. Vagrant oils : geochemical signposts to unrecognised petroleum systems [C] //Purcell P G. The Sedimentary Basins of Western Australia 2: Proceedings of the Petroleum Exploration Society of Australia. Perth, 169-184.

Syed I A, Ashok Y, 2009. Application of extended elastic impedance : A case study from Krishna-Godavari Basin, India [J]. The Leading Edge, 1204-1209.

Sykes M P, Das U C, 2001. Directional filtering for linear feature enhancement in geophysical maps [J], Geophysics (65): 1758-1768.

Symonds P A, Collins C D N, Bradshaw J, 1994. Deep structure of the Browse basin : implications for basin development and petroleum exploration [C] //Purcell P G, Purcell R R, eds. The sedimentary basins of Western Australia, proceedings of petroleum exploration society of Australia symposium, Perth : WA, 315-331.

Tait A M, 1985. A depositional model for the Dupuy Member and the Barrow Group in the Barrow subbasin, northwestern Australia [J]. Australian Petroleum Exploration Association Journal, 25 (1): 282-290.

Teama M A, Kassab M A, Cheadle B A, et al., 2018. 3D seismic and formation micro-imager (FMI) integrated study to delineate depositional pattern of Abu Madi (Upper Miocene) clastic reservoir rocks in El-Wastani gas field, onshore Nile Delta, Egypt [J]. Egyptian Journal of Petroleum, 27 (4): 747-758.

Theologou P, Whelan M, 2006. Formation evaluation and static modeling in the Wheatstone gas field [J]. The APPEA Journal, 46 (1): 161-178.

Thomas B M, Smith D N, 1974. A summary of the petroleum geology of the Carnarvon basin [J].

Australian Petroleum Exploration Association Journal, 14 (1): 66-76.

Thomas B, 2010. New opportunities for offshore petroleum exploration-2010 Acreage Release offers blocks in producing regions and in frontier areas [EB/OL]. AUSGEO news, 98: 1-9. https://www.ret.gov.au/Documents/par/index.html.

Tilbury L A, Smith P M, 1988. Seismic amplitude analysis: an end to field appraisal [J]. The APEA Journal 28 (1): 144-155.

Tinapple W L, 2001. Trands and outlook for exploration in the Western Australia [J]. The APPEA Journal, 41: 497-504.

Tinapple W L, 2003. Petroleum exploration in Western Australia [C] // Keep M, Moss S J. The Sedimentary Basins of Western Australia: proceedings of petroleum exploration society of Australia symposium. Perth: WA, 2002 (3): 15-24.

Tindale K, Newell N, Keall J, et al., 1998. Structural evolution and charge history of the Exmouth Sub-basin, northern Carnarvon Basin, Western Australia [C] //The Sedimentary Basins of Western Australia 2: Proceedings of the Petroleum Exploration Society of Australia Symposium. WA: Perth: 447-472.

Tingate P R, Khaksar A, van Ruth P, et al., 2001. Geological contrals on overpressure in the Northern Carnarvon basin [J]. The APPEA journal, 41: 573-594.

Tissot B P, Welte D H, 1978. Petroleum formation and occurrence [M]. Berlin, Sprihger-Verlag, 699.

Uddin A, Lundberg N, 1998. Cenozoic history of the Himalayan-Bengal system; sand composition in the Bengal Basin, Bangladesh [J]. Geological Society of America Bulletin, 110 (4): 497-511.

Uddin A, Lundberg N, 2004. Miocene sedimentation and subsidence during continent-continent collision, Bengal basin, Bangladesh [J]. Sedimentary Geology, (164): 131-146.

Van Ruth P J, Hillis R R, Swarbrick R El, 2002. Detecting overpressure using porosity-based techniques in the Carnarvon basin, Australia [J]. The APPEA journa, 42: 559-569.

Van Ruth P, Hillis R, Tingate P, 2004. The origin of overpressure in the Carnarvon Basin, Western Australia: implications for pore pressure prediction [J]. Petroleum Geoscience, 10: 247-257.

Varma S, Underschultz J, Dance T, et al., 2009. Gional study on potential CO_2 geosequestration in the Collie Basin and the outhern Perth Basin of Western Australia [J] Marine and Petroleum Geology, 26: 1255-1273.

Vear A, 1998. Analysis of the Dampier Sub-basin petroleum systems using integrated 2D modelling techniques [J]. APPEA Journal, 38 (1): 339-350.

Veenstra E, 1985. Rift and drift in the Dampier subbasin, a seismic and structural interpretation Petroleum Exploration Association Journal, 25 (1): 177-189.

Veevers J J, 1977. Models for the evolution of the eastern Indian Ocean [C] //Heirtzler J R, et al., Indian Ocean geology and biostratigraphy. American Geophysical Union, 151-163.

Veevers J J, Cotterill D, 1978. Western margin of Australia-evolution of a rifted arch system [J]. Geological Society of America Bulletin, 89: 337-355.

Veevers J J, Heirtzler J R, 1974. Initial reports of the Deep Sea Drilling Project [M]. Washington D. C., U. S. Government Printing Office, 1060.

Venkata R D Ch, Rajesh R S, Mishra D C, 2003. Bouguer anomaly of the Godavari basin, India andmagnetic characteristics of rocks along its coastalmargin and continental shelf [J]. Journal of Asian

Earth Sciences, 21: 535-541.

Vincent P, Tillbury L, 1988. Gas and oil fields of the Rankin Trend and northern Barrow-Dampier Sub-basin [C] //Purcell P G, R R. The Northwest Shelf, Australia. Proceedings of the Petroleum Exploration Society of Australia Symposium, Perth WA, 341-369.

Volkman J K, Alexander R, Kagi R I, et al., 1983. A geochemical reconstruction of oil generation in the Barrow subbasin of Western Australia [J]. Geochimicaet Cosmochimica Acta, 47 (12): 2091-2105.

Walker T R, 2007. Deepwater and frontier exploration in Australia- Historical perspectives, present environment and likely future trends [J]. The APPEA Journal, 47 (1): 15-38.

Wallace M W, Holdgate G R, Daniels J, et al., 2002. Sonic velocity, submarine canyons, and burial diagenesis in Oligocene-Holocene coolwater carbonates, Gippsland Basin, southeast Australia [J]. AAPG Bulletin, 86 (9): 1593-1607.

Waples D W, 1980. Time and temperature in petroleum formation-application of Lopatin's method to petroleum exploration [J]. American Association of Petroleum Geologists Bulletin, 64, 916-926.

Warren J K, Peter T, Paul T, 1993. Geological controls on porosity and permeability in reservoir sands, Goodwyn Field, Rankin Trend, northern Barrow-Dampier Subbasin, Northwest Shelf, Australia [J]. AAPG Bulletin, 77 (9): 1675-1676.

Warris B J, 1973. Plate tectonics and the evolution of the Timor Sea, northwest Australia [J]. Australian Petroleum Exploration Association Journal, 13 (1): 13-18.

Watkinson M P, Malcolm B H, Joshi A, 2007. Cretaceous tectonostratigraphy and the development of the Cauvery Basin, southeast India [J]. Petroleum Geoscience, 13: 181-191.

West B G, Passmore V L, 1994. Hydrocarbon potential of the Bathurst island droup, Northeast Bonaparte basin, implications for future exploration [J]. The APPEA journal, 34: 626-643.

Whae Mc J R H, Playford P E, Lindner A W, et al., 1958. The stratigraphy of Western Australia [J]. Geological Society of Australia Journal, 4 (2): 161.

Whitford D J, Pullar J, 2007. Australia's gas future-A reserath and development perspective [J]. The APPEA Journal, 47: 251-257.

Williams A F, Poynton D J, 1985. The geology and evolution of the South Pepper hydrocarbon accumulation [J]. Australian Petroleum Exploration Association Journal, 25 (1): 235-247.

Williamson P E, Kroh F, 2007. The role of amplitude versus offset technology in promoting offshore petroleum exploration in Australia [J]. The APPEA journal, 47 (1): 163-176.

Willis I, 1988. Results of exploration, Browse Basin, North West Shelf, Western Australia [C] //Purcell P G. The North West Shelf, Australia Proceedings of Petroleum Exploration Society Australia Symposium. Perth: WA. 259-272.

Wiseman J F, 1979. Neocomian eustatic-changes biostratigraphic evidence from the Carnarvon basin [J]. Australian Petroleum Exploration Association Journal, 19 (1): 66-73.

Wong Pm, Henderso D J, Brooks L J, 1997. Reservoir permeability determination from well log data using artificial neural networks: An example from the Ravva field, offshore India [C]. SPE.

Wulff K, Barber P, 1995. Tectonic controls on the sequence stratigraphy of Late Jurassic fan systems in the Barrow-Dampier Basin, North West Shelf, Australia [J]. PESA Journal, (23): 77-89.

Yeates A N, Bradshaw M T, Dickins J M, et al., 1987. The Westralian Superbasin, an Australian link with

Tethys [C] // Kenzie Mc, K G. Shallow Tethys 2: International on Shallow Tethys 2. Wagga Wagga, 199-213.

Younes M A, 2002. Alamein Basin hydrocarbon potential of the Jurassic-Cretaceous source rocks, north Western Desert, Egypt [J]. OIL GAS European Magazine, (3): 22-28.

Young H C, Lemon N M, Hull N F, 2001. The middle Cretaceous to recent sequence stratigrphic evolution of the Exmouth-Barrow margin, Western Australia [J]. The APPEA journal, 41: 381-413.